SCHÄFFER
POESCHEL

Reinhart Nagel/Rudolf Wimmer

Systemische Strategieentwicklung

Modelle und Instrumente für Berater und Entscheider
5., aktualisierte und erweiterte Auflage

2009
Schäffer-Poeschel Verlag Stuttgart

Bibliografische Information der Deutschen Nationalbibliothek
Die Deutsche Nationalbibliothek verzeichnet diese Publikation in der Deutschen Nationalbibliografie; detaillierte bibliografische Daten sind im Internet über http://dnb.d-nb.de abrufbar.

Gedruckt auf chlorfrei gebleichtem, säurefreiem und alterungsbeständigem Papier

ISBN 978-3-7910-2871-2

Die vierte Auflage erschien bei J. G. Cotta'sche Buchhandlung Nachfolger GmbH, gegr. 1659, Stuttgart 2008.

www.schaeffer-poeschel.de
info@schaeffer-poeschel.de

Einbandgestaltung: Melanie Weiß
Satz: pws Print und Werbeservice Stuttgart GmbH
Druck und Bindung: CPI – Ebner&Spiegel, Ulm

Printed in Germany
Mai 2009

Schäffer-Poeschel Verlag Stuttgart
Ein Tochterunternehmen der Verlagsgruppe Handelsblatt

Inhalt

Vorwort zur erweiterten fünften Auflage

Die fünfte Auflage des Buchs »Systemische Strategieentwicklung« erscheint zu einem Zeitpunkt, wo viele Unternehmen mit außergewöhnlichen Herausforderungen für ihr Überleben konfrontiert sind:

- Die schwere Krise der globalen Finanzmärkte belastet große Teile der Realwirtschaft. Die Folgen sind im Moment noch gar nicht absehbar.
- Der hohe Druck auf die Produktivitätsentwicklung hat sich durch die aktuelle Lage der Weltwirtschaft noch erheblich verstärkt. In vielen Branchen wird ein massiver Rückbau der Produktionskapazitäten unvermeidlich.
- Der weitere gesellschaftliche Kontext und die damit verbundenen gravierenden Veränderungen (massive Verschiebungen in den weltpolitischen Machtkonstellationen, Engpässe in der Rohstoffversorgung, neue politische Konfliktfelder und Formen der militärischen Auseinandersetzung, unleugbare ökologische Risiken, kaum revidierbare demografische Verschiebungen, sich weiter verschärfende Migrations- und soziale Integrationsprobleme, die Grenzen der Finanzierbarkeit der sozialen Sicherungssysteme, die großen Herausforderungen unseres Bildungssystems etc.) haben für die Zukunftsbewältigung von Unternehmen enorm an Bedeutung gewonnen.
- Die ungebrochen turbulente Entwicklung in den Märkten macht den Aufbau verlässlicher Zukunftserwartungen zur Zeit schier unmöglich.
- Die durch die fortschreitende weltweite Vernetzung organisationsintern gestiegene Komplexität macht Unternehmen schon wegen ihrer kulturellen Vielfalt und aufgabenbezogenen Heterogenität kaum mehr in ihren tradierten Bahnen steuerbar.

Diese Rahmenbedingungen machen eine strategische Ausrichtung des Unternehmens besonders anspruchsvoll. Die Praxis der letzten Jahre mit unserem Konzept der systemischen Strategieentwicklung hat verdeutlicht, dass dieser Zugang gerade in einem solchen kaum mehr berechenbaren Umfeld vielen Unternehmen Orientierung und Handlungssicherheit vermitteln konnte.

Wir operieren dabei mit einem Strategieverständnis, das von einer Abkehr der traditionellen Grundüberzeugungen der plandeterminierten Unternehmenssteuerung ausgeht. Strategieentwicklung in unserem Sinne dient ist erster Linie dazu, einem ständigen Neuerfindungsprozess des Unternehmens einen bewussten Rahmen zu geben und damit die Lernfähigkeit der Organisation präventiv zu steigern. Lernfähigkeit heißt in diesem Zusammenhang dafür Sorge zu tragen, dass Unternehmen permanent darauf vorbereitet sind, überraschende, nicht vorhergesehene Entwicklungen für strategische Weichenstellungen gezielt zu nutzen. Dieses evolutionäre Prinzip der Präadaptivität hat Pasteur schon zu seiner Zeit wunderschön auf den Punkt gebracht: »Nur den vorbereiteten Geist begünstigt der Zufall« (zit. bei von Mutius 2009, S. 10).

Die oben skizzierten veränderten Rahmenbedingungen im Umfeld, die angeregte Diskussion zu unserem Strategieansatz in Fachkreisen, die Veröffentlichung einiger interessanter neuerer Strategiekonzepte und letztlich die positive Resonanz zu der hier vorgestellten Praxis der Strategiefindung seitens der Unternehmenspraxis haben uns angeregt, unser Buch in der nun vorliegenden fünften Auflage theoretisch, konzeptionell und methodisch auf den neuesten Stand zu bringen.

Konzeptionell haben wir die systemische Strategieentwicklung noch stärker mit einer systemtheoretischen Perspektive untermauert, um zu zeigen, wie sehr eine reflektierte Praxis von dieser Theoriearchitektur profitieren kann. Zusätzlich haben wir den Stand der Strategiediskussion und -literatur der letzten Jahre in dieses Buch eingearbeitet, soweit eine inhaltliche Beziehung zu unseren Überlegungen hergestellt werden kann. Dies zeigt, wie sehr die Strategieforschung selbst in Bewegung gekommen ist.

Eine Schlüsselmetapher dieses Konzepts der systemischen Strategieentwicklung ist der »osb-Strategietrichter«. Dieses Modell illustriert in unserem Buch die Logik und die Schritte eines strategischen Managementprozesses. Da die Trichterform eine Linearität des Strategieprozesses suggeriert, haben wir diese Darstellungsform durch die »osb-Strategieschleife« ersetzt. In dieser Schleife werden die einzelnen Elemente des ursprünglichen Trichters in ein Schleifenbild umgeformt. Die Schleifenmetapher soll die Rekursivität der systemischen Strategieentwicklung besser illustrieren.

Letztlich haben wir einige weitere inhaltlichen Konzepte und Tools neu in dieses Buch aufgenommen, die in den vergangenen Jahren in der Unternehmenspraxis prominentes Interesse hervorgerufen haben. Konzepte zur Intuition von Gigerenzer, Strategien zur Gestaltung einer Marktführerschaft von Treacy und Wiersema, den Blue-Ocean-Ansatz von Kim und Mauborgne, die Überlegungen von Jim Collins zum Weg zu den Besten, das Konzept der Ausweitungsstrategien im Sinne eines Profit-from-the-Core sowie Wertschöpfungsstrategien von Slywotzky aktualisieren die Kapitel über die Zukunft von Unternehmen.

Im Zuge eines Strategieprozesses stellt sich fast immer die Frage der passenden Organisationsstruktur. Für die Umsetzung einer Strategie ist es hilfreich, unterschiedliche Organisationsdesigns im Sinne von organisationalen Gestaltungsprinzipien vor Augen zu haben, um herausfinden zu können, welche Organisationslösung am ehesten das Unternehmen auf dem Weg in die angestrebte Zukunft unterstützen kann. Die wichtigsten grundlegenden alternativen Organisationsarchitekturen haben wir daher in das Umsetzungskapitel neu aufgenommen.

Wien, im Februar 2009
Reinhart Nagel und Rudolf Wimmer

Einleitung

Brauchen Sie für Ihr Unternehmen eine Strategie?
Nein. Denn Sie haben bereits eine.

Wann immer ein Unternehmen in einem bestimmten Markt Fuß gefasst und über einen gewissen Zeitraum seine Überlebensfähigkeit unter Beweis gestellt hat, dann verfügt es auch über eine Strategie, vielleicht nicht explizit und in Worte gegossen, aber im konkreten Tun, im Vollzug des täglichen Geschäfts erfolgreich zum Ausdruck gebracht. Sie äußert sich in der höchst spezifischen Art und Weise, wie Geschäfte gemacht werden, das heißt in dem für dieses Unternehmen charakteristischen Businessmodell. Sie ist in die vielfach unausgesprochenen, meist gemeinsam geteilten Grundüberzeugungen derjenigen Entscheidungsträger eingelassen, welche die Linie des Unternehmens bestimmen. Dazu zählen Bilder über die Besonderheiten der eigenen Kunden, der Lieferanten, der Wettbewerber, der Kapitalgeber etc. Dazu zählen aber auch Vorstellungen, worauf es in Zukunft eigentlich ankommt, was in den zu bearbeitenden Märkten Erfolg verspricht und welche Risiken eher zu vermeiden sind.

Dies ist die zentrale Ausgangsthese dieses Buches: Jedes am Markt existierende Unternehmen verfügt bereits über eine ganz bestimmte Form der strategischen Orientierung.

Die Art und Weise, wie diese Orientierung zustande kommt – ob es sich um ein explizit erzeugtes Wissen handelt oder ob sich dieses eher auf evolutionärem Wege herausbildet und wieder korrigiert –, ist unmittelbarer Ausdruck der historisch gewachsenen Organisationsverhältnisse und der dazu passenden Führungsstrukturen. So ist eben das Grundmuster der Zukunftsbewältigung in einem eigentümergeführten Familienunternehmen deutlich anders als das eines börsennotierten Großkonzerns. Oft sind die eingespielten Muster, wie diese Orientierung zustande kommt, und die zumeist implizit getroffenen identitätsbestimmenden Festlegungen für die Zukunft den Herausforderungen eines Unternehmens nicht mehr angemessen. Dies ändert aber nichts an dem Umstand, dass jedes Unternehmen ganz bestimmten handlungsleitenden Prämissen in seiner geschäftspolitischen Reproduktion folgt.

Mit dieser Ausgangsthese unterscheiden wir uns dezidiert von der großen Fülle präskriptiver Strategieliteratur, die in unterschiedlichen Varianten darauf abzielt, den Unternehmen die »richtige« Form des Vorgehens und der strategischen Positionierung zu vermitteln, das heißt einen »strategielosen« Zustand so zu verändern, dass das Management wie die Mitarbeiter in ihrem alltäglichen Entscheiden auf eine tragfähige strategische Ausrichtung zurückgreifen können. Aus unserer Sicht gibt es diesen strategielosen Zustand nicht. Es kann also nur um die Frage gehen, ob die historisch gewachsene und aktuell praktizierte Form der Auseinandersetzung mit sich ändernden Umfeld- und Marktgegebenheiten auch in der Zukunft noch in der Lage ist, das eigene Überleben als Unternehmen erfolgreich zu sichern.

Warum ein weiteres Buch über Strategie?

Wenn man davon ausgeht, dass jedes Unternehmen über eine Strategie verfügt, wozu dann ein weiteres Buch über Strategieentwicklung? Die einschlägige Literatur ist ohnehin nicht mehr zu überblicken und die Vielfalt bzw. Widersprüchlichkeit der angebotenen Konzepte ist weiter am zunehmen. Deshalb ist diese Frage durchaus berechtigt und in der Tat gar nicht so leicht zu beantworten. Wir beginnen mit einem ersten Begründungsversuch.

Ein Buch für reflexionsgewohnte Entscheider und Berater

Die vorliegende Arbeit bietet den Lesern eine Art Leitfaden zur gezielten Beobachtung und Reflexion der eigenen strategischen Praxis im Unternehmen an (diese reflexionsorientierte Hinwendung zur unternehmerischen Praxis prägt in der Zwischenzeit auch eine immer breiter werdende Bewegung in der Strategieforschung. Dazu Johnson, u. a. 2007). Diese Praxis kann in der Orientierungssuche von verantwortlichen Entscheidungsträgern auf den verschiedensten Ebenen eines Unternehmens bestehen. Sie kann aber auch in einem spezifischen beraterischen Tun ihren Ausdruck finden, wenn es also darum geht, Organisationen bei der Bewältigung ihrer strategischen Herausforderungen aus einer externen Beratungsperspektive heraus professionell zu unterstützen. Insofern haben wir eine ganz bestimmte Nutzergruppe vor Augen. Es geht uns um Funktionsträger, die in ihrem Alltag aus einem professionellen Selbstverständnis heraus in steuernder Absicht auf hochkomplexe soziale Systeme Einfluss nehmen und gleichzeitig wissen, dass dies mit der tradierten hierarchiebetonten Führungsmentalität nicht mehr erfolgreich zu leisten ist. Wir wenden uns deshalb explizit an Entscheidungsträger, an Führungskräfte, an Experten, aber auch an alle anderen, die in der Beratung tätig sind und die publizistische Überflutung mit vereinfachenden Kochrezepten satt haben.

Dabei eignet sich das Thema Strategie ganz besonders für diese Art von toolboxgefüllten Veröffentlichungen. Die wissenschaftliche Tradition des strategischen Managements war durchweg von dem Forscherehrgeiz geprägt, unmittelbar für die Unternehmenspraxis verwertbares, instrumentell einsetzbares Wissen zu produzieren (kritisch dazu Mintzberg 1994 sowie insbesondere Nicolai 2000). Vor diesem Hintergrund sehen wir es als eine besondere Herausforderung, für eine Zielgruppe zu schreiben, die selbstbewusst mitten in der Auseinandersetzung mit ihren praktischen Herausforderungen steht und für die Bewältigung genau dieser Herausforderungen an fundierten, praxistauglichen Hinweisen interessiert ist.

Wie kann man dem Orientierungswunsch dieser Zielgruppe gegenüber nachkommen und dabei gleichzeitig auf das vordergründige Versprechen einer leichten Instrumentalisierung einfach verwertbaren Steuerungswissens verzichten? Kann das zusammengehen?

Oszillieren zwischen Vermittlung klassischer strategischer Denkhilfen und deren Bewertung aus einer Metaposition heraus

Wir wollen uns bewusst der Paradoxie stellen, die diesem Anspruch innewohnt. Denn auch in der Praxis stoßen wir in vermehrtem Ausmaß auf Funktionsträger, welche die Grenzen jener Machbarkeitsillusionen längst ausgetestet haben, wie sie von vielen Managementmoden nach wie vor suggeriert werden. Genau diese skeptische, in der Zwischenzeit reflexionsgewohnte Zielgruppe ist es, die weiß, dass sie selbst mit eben dieser Paradoxie tagtäglich fertig werden muss: Es gilt, ständig von neuem durchaus risikoreiche Entscheidungen herbeizuführen, die selektiv bestimmte Begründungszusammenhänge in den Vordergrund schieben, um ein logisch stringentes Fundament an Rationalität entstehen zu lassen – wohl wissend, dass alles auch ganz anders möglich wäre und wahrscheinlich auch anders kommen wird. Dieses ständige, sich auf Rationalität berufende Herstellen von Gewissheit bei gleichzeitigem Wissen um die Unausweichlichkeit von Unsicherheit ist zum Kerngeschäft von Führung geworden. Sie muss unausweichlich mit Rationalitätsprämissen operieren, vereinfachende Kausalitätserwartungen in die Welt setzen (wenn wir uns so entscheiden, wird mit Sicherheit dies oder jenes passieren), dies alles aber mit dem Hintergrundwissen, dass die Welt viel komplexer ist und wir eigentlich viel weniger wissen, als wir zu wissen vorgeben. Strategieentwicklung ist ein besonders prominentes Anwendungsfeld für dieses faszinierende Oszillieren zwischen Wissen und Nichtwissen im Herbeiführen von Entscheidungen, die als orientierungstiftende Prämissen für weitere Entscheidungen im Alltag fungieren sollen (wir stützen uns hier auf das Luhmann'sche Organisations- und Entscheidungsverständnis, ders. 2000).

An diesem Grundproblem orientiert sich das vorliegende Buch. Es diskutiert einerseits durchaus bewährte Denkinstrumente und Entscheidungshilfen aus der klassischen Tradition des strategischen Managements. Hier ist inzwischen eine Vielzahl an sehr brauchbaren Analysewerkzeugen und Entscheidungshilfen erarbeitet worden. Mit diesen zu operieren widerspricht keineswegs einer konstruktivistischen Grundhaltung. Gleichzeitig möchten wir aber dem Leser augenzwinkernd vermitteln, dass es sich dabei lediglich um Sehhilfen und Rationalitätskrücken handelt, deren Ergebnisse keine letzte »objektive« Entscheidungssicherheit vermitteln. In diesem Sinne oszillieren die im Buch angestellten Überlegungen selbst zwischen ganz konkreten Denkwerkzeugen, die den Prozess der Strategiefindung in seinen unterschiedlichen Phasen unterstützen können, und eher allgemeineren Reflexionsangeboten, die dem Leser zu einer Distanz schaffenden Metaposition in Fragen der Strategieentwicklung verhelfen sollen. Dieser Spannungsbogen zwischen unterschiedlichen Abstraktionsniveaus spiegelt gleichzeitig die heutige Arbeitsrealität gerade jener Entscheidungsträger gut wider, die in ihrem Aufgabengebiet unternehmerische Verantwortung zu tragen haben (eine Reihe recht anschaulicher Beispiele für die Praxis dieses Oszillierens im Führungsalltag bekannter Unternehmen bieten Doz/Kosonen 2008).

Die Entstehung einer eigenen »Strategieindustrie«

Bis in die späten 1980er-Jahre dominierten im Bereich der Strategieentwicklung, soweit sich Unternehmen überhaupt explizit auf diese Fragen eingelassen haben, jene Ansätze und Verfahrensweisen, die prinzipiell auf die Planbarkeit künftiger Entwicklungen setzten und dementsprechend Wert auf eine möglichst gründliche Analyse der unterschiedlichen Einflussfaktoren im Umfeld von Unternehmen legten. Von den Denkkonzepten her war diese Art von Praxis vornehmlich von der Tradition des »strategischen Managements« geprägt, die sich in relativ kurzer Zeit – beginnend mit den 1960er-Jahren – zur Königsdisziplin der betriebswirtschaftlichen Fachgebiete entwickelt hat. Das Paradigma der strategischen Planung verdankte seine Entstehung zwar den intellektuellen Leistungen einiger Wissenschaftler (wie Ansoff, Andrews, Chandler, Porter, Gälweiler u. a.). Popularisiert wurden diese Denkkonzepte aber durch die bekannten Business Schools sowie durch die großen amerikanischen Beratungsunternehmen, die selbst nennenswerte Beiträge zur Know-how-Entwicklung auf diesem Gebiet geleistet haben (man denke etwa nur an die berühmte Portfoliomatrix der Boston Consulting Group). Insgesamt war in diesem Zeitraum in dem Wechselspiel zwischen Wissenschaft, Beratung und den einschlägigen Managementtrainings in den Business Schools so etwas wie eine eigene »Strategieindustrie« (vgl. zu diesem Begriff ausführlicher Nicolai 2000) entstanden, die über die »adäquaten« mentalen Modelle sowie über die Standards des »richtigen« strategischen Vorgehens wachte (eine eindrucksvolle Analyse der Prägekraft dieser Industrie insbesondere der sozialisatorischen Wirkungen der etablierten Business Schools bietet Mintzberg 2004).

Das Rationalitätsparadigma als dominantes mentales Modell

Die Grundannahmen dieser Denktradition fußen wie gesagt in der Idee der Planbarkeit, der Berechenbarkeit von Entwicklungen; sie wurzeln in der Vorstellung vergleichsweise stabiler Branchen- und Umweltkonstellationen, deren genaue analytische Kenntnis die strategische Positionierung von Unternehmen ermöglicht und dadurch mit einiger Sicherheit überdurchschnittliche Erfolge erwartbar macht (Die Arbeiten und Denkkonzepte von Michael E. Porter haben in diesem Zusammenhang weltweit zweifelsohne den größten Einfluss genommen). Seinen Höhenflug verdankt dieses gut durchdachte Repertoire an analytischen Diagnose- und Entscheidungsprozeduren seinem Versprechen, die unübersehbaren Risiken der Unternehmenssteuerung durch das Herausarbeiten rational eindeutig begründbarer Optionen, die auf dieser Grundlage logisch nachprüfbare Wahlentscheidungen ermöglichen, beherrschbar zu machen. Der »Rational-Choice-Ansatz« dieser Tradition bezog seine große Suggestivkraft aus der Annahme, die für strategische Weichenstellungen erforderlichen Informationen ließen sich mit Hilfe eines adäquaten Vorgehens möglichst vollständig gewinnen. Die eigentliche Entscheidung ist dann lediglich eine Frage des logisch stringenten Denkens. Dieses Versprechen erwies sich insbesondere für angestellte Manager attraktiv, die sich durch die vom Kapitalmarkt vorangetriebene Ausdifferenzierung der Manager- und Eigentümerrolle einem wachsenden Erklärungs- und Rechtfertigungsbedarf für ihre Unternehmenspolitik gegenübersahen.

Delegation an Strategieexperten

Ein Teil dieser Attraktivität lag wohl auch in dem Umstand, dass der in dieser Tradition weitgehend standardisierte Prozess der Strategiebearbeitung selbst die entscheidungsverantwortlichen Manager in den Unternehmen sehr entlastete. Die eigentliche Arbeit machten Experten (unternehmensinterne Stäbe oder von außen zugekaufte Berater). Deren Strategiekonzepte landeten dann auf dem Schreibtisch der zuständigen Topmanager, die sich mit den Ergebnissen anfreunden konnten oder eben auch nicht.

Für ihre Entscheidungsfindung, so zumindest die Annahme, war es nicht notwendig, die hinter den Strategiekonzepten liegende Denkarbeit selbst zu leisten. Dafür hatte man ja seine Fachleute, die über die erforderliche analytische Kompetenz wie auch über das passende Methodenwissen verfügten. Auf diesem Wege entstand eine eigentümliche Arbeitsteilung zwischen einem hochspezialisierten Expertentum in Strategiefragen einerseits und den Entscheidungsträgern im Linienmanagement andererseits, die sich in ihren Entscheidungen auf die in Anspruch genommene Expertise als Begründungshintergrund stützen konnten, ohne sich selbst in der Erarbeitung unterschiedlicher Optionen und strategischer Festlegungen nennenswert selbst engagieren zu müssen.

Strategie als Mittel zum Zweck

Ein fester Bestandteil dieses Zusammenspiels zwischen Strategieexperten und Top-Management war außerdem die einhellige Meinung, der eigentliche Part der Unternehmensführung bestehe in dieser Form der Strategiefindung, im richtigen »Design« der strategischen Festlegungen. In dieser Leistung wird die eigentliche Kernherausforderung der Unternehmensführung gesehen. Die Umsetzung dieser Festlegungen sei dann normales Führungsgeschäft. Sie liege hauptsächlich in der Verantwortung der zweiten und dritten Führungsebene, die letztlich nur den strategischen Vorgaben zu folgen brauche, um das Unternehmen auf Erfolgskurs zu halten. Diesem Verständnis korrespondiert die beliebte US-amerikanische Differenz von Leadership und Management, die folgerichtig den Leadern eine außergewöhnliche strategische Bedeutung einräumt (exemplarisch dazu Kotter 1997). Diese Sichtweise, die dem Implementierungsproblem einen vergleichsweise nachrangigen Stellenwert einräumt, spiegelt ein Organisationsverständnis wider, demzufolge das Unternehmen als solches lediglich als Instrument zur Verwirklichung vordefinierter Zwecksetzungen und Ziele fungiert. Am Eindrucksvollsten kommt diese Zweck/Mittelrelation im Shareholder-Value-Ansatz zum Ausdruck, der sich in der Zwischenzeit vor allem in kapitalmarktorientierten Konzepten der Unternehmensführung weitgehend durchgesetzt hat (dazu grundlegend Rappaport 1999 sowie Jensen 2001. Zur Kritik dieses Führungsverständnisses vgl. Wimmer 2002). Dieses instrumentelle Verhältnis von Strategie in Relation zu anderen Führungsdimensionen wie der Organisationsgestaltung, dem Personalmanagement, der Markenführung etc. macht deutlich, warum den Umsetzungsfragen in der planungsorientierten Tradition des strategischen Managements eine deutlich untergeordnete Rolle zugedacht war. Genau diese Geringschätzung der unternehmensinternen Gegebenheiten bildete neben der Planungsgläubigkeit den entscheidenden Ansatzpunkt, an dem sich in Forschung und Praxis an dieser präskriptiven Tradition des strategischen Managements die entscheidende Kritik entzündete.

Zunehmender Bedeutungsverlust der traditionellen »Königsdisziplin des Managements«

Spätestens in der zweiten Hälfte der 1980er-Jahre hat die eben kurz skizzierte Denktradition sowohl in der Theorie als auch in der Praxis ihren Zenit überschritten. Unterschiedliche Faktoren haben diesen Höhenflug der klassischen Strategieindustrie gebremst.

Zum einen nahmen bestimmte Forschungsanstrengungen zu, die empirisch nachweisen konnten, dass viele aufwendig erarbeitete Strategiepapiere in der Praxis wenig bewirkten (vgl. dazu etwa die Arbeiten von Whittington 2001, Johnson/Scholes 2002, Browman/Helfat 2001, Schreyögg 2000). Zum andern zeigt ein genauerer Blick in das reale Geschehen in Unternehmen überdeutlich, dass die tatsächlich realisierten strategischen Orientierungen in den allermeisten Fällen auf ganz anderen Wegen zustande kommen, als dies das Rationalitätsparadigma der strategischen Planung unterstellt. Eben diese Erfahrungen waren es letztendlich auch, die den prozessorientierten Forschungen enormen Auftrieb gegeben haben (beispielhaft für diese Richtung Mintzberg/Quinn/Ghoshal 1998 oder auch Brown/Eisenhardt 1998).

Am Ende war in diesem Zeitraum das Wirtschaftssystem als Ganzes, vor allem ganz bestimmte Branchen und in ihnen die beteiligten Unternehmen in eine Veränderungsdynamik geraten, die es immer weniger sinnvoll erscheinen ließ, zur eigenen Zukunftsbewältigung auf die Konzepte des klassischen strategischen Managements zurückzugreifen. Die Grundannahmen dieser Denktradition erwiesen sich für den Komplexitätsgrad, der mit der rapide zunehmenden Globalisierungsdynamik und den Veränderungen im Bereich der Informations- und Kommunikationstechnologien stimuliert worden ist, als nicht mehr passend. (Mit diesem dramatisch veränderten Komplexitätsniveau und seinen Konsequenzen für die Steuerung von Unternehmen setzen sich vor allem auseinander: Brown/Eisenhardt 1997, Stacey 2000 und Burgelman 2002).

Dominanz produktivitätsorientierter Managementkonzepte

Ein verschärfter Wettbewerb in weitgehend gesättigten Märkten hat am Beginn der 1990er-Jahre den Fokus der Unternehmensführung überwiegend auf kurzfristige Produktivitätsgewinne gelenkt. Aus dieser Ecke wuchs dann der Druck auf die etablierten Organisations- und Führungsstrukturen vor allem jener größeren Unternehmen, die über lange Zeit funktional gegliedert mit schnell gewachsenen Stabsbereichen, vielen Führungsebenen und hierarisch-bürokratischen Koordinationsmechanismen versucht hatten, den wachsenden Herausforderungen am Markt gerecht zu werden. Diese jahrzehntelang äußerst stabilen Organisationsprinzipien sind in einer vergleichsweise kurzen Zeitspanne einer neuen, wesentlich flexibleren, aber auch komplexeren Organisationsarchitektur gewichen. Dementsprechend hat in den 1990er-Jahren das Problem der Organisationstransformation die professionelle Aufmerksamkeit des Managements stark dominiert. Fragen der Strategieentwicklung waren in den Hintergrund getreten (Porter hat diese Aufmerksamkeitsverschiebung eingehend kritisiert und sie für die Wettbewerbsintensivierung mitverantwortlich gemacht; ders. 1996). Tatsächlich konnten ganz erstaunliche Produktivitätsgewinne erzielt werden, nicht zuletzt deshalb, weil der rapide technologische Wandel bei den Informations- und Kommunikationstechnologien diese Entwicklungen enorm begünstigte.

Viele Unternehmen im deutschsprachigen Raum haben in diesem Zusammenhang ihre Hausaufgaben weit besser erledigt, als dies so manche am Beginn dieser Transformationsperiode prognostiziert hatten:

- Das Internationalisierungsniveau hat in der Zwischenzeit deutlich zugenommen.
- Die Dichte der weltweiten Vernetzung ist mit dem Stand von der ersten Hälfte der 1990er-Jahre überhaupt nicht zu vergleichen.
- Die Optimierung der Kernprozesse aus der Perspektive der Kunden wurde vorangetrieben. Erhebliche Produktivitätssprünge waren vielfach mit einer durchgängi-

gen Prozessorientierung in den organisationsinternen Kooperationsbeziehungen realisierbar.

- Die Dezentralisierung unternehmerischer Verantwortung ist in vielen Unternehmen zur Normalität geworden.
- Die Konzentration auf die eigenen Kernkompetenzen sowie die Kooperation in Unternehmensnetzwerken entlang der Wertschöpfungskette waren weitere Ansatzpunkte für entscheidende Produktivitätsgewinne.

All diese Elemente zählen heute zum Standardrepertoire der Organisationsgestaltung und der Unternehmenssteuerung (vgl. dazu im Einzelnen Wimmer 2004) und sorgen dafür, dass die Effizienzorientierung in allen Bereichen der Organisation aufrecht bleibt. Alle sind mit großer Anstrengung darum bemüht, immer perfekter darin zu werden, die Dinge richtig zu machen. Aber sind die Unternehmen immer auch mit den richtigen Dingen befasst, um eine berühmte Unterscheidung von Peter Drucker aufzugreifen? Darauf tragfähige Antworten zu finden, ist in der jüngsten Geschichte allerdings immer schwieriger geworden.

Neue Herausforderungen für die Überlebenssicherung von Unternehmen

Gerade die schwere Krise der globalen Finanzmärkte und deren Konsequenzen für die Realwirtschaft, die Ende 2008 unübersehbar geworden sind, führen uns vor Augen, dass trotz unleugbarer Erfolge in der Zunahme an Produktivität die zentralen Probleme der Überlebenssicherung von Unternehmen erhalten geblieben, und ganz neue dazugekommen sind:

- Der hohe Druck auf die Produktivitätsentwicklung hat sich durch die Wettbewerbsdynamik gegenüber früher eher noch verstärkt.
- Das Veränderungstempo in den Umwelten von Unternehmen hält sein hohes und sich beschleunigendes Niveau. Der weitere gesellschaftliche Kontext und seine schwerwiegenden Veränderungsthemen (massive Verschiebungen in den weltpolitischen Machtkonstellationen, sich verschärfende Engpässe in der Rohstoffversorgung, neue politische Konfliktfelder und Formen der militärischen Auseinandersetzung, unleugbare ökologische Risiken – Stichwort Klimawandel, kaum revidierbare demografische Verschiebungen, sich weiter verschärfende Migrations- und soziale Integrationsprobleme, die Grenzen der Finanzierbarkeit eines weiteren Ausbaus der sozialen Sicherungssysteme, die großen Herausforderungen, vor denen unsere Bildungssystem steht, etc.) haben für die Zukunftsbewältigung von Unternehmen enorm an Bedeutung gewonnen (dies betont Peter Drucker nachdrücklich in einem seiner letzten Bücher; ders. 2002. Ähnlich auch Vaupel 2008).
- Die ungebrochen turbulente Entwicklung in den Märkten insgesamt wie in den einzelnen Branchen, zumeist angestoßen durch technologische Innovationen, macht einigermaßen verlässliche Prognosen schier unmöglich.

- Früher stabile Branchengrenzen werden immer durchlässiger. Dies macht es zusehends schwieriger, Wettbewerbsdynamiken verlässlich einzuschätzen.
- Die durch die fortschreitende weltweite Vernetzung organisationsintern gestiegene Komplexität macht Unternehmen schon wegen ihrer kulturellen Vielfalt und aufgabenbezogenen Heterogenität kaum mehr in den tradierten Bahnen steuerbar.
- Die stärkere Koppelung der Unternehmen (vor allem der börsennotierten) an die Eigendynamik des Kapitalmarktes schafft neuartige Zielkonflikte zwischen der konsequenten Ausrichtung am Shareholder-Value und den längerfristigen Überlebensinteressen der Unternehmen.
- Die konsequente Umsetzung der Regeln zur Unternehmensfinanzierung, wie sie der neue Baseler Akkord (Basel II) vorsieht – ein Prozess, der durch eine wesentlich restriktivere Risikopolitik der Banken noch verschärft wird, wird die bisherigen Finanzierungsmöglichkeiten von eigentümergeführten Unternehmen grundlegend auf den Kopf stellen.
- Die Internetrevolution schreitet voran und schafft beispielsweise ganz neue Zugangsmöglichkeiten für die Kunden, auch wenn die seinerzeit so hohen Erwartungen in die außerordentlichen Ertragspotenziale der sogenannten New Economy wie ein Kartenhaus in sich zusammengebrochen sind.
- Die ungebremste Fusionswelle hat zwar mit den schweren Verwerfungen auf den Finanzmärkten im Verlauf des Jahres 2008 eine heftige Abschwächung erfahren, trotzdem wird das Geschäft mit Unternehmen, das Kaufen und Verkaufen derselben ungeachtet aller destruktiven Folgen in der Postmergerphase weiter blühen.

Die geschilderten Phänomene stimulieren die Suche nach neuen Orientierungsmustern für die Steuerung von Unternehmen, die ihre Eigenkomplexität offensichtlich immer weiter steigern, um den veränderten Umweltgegebenheiten gewachsen zu sein.

Die dominanten Managementleitbilder der vergangenen zwei Jahrzehnete haben ihre Orientierungskraft allerdings weitgehend eingebüßt. Denn viele ihrer Grundgedanken sind längst zur Routine geworden.

Renaissance der Strategie?

Das Thema Strategie besitzt hingegen wieder Konjunktur. Ist eine Renaissance der klassischen Antworten zu erwarten? In manchen Unternehmen ja. Überall dort, wo man glaubt, gerade in unsicheren Phasen die eigene Autorität als Entscheidungsträger durch den Rückgriff auf externe, durch besondere Reputation unterfütterte Expertise stützen zu müssen, dort werden die aus der Tradition bekannten Muster des strategischen Managements wieder verstärkt zur Geltung kommen. Ihre innerbetriebliche Orientierungskraft wird stark davon abhängen, wie sehr alle Beteiligten an die Basisannahmen dieser Tradition und an die darin eingebauten Versprechen der Unsicherheitsbewältigung glauben (Berechenbarkeit, Planbarkeit, Trivialisierung der Organisation). Angesichts der aktuellen Rahmenbedingungen für das erfolgreiche Operieren von Unternehmen und der damit verbundenen oft schmerzhaften Erfahrungen ist der Glaube an dieses Muster im Umgang mit hoher Unsicherheit und Komplexität allerdings stark im Erodieren begriffen. Der Kreis jener Entscheidungsträger in Management und Beratung wird größer, die den alten Antworten und Gewissheiten misstrauen. Ihnen ist dieses Buch gewidmet.

Die Innovation des systemischen Strategieverständnisses

Eine Abkehr von traditionellen Grundüberzeugungen

»Der Abschied vom Ideal der plandeterminierten Unternehmenssteuerung« (Schreyögg 1999b, S. 389) impliziert auch die Abkehr von drei zentralen Grundüberzeugungen, auf denen die Denkwerkzeuge und Vorgehensprinzipien aller präskriptiv ausgerichteten Schulen des strategischen Managements fußen. Gemeint ist damit:

Die Umwelt von Unternehmen ist nicht durchschaubar

Die Intransparenz der Umwelt ist prinzipiell nicht überwindbar. Mit dieser Einsicht relativieren sich alle Versuche, mit analytischer Präzision dem Umweltgeschehen Gesetzmäßigkeiten zu entlocken, an denen sich Unternehmen mit einiger Sicherheit ausrichten können. »Das Konzept stabiler Markt- und Branchenstrukturen, wie es der Industrieökonomik als empirische Annahme zugrunde liegt«, verliert damit seine Halt gebende Funktion (Schreyögg 1999b, S. 392). Mit dieser Einsicht wird auch das Fundament für die Formulierung von »generischen« Strategien, von »Normstrategien« nachhaltig erschüttert. Verliert die Annahme, man könne als Unternehmen die Dynamik seiner relevanten Umwelten mit analytischen Mitteln »objektiv« durchdringen, an Plausibilität, dann gilt es, die Art und Weise, wie sich Unternehmen ein Bild von ihrer Umweltentwicklung machen, und warum sie dies tun auf eine neue Grundlage zu stellen.

Die Zukunft ist und bleibt ungewiss

Die jeweils eigene Zukunft kann nicht als berechenbar vorausgesetzt werden. Trotz ungebrochener Sehnsucht nach verlässlichen Prognosen hat diese These gerade durch die jüngsten Erfahrungen viel an Plausibilität gewonnen. Unternehmen legen sich in ihren Entscheidungen immer wieder auf eine Zukunft fest, die sie nicht kennen können. Diesem Dilemma kann man im Grunde nicht entkommen. Diese Ungewissheit ist letztlich jene Ressource, aus der unternehmerisches Handeln und die dazugehörige Verantwortungs- und Risikoübernahme ihren Sinn gewinnt. Organisationen im Allgemeinen und Unternehmen im Speziellen befinden sich in einem Dauerzustand der Unsicherheit über sich selbst im Verhältnis zu ihrer Umwelt wie hinsichtlich der künftigen Bedingungen ihres Überlebens. Sie nutzen diesen Zustand der Unruhe für ihre Selbstorganisation des Anknüpfens von Entscheidungen an Entscheidungen, die jeweils nur für eine ganz bestimmte Situation Unsicherheit absorbieren, um auf dieser Basis weitere Schritte der Unsicherheitsbewältigung aufsetzen zu können. »Die Prämisse von Organisation ist das Unbekanntsein von Zukunft und der Erfolg der Organisation liegt in der Behandlung dieser Ungewissheit« (Luhmann 2000, S. 10).

Akzeptiert man diese Grundherausforderung unternehmerischen Handelns, dann wird Strategieentwicklung zu jener Führungsdimension, die mit diesem nicht auflösbaren Widerspruch einen gezielten Umgang finden muss. Das heißt aber, sich von allen Vorstellungen an eine exakte Kalkulierbarkeit künftiger Entwicklungen zu verabschieden. Strategische Festlegungen operieren notgedrungen mit einem hohen Anteil an Nichtwissen. Sie sind folglich immer riskant. Denn ihre Grundlagen lassen sich ungeachtet des hohen analytischen Aufwandes nicht wirklich errechnen. Strategiefindung ist kein logisches Ableiten der eigenen Position aus intelligent durchschauten Gesetzmäßigkeiten des Marktes und der eigenen Branche.

Das Unternehmen als komplexes soziales Gefüge ist keine triviale Maschine

Organisationen lassen sich nicht einfach so umbauen und verändern, wie manche Strategiepläne nach dem Willen ihrer Architekten es sich so vorstellen. Sie folgen keiner ingenieurmäßigen, technischen Logik. Es handelt sich dabei nicht um Maschinen, sondern stets um hochkomplexe, eigensinnige, lebendige, soziale Einheiten, die ihren historisch gewachsenen Erfolgsmustern folgen. In ihrer Entwicklung gehorchen sie ihrer eigenen, »selbstkomponierten« Melodie und sind in diesem Sinne unweigerlich pfadabhängig. Diese eingespielten Selbstorganisationsmuster sind letztlich dafür ausschlaggebend, wie Veränderungsimpulse – woher sie auch immer kommen mögen – unternehmensintern verarbeitet werden. Die eingehende Beobachtung von Organisationen lehrt uns heute, ihnen einen wesentlich höheren Grad an Eigenständigkeit zu attestieren und sie nicht als durch einen externen Willen direkt steuerbar anzusehen (zu diesem für unser Strategieverständnis grundlegenden Organisationsbegriff vgl. neben Luhmann 2000 vor allem die Arbeiten von Baecker 1993, 1999a und 2003 sowie von Willke 1998 und 1999). In diesem Sinne ist die Vorstellung von Organisationen als einem willfährigen Instrument in der Hand von Strategen eine verführerische Vereinfachung, die den komplexen Zusammenhang zwischen dem Prozess der Strategiefindung in Unternehmen und deren Umgestaltung allzuleicht übersieht.

Dieser blinde Fleck verstellt den Zugang zur zentralen Einsicht, dass die strategische Neuorientierung und der Prozess ihrer Realisierung äußerst eng miteinander verzahnte Abläufe sind, die auf dieselben strukturellen Gegebenheiten zurückgreifen und sich deshalb nicht in ein triviales zeitliches Nacheinander aufspalten lassen. Die Weichen für die Umsetzung werden bereits sehr früh bei der Erarbeitung gestellt, vor allem durch die gewählte Form der Strategiefindung. Der zugrunde liegende Prozess präjudiziert die Möglichkeiten und Grenzen der Implementierung. Berücksichtigt man diesen Grundgedanken, dann ist Strategie nicht mehr nur die Sache der Unternehmensspitze in Zusammenarbeit mit (externen) Experten, sondern eine Führungsaufgabe, an der unterschiedliche Funktionsträger auf verschiedenen Hierarchieebenen zu beteiligen sind. Strategiearbeit ist ureigenstes Führungsgeschäft der Linienverantwortlichen und kann nicht ohne erhebliche Folgekosten an interne oder externe Experten delegiert werden.

Der Abschied von jenen Steuerungsvorstellungen, die den klassischen Konzepten des strategischen Managements zugrunde liegen, hat sichtlich weitreichende Konsequenzen. Er impliziert in einigen wichtigen Dimensionen den Umbau unserer mentalen Modelle hinsichtlich der Art und Weise, wie wir Unternehmen als soziale Systeme konzipieren, wie Unternehmen ihr Verhältnis zu ihren relevanten Umwelten gestalten, wie sie ihr Festgelegtsein aus der Vergangenheit aufbrechen und sich letztlich von einer selbstgewählten Zukunft aus führbar machen. Einige dieser Aspekte seien in dieser Einleitung bereits angedeutet, um zu verdeutlichen, warum dieses Buch seine aktuell anzutreffende Form gewonnen hat und mit welchen Denkkonzepten es sich an das Problem der Zukunftsbewältigung von Unternehmen annähert.

Die Wiedereinführung des »Unternehmerischen« in die Strategieentwicklung

Worauf können sich Entscheidungsträger stützen, wenn sie sich in ihren strategischen Festlegungen von Vorstellungen der Planbarkeit, der Kalkulierbarkeit von Entwicklungen, der Beherrschbarkeit von Prozessen trennen? Hat dies zur Konsequenz, einfach mit den wirtschaftlichen und sozialen Geschehnissen des eigenen Umfeldes zeitnah mitzuschwingen und auf jede Form einer gezielten vorausschauenden Zukunftsgestaltung zu verzichten? Dies würde bedeuten, in der Gestaltung des Unternehmens in erster Linie auf seine Lernfähigkeit zu setzen und darauf zu vertrauen, dass die kollektive Kompetenz wächst, »das Unerwartete zu managen« (Weick/Sutcliffe 2003). In der aktuellen Strategiedebatte gibt es durchaus Tendenzen, die Aufgabe der Strategiefindung mit der Problematik des organisationalen Wandels zu verschmelzen (dazu Schreyögg 1999b, Müller-Stewens/Lechner 2005 sowie Seidl/Kirsch/Linder 2005).

Es gibt jedoch gute Gründe, dies nicht zu tun. Voraussetzung dafür ist allerdings der Rückgriff auf in der Vergangenheit bereits durchaus bewährte Prinzipien des Unternehmertums (die Grundmuster erfolgreicher Enterpreneure vor allem in der Gründungsphase untersucht Amar Bhidé in einer eindrucksvollen Studie, ders. 2000). Was ist damit gemeint?

Erfolgreiche Unternehmer entdecken in ihrem Umfeld Lücken, Bedürfnisse, Problemstellungen, für die im eingespielten Leistungsspektrum von Unternehmen bislang keine adäquaten Antworten gefunden wurden. Das heißt, sie sehen etwas, das sich dem Auge sonst entzieht, und sind in der Lage, überraschende Lösungen anzubieten (vielfach verbunden auch mit technischen Innovationen), die eine entdeckte Lücke schließen. Enterpreneure nutzen somit ein ökonomisches Ungleichgewicht für ihre gestalterischen Ideen und stoßen damit häufig den berühmten Schumpeterschen Prozess der kreativen Zerstörung an (Schumpeter 1926 und 1928). Worauf immer diese Fähigkeit zurückgeführt werden kann (auf Intuition, auf das berühmte unternehmerische Gespür etc.), die spezifische Leistung besteht darin, den blinden Fleck eingespielter Normalität zu nutzen und genau dort Chancen zu entdecken, wo andere bislang nicht hingesehen haben (zum Verständnis von Intuition in solchen Entscheidungszusammenhängen vgl. die interessante Arbeit von Gigerenzer 2007). Genau betrachtet wird damit ein ganz spezifischer Umgang mit der Undurchschaubarkeit von Marktzusammenhängen und der Nichtberechenbarkeit künftiger Entwicklungen gewählt. Ungewissheit wird nicht als bedauerliches Problem gesehen, das es eigentlich zu eliminieren gilt. Im Gegenteil: Sie ist die Quelle allen unternehmerischen Tuns, sie hält ein Chancenpotenzial bereit, aus dem Unternehmen die erfolgreiche Fortsetzung der eigenen Existenz als Unternehmen gewinnen, wenn die verantwortlichen Entscheidungsträger die damit verbundenen Risiken auf eine kontrollierte Art zu übernehmen bereit sind. Strategieentwicklung so gesehen verschafft dem »Unternehmerischen« im Prozess der strategischen Positionierung wiederum seinen angemessenen Platz, ohne zur leeren Worthülse im Anforderungsprofil von Führungskräften zu verkommen.

Die Ungewissheit in Gewissheit verwandeln

Diese Umdeutung des Stellenwerts von Ungewissheit wird durch eine zentrale organisationstheoretische Einsicht gestützt. Organisationen zählen zu jenem Typus sozialer Systeme, die geradezu darauf spezialisiert sind, ihr Festgelegtsein durch die Vergangenheit bzw. durch ganz bestimmte, eingerastete Zukunftsvorstellungen zu unterbrechen. Sie bedienen sich dafür der Möglichkeit des Entscheidens. Organisationen produzieren in jedem Moment Situationen, in denen die Dinge anders gemacht werden können als bislang. Die Gegenwart ist damit potenziell in jedem Moment der Beginn einer neuen Geschichte. Das Verpassen dieser Chance für Weichenstellungen zählt zu den Todsünden in Organisationen. Diese können natürlich immer erst im Nachhinein festgestellt werden, also retrospektiv, wenn die Zukunft bereits Vergangenheit geworden ist. Durch das Entscheidenkönnen wird die Vergangenheit ihrer Bestimmtheit beraubt. Bislang Bewährtes legt nicht mehr fest, und die Zukunft verliert ihr Unbestimmtsein. Man will ja in Abgrenzung zum Bisherigen etwas Bestimmtes erreichen. Organisationen leben gleichsam von dieser Form der eigenen Reproduktion. Sie sind dazu da, im Prozess des Entscheidens Ungewissheit in Gewissheit zu verwandeln, um auf der Basis dieser selbstgeschaffenen Orientierung die eigene Handlungsfähigkeit im Sinne eines stetigen Sich-Ermöglichens neuer Freiheitsgrade immer wieder zu erneuern (zu dieser Fähigkeit von Organsationen, die Wirkungsrichtung des eigenen Festgelegtseins von der Vergangenheit auf Zukunft umzupolen, vgl. insbesondere Luhmann 2000).

Strategieentwicklung ist nichts anderes als die konsequente Systematisierung dieses Grundsachverhaltes. Sie bringt jene Entscheidungsprämissen hervor und sorgt gleichzeitig für ihre Korrekturfähigkeit, die Unternehmen brauchen, um im alltäglichen Vollzug ihrer Leistungsprozesse nicht ständig ungelöste Grundsatzfragen über ihre geschäftspolitische Ausrichtung und die damit verfolgten Ziele mitbearbeiten zu müssen.

Dabei muss man sich im Klaren sein, dass die Grundlagen für diese Entscheidungsprämissen in zweifacher Weise aus einer prinzipiell nicht versiegenden Quelle der Unsicherheit gewonnen werden müssen. Sowohl die Orientierung in der Sache (mit welchem Leistungsangebot wollen wir in einem nicht wirklich durchschaubaren Marktgeschehen reüssieren?) als auch die Orientierung in der Zeit (wie werden sich die für unser erfolgreiches Überleben entscheidenden Parameter in der Zukunft entwickeln?) gilt es auf dem gemeinsamen Nenner des Nichtwissens zustande zu bringen. Diese beiden Dimensionen (Umwelt und Zukunft), an denen sich jeder Strategieprozess abarbeiten muss, treten heute zueinander hinsichtlich ihres Ungewissheitspotenzials in ein seltsames Steigerungsverhältnis. Wir erleben sowohl die aktuelle Dynamik in den für unsere Unternehmen relevanten Umwelten als zunehmend turbulenter und unkalkulierbarer als auch die Frage, wohin uns die gemeinsame Reise in die Zukunft letztlich führen wird, als immer schwerer zu prognostizieren. Genau diese Grunderfahrung eines wechselseitigen Steigerungsverhältnisses von Quellen des Nichtwissens macht Strategieentwicklung heute weniger zu einem Problem des Errechnens richtiger Lösungen, sondern zu einer Frage des kreativen Erfindens einer attraktiven Zukunftsperspektive, die nur durch die Übernahme eines erheblichen unternehmerischen Risikos zu gewinnen ist. Der Schaffungsprozess einer erstrebenswerten geschäftspolitischen Identität, auf die ein Unternehmen sich künftig hinentwickeln will, fußt wie gesagt auf einem subtilen Wissen im Umgang mit Nichtwissen, ein Umgang, der aus unserer Sicht den eigentlichen Kern des Unternehmerischen ausmacht. Damit plädieren wir in der berühmten Gegegenüberstellung des tieferen Sinns von Strategie von »fit« einerseits (im Sinne einer Passung von Unternehmen und Marktdynamik) und »stretch« andererseits im Sinne einer Dehnung seines Leistungsvermögens auf ein attraktives Zukunftsbild hin unmissverständlich für letzteres (in enger Anlehnung an die Position von Hamel/Prahalad 1997).

Unternehmer waren immer schon Experten im Umgang mit Nichtwissen. Deswegen legen wir so viel Wert darauf zu betonen, dass Strategieentwicklung als Führungsdimension die konsequente Wiedereinführung des Unternehmerischen ins Unternehmen bedeutet und nicht dessen Eliminierung, wie dies die Denkansätze des tradierten strategischen Managements nahelegten, weil der Aspekt des Unternehmerischen im Rationalitätsparadigma nicht wirklich unterzubringen ist.

Die Zukunft kreativ selbst erschaffen

Geht man mit dieser Umdeutung der Funktion von Ungewissheit an das Problem der Zukunftsbewältigung heran, dann ändert sich auch die Art und Weise, wie ein Unternehmen sein eigenes Verhältnis zu seinen relevanten Umwelten definiert. Während man früher eher danach trachtete, Strategieentwicklung dafür zu nutzen, Unternehmen besser an gegebene Umweltbedingungen anzupassen, so hat sich in der Zwischenzeit die Betrachtungsweise eher umgekehrt. Nicht die Angepasstesten überleben, sondern diejenigen, denen es gelungen ist, sich in wichtigen Leistungsdimensionen eine Einmaligkeitsstellung zu erobern, jene also, die aktiv ihren eigenen Markt mit hervorgebracht haben und dessen Entwicklung und Spielregeln entscheidend mitprägen. Hinter diesem Perspektivenwechsel steht die Einsicht, dass Unternehmen durch ihre eigenen geschäftlichen Aktivitäten die für sie relevanten Umwelten mithervorbringen. Sie schaffen sich im täglichen Austausch mit den Kunden, Lieferanten und anderen Systempartnern ein ganz bestimmtes Markenimage, im Sinne von stabilen Erwartungsstrukturen, die sie durch ihr Weitertun entweder bestärken und weiter aufladen oder beschädigen. Was dadurch entsteht, ist immer eine Umwelt bezogen auf ein ganz bestimmtes Unternehmen. Beide Seiten der Unterscheidung erzeugen sich wechselseitig. Unternehmen prägen daher im Laufe ihrer Existenz in ihrem Inneren Strukturen und Routinen aus, sie bauen Fähigkeitspotenziale auf (organisational capabilities), die diesen aktiven Auseinandersetzungsprozess mit den für ihr Überleben wichtigen Umwelten widerspiegeln. Diesen wechselseitigen Hervorbringungsprozess von System und Umwelt kann man ausschließlich seiner eigentümlichen evolutionären Dynamik überlassen oder in einem gewissen Rahmen gezielt gestalten. Letzteres ist heutzutage der eigentliche Gegenstand von Strategieentwicklung (eine ähnliche Position vertreten auch Roberts 2004 sowie Doz/Kosonen 2008).

Strategieentwicklung als Rahmen für den Selbsterschaffungsprozess

Strategieentwicklung dient aus unserer Sicht dazu, diesem ständigen Selbsterschaffungsprozess einen bewussten Rahmen zu setzen. Sie ist der Ort, an dem der eingeschwungene Zustand eines Unternehmens in seinem Verhältnis von Innen und Außen angesichts erwartbarer Veränderungen in den relevanten Umwelten und den damit verbundenen Chancen und Risiken auf den Prüfstand gestellt wird. Vor dem Hintergrund dieses gründlichen Prüfungsprozesses kommen Unternehmen zu ganz bestimmten Festlegungen ihrer eigenen Identität sowie der dazu passenden Entwicklungsziele, mit deren Hilfe die angestrebte Zukunft erreicht werden soll. In der Regel sind dies Festlegungen, die einen deutlichen Unterschied zum aktuell realisierten Entwicklungsstand eines Unternehmens bedeuten. Strategien schaffen damit bewusst Differenzen. Sie unterscheiden den aktiv angestrebten Zukunftsentwurf von sich selbst gegenüber dem, was andernfalls ohne eine solche gemeinsame Weiterentwicklungsanstrengung einträte. Genau dieses aktive Anstreben einer selbstgewählten künftigen Identität, die den aktuellen Zustand eines Unternehmens unter Veränderungsdruck bringt, macht den entscheidenden Unterschied aus zu eher evolutionären Strategiekonzepten, die dazu tendieren, dezentral bereits bewährte Innovationen im Nachhinein als Strategie zu verkünden. Nur das gezielte Aufmachen der angesprochenen Differenzen kann innerhalb des Unternehmens der Ausgangspunkt eines in der Gegenwart eingeleiteten Selbstveränderungsprozesses sein, der genau jene unternehmensinternen Strukturen, Prozesse und Leistungspotenziale weiterentwickelt, die die Realisierung der angestrebten künftigen Identität ermöglichen. Strategieentwicklung ist demnach jener bewusst gestaltete Managementprozess, der den Spannungsbogen zwischen gegenwärtig realisierter und künftig angestrebter Identität immer wieder von Neuem erzeugt und damit rund um das in der Realität gelebte Businessmodell die Lernfähigkeit des Unternehmens sicherstellt. In diesem Sinne ist Strategiefindung keine einmalige Angelegenheit, angesichts deren Ergebnisse man sich auf Jahre hinaus wiederum ausschließlich den operativen Fragen widmen kann. Sie ist eine Systemfähigkeit im Sinne einer personenunabhängigen »organizational capability« (zu diesem Begriff vgl. Schreyögg/Kliesch-Eberl 2008), die dem Management routinemäßig zur Verfügung steht.

Periodische Anlässe zur Selbstreflexion

Das Aufspannen von grundlegenden Differenzen durch im System verankerte strategische Festlegungen besitzt darüber hinaus noch eine weitere Funktion. In Strategieentwicklungsprozessen geht es unter anderem auch darum, ein Unternehmen zur expliziten Profilierung von Erwartungshorizonten bzw. zu periodischen Korrekturen derselben zu befähigen. Denn nur an Erwartungen bzw. an daran geknüpfte Ziele und an deren Bestätigung bzw. Enttäuschung kann die eigene Situation eingebettet in eine komplexe Umwelt abgelesen werden. Das heißt, im Prozess der Strategieentwicklung werden erst jene Sehwerkzeuge geschaffen, die die eigene Entwicklung in einer nicht kalkulierbaren Umwelt beobachtbar machen. Mit dem Erarbeiten ausgereifter Vorstellungen, in welche Richtung ein Unternehmen sich hineinentwickeln will, verschafft es sich ausreichend sensible Antennen für Unerwartetes, für überraschende Neuentwicklungen, für plötzliche Brüche. Nur darüber wird ein System feinfühlig genug für zufällige Ereignisse von strategierelevanter Bedeutung. Voraussetzung für die Funktionstüchtigkeit solcher Sehwerkzeuge ist allerdings, dass die getroffenen strategischen Festlegungen in das Selbstbeobachtungsprogramm für das operative Geschehen (z. B. in die Zielvereinbarungsprozesse, in die Balanced Scorecard etc.) eines Unternehmens konsequent mitaufgenommen werden. Ist dies der Fall, dann versorgt sich ein Unternehmen mit jenem Wissen, mit dessen Hilfe es entscheiden kann, welchen beobachteten Umweltentwicklungen es letztlich Sinn verleihen will und welchen nicht.

Das Ergebnis eines gelungenen Strategieentwicklungsprozesses besteht folglich sowohl in der Neudefinition des eigenen Existenzgrundes als Unternehmen (weswegen gibt es uns? Welche Kundenprobleme lösen wir?) als auch der angestrebten Ziele (Ertrags- und Wachstumsziele) letztlich auch in der Festlegung der wichtigsten Schritte auf dem Weg dorthin (Produktpolitik, Kooperationen, Markenpolitik, neue Geschäftsfelder, etc.). In diesem Sinne erzeugen solche Prozesse die zentralen geschäftspolitischen Entscheidungsprämissen, die ein Unternehmen braucht, um bei allen Unwägbarkeiten des Alltags eine sinnstiftende Fokussierung aufrechterhalten zu können. So entsteht Nachhaltigkeit in der eigenen Entwicklung. Gleichzeitig gilt es aber, genau diese Entscheidungsprämissen in periodischen Abständen immer wieder auf den Prüfstand zu stellen und sie angesichts beobachteter Veränderungen revisionsfähig zu halten. Versteht man Strategieentwicklung in dem hier explizierten Sinne, dann ist klar, dass es sich dabei nicht um eine anlassbezogene Veranstaltung von Experten handeln kann. Ziel muss es sein, einen hierarchieübergreifenden Managementprozess zu bauen, der in der Lage ist, die angesprochenen Orientierungsleistungen kontinuierlich hervorzubringen und sie organisch mit den Führungsprozessen des operativen Geschäfts zu verzahnen.

Die Strategieentwicklung als zentraler Hebel für die Lernfähigkeit eines Unternehmens

Diese Art von Strategieentwicklung ist der Kernbaustein dessen, was wir mit der Lernfähigkeit von Organisationen meinen (dazu ausführlicher Wimmer 2007). Sie mobilisiert rund um die Existenzfragen des Unternehmens immer wieder Entscheidungsnotwendigkeiten zur Bearbeitung der Differenz Lernen oder Nichtlernen als Organisation:

- In welchen Punkten halten wir an bislang Bewährtem fest, auch wenn es den einen oder anderen Hinweis auf Veränderungsnotwendigkeiten gibt?
- In welchen Dimensionen wollen wir uns jedoch ernsthaft verändern, um uns auf das angestrebte Zukunftsbild konsequent hinzuentwickeln und um für neue Herausforderungen in unseren relevanten Umwelten antwortfähig zu bleiben?

Diese Art von Lernfähigkeit hält die Spannung zwischen einer Ausrichtung an den aktuellen Erfolgsbedingungen und denen, die man für die Zukunft erwartet, aufrecht. Das Lebendighalten dieses Spannungsbogens sorgt sowohl für die Vertiefung der bereits entwickelten als auch für den gezielten Aufbau neuer Kernkompetenzen.

Vor dem Hintergrund des hier in einer ersten Annäherung skizzierten Strategieverständnisses ist der Aufbau des vorliegenden Buches zu verstehen.

Zum Aufbau dieses Buches

Wie bereits ausgeführt, richten sich diese Ausführungen an Berater und an Entscheider, eine Lesergruppe, der wir sowohl praktische Anregungen für die konkrete Strategieentwicklung als auch eine theoretische Fundierung ihrer Strategiearbeit anbieten möchten.

Es liegt auf der Hand, dass für diese Leser ein Buch über ein neuartiges Prozessmuster der Strategieentwicklung kein triviales Vorhaben sein kann. Mehrere Ebenen mussten miteinander verwoben werden.

Eine Orientierung in der aktuellen Strategiediskussion

Die Disziplin der Strategie ist dadurch gekennzeichnet, dass eine nahezu unüberschaubare Anzahl an Publikationen zu diesem Thema vorzufinden ist. Die Stellung des strategischen Managements als »Königsdisziplin des Managements« bringt es mit sich, dass viele Autoren sowohl aus dem Wissenschaftssystem als auch aus der Beraterzunft ihre Beiträge zur Weiterentwicklung dieser Disziplin leisten. Es handelt sich dabei um Konzepte, die in sehr unterschiedlicher Qualität und auf sehr unterschiedlichen Abstraktionsebenen Impulse zu diesem zentralen Managementthema geben.

Auch wenn wir Strategieentwicklung für eine höchst individuelle Systemleistung halten, erscheint es uns schon aus Diagnosezwecken sinnvoll, diesbezüglich nach Grundmustern der unterschiedlichen praktischen und theoretischen Herangehensweise zu suchen. Im ersten Hauptkapitel »Die Spielarten der Strategieentwicklung« versuchen wir eine Orientierung über die verschiedenen theoretischen und praktischen Zugänge zur Strategiedebatte aus unserer Sicht zu leisten. Denn trotz der unbestrittenen Vielfalt möglicher Zugänge lassen sich unserer Beobachtung einige unterscheidbare Grundtypen der Bewältigung von Zukunftsfragen erkennen, die ihre jeweiligen ganz spezifischen Vor- und Nachteile aufweisen. Wir wählen hier bewusst eine deskriptive Herangehensweise, die sich in die Tradition der Prozessforschung eingebettet sieht und das Erkenntnisinteresse und die Neugierde der Bewegung »Strategy as Practice« teilt (dazu Johnson/Langley/Melin/Whittington 2007).

Konzeption des Prozessmusters der systemischen Strategieentwicklung

Wie vorher ausgeführt, zeigt sich, dass viele dieser strategischen Prozessmuster angesichts der beschriebenen einschneidenden Veränderungen im wirtschaftlichen Umfeld seit den späten 1980er-Jahren der aktuellen Steuerungsproblematik in den Unternehmen nicht mehr entsprechen. Eine schnelllebige Welt mit plötzlichen Brüchen scheinbar stabiler Marktkonstellationen erfordert auch neue Formen der Strategieentwicklung (ähnlich auch Doz/Kosonen 2008).

Wir nennen dieses Prozessmuster »systemische Strategieentwicklung«. Systemisch deshalb, weil damit eine gezielt entwickelbare organisationale Fähigkeit des Unternehmens als System in der Bewältigung der immer weniger berechenbaren Umwelten erforderlich ist. Aus den Überlegungen der angewandten Sozialforschung – hier speziell der systemischen Organisationsberatung – und der neueren Systemtheorie konzeptualisieren wir in diesem Buch ein systemisches Prozessmuster der Strategieentwicklung: Ein Denkinstrumentarium, das uns besonders geeignet erscheint, trotz der aktuellen Herausforderungen der Markt- und Wettbewerbsdynamik Orientierung im Unternehmen zu stiften.

Bewährte Modelle des strategischen Managements

Neben dem nicht immer ganz einfachen Denkinstrumentarium der Systemtheorie benötigen Berater und Entscheider in Strategieprozessen aber auch ganz handfeste Konzepte von strategischen Interventionen. Die Disziplin des strategischen Managements hat eine Reihe ganz brauchbarer Analysehilfen und Plausibilitätsmodelle entwickelt. Konzepte, die einerseits aus der Welt der Wissenschaft und andererseits aus der Beratungspraxis entstanden sind. In diesem Buch haben wir in den Kapiteln »Die strategische Analyse« und »Die Zukunft erfinden« die aus unserer Sicht bekanntesten und anregendsten dieser Modelle als praktische Unterstützung für den Leser zusammengefasst.

Für uns haben solche »Denklandkarten« eine nützliche Sparringfunktion, um sich mit unterschiedlichsten und manchmal auch ungewohnten Perspektiven einer spezifischen strategischen Situation eines Unternehmens auseinanderzusetzen. Solche Modelle helfen, eigene »blinde Flecken« zu erkennen und manchmal neue ungewohnte Anregungen zu gewinnen. Allerdings sind diese Strategielandkarten nicht als triviale Checkliste für die ungeprüfte Übertragung auf die eigene Unternehmenssituation, sondern als Anregungen für die kritische Auseinandersetzung in Managementteams gedacht.

Ein »Instrumentenkoffer« für die strategische Diskussion

Im Laufe der letzten Jahre haben wir mit einer Vielzahl an Tools experimentiert. Viele davon helfen, die strategische Diskussion im Unternehmen zu stimulieren. Wir haben vor allem im Analysekapitel einige Instrumente aufgenommen, die wir für die systematische Auseinandersetzung mit den zentralen strategischen Fragen als besonders fruchtbar erlebt haben (eine Vertiefung dieser Toolbox findet sich bei Nagel 2006).

Praktische Fallbeispiele

Die verschiedenen Modelle und Instrumente erschließen sich dem Leser nicht immer von selbst. Daher haben wir besonders wichtige Konzepte mit praktischen Erfahrungen aus konkreten Unternehmen illustriert. Bei der Zusammenstellung einiger dieser Fallbeispiele hat uns Alexander Nicolai von der Universität Witten-Herdecke tatkräftig unterstützt (inzwischen an der Universität Oldenburg tätig).

Um die mehr praktisch orientierten Teile dem Leser schnell zugänglich zu machen, haben wir die Anwendungsinstrumente in diesem Buch sich optisch unterscheidend dargestellt.

Prozessanlagen zur Entwicklung und zur Implementierung einer Unternehmensstrategie

Sowohl für Berater als auch für die Führungskräfte ist die Art und Weise, wie die relevanten Personen und Systeme miteinander in Kommunikation treten, ausschlaggebend für die Wirksamkeit der Zukunftsbewältigung.

Wir haben in diesem Buch einige jener Prozessarchitekturen aufgenommen, die wir in den letzten Jahren für die Praxis als nützliche »Prozesslandkarten« entwickelt haben.

Die »osb-Strategieschleife« ist für uns ein idealtypischer Managementprozess, der die zentralen Schritte einer fundierten Strategieentwicklung abbildet. Diese Vorgehensweise ist natürlich nicht als triviale Abfolge von einzelnen Arbeitsschritten im Strategieteam zu verstehen, sondern als praxisbewährte Prozessanlage, die im Einzelfall auf die jeweilige Unternehmenssituation maßzuschneidern ist. Wir haben die Erfahrung gemacht, dass diese Bearbeitungsarchitektur dem Bedürfnis von Managern, aber auch von Beratern entgegenkommt und ein Stück Sicherheit im Umgang mit Unsicherheit vermittelt – ohne allerdings simple Erfolgsrezepte zu suggerieren.

Neben der Entwicklung der Unternehmensstrategie stellt die Umsetzung der getroffenen Festlegungen höchste Anforderungen an die handelnden Personen. Denn die Implementierung einer Strategie erfolgt nicht im klinisch reinen Labor, sondern »bei laufendem Motor« eines Unternehmens. Für die spezifischen Anforderungen dieser Umbauprozesse haben wir unsere Erfahrungen mit der Prozessarchitektur von Transformationsprozessen im Kapitel »Der strategische Umbau« gebündelt.

Im abschließenden Kapitel »Implementierung des strategischen Managementprozesses« steht die Verankerung des Führungssystems eines strategischen Managementprozesses selbst im Fokus. Das Buch schließt mit einer Zusammenfassung jener Faktoren, die für die Implementierung eines Managementprozesses von besonderer Bedeutung sind. Diese Praxiserfahrungen haben wir abschließend zu einem »osb-Implementierungsnavigator« zusammengefasst. Dieses qualitative Controllinginstrument hilft, die Implementierungschancen aber auch mögliche kritische Punkte für ein Unternehmen frühzeitig zu erkennen.

Sprachlich pendelt dieses Buch daher zwischen den verschiedenen Abstraktionsebenen: Von einer theoretischen Fundierung des systemischen Strategieprozessmusters bis zu ganz praktischen Werkzeugen und Checklisten. Bei der stilistischen Integration dieser unterschiedlichen Ebenen hat uns Frau Dr. Kristina Zettl mit ihrer professionellen Expertise geduldig begleitet. Bei der Endfertigung der verschiedenen Abbildungen und des Manuskripts hat uns Frau Alexandra Timmermann tatkräftig unterstützt. Für die technische Betreuung der überarbeiteten Neuauflage hat sich Ulrike Fahrner außerordentlich verdient gemacht.

SPIELARTEN DER STRATEGIEENTWICKLUNG

Kein »one best way«

Man kann davon ausgehen, dass es in der Frage der Zukunftsorientierung von Organisationen keinen »one best way« gibt. Jedes Unternehmen entwickelt im Zuge seiner Geschichte seine eigene Art und Weise, mit Zukunftsfragen umzugehen. Auch wenn diese Praxis nicht immer »Strategie« genannt wird, erfüllt die Auseinandersetzung mit den Fragen: »Wozu ist man als Unternehmen da?« und »Wie soll es in Zukunft mit dem Unternehmen weitergehen?« »Welche Ziele verfolgen wir mit unseren geschäftspolitischen Aktivitäten?« dennoch die Funktion einer strategischen Orientierung.

Wenn man so will, gibt es eigentlich kein erfolgreich am Markt bestehendes Unternehmen, das nicht so etwas wie eine Strategie verfolgt und dementsprechend über bestimmte, wenngleich oft unausgesprochene Praktiken verfügt, wie es zu seinen strategischen Festlegungen kommt und diese verändert. Natürlich kann man immer darüber diskutieren, ob diese in der Praxis eingespielten Muster der Zukunftsbewältigung angemessen sind, ob sie für die anstehenden Herausforderungen taugen, und ähnliche Fragen mehr (diese beschäftigen die Forschungsrichtung »Strategy as Practice«; dazu Johnson, u.a., 2007).

Uns ist es wichtig, an dieser Stelle zu betonen, dass wir es nicht für sinnvoll halten, den Begriff »Strategie« ausschließlich für eine ganz bestimmte, normativ definierte Vorgehensweise zu reservieren, deren Ergebnisse in Form eines Strategiepapiers vorzeigbar sind. Die für jedes Unternehmen spezifische Art des Umgangs mit der eigenen Zukunft ist stets aufs engste mit anderen zentralen Unternehmensfragen verwoben:

- Mit den gewachsenen Führungsstrukturen und der zugrunde liegenden Führungsphilosophie, d.h. also abhängig von den jeweiligen Governanceverhältnissen. So wird Strategieentwicklung in einem von den Eigentümern geführten Familienunternehmen in der Regel anders praktiziert als in einer großen börsennotierten Publikumsgesellschaft oder in einem genossenschaftlich strukturierten Verbundnetzwerk.
- Mit dem Organisationstypus. Unternehmen der öffentlichen Hand weisen ganz andere Herausforderungen und Bearbeitungsformen in ihrer Zukunftsbewältigung auf als etwa Nonprofit-Organisationen oder primär professionsgeprägte Organisationen wie große Anwaltskanzleien, Forschungseinrichtungen und Beratungsgesellschaften (zu diesen Unterschieden vgl. insbesondere Johnson/Scholes 2002, S. 28ff).
- Mit der internen Organisationsstruktur und den damit verbundenen Entscheidungskompetenzen. So spielt es eine zentrale Rolle, ob man es mit einem stark dezentralisierten Unternehmen mit sehr heterogenen Geschäftsfeldern zu tun hat oder mit einem auf ein ganz bestimmtes Leistungsgebiet fokussierten Unternehmen.

- Mit der Veränderungsdynamik des Umfeldes, mit den Besonderheiten der jeweiligen Branche, mit der Dauer des Produktzyklus, mit der Innovationsrate, den Mitbewerbern und der eigenen Position in dieser Konstellation.

Die Bewältigungsmuster, die für das eine Unternehmen in einer bestimmten Phase erfolgreich waren, müssen für andere keine Gültigkeit besitzen. Die enge strukturelle und kulturelle Verflechtung mit anderen zentralen Dimensionen der Organisation macht es gefährlich, erfolgreiche »Rezepte« ohne Berücksichtigung ihres Kontextes auf andere Unternehmen und Organisationstypen zu übertragen.

Trotzdem ist es sinnvoll, über Strategieentwicklung gezielt nachzudenken und nach Grundmustern zu suchen, mit deren Hilfe Unternehmen gelernt haben, mit der unausweichlichen Ungewissheit von Zukunft und den daraus resultierenden Existenzfragen erfolgreich umzugehen. Angesichts der weitverbreiteten Tendenz, mit dem Begriff Strategie nur ganz bestimmte Konzepte zu belegen, ist es uns mit Blick auf die Praxis wichtig, diese Führungsdimension von ihren normativen Implikationen zu befreien und aufzuzeigen, dass jedes Unternehmen im Laufe seiner Geschichte ohnehin seine ganz individuelle Form der Zukunftsbewältigung ausprägt. Wäre dies nicht der Fall, könnte es seine weitere Existenz nicht erfolgreich sichern.

Auch wenn wir Strategieentwicklung in diesem Sinne für eine höchst individuelle Systemleistung halten, mit deren Hilfe sich Unternehmen voneinander unterscheiden, erscheint es uns schon aus Diagnosezwecken sinnvoll, unterschiedliche, in der Praxis häufig zu beobachtende Grundmuster zu identifizieren. Aus der unbestrittenen Vielfalt möglicher Spielarten lassen sich unserer Beobachtung nach vier Grundtypen herausarbeiten und in ihren Eigenheiten beschreibbar machen. Die Zuordnung erfolgt dabei nach typischen, klar unterscheidbaren Formen der Unsicherheitsbewältigung.

Vier deutlich zu unterscheidende Grundmuster

Welche Beobachtungen haben uns bei der Identifikation der im Folgenden näher beschriebenen Typen unternehmerischer Zukunftsbewältigung besonders angeleitet? Welche Fragen haben uns zu der für uns ausschlaggebend gewordenen Differenzierung geführt?

Wir haben tiefer liegende Entscheidungsstrukturen gesucht, in denen ein Unternehmen seine Identität findet und seine existenziellen Zukunftsfragen bearbeitet. Wir haben nach Formen geforscht, in denen die Grundannahmen über geschäftliche Erfolge und Misserfolge ihren Niederschlag finden, in denen Weichenstellungen von größerer Tragweite und Bedeutung für die Zukunft vorgenommen werden und die als Prämissen für das Tagesgeschäft dienen. Die aus diesen Untersuchungen gewonnenen charakteristischen Unterschiede haben wir zur genaueren Profilierung der Typen miteinander kombiniert.

In diesem Sinne lassen sich zum einen implizite und explizite Formen der Strategieentwicklung unterscheiden. Beantwortet die Organisation Fragen der Zukunftsbewältigung eher auf implizite Weise, d.h. durch ein miteinander Tun auf der Grundlage eines unterstellten gemeinsamen Verständnisses, das selbst nicht Gegenstand von Kommunikatioin werden muss, oder schildert sie Entscheidungsprozesse unter dem Titel Strategieentwicklung ausdrücklich aus und schafft dafür eigene, explizit darauf spezialisierte Bearbeitungsprozesse? Zum anderen spielt es eine Rolle, an welcher Stelle im Unternehmen und durch wen diese grundlegenden Existenzfragen entschieden werden. Geschieht dies durch Funktionsträger wie den Unternehmer oder durch Strategieexperten, die sich selbst gleichsam außerhalb der Organisation wähnen und in Zwiesprache mit sich selbst zu bestimmten Entscheidungen kommen? Oder wird Strategieentwicklung als integrierter Teil des Organisationsgeschehens betrachtet, als ein Managementprozess, der die unabdingbaren Entscheidungsprämissen für das operative Geschehen hervorbringt?

Setzt man diese beiden Grundunterscheidungen miteinander in einer Matrix in Beziehung, kann man vier Spielarten der Strategieentwicklung definieren, die jeweils spezifische Vor- und Nachteile für die Bewältigung des prinzipiell unsicheren Zukunftshorizonts eines Unternehmens in dieser Auseinandersetzung mit seinen relevanten Umwelten und deren Veränderungsdynamik aufweisen.

Wo und durch wen findet Strategieentwicklung statt?	**Formen der Strategiefindung** ***implizit***	 ***explizit***
außerhalb der Organisation als Vorgabe für den Managementprozess	intuitive Entscheidungen	expertenorientierte Ansätze
als Leistung innerhalb des Systems, insbesondere innerhalb des Managementprozesses	inkrementale oder evolutionäre Strategien	periodische Strategiereflexion als gemeinschaftliche Führungsleistung

Abb. 1: Spielarten der Strategieentwicklung

In der Regel ist in Unternehmen eine dieser Spielarten dominant ausgeprägt und strukturbildend, was nicht heißt, dass nicht auch die anderen in Teilbereichen oder vorübergehend anzutreffen sind. Es kann durchaus sein, dass Unternehmen im Laufe ihrer Geschichte an bestimmten Stellen ihres Lebenszyklus Musterwechsel vornehmen. Diese sind aber stets mit tiefgreifenden Veränderungsprozessen des Gesamtsystems verbunden. Insofern berühren die eingespielten Muster des Umgangs mit den künftigen Existenzfragen immer die Kernbereiche der historisch gewachsenen Identität einer Organisation. Entsprechend schwer lassen sie sich verändern. Auch hier gilt das Prinzip der Pfadabhängigkeit. Für einen grundlegenden Musterwechsel bedarf es fast immer existenzbedrohender Anstöße, die zu tiefgreifenden Lernprozessen des Gesamtunternehmens Anlass geben.

Unübersichtlichkeit und Unvorhersehbarkeit sind unvermeidbar

Alle vier Grundmuster im Umgang mit Strategiefragen sind auf ihre Art spezifische Versuche, auf zwei grundsätzlich nicht zu vermeidende Herausforderungen zu reagieren: Unternehmen müssen ihr Überleben in einem wirtschaftlichen und gesellschaftlichen Umfeld sichern, dessen Eigendynamik nicht durchschaubar ist. Sie müssen sich auf Feldern, sprich Märkten, behaupten, deren Spieler und Spielregeln immer nur recht unvollständig bekannt sind. Letztlich bleibt die eigene Umwelt in einem hohen Maße intransparent. Es wirken so viele Einflussfaktoren gleichzeitig aufeinander, dass die Reaktionen auf eigene »Strategien« und damit deren Erfolgsaussichten unkalkulierbar bleiben, nicht zuletzt deshalb, weil alle anderen Akteure vor derselben Herausforderung stehen, einander intensiv beobachten, Strategien antizipieren und mit eigenen Spielzügen zu beantworten versuchen.

Darüber hinaus weiß kein Entscheidungsträger mit Sicherheit, was morgen und übermorgen sein wird. Die Zukunft ist und bleibt ungewiss. Überraschende Wendungen sind wahrscheinlicher als schlichte Kontinuität. Unvorhersehbare Brüche schaffen unter Umständen von heute auf morgen radikal veränderte Rahmenbedingungen, die alle bisherigen Erfolgsmuster eines Unternehmens in ihr Gegenteil verkehren können, wie die weltweiten Finanzmarktturbulenzen und ihre fatalen Auswirkungen Ende 2008 ein weiteres Mal vor Augen geführt haben.

Wie kann man angesichts eines weitgehend intransparenten Umfeldes und der Unvorhersehbarkeit künftiger Entwicklungen jenes Maß an Sicherheit und Orientierung gewinnen, das jede Organisation für ihre spezifische Leistungsfähigkeit dringend braucht? Schließlich müssen Entscheidungen fallen, muss Tag für Tag Unsicherheit in Gewissheit verwandelt werden, damit die Organisation als solche handlungsfähig bleibt. Zu dieser Handlungsfähigkeit gehört auch, die internen Leistungsprozesse bis zu einem gewissen Grad zu standardisieren, das heißt, eingespielte Routinen vor Veränderungen zu schützen, um ihre Funktion als spezialisierter Anbieter von Problemlösungen mit der erforderlichen Effizienz wahrnehmen zu können. Ein Unternehmen aufzubauen bedeutet deshalb, schwer revidierbare Festlegungen geschäftspolitischer, organisatorischer und personeller Natur treffen zu müssen, die sich im Nachhinein unter Umständen als nicht tragfähig erweisen.

Wenn man so will, bezeichnet Strategieentwicklung genau jene Führungsdimension, die versucht, mit dieser Paradoxie von Organisationen umzugehen, das heißt, unternehmerische Risiken so zu bearbeiten, dass sie verantwortungsvoll übernommen werden können, ohne sich illusionären Scheinsicherheiten hinzugeben. Denn bewusst eingegangene Risiken laden dazu ein, Strukturen der Beobachtung und Evaluation von Entwicklungen zu bauen, sodass das überraschende »Schlagendwerden« von Risiken verhindert werden kann und die weitere Übernahme solcher Risiken zu verantworten ist, weil eben davon ausgegangen werden kann, dass sie nicht eintreten.

Unternehmen stellen zweifelsohne jenen Typus von Organisationen dar, die diesen Widerspruch wegen ihres direkten Marktbezugs am deutlichsten zu spüren bekommen. Deshalb spielen Strategiefragen dort seit jeher eine besondere Rolle, auch wenn die Auseinandersetzung mit diesen Existenzfragen häufig nicht unter dem Titel Strategieentwicklung laufen. So hat die Entwicklung unseres Wirtschaftssystems auf evolutionärem Wege unterschiedliche Unternehmensformen hervorgebracht, die im Umgang mit der geschilderten Paradoxie höchst individuelle Bewältigungsmuster ausgeprägt haben. Jedes der von uns gebündelten, sehr konträren Prozessmuster ist Ausdruck ganz bestimmter historisch gewachsener Organisationsverhältnisse und damit auch ganz bestimmter Führungs- und Steuerungspraktiken. Jede Ausprägung ist eine spezifische Form, auf die beschriebene Unsicherheit und Komplexität zu reagieren. Es wäre eine eigene Untersuchung wert, genauer zu erarbeiten, wie dies im Einzelfall gelingt und mit welchen speziellen Folgekosten diese unterschiedlichen Lösungsversuche verbunden sind.

Die intuitive Strategieentwicklung

Charakteristika der intuitiven Strategieentwicklung

Vom Grundmuster der intuitiven Entwicklung von Strategien sprechen wir dann, wenn im eigenen Unternehmen eine oder wenige Schlüsselpersonen durch ihre enge Verbindung zum jeweiligen Produkt und zu den Kunden in der Lage sind, aus ihrem impliziten, durch Erfahrung abgesicherten Wissen um die geschäftspolitischen Zusammenhänge die entscheidenden Weichenstellungen vorzunehmen. Bei dieser Spielart steht daher die Person des Entscheidungsträgers im Mittelpunkt, weil ihr vom Rest des Unternehmens ganz selbstverständlich die Verantwortung für die Zukunftssicherung des Ganzen zugeschrieben wird und diese Person auch in der Lage ist, diesen Erwartungen gerecht zu werden.

Erfahrung und Intuition

Unternehmerische Intuition fußt auf einer menschlichen Begabung, die durch lange Übung zu einer außergewöhnlichen Fähigkeit geworden ist, auf die die betroffene

Persönlichkeit in schwierigen Entscheidungslagen zurückgreifen kann, ohne sie genauer explizieren zu können. Solche im konkreten Tun einmal aufgebaute Fähigkeiten stehen den Betroffenen »quasi natürlich zur Verfügung und ermöglichen schnelle und einfache Lösungen für komplexe Probleme« (Gigerenzer 2007, S. 27). Intuition (häufig spricht man auch von »Bauchgefühl«) ist das Ergebnis eines subtilen Zusammenspiels von präzisen Wahrnehmungen in einem vertrauten Umfeld und darauf bezogenen Verarbeitungsprozessen in der menschlichen Psyche. Dieses Zusammenspiel produziert eine Reihe von Faustregeln, die dem besonderen Gespür für Situationen zugrunde liegen und die ständig durch Versuch und Irrtum auf ihre Brauchbarkeit hin evaluiert und weiterentwickelt werden. »Bauchgefühle mögen ziemlich simpel erscheinen, doch ihre tiefere Intelligenz äußert sich in der Auswahl der richtigen Faustregel für die richtige Situation« (Gigerenzer 2007, S. 58). Das intuitive Urteilsvermögen und die damit verbundene, besondere Intelligenz setzt einen regelmäßigen und sehr intensiven Kontakt mit den relevanten Umwelten und den dort anzutreffenden ungelösten Problemstellungen voraus. Dies bedeutet häufige Gespräche mit Schlüsselkunden, mit Lieferanten, mit Mitbewerbern, im Kreis von Unternehmerkollegen aber auch mit allen Know-how-Trägern im eigenen Unternehmen. In diesen regelmäßigen Kontakten verfeinern sich die Wahrnehmungsraster und die daraus resultierenden Situationseinschätzungen, es erfolgen Bestätigungen oder Korrekturen, d. h. ein ständig mitlaufender Evaluationsprozess der zur Anwendung kommenden Faustregeln des Entscheiders. Aus diesen Quellen speisen diese Art von »Professionals« im Umgang mit Unsicherheit und Nichtwissen ihr außergewöhnliches Einschätzungsvermögen und ihre unbeugsame Sicherheit in der Entscheidungsfindung in einem an sich vertrauten Umfeld. Sie wissen was zu tun ist, ohne genauer erklären und begründen zu können warum. Geht allerdings dieser intensive Realitätskontakt verloren oder engt sich der Gesichtskreis und der Beobachtungshorizont des Entscheiders ein, dann schwindet dieses Vermögen und die Treffsicherheit Schritt für Schritt, oft ohne, dass die Betroffenen diesen Qualitätsverlust an sich selbst beobachten können.

Strategische Weichenstellungen erfolgen also aus der großen praktischen Nähe der Unternehmensspitze zum »Geschäft« in all seinen Facetten. Sie wurzeln in ihrer langjährigen Erfahrung und dem untrüglichen Gefühl für geschäftliche Chancen und zu vermeidenden Risiken. Denn erfolgreiche Unternehmen agieren ausgesprochen risikoavers, gerade weil sie wissen, dass ohne Risikoübernahme kein Geschäft zu machen ist. Solche Weichenstellungen erfolgen für die Umgebung der Entscheider häufig recht spontan, auch wenn diese Entscheidungen im Unternehmer schon eine Zeit lang herangereift sind. In diesem Sinn findet ein expliziter Dialog im Unternehmen über relevante Strategiefragen normalerweise nicht statt. Statt dessen tritt der Unternehmer in einen inneren Dialog oder bespricht die Dinge in seiner Familie. Oft kann der Unternehmer den von ihm eingeschlagenen strategischen Weg gar nicht so genau benennen. Er handelt aus der beschriebenen intuitiven Sicherheit heraus, die dem Umfeld ihrerseits die erforderliche Handlungssicherheit in der Umsetzung des eingeschlagenen Weges gibt.

Die dauernde und aktive Suche nach neuen Chancen steht im Vordergrund dieser Form der Strategiearbeit. Der Entrepreneur sucht sein Umfeld ständig nach neuen Möglichkeiten ab: »Es gibt immer wieder neue Geschäftsmöglichkeiten. Geschäfte sind wie die Londoner Busse – der nächste kommt sicher.« (Branson 1986, S. 13)

Eine Persönlichkeit, die Sicherheit vermittelt

Die verschiedenen Methoden, Strategien zu entwickeln, unterscheiden sich wie gesagt darin, wie im Unternehmen mit der unvermeidbaren Unsicherheit im Entscheidungsprozess umgegangen wird. Bei der unternehmerisch-intuitiven Entscheidung nimmt der Unternehmer oder ein vergleichbarer Topmanager diese Unsicherheit auf sich. Aufgrund seiner unbestrittenen Autorität und im Vertrauen auf die bisherigen Erfolge vermittelt er die Sicherheit und das allgemeine Zutrauen, dass seine Entscheidungen auch künftig das erfolgreiche Überleben des Unternehmens garantieren werden. Die Unsicherheitsabsorption in allen Fragen der unternehmerischen Existenzsicherung wird in dieser Spielart also erfolgreich »personalisiert«. Sie wird von der Spitze übernommen. Der Rest des Unternehmens kann von diesen Fragen entlastet seinen operativen Aufgaben nachgehen.

Die Gründungsgeschichte von Compaq

Peter Zacharkiw hielt sich nicht mit langen Marktrecherchen auf. Er inserierte in der Washington Post, um seinen Computer an den Mann zu bringen, und bekam über 50 Anrufe. Schließlich verkaufte er das Gerät mit Gewinn. So kam ihm der Gedanke, möglicherweise auch 50 Computer verkaufen zu können, und er entschloß sich, zu Hause einen Computerhandel aufzuziehen:
»Zuerst verkauften wir nur an die Leute, die sich auf die Anzeigen meldeten. Aber diese Leute arbeiteten für Unternehmen, und diese sagten zu ihren Einkaufschefs: ›Also, hört mal, ich weiß, wo man die Dinger bekommt.‹ Alles beruhte nur auf Empfehlungen. Mein Service war einfach weit besser als der Service der anderen.« Als die Kunden begannen, Compaq-Computer zu verlangen, kam das Geschäft richtig in Schwung. »Wir agieren nicht von uns aus, sondern reagieren auf die Wünsche der Leute.« »Das Geschäft kommt zu uns, und wir reagieren. Ich hatte nie einen Unternehmensplan.«
(Bhide 1994, S. 152)

Theoretische Grundlagen des intuitiven Ansatzes

Die ersten wissenschaftlichen Wurzeln dieser Spielart, bei der einer Unternehmerpersönlichkeit die herausragende Funktion zugewiesen wird, finden sich in der Volkswirtschaftslehre: Neben Karl Marx, der auf die treibende Kraft des Unternehmensgründers für wirtschaftliche und technische Veränderungen hinwies, stellte Joseph Schumpeter den Unternehmer in den Mittelpunkt der wirtschaftlichen Dynamik. Er führte den berühmten Begriff der »schöpferischen Zerstörung« ein. Für ihn lag der Schlüssel der Innovation in der Zerstörung des Alten und in einer neuartigen Kombination oder in seinen Worten »im andersartigen Tun von Dingen, die andersartig bereits getan wurden« (Schumpeter 1947).

Es war sein Verdienst, die besondere Kraft jenseits der ökonomischen Rationalität herauszuheben, die dem schöpferischen Potenzial des Unternehmers entspringt (Schumpeter 1950, S. 10ff.). Sein Entrepreneur passt sich nicht passiv den gegebenen Marktdaten an, sondern gestaltet aktiv Neues. Der »Schumpeter-Unternehmer« durchbricht das wirtschaftliche Gleichgewicht mit der Durchsetzung grundlegend neuer Kombinationen von Ressourcen zur Befriedigung nicht gesehener Kundenbedürfnisse und erzielt dadurch Gewinne. Sein Motiv ist nicht das Streben nach Gewinn oder die Befriedigung von Bedürfnissen, sondern die Freude am Gestalten, die sich in dem »schöpferischen Tun des Künstlers« (Schumpeter 1947, S. 151) wiederfindet (zur außergewöhnlichen Rolle Schumpeters vgl. McCraw 2008).

In der neueren Managementlehre ist es vor allem Peter Drucker (1970), der in seinen zahlreichen Arbeiten diese Gedanken aufgreift und den unternehmerischen Akt, das Wagnis wirtschaftlicher Risiken, in den Mittelpunkt des Aufgabenprofils der Unternehmensführung rückt.

Das Pionierunternehmen als dominanter Organisationstyp

Die intuitive Entscheidungsspielart ist häufig in Familienunternehmen der ersten Generation anzutreffen, solange Eigentümerfunktionen, oberste Unternehmensführung und Familienoberhaupt in einer Hand vereint sind. In späteren Phasen des Lebenszyklus von Familienunternehmen entwickeln sich zumeist differenziertere Strukturen sowohl in der Unternehmensführung als auch im Gesellschafterkreis, die eine grundlegende Änderung in der Corporate Governance erzwingen. In diesen Phasen des Übergangs zu neuen Führungsstrukturen im Unternehmen einerseits und zu geänderten Entscheidungsmechanismen im Gesellschafterkreis kommt es häufig auch zu einem Musterwechsel in der Art der Strategiefindung. In den Pionierzeiten allerdings liegt die ungeteilte Macht noch in den Händen des Gründers oder des Eigentümers an der Unternehmensspitze. Ihm wird die ganze Autorität zugeschrieben, wobei die Quelle dieser Autorität weniger aus den formalen Eigentumsverhältnissen als aus oft jahrzehntelangen Erfolgen gespeist wird. Sein persönliches Charisma erwächst aus dieser Erfolgsgeschichte und verstärkt das Gewicht seines unbestrittenen Einflusses. Ein solcher Pionier ist in der Lage, seine Mitarbeiter mit seiner unternehmerischen Kraft anzustecken und sie zu hohem, aber auch risikobetontem Engagement zu bewegen. Er agiert wie ein Offizier der alten Schule, der mit gezücktem Säbel seinen Truppen vorausstürmt und sie mit seiner Begeisterung mitreißt.

In dieser Spielart hat die Unternehmensspitze die Entscheidungsfunktion in allen Existenzfragen quasi monopolisiert. Die Folge sind einsame Entscheidungen. Im Sinne von Dirk Baecker ist diese Art der Strategiefindung eine »Zwecksetzung aus einer externen Position heraus« (Baecker 1999a). Der Zweck wird außerhalb des Managementsystems entwickelt. Das Unternehmen und der Unternehmer verschmelzen gleichsam miteinander. Sie sind füreinander Mittel und Zweck zugleich und stellen sich wechselseitig mit all ihrer Energie in den »Dienst«. Genau aus dieser engen Koevolution von Unternehmer und Unternehmen resultieren die Besonderheiten dieses Unternehmenssystems, sein außergewöhnliches Leistungsvermögen aber auch seine besonderen Gefährdungspotenziale. Solange die Schlüsselpersonen ihre Marktnische genau im Blick behalten, kann der Rest des Unternehmens bei der operativen Umsetzung relativ beruhigt mitziehen (Wimmer u. a. 2005, S. 113ff).

Soweit in derartigen Strukturen überhaupt vorhanden, agiert das mittlere Management in erster Linie in der Rolle des Vermittlers zwischen dem unternehmerischen Entscheidungsträger und der Belegschaft. Seine Kernfunktion besteht in einer möglichst reibungslosen Umsetzung von Entscheidungen der Unternehmensspitze in das operative Tagesgeschäft. Diese Umsetzung erfolgt im Vertrauen auf die treffsichere Intuition des Entscheidungsträgers oder des Unternehmers. Führungskräfte dieses Typs vermitteln nicht selten den Eindruck einer »eingeschworenen Truppe«, die dem Pionier mit vollem Engagement »fast blind«, das heißt ohne viel eigenes Hinterfragen folgt, auch wenn bei überraschenden Wendungen das eigene Verständnis dafür nicht immer unmittelbar gegeben ist.

Auf diese Weise taucht in solchen Unternehmen das ansonsten sattsam bekannte Umsetzungsproblem bei strategischen Festlegungen gar nicht auf, einer der entscheidenden Wettbewerbsvorteile dieses Unternehmenstypus. Neuerungen von strategischer Tragweite werden – falls erforderlich – rasch entschieden und ebenso rasch umgesetzt. Kurze Entscheidungswege und eine vielfach ganz erstaunliche Umsetzungsgeschwindigkeit sind besondere Kennzeichen dieser Spielart (ausführlich dazu Wimmer u. a. 2005).

Ein starkes unternehmerisch getriebenes Zukunftsbild als zentrales Leitkonzept

Vor allem in der amerikanischen Leadershipliteratur wird ein handlungsleitendes Zukunftsbild und die damit verbundene unternehmerische Kraft gerne als Vision bezeichnet. Eine Vision ist etwas, das eine Organisation in ihrem geschäftlichen Tun, in dem, wofür sie da ist, von allen anderen unterscheidet und sie einzigartig macht. Sie kann in Verbindung mit glaubwürdigen Persönlichkeiten unglaublich starke Kräfte mobilisieren, alle Beteiligten hinter einem Ziel versammeln und das Unternehmen nach außen abgrenzen. Pionierartig ausgerichtete Unternehmen werden in der Regel durch eine solche Vision geprägt, die eng mit einer als charismatisch empfundenen Leitfigur verbunden ist. Dabei spielt es keine Rolle, ob diese Vision schriftlich fixiert ist und in ausgefeilten Leitbildern ihren Niederschlag findet. Dies ist bei Pionierunternehmen äußerst selten anzutreffen. Es reicht völlig aus, wenn es gelingt, den Mitarbeitern ein attraktives Zukunftsbild glaubhaft zu vermitteln, das die Gemeinschaft zusammenschweißt und für das es sich lohnt, besondere Anstrengungen auf sich zu nehmen.

Für Bennis und Nanus ist die mobilisierende Vision ein wesentlicher Bestandteil einer Führungspersönlichkeit:

> »Damit sich eine Führungspersönlichkeit für eine strategische Richtung entscheiden kann, muß sie zuerst ein geistiges Bild eines möglichen und wünschenswerten zukünftigen Zustandes der Organisation entwickelt haben. Dieses Bild, das wir Vision nennen, kann so vage wie ein Traum oder so präzise wie ein Ziel sein. Der entscheidende Punkt ist, daß eine Vision die Vorstellung einer realistischen, glaubwürdigen und attraktiven Zukunft für die Organisation vermittelt, einen Zustand, der in einigen Aspekten besser scheint als das, was bereits vorhanden ist.
> Eine Vision bezieht sich immer auf einen zukünftigen Zustand, der weder zur Zeit existiert noch je existiert hat. Mit einer Vision schlägt eine Führungspersönlichkeit die entscheidende Brücke von der Gegenwart in die Zukunft der Organisation. In diesem Funken liegt die Fähigkeit, Grenzen zu überschreiten. Aus einer Fülle von Bildern, Prognosen und Alternativen eine deutlich artikulierte Vision von der Zukunft zu schaffen, die zugleich einfach, leicht verständlich, eindeutig wünschenswert ist und dem Unternehmen Kraft gibt.« (Bennis/Nanus 1985, S. 143)

Ein solcher, von ganz bestimmten Zukunftsvorstellungen geleiteter Entrepreneur ist durch einen außergewöhnlichen Leistungswillen geprägt. Auf das Unternehmen übertragen heißt das, dass sein kontinuierliches Wachstum, seine ständige Expansion meist ein vorrangiges Ziel ist, ohne allerdings die inhaltliche und wirtschaftlichen Seite der geschäftspolitischen Vision aus den Augen zu verlieren.

In einem Artikel über Jungunternehmer beschrieb dies das Magazin Fortune schon vor vielen Jahren:

> Die meisten jungen Unternehmenschefs wollen lieber aufbauen als organisieren und verwalten. »Expansion ist bei uns eine Art Krankheit«, sagt ein Jungunternehmer. »Sehen wir die Dinge, wie sie sind«, meint ein anderer. »Wir bauen Imperien auf. Unser Zwang, unsere Besessenheit gilt nicht dem Geldverdienen, sondern dem Aufbau unseres Imperiums«. (Fortune 1956, S.143)

Grenzen der intuitiven Strategieentwicklung

Erfolge machen blind

Der zentrale Risikofaktor bei diesem Entscheidungsmuster liegt in der Lernfähigkeit der Unternehmensspitze selbst. Jahrelange Erfolge führen oft zu gering ausgeprägter Selbstreflexion. Es entsteht eine Art von Schutzmechanismus, mit dessen Hilfe sich viele derartige Persönlichkeiten gegen eine Irritation ihres Bildes von der eigenen Größe systematisch immunisieren. Dadurch werden erste Anzeichen von Misserfolgen nicht selten tabuisiert, denn je länger die Erfolgsgeschichte andauert, desto schwieriger ist es, die Erfolgsmuster der Vergangenheit kritisch zu hinterfragen. Veränderte Marktbedingungen werden zu lange ignoriert und können dadurch für das Unternehmen oft viel zu spät handlungsrelevant werden. Gar nicht selten hat dieser Verlust der unternehmerischen Kraft gepaart mit einer persönlichen Uneinsichtigkeit den Niedergang des mühsam aufgebauten Unternehmens zur Folge (die persönliche Tragödie des bekannten deutschen Unternehmers Merckle zu Beginn des Jahres 2009 stellt für diesen Mechanismus nur ein besonders öffentlichkeitswirksames Beispiel dar).

Ungenutzte Führungsressourcen

Ein weiteres Risiko dieses Entscheidungsmusters liegt in der Regel darin, dass viele dieser dominanten Entscheidungsträger ihre strategischen Überlegungen mit niemandem im Unternehmen teilen. Überlebensfragen werden nicht oder allenfalls im kleinen Kreis außerhalb des Unternehmens besprochen. So wird der Pionier zum Hindernis für ein im Zuge des Wachstums unerlässliches Mitlernen anderer Entscheidungsträger im Unternehmen. Über die Jahre entsteht auf diese Weise ein brandgefährliches Führungsvakuum, mit dessen Hilfe der Pionier Gefahr läuft, das erfolgreich Aufgebaute selbst wieder zu zerstören.

Das Tabu der Endlichkeit

Ist erst einmal die Vorstellung des Unternehmens als Verlängerung der eigenen Größenvorstellungen nachhaltig etabliert, dann schließt dies häufig die Tabuisierung der Endlichkeit des Pioniers mit ein. Mit diesem Tabu ist in der Regel eine rechtzeitige Vorsorge für eine tragfähige Nachfolgeregelung blockiert. Bei Ausfall oder Wechsel des Entscheidungsträgers etwa durch Versetzung, Pensionierung, Krankheit oder Tod wird die langjährige Monopolisierung der unternehmerischen Entscheidungsfunktion zum gefährlichen Risiko. Das Unternehmen kann auf keine weiteren Führungsressourcen zurückgreifen und befindet sich in der Gefahr, in eine existentielle Krise zu geraten (vgl. dazu Wimmer/Gebauer 2004).

Der erweiterte Führungskreis

Ein verantwortungsbewusster Unternehmer schützt sich rechtzeitig vor sich selbst, indem er periodisch Strategiediskussionen mit seinen leitenden Mitarbeitern inszeniert, ein Vorhaben, das viel Geduld erfordert, denn der engere Kreis um den Pionier hat sich meist über Jahre daran gewöhnt, dass strategische Fragen »Chefsache« sind. Selbst leitende Angestellte im Umfeld des Unternehmers nehmen eine fachlich-operative Umsetzungsperspektive ein. Nicht selten wird das unternehmerisch ungeübte mittlere Management versuchen, alle unternehmerischen »Zumutungen« an die Spitze zurückzudelegieren (Wimmer u.a., 2005, S. 121ff). Ein falsch verstandenes Sicherheitsbedürfnis und Angst vor der Verantwortung spielen dabei eine ebenso große Rolle wie die Mühen einer neuen, bislang ungewohnten Aufgabe.

Gelingt dieser Lernprozess, verwandelt sich die intuitive Entscheidungsfindung an der Spitze Schritt für Schritt zur vierten Spielart, der systemischen Strategieentwicklung im Managementteam, auf die wir weiter unten näher eingehen werden.

Resümee zur intuitiven Strategieentwicklung

Dieses Muster unternehmerischer Zukunftsbewältigung ist durch intuitive Entscheidungen einer oder weniger Schlüsselpersonen gleichsam »aus dem Bauch heraus«, das heißt ohne aufwendige unternehmensinterne Meinungsbildung und ohne eine umfangreiche Aufbereitung von Entscheidungsgrundlagen, geprägt. In diesem Entscheidungsmodus liegt letztlich gar nichts Geheimnisvolles, obwohl um ihn herum gern viel Mystifikation betrieben wird. Aus der intimen Kenntnis der Eigenlogik des jeweiligen Geschäfts sowie aus einem engen Kontakt zu den Kunden und zum Marktgeschehen entsteht ein »unternehmerisches Gespür«, ein implizites Wissen, aus dem heraus nicht selten weitreichende Weichenstellungen für das Unternehmen vorgenommen werden.

Nichtbeteiligte staunen oft über die Treffsicherheit und den Weitblick, der vielfach solchen scheinbar einsamen und oft spontanen Entscheidungen zugrunde liegt.

In dieser Spielart findet kein expliziter strategischer Dialog im Unternehmen statt; die Unternehmensspitze hat die Verantwortung für die Zukunft geradezu monopolisiert. Das Mittelmanagement agiert dabei in erster Linie als Vermittler der strategischen Entscheidungen des Spitzenmanagers, der meist auch eine Eigentümerfunktion innehat.

In Pionierunternehmen und Familienbetrieben ist die Spielart der intuitiven Strategiefindung regelmäßig zu beobachten. Die etablierte, betriebswirtschaftliche Forschung hat sich dagegen mit dieser in der Praxis durchaus erfolgreichen Form der Zukunftssicherung stets schwergetan, nicht zuletzt deshalb, weil sie zum Kreativ-Schöpferischen unternehmerischer Entscheidungen keinen tragfähigen Zugang gefunden hat. Um solche Phänomene wissenschaftlich zu erfassen, müsste man die gewohnten Rationalitätsprämissen betriebswirtschaftlichen Denkens verlassen. Die in diese Spielart unvermeidlich eingebauten Selbstgefährdungspotenziale zeigen allerdings, dass es von ausschlaggebender Bedeutung ist, dass die Unternehmensspitze rechtzeitig den Zeitpunkt erkennt, an dem ein grundlegender Musterwechsel im Umgang mit strategischen Fragestellungen angesagt ist. Der unternehmensinterne Lernprozess, der erforderlich ist, um in einen anderen Modus der Beschäftigung mit strategischen Herausforderungen zu kommen, ist ohnehin ein langwieriger und sehr risikoreicher.

Die expertenorientierte Strategieentwicklung

Mit der historisch zunehmenden Ausdifferenzierung einer marktwirtschaftlich geprägten Industriegesellschaft entwickelte sich neben dem Eigentümerunternehmer mehr und mehr der Typus des angestellten Topmanagers, der vor allem größere, von den Eigentümern relativ unabhängige Publikumsgesellschaften leitete. Mit derartigen »Manager-Regimen« (Nicolai 2000, S. 85 f.) entstand die Notwendigkeit, Entscheidungen von größerer Tragweite und Risikohaltigkeit in ihrer professionellen Qualität zu legitimieren und rational nachvollziehbar zu machen. Während der Entrepreneur vom Zuschnitt eines Rockefeller, eines Carnegie oder eines Morgan im Kern sich selbst gegenüber verantwortlich war, musste der angestellte Manager den Eigentümern oder deren Repräsentanten erklären, was und warum er etwas so und nicht anders entschieden hatte.

Diesem Legitimationsbedürfnis des Managements gegenüber den Investoren entsprechen die Konzepte der expertenorientierten Strategiemodelle nahezu ideal. An diesem Punkt lässt sich gut zeigen, wie sich die Entwicklung börsennotierter Unternehmen, die sich in erster Linie über den zunehmend an Bedeutung gewinnenden Kapitalmarkt finanzierten, und das Entstehen von auf Strategieberatung spezialisierter Beratungsunternehmen wechselseitig stimuliert haben – unterstützt durch eine entsprechende Ausdifferenzierung der »management sciencies«.

Charakteristika der expertenorientierten Ansätze

Bei der intuitiven Form der Entscheidung ist die Person des Unternehmers für die Bewältigung von Unsicherheit »zuständig«. An ihm hängt zunächst das unternehmerische Risiko. Durch Delegieren dieser Entscheidungen an den Entrepreneur ist der Rest des Managements und des Unternehmens dieser häufig belastenden Verantwortung enthoben und kann sich auf eine effiziente Bewältigung des operativen Geschäfts konzentrieren.

Im Unterschied dazu liegt dem Grundmuster der expertenorientierten Strategieentwicklung die Überzeugung zugrunde, dass die Intransparenz der Markt- und Wettbewerbsdynamik durch den gezielten Einsatz rationaler Analysemethoden beizukommen ist. Wenn nur die Zahlen und Fakten möglichst umfassend erhoben und objektiv abgewogen werden, kann man – so die Theorie – rational abgesichert strategische Positionierungen vornehmen und die eigene Unternehmensentwicklung zielsicher planen.

Diese Spielart fußt auf der Tradition der »rational choice«, die besagt, dass ein Unternehmen in der Lage sei, zwischen genau durchdachten Optionen rational auszuwählen. Die anfängliche Unsicherheit wird durch die Mobilisierung von Expertenwissen auf diese Weise kalkulierbar. »ZDF« – Zahlen, Daten, Fakten – ist bei dieser Spielart das Programm erster Wahl.

Ergebnis einer expertenorientierten Strategieentwicklung ist häufig ein ausgefeiltes Strategiepapier. Dieses Papier erlaubt es dem Management, zwischen genau ausgearbeiteten Optionen auszuwählen und den Expertenempfehlungen zu folgen – nicht selten dient es allerdings auch als bequeme Ausrede, sich mit unangenehmen Entscheidungen nicht selbst beschäftigen zu müssen und sich auf eine externe Instanz berufen zu können

Diese expertenorientierte Form des Umgangs mit Unsicherheit ist deshalb so attraktiv, weil sie ein »Richtig« oder »Falsch« suggeriert, das sich klar an professionellen Standards für das Vorgehen bei Strategieentscheidungen orientiert. Diese Form setzt auf Wissen als Modus der Unsicherheitsabsorption. Und genau diese Grundannahme entlastet das Management: Es werden damit vorweg Begründungen für den nicht unwahrscheinlichen Fall geschaffen, dass die Strategieentscheidungen des Topmanagements nicht von Erfolg gekrönt sind. Im Fall des Scheiterns kann man sich darauf berufen, zum Zeitpunkt der Entscheidungsfindung alle Denkmöglichkeiten optimal ausgeschöpft zu haben. Denn schließlich wurde die gewählte strategische Option ja von der »Boston Consulting Group« oder von »McKinsey« oder einem ähnlich renommierten Beratungsunternehmen entwickelt und empfohlen.

Das Unternehmen als Mittel zum Zweck

Der expertenorientierte Ansatz geht davon aus, dass es möglich ist, die Unternehmenszukunft halbwegs verlässlich einzuschätzen. Er basiert auf dem Verständnis, dass betriebswirtschaftliche Analysen die Grundlage für das Festlegen rational begründeter Ziele bilden, die man planvoll verfolgen kann. Durch das Ergebnis der Strategieentwicklung wird der Zweck des Unternehmens gleichsam von außen definiert, das Unternehmen ist quasi ein »technisch« zu betrachtendes Instrument, das den Renditeerwartungen der Shareholder zu dienen hat. Die strategische Positionierung verhilft zur optimalen Realisierung dieser Erwartungen (ein prominenter Theoretiker dieses Verständnisses ist Jensen 2001 sowie Rappaport 1999). Vor dem Hintergrund eines trivialen Organisationsverständnisses müssen Strategien dann »lediglich umgesetzt werden« (Foerster 1984, S.12). Dies unterstellt, man könne strategische Entwicklungen planen und gezielt steuern. Eventuelle in der Praxis auftretende Umsetzungsprobleme werden als Versagen einzelner Führungskräfte oder als Widerstand von Einzelpersonen oder von Bereichen identifiziert und nicht als Folge des expertenorientierten Vorgehens bei der Strategiefindung.

Die Delegation an Experten

Eine besondere Ausprägung des expertenorientierten Ansatzes ist die Delegation der Strategiearbeit an interne (Stäbe, Projektgruppen) und/oder externe Experten (Berater), wobei sich das Topmanagement die letzte Entscheidung vorbehält, ohne selbst in die Entwicklung der strategischen Ausrichtung in einem nennenswerten Ausmaß involviert zu sein. Die eigentliche Arbeit machen die Experten, deren Ergebnisse in die eingespielten Entscheidungsmuster des Topmanagements einfließen. Daher wird diese Spielart besonders gut in einer Stab-Linien-Organisation abgebildet.

Oft entwickelt sich in solchen Strukturen eine Arbeitsteilung zwischen der mit Macht ausgestatteten Routine des Managements einerseits und dem »ohnmächtig« bleibenden Expertenwissen der Stäbe andererseits. Diese Trennung hat den »Vorteil«, dass das Management von Fall zu Fall entscheiden kann, was an strategischen Neuausrichtungen von der Organisation übernommen und was abgelehnt oder schlicht nicht umgesetzt wird. Das als Kernproblem jeder Strategiearbeit bezeichnete Umsetzungsdilemma taucht bei diesem Grundmuster der Zukunftsbewältigung geradezu zwangsläufig auf. Es ergibt sich notwendigerweise aus der eben beschriebenen Arbeitsteilung zwischen den Experten, die um die geschäftspolitischen Notwendigkeiten »wissen«, und dem Management, das »entscheidet« und für daran anknüpfende Folgeentscheidungen im operativen Geschäft sorgt. Die Umsetzungsschwierigkeiten sind diesem Prozess inhärent.

Viele Ergebnisse großer expertenorientierter Beratungsfirmen bleiben nicht deswegen wirkungslos, weil sie inhaltlich schlecht oder unbrauchbar wären, sondern weil die betroffenen Unternehmen diese nicht aufnehmen und verarbeiten können oder weil sie an die gegebenen Machtverhältnisse schlicht nicht anschlussfähig sind. Im Wesentlichen an diesem Grundproblem hat sich die wissenschaftliche Kritik in den vergangenen zwei Jahrzehnten entzündet (exemplarisch dafür Mintzberg 1994).

Theoretische Grundlagen der expertenorientierten Ansätze

Überblickt man die letzten vierzig Jahre Theoriearbeit über strategisches Management (vgl. Nicolai 2000), so ist sehr auffällig, dass die bisherigen theoretischen Anstrengungen vorwiegend der Verfeinerung des expertenorientierten Ansatzes gegolten haben. Henry Mintzberg (1999) unterscheidet in diesem Sinne drei Schulen als konzeptionelle Basis dieser Praxis: die Designschule, die Planungsschule und die Positionierungsschule.

Die Designschule: Strategieentwicklung als konzeptioneller Prozess

Erst denken, dann handeln

Für die Designschule ist Strategie das Ergebnis eines rationalen Prozesses. Vorschläge, die aus einem solchen Prozess hervorgehen, beruhen auf bewussten analytischen, abgesicherten Überlegungen. Wirkungsvolle Strategien entstehen aus einem genau definierten und kontrollierten Prozess menschlichen Denkens. Strategieentwicklung wird vor allem als gedanklicher Prozess, der zu einer fachlich fundierten Neukonzeption der Strategie führt, und nicht als Lernprozess der beteiligten Entscheidungsträger oder des Unternehmens als Ganzes betrachtet. Mit Philip Selznicks »Leadership in Administration« (1957) und Alfred Chandlers »Strategy and Structure« (1962) sind die grundlegenden Arbeiten dieser Schule.

Eines ihrer zentralen Paradigmen ist das SWOT-Modell (Strengths/Weaknesses/Opportunities/Threats). Mit diesem Modell schlägt die Designschule ein noch heute oft im Strategieentwicklungsprozess verwendetes Vorgehen vor, das eine Anpassung der internen Fähigkeiten eines Unternehmens an die externen Rahmenbedingungen anstrebt (eine detaillierte Rekonstruktion der Designschule bietet Mintzberg 1990).

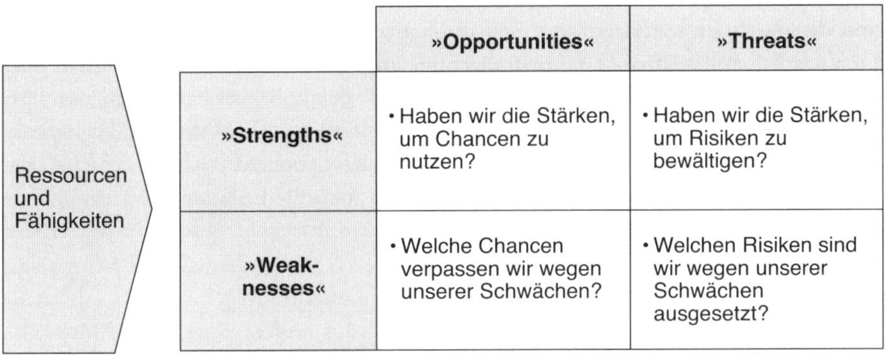

Abb. 2: Das SWOT-Modell (Strengths/Weaknesses/Opportunities/Threats)

Der Unternehmensleiter formuliert den Unternehmenszweck

Der Unternehmensleiter bestimmt den Prozess und die Ergebnisse. Damit ist die Person an der Spitze der Organisationspyramide im Grunde der einzige Stratege. Der ganze Prozess wird aus der Perspektive des Unternehmensleiters oder des Generaldirektors betrachtet. Alle wichtigen Entscheidungen liegen in seinen Händen. Andrews bezeichnet den Unternehmensleiter als »Architekten des Unternehmenszwecks«. Diese grundlegende Rollenzuweisung reduziert alle anderen Organisationsmitglieder zu Instrumenten der Umsetzung: Ihre Meinung muss zwar berücksichtigt werden, aber das Topmanagement tritt nicht in eine echte Interaktion mit ihnen (Andrews 1980).

Die Philosophie dieser Herangehensweise wird durch das berühmte Bild von Thomas J. Watson Jr. wiedergegeben, der gesittet und gepflegt unter einem Schild mit der Aufschrift THINK (»Denke«) sitzt. Ende der vierziger Jahre wurden Tausende von IBM-Mitarbeitern mit Kopien dieses Bildes bedacht (Mintzberg 1999, S.47).

Doch Denken allein genügt nicht. Strategien müssen von denen, die sie erstellen, zunächst ausformuliert werden. Erst wenn sie fixiert und schriftlich festgehalten sind, ist es möglich, sie anderen Mitgliedern der Organisation zu vermitteln. Wobei diese Vermittlung wiederum um so besser funktioniert, je einfacher die Strategie gehalten ist. Schließlich soll sie jeder im Unternehmen verstehen können. »Einfachheit ist das Wesen guter Kunst. Ein Strategiekonzept bringt Einfachheit in komplexe Organisationen« (Andrews 1980, S. 28).

Die Struktur folgt der Strategie

Im Strategieprozess entsteht ein großes Bild, ein umfassendes und allgemeines Konzept des Unternehmens. Erst wenn dieses Bild ausdrücklich festgehalten ist, können die darin enthaltenen Strategien implementiert werden. Daher wird in dieser Denktradition zwischen der Formulierung von Strategien und deren Umsetzung streng unterschieden. Das »Erdenken«, das heißt der konzeptionelle Teil, das »Design« ist klar vom Handeln, von der operativen Umsetzung im Alltag des Unternehmens getrennt. Dieser Trennung entspricht die Kompetenzverteilung zwischen der Spitze und den Ebenen darunter. Ihr entspricht auch die Differenz von Leadership und Management.

Im Mittelpunkt steht die berühmte Prämisse von Chandler, dass die Organisationsstruktur des Unternehmens der gewählten Strategie folgen muss – »structure follows strategy«. Das eine fungiert als Mittel, das andere setzt den Zweck. Für ein Vorgehen in einzelnen Schritten, bei dem der Plan immer wieder an der Praxis gemessen und angepasst wird, bleibt hier wenig Raum.

Das analytisch saubere Ausarbeiten des Strategiekonzepts ist die eigentliche unternehmerische Leistung, für die letztendlich die Unternehmensspitze zu sorgen hat. Für die genauere Ausarbeitung lässt sie sich nicht selten von internen oder externen Experten unterstützen. Der »große Wurf« (Watsons »Think«) bleibt dem »Architekten des Unternehmenszwecks« vorbehalten »Wir haben es hier also nicht mit einer darwinistischen Sicht der Strategieentwicklung zu tun, sondern sozusagen mit einer biblischen Version« (Mintzberg 1999, S. 47).

Die Planungsschule: Strategieentwicklung als formaler Prozess

In der Denktradition der Planungsschule sind Strategien das Ergebnis eines kontrollierten und bewussten Prozesses der formalen Planung. Die Strategie entsteht aus einzelnen Schritten, die durch Checklisten angeleitet und anhand konkreter Bearbeitungstechniken »abgearbeitet« werden. Diese Schule wurde entscheidend geprägt von Igor Ansoffs einflussreichem Buch »Corporate Strategy« (1965). Der Prozess der Strategiefindung, die strategische Neuausrichtung gerinnt zu einer »corporate strategy by laundry lists«, einer Unternehmensstrategie mittels Waschzettel, wie diese Richtung von Jelinek und Amar (1983) ironisierend beschrieben wurde.

Strategie, eine Sache der Topmanager und ihrer Experten

Entwickelt und im Detail ausformuliert wird die Strategie von einer Gruppe exzellent ausgebildeter Planer. Diese gehören entweder einer internen strategischen Planungsabteilung an oder werden als externe Experten von Beratungsfirmen engagiert.

Die Verantwortung für das Ergebnis dieses formalen Prozesses liegt jedoch beim Unternehmensleiter. Die konkrete Umsetzung in die Praxis wird wiederum an interne oder externe Experten delegiert, die ihrerseits über einen direkten Zugang zur Unternehmensspitze verfügen. Die Strategien, die aus diesem Prozess hervorgehen, sind fertig formuliert. In einem nächsten Schritt werden sie erklärt, festgehalten, in Ziele, Budgets und Programme übersetzt und in die operativen Abläufe der Organisation eingebaut.

Diese Theorietradition, die auf die Praxis einen immensen Einfluss gewonnen hat, prägt ein wesentliches Paradigma, nämlich die Überzeugung, die hohe Komplexität im Verhältnis von Unternehmen und ihren relevanten Umwelten lasse sich durch die Präzision der eingesetzten Denkinstrumente (Tools) weitestgehend in den Griff bekommen. Dabei komme es darauf an, für die Qualität des angewendeten »Algorithmus« sowie für dessen professionelle Anwendung zu sorgen. Vereinfacht ausgedrückt lautet die Botschaft an den Praktiker: Produziere alle vorgeschriebenen Komponenten, montiere sie nach Lehrbuch, und schon hast du das Endprodukt – die Strategie.

In der vereinfachten Linearität, mit der unvermeidliche Unsicherheit und hohe Komplexität bewältigt werden sollen, sind durchaus Parallelen zu den Arbeiten Frederick Taylors und des »Scientific Management« erkennbar. In diesen Traditionen steckt das Versprechen einer instrumentellen Plan- und Steuerbarkeit all dessen, was sich zunächst dem direkten Zugriff und der Kontrolle seitens des Managements entzieht.

Aufstieg und Fall der strategischen Planung

Die Planungsschule kam zu Beginn der 1980er-Jahre in heftige Turbulenzen. Die geringen Erfolge sowie die mangelhaften Umsetzungsversuche der bis ins kleinste Detail ausgearbeiteten Strategiepapiere gerieten immer mehr ins Blickfeld der Kritik. Besonders drastisch zeigte sich dies bei General Electric, einem Unternehmen, das dieses formale Strategieverständnis mit geprägt hatte. Als Jack Welch Vorsitzender von GE wurde, demontierte er das alte Planungssystem vollständig.

Wilsons »sieben Todsünden der strategischen Planung« beschreiben einige der zentralen Probleme dieses Planungsansatzes bei General Electric und anderen Unternehmen (Wilson 1994, S.13).

Sieben Todsünden der strategischen Planung

- **Die Stabsstellen dominieren den Prozess**
  Der Dominanz des Planungsansatzes entsprechend wurden in den sechziger und siebziger Jahren in vielen größeren Unternehmen mit reichlichen Ressourcen ausgestattete Stabsstellen für die strategische Planung geschaffen. Diese Stäbe füllten das Vakuum hinsichtlich des strategischen Entscheidungsbedarfs, das

durch die Konzentration des Managements auf die eingespielten Routinen zur Bewältigung des operativen Geschäfts entstanden war. So kam es, dass das Planungspersonal die Führungskräfte aus dem strategischen Entwicklungsprozess weitgehend ausschloss und in diesen Fragen zu »Marionetten« degradierte.

- **Der Prozess dominiert die Stabsstellen**
  Die Methoden und Techniken der Planung wurden immer ausgefeilter und damit auch aufwendiger. So wurde enorm viel Wert auf die Analyse gelegt, während echte strategische Erkenntnisse sowie unternehmerische Kreativität im Sinne mutiger Neuausrichtungen ein Schattendasein führten. Strategisches Denken wurde mit dieser Art strategischer Planung gleichgesetzt. Jack Welch, Vorsitzender und CEO von GE, beschrieb das Ergebnis anhand eines Beispiels aus der Welt des Buchdrucks: »Die Bücher wurden immer dicker, der Druck eleganter, die Umschläge härter und die Zeichnungen besser.«
- **Die Planungssysteme werden nicht mit der Umsetzung verknüpft**
  Das Konzept versagte vor allem deshalb, weil ausgerechnet die zentrale Bedeutung der mit der Umsetzung betrauten Führungskräfte geleugnet wurde. Zudem versäumte man, das strategische Planungssystem mit den operativen Betriebssystemen wie dem jährlichen Budgetierungsprozess eng zu verknüpfen. Das Ergebnis: folgenlose Strategien, die keine praktischen Maßnahmen nach sich zogen.
- **Modethemen sind wichtiger als die Entwicklung des Kerngeschäfts**
  Fusionen, Akquisitionen und Ausgliederungen waren für die Planer oft attraktiver als die Beschäftigung mit »strategischen Hausaufgaben«. Zum einen folgte man dem Zeitgeist, zum anderen setzte man auch die Planungswerkzeuge falsch ein.
- **Den Planungsprozessen fehlen echte strategische Optionen**
  Planer und Führungskräfte beeilten sich, die erstbeste Strategie anzunehmen, die »entsprach«. Sie bemühten sich nicht, eine Palette strategischer Alternativen zu entwickeln, bevor sie eine Entscheidung trafen. Die Folge war, dass Unternehmen mit ihren Strategien bisherige Muster ohne echte Prüfung möglicher Alternativen fortschrieben.
- **Die Planung ignoriert organisatorische und kulturelle Rahmenbedingungen**
  Der Strategieprozess beschäftigte sich zu Recht mit der äußeren Umgebung des Unternehmens, allerdings auf Kosten der Auseinandersetzung mit der Binnenstruktur, die gerade für die Implementierung von entscheidender Bedeutung ist. Es folgt somit ausschließlich einer »Outside-In-Logik«.
- **Isolierte Prognosen bilden eine ungeeignete Planungsbasis**
  Die Unternehmen neigten immer noch dazu, sich auf einzelne, isolierte Prognosen zu verlassen und strategische Planung als konsequente Ableitung aus diesen als unveränderlich angenommenen Einschätzungen zu verstehen. Strategieentwicklung auf der Grundlage von komplexeren Szenarien sind vielfach noch immer die Ausnahme von der Regel. Pläne, die sich nur auf isolierte Prognosen

stützten, führten allerdings zu manch böser Überraschung, wie man inzwischen oft genug beobachten konnte.

Die Positionierungsschule: Strategieentwicklung als analytischer Prozess

Die Positionierungsschule bereicherte die Design- und Planungsschule um inhaltliche Aspekte, ohne sich vom Grundmuster des Denkens von den beiden anderen nennenswert zu unterscheiden. Alle drei Theorietraditionen sind Variationen ein und desselben Themas. Diese dritte Richtung wird manchmal auch als »Content-Ansatz« bezeichnet, weil sie sich ganz besonders mit den Inhalten strategischer Entscheidungen beschäftigt und einen relativ strikten Zusammenhang zwischen der strategischen Positionierung einerseits sowie der Marktposition, der Ressourcenausstattung und den spezifischen Umweltbedingungen andererseits herzustellen versucht. Das Ergebnis sind konkrete Empfehlungen, wie Strategien im Sinne einer Repositionierung in den relevanten Märkten auszugestalten sind.

Bei der Formulierung einer Strategie geht es im Verständnis der Positionierungsschule im Wesentlichen darum, die inneren und äußeren Voraussetzungen in Übereinstimmung zu bringen, einen optimalen »fit« zwischen Unternehmen und Umwelt herzustellen. Der Weg, auf dem diese strategisch vorteilhaften Positionen erreicht werden können, bleibt allerdings auch hier weitgehend unreflektiert (bei weitem den größten Einfluss auf diese Denkweise übten weltweit die Arbeiten von Porter aus).

Beratungsrezepte oder »Man nehme...«

Die grundlegende Annahme dieses Ansatzes besteht darin, dass durch genaue Analyse bestimmter Marktkonstellationen idealtypische Strategietypen (Gattungen) ausgewählt werden können. Strategien sind somit Antworten auf allgemein erkennbare und abgrenzbare Marktgegebenheiten, die es dem Unternehmen ermöglichen, nachhaltig höhere Gewinne und bessere Erfolge als andere Unternehmen der Branche zu erzielen. Durch empirische, datenbasierte Verfahren wird erforscht, welche Strategietypen in welchen strategischen Ausgangssituationen die erfolgversprechendsten sind. Im Strategieentwicklungsprozess geht es darum, auf Basis analytischer Untersuchungen und Berechnungen die richtige Kombination dieser »generischen Bausteine« festzulegen. Das Ganze ist letztlich ein logischer Denkprozess, bei dem es darauf ankommt, die richtigen Einschätzungen miteinander zu kombinieren.

Die Positionierungsschule greift auf eine begrenzte Anzahl allgemeiner Strategietypen zurück, beispielsweise auf das Prinzip der Konzentration und Spezialisierung eines Unternehmens auf ein bestimmtes Segment seiner geschäftlichen Aktivitäten. Diese Grundstrategien werden als generisch und somit als übergeordnet verstanden. Der Prozess der Strategieerarbeitung ähnelt dem Vorgehen der Planungsschule.

Durch sehr detailreiche Analysen in formal zusammenhängender Weise versucht man, die Ausgangssituation genau zu identifizieren. Ein Beispiel für diese Herangehensweisen bilden etwa die sehr detailreichen Analysen der Wettbewerbsdynamik, wie sie M. Porter (1983) zur Grundlage seiner Strategiefindung macht.

Der Strategieprozess produziert fertig formulierte Strategien, die anschließend im Unternehmen kommuniziert und implementiert werden. Die Trennung von Konzeption und Umsetzung ist auch in dieser Schule ein wichtiger Aspekt. Erfahrene Spezialisten sind auch in diesem Prozess wichtig, weil ihre Berechnungen die Grundlage für die Wahl der am besten passenden Strategietypen bilden. Allerdings bleibt auch in dieser Schule die Entscheidung letztlich den Topmanagern vorbehalten.

Drei Wellen der Positionierung

Nach Mintzberg (1999) kann man drei »Wellen« inhaltlicher Positionierungen beschreiben:

- die frühen militärischen Schriften von Sun Tsu (400 v. Chr.) und insbesondere die Werke von Carl von Clausewitz (1832 bzw. 1994) im 19. Jahrhundert:
  Hier wurden Prinzipien der Kriegsführung formuliert, die geeignet erschienen, militärische Erfolge zu erzielen. Einige Beispiele aus diesen historischen strategischen Grundsätzen – »ein klar definiertes und erreichbares Ziel«, »die Konzentration der militärischen Kräfte«, »die Einheit des Kommandos«, »die Überraschung«, »die Einfachheit des Vorgehens« – zeigen, dass manche der heute als generische Strategien gehandelte Modelle – etwa von Cuno Pümpin (1982) – nicht so ganz neu sind.
- die »Beratungsimperative« der 1970er-Jahre:
  Auf die Boston Consulting Group (BCG) gehen zwei Grundmodelle zurück: Die Boston-Matrix zur Ermittlung von Wachstumspotenzial und Marktanteil eines Unternehmens sowie die Erfahrungskurve. Später ergänzte das PIMS-Rechenmodell (Buzzell/Gale 1989) diese Beratungsansätze. Dabei handelt es sich um eine Regressionsanalyse, die verallgemeinerungsfähige Zusammenhänge zwischen der Ertragskraft eines Unternehmens und einer Reihe strategisch relevanter Einflussfaktoren wie etwa dem Marktanteil oder der Investitionsintensität darzustellen versucht.
- Konzepte rund um M. Porters Werk:
  Entscheidende neue Impulse erhielten die inhaltlichen Strategiekonzepte durch die Arbeiten M. Porters, insbesondere durch seinen weltweiten Bestseller »Wettbewerbsstrategie«. Porter stellt als Makroökonom das analytische Erfassen der jeweiligen Branchendynamik ins Zentrum seiner Bemühungen. Jedes Unternehmen bewegt sich mit seinen geschäftlichen Aktivitäten in einer bestimmten, abgrenzbaren Branche, die ihre spezifischen Gesetzmäßigkeiten aufweist. Hat

man diese Spielregeln einmal erfasst – beispielsweise mit dem Modell der fünf Wettbewerbskräfte von Porter –, dann gibt es eine Reihe klarer Grundstrategien, aus denen ein Unternehmen auswählen kann. Porter stimulierte mit seinen Strategietypen eine Welle weiterer präskriptiver strategischer Modelle, die mehr oder weniger verbreitet in die Praxis Eingang gefunden haben.

Grenzen der expertenorientierten Strategieentwicklung

Mit der Verbreitung der strategischen Planungskonzepte gewann diese »Königsdisziplin« der Betriebswirtschaft in den siebziger Jahren ihre Akzeptanz im akademischen Feld. Durch den Bedeutungszuwachs der klassischen Unternehmensberatungsfirmen hielten die Planungskonzepte auch Einzug in die Steuerungspraxis vieler vornehmlich großer Unternehmen. Doch parallel mit dem häufigeren Einsatz der expertenorientierten Ansätze mehrten sich auch die kritischen Stimmen. Im Mittelpunkt der Kritik stand und steht nach wie vor die vielfache Folgenlosigkeit der expertenorientierten Planungsansätze in der Betriebspraxis.

Paralyse durch Analyse

Die Strategietypen der Positionierungsschule gingen aus früheren Beobachtungen und Forschungen hervor. Vertreter dieser Schulen neigen dazu, die Vergangenheit mehr zu berücksichtigen als die Möglichkeiten der Zukunft. Diese Neigung kann fatal enden. Sie führt dazu, »an Ort und Stelle zu bleiben«, statt »zu neuen Ufern aufzubrechen«. »Die Botschaft dieser expertenorientierten Herangehensweise lautet nicht ›Geht hinaus und lernt‹, sondern ›Bleibt zu Hause und rechnet‹« (Mintzberg 1999, S. 138).

Doch schon der Militärstratege Clausewitz warnte, dass »unendlich viele nebensächliche Umstände« zu »unerwarteten Vorfällen führen, die man unmöglich in die Kalkulation einbeziehen kann« (1994, S. 164).

Mit dem Blick zurück in die Zukunft

»Chancen für innovative Strategien ergeben sich nicht aus sterilen Analysen und Zahlenspielereien, sondern beruhen auf neuen Erfahrungen, die Chancen für neue Erkenntnisse schaffen«, meinen G. Hamel und C. K. Prahalad in ihrem Erfolgsbuch »Wettlauf um die Zukunft« (1997, S. 32). Denn nicht wenige besonders spektakuläre Erfolge in Unternehmen wurden dadurch erzielt, dass sich der spätere Sieger nicht an die gängige Lehre hielt, sondern bestehende Muster durchbrach und neue Regeln am Markt durchsetzte.

Richard Rumelt, selbst Vertreter der expertenorientierten Schule, verdeutlicht selbstironisch die Grenzen der Strategieempfehlungen anhand seiner Lieblingsstory (Mintzberg 1999, S. 146).

Die »Hondafrage« von Richard Rumelt

»1977 stellte ich bei der MBA-Abschlussprüfung folgende Frage zum Fall des Honda -Motorrads: ›Soll Honda ins globale Autogeschäft einsteigen?‹ Es war eine Fangfrage. Jeder, der mit ›Ja‹ antwortete, fiel durch. Denn

- die Märkte waren gesättigt,
- in Japan, in den USA und in Europa gab es effiziente Konkurrenten,
- Honda hatte wenig oder überhaupt keine Erfahrung auf dem Automobilsektor,
- Honda verfügte über kein Vertriebssystem für Autos.

1985 fuhr meine Frau einen Honda, und Honda hatte mehrfach die Konstrukteursmeisterschaft der Formel 1 gewonnen.«

Um rationale Entscheidungen zu treffen, ist der expertenorientierte Stratege auf alle relevanten Informationen über das Unternehmen und über die Entwicklungen im Umfeld angewiesen. Was in der Theorie einleuchtend klingt, ist in der Praxis jedoch leider illusorisch. Bestimmte Verhaltensmuster, etwa von Konkurrenten, mögen zwar aus eigener Sicht vorhersehbar sein, relevante Diskontinuitäten wie technologische Durchbrüche sind dagegen nie sicher abzusehen. Die expertenorientierte strategische Zukunftsbewältigung beruht daher auf zwei problematischen Basisannahmen. Die eine geht davon aus, dass das für die strategische Neuausrichtung erforderliche Wissen vollständig mobilisierbar ist. Die andere unterstellt berechenbare Grundregeln der Marktdynamik, aus denen sich verlässliche Erfolgsstrategien ableiten lassen. Beide Annahmen können heute weder theoretisch noch empirisch aufrechterhalten werden.

Die generischen Strategietypen der Positionierungsschule wurden vor allem im Kontext großer traditioneller Unternehmen in reifen Branchen entwickelt. Dort fand man eine halbwegs zufriedenstellende Datenlage vor. In den dynamischen neuen Märkten der technologischen Leitbranchen sind solche Voraussetzungen dagegen schlicht nicht vorhanden. E-Business, Telekommunikation, aber auch die gesamte Medien- und Unterhaltungsindustrie sind radikalen Umbrüchen ausgesetzt. Und damit wird jede akribische Vergangenheitsbetrachtung als Entscheidungsgrundlage ad absurdum geführt.

Trotzdem sollte man die Beobachtungsperspektiven der expertenorientierten Schulen nicht als ganz falsch abtun. Die in dieser Denktradition aufgeworfenen Fragen sind für das Verständnis ökonomischer Wettbewerbszusammenhänge durchaus sinnvoll. Ihre Ansätze sind lediglich verengt und konzentrieren sich auf alles Berechenbare und Quantifizierbare. Soziale und politische Einflüsse werden dagegen tendenziell vernachlässigt.

Unterschätzte Subsysteme

An vielen Stellen wurde empirisch nachgewiesen, dass in der Praxis die Unternehmensspitze und deren Stab keinesfalls allein die Strategie bestimmen. Klassische Ansätze, die von der »Allmacht« des Topmanagements in strategischen Belangen ausgehen, berücksichtigen die realen, vielfach polyzentrischen Machtverhältnisse sowie die organisationalen Bedingungen für grundlegende strategische Innovationen deutlich zu wenig (Hamel 2001).

Nach Schreyögg (1982) sind Strategien eine ideale Gelegenheit, um Machtinteressen auszutragen, weil es dabei auch immer um die Verteilung von Ressourcen auf Bereiche und Abteilungen geht. Die Entscheidungsträger können sich daher nicht vollständig auf die sichere Seite des Expertenwissens zurückziehen und die Perspektive von Macht und Einfluss im Unternehmen und die zugrunde liegende Konfliktdynamik ausblenden.

Die Fixierung auf die Spitze führt darüber hinaus dazu, Einfluss und sachlichen Beitrag der Subsysteme in Unternehmen zu unterschätzen. Denn in der Praxis geht es im Entstehungsprozess von Strategien um ein vernetztes Zusammenwirken mehrerer Teilsysteme eines Unternehmens, wobei mehrere Einflusszentren ineinandergreifen. Holt man ihre Interessen und Einstellungen »auf die Bühne«, erhalten sie Platz für entsprechende Auseinandersetzungen. Werden diese Konfrontationen dagegen nicht offiziell inszeniert, machen die Einflusszentren ihre Macht trotzdem geltend, allerdings abseits der offiziellen Diskussionsforen.

Folgt die Struktur wirklich der Strategie?

Das berühmte Postulat von Chandler »Structure follows strategy – die Struktur folgt der Strategie« geht auf die von Taylor propagierte Trennung von Denken und Handeln im Unternehmen zurück. Genau hier liegt der Keim der Umsetzungsproblematik, der dieser Methodik innewohnt. Wird die Auseinandersetzung mit der Überlebensfähigkeit des Unternehmens an Experten oder an die Spitze delegiert, so entsteht neben manchen unbestrittenen Vorteilen auch ein wesentlicher Nachteil: Die Führungskräfte betreiben »business as usual« und können sich mit operativen Aufgaben beschäftigen, die den Vorteil des Vertrauten und Sicheren haben. Das entlastet sie zwar einerseits von anstrengenden und risikoreichen Entscheidungen, degradiert sie aber andererseits zu bloßen Datenlieferanten oder Erfüllungsgehilfen. Externe Strategieberater werden dagegen – zumindest dann, wenn sie auch mit der Implementierung ihrer Strategie betraut werden – vorübergehend mit erheblicher Macht ausgestattet, damit sie ihre Überlegungen auch umsetzen können. Dies sorgt häufig für Widerstände bei den betroffenen Führungskräften und Mitarbeitern; es entstehen Diskussionen und subtile Gegenstrategien, deren Kosten fast immer unterschätzt werden. Die Organisation verhält sich eben nicht wie ein technisierbares Instrument, das man einfach dem Zweck entsprechend umbaut.

In dem wütenden Kommentar eines Managers spiegelt sich die Überzeugung vieler betroffener Führungskräfte: »Die McKinsey-Matrix hat die Strategie ausgesucht. Na, dann soll doch die Matrix sie auch implementieren!« (Wilson 1994, S. 14) »Jetzt muss nur noch umgesetzt werden!« ist eine Illusion, die schon so mancher anspruchsvollen Strategie zu einem Schubladendasein verholfen hat.

Denken und Handeln – zwei Seiten einer Medaille

Eine erfolgreiche Strategie ist nicht zwangsläufig die innovativste. Damit eine Strategie erfolgreich wird, benötigt sie allerdings immer die Energien und das Engagement vieler Mitarbeiter. »Machen Sie Ihre Strategie zu einer guten Strategie, indem Sie ihr Leben einhauchen und – vielleicht – indem Sie sie selbst entwickeln.« (Mintzberg 1999, S. 138) Effektive Strategien verbinden das Handeln mit dem Denken oder anders gesagt, die Entstehung mit der Umsetzung. Für den ehemaligen Chefstrategen der Shell, Arie de Geus (1998), ist diese Verbindung nicht das Handeln konzeptloser und desorganisierter Menschen, sondern das Wesen strategischen Denkens schlechthin.

Resümee zu den expertenorientierten Strategieansätzen

Die expertenorientierten Strategieansätze sind durch ausdrückliches Delegieren wesentlicher Aspekte des strategischen Suchprozesses an interne Stäbe und/oder externe Berater geprägt. Ergebnis dieser Prozesse ist meist ein ausgefeiltes »Papier«, das dem Topmanagement als Entscheidungshilfe zwischen genau ausgearbeiteten Optionen dient. Dieses Grundmuster unternehmerischer Zukunftsbewältigung stützt sich auf zwei problematische Basisannahmen: Geht man nur »richtig« vor, dann sind das erforderliche Wissen und die notwendigen Informationen für Strategieentscheidungen mobilisierbar; zudem folgt das Markt- und Wettbewerbsgeschehen identifizierbaren Gesetzmäßigkeiten, die künftige Entwicklungen sicher einschätzbar machen. Beide Grundannahmen suggerieren Sicherheiten und zielen damit am Grundproblem, das Unternehmen im Umgang mit Zukunft zu lösen haben, vorbei.

Die expertenorientierten Ansätze unterstützen unternehmensintern die vorhandene Neigung der Linienverantwortlichen, sich auf die Erfordernisse des Tagesgeschäfts zu konzentrieren und auf eine eigene, intensive Auseinandersetzung mit der eigenen Zukunft zu verzichten. Mit anderen Worten: Eine Kernaufgabe von Führung (Wimmer 1994) – die Beschäftigung mit den Chancen und Bedrohungen einer ungewissen Zukunft und der eigenen Überlebensfähigkeit – wird an die

Experten (vielfach noch dazu an externe) delegiert. Dazu kommt, dass durch die Entkoppelung zwischen Konzeption und Umsetzung inhaltlich auch noch so überzeugende Strategiepapiere oft »in der Schublade« enden.

Genau diese weitverbreiteten Erfahrungen haben mit dazu beigetragen, dass das strategische Management am Beginn der 1990er-Jahre insgesamt mehr und mehr in eine schwere Krise geraten und in seiner Bedeutung für die Praxis von wechselnden Moden des Changemanagements verdrängt worden ist.

Die evolutionären Formen der Strategieentwicklung

Während alle expertenorientierten Grundmuster davon ausgehen, für die Entwicklung von Strategien gebe es ein idealtypisches exakt planbares Vorgehen, für dessen Perfektionierung es im Unternehmen Sorge zu tragen gelte, stützt sich die Beobachtung evolutionärer Spielarten der Zukunftsbewältigung auf ganz andere Überlegungen. Unsere genauere Kenntnis dieser Spielarten verdanken wir der Frage, wie strategische Weichenstellungen gerade in erfolgreichen Unternehmungen tatsächlich zustande gekommen sind. Hinter dieser wissenschaftlichen Neugier steckt die theoretisch begründete Skepsis, dass entscheidende Strategieinnovationen gerade nicht den Entscheidungsmustern folgen, wie sie von den Experten des strategischen Managements vorgedacht worden sind.

Dieses empirische Interesse an der unternehmerischen Praxis und ihren Erfolgsmustern im Umgang mit weitreichenden strategischen Innovationen hat bereits eine lange Tradition. Schon in den 1950er- und 1960er-Jahren begann man, Prozesse unternehmerischer Entscheidungsfindung intensiver zu erforschen (Simon 1957, March/Simon 1958, Cyert/March 1963). Im Mittelpunkt dieser Studien stand allerdings eine Abkehr von der Grundannahme rationaler Entscheidungen, die ein wesentliches Element der neoklassischen Theorie der Unternehmungen und damit vieler expertenorientierter Strategiekonzepte bildete.

Bei der Erforschung des tatsächlichen Geschehens in Unternehmen stellte sich heraus, dass wichtige strategische Neuorientierungen tendenziell nicht das Ergebnis rationaler Konzeptionen darstellen und zudem selten in den obersten Führungsetagen geboren werden. Vielmehr entspringen strategische Weichenstellungen eher zufällig und beiläufig aus einer Vielzahl kleiner Beobachtungen und Entscheidungen verschiedenster Funktionsträger. Im Laufe der Zeit können sich solche zunächst kleinen Veränderungen zu radikalen Kursänderungen verdichten (zu diesem evolutionstheoretisch inspirierten Grundgedanken vgl. ausführlicher Wimmer 2007 sowie Burgelman 2002).

Es sind verschiedene Personen an unterschiedlichen Stellen des Unternehmens, die zumeist unkoordiniert durch unterschiedliche Neuerungsimpulse den Prozess der inkrementalen Weiterentwicklung der strategischen Position eines Unternehmens tragen: Eine Gruppe von Verkäufern, die ein Produkt besonders ins Herz geschlossen hat und entsprechend forciert; ein einzelner verschrobener Forscher in der F & E-Abteilung, der eine anfänglich vielleicht sogar abgelehnte Neuentwicklung bis zur erfolgreichen Markteinführung konsequent weiterverfolgt; ein Kunde, der das Produkt unbedingt in einer anderen Spezifikation haben will, und ähnliche Funktionsbereiche mehr. »Denn wer könnte die Strategie besser beeinflussen als der Infanterist an der Front, der im Mittelpunkt der Auseinandersetzungen steht?« (Mintzberg 1999, S. 206)

Charakteristika der evolutionären Strategieentwicklung

Vor dem Hintergrund dieser praxiszugewandten Forschungen vor allem im englischsprachigen Raum (einen aktuellen Überblick dazu Johnson/Langley/Melin/Whittington 2007) lassen sich einige Grundprinzipien der evolutionären Strategieentwicklung zusammenfassen:

Erfolgsstrategien entstehen zufällig

Diese Spielart basiert auf der Überzeugung, dass sich strategisch relevante Neuausrichtungen des Geschäfts mehr oder weniger zufällig aus nicht voraussehbaren Anstößen ergeben und weniger das Ergebnis eines gewollten Planungsprozesses sind. Unternehmen greifen in diesem Verständnis unkoordiniert externe Impulse auf und verarbeiten diese zu geschäftlichen Innovationen. Es ist von vornherein nicht klar, welche Ideen sich durchsetzen werden. Manche Impulse führen zu positiven Geschäftsergebnissen, andere erweisen sich als weniger erfolgversprechend. In der Regel werden Geschäftsideen, die in der Praxis erfolgreich waren, weiter aufgegriffen und verstärkt. Weniger erfolgreiche Variationen werden vom Unternehmen oder seinen Teilsystemen wieder eingestellt. In dem kreativen Zusammenspiel von einem Ausprobieren unternehmerischer Initiativen an vielen Stellen des Unternehmens und einer konsequent erfolgsorientierten Evolution dieser Versuche kristallisieren sich so zukunftsfähige Entwicklungsrichtungen heraus, die die Grundlage für weitere evolutionäre Schritte schaffen (zu diesem Grundgedanken vgl. auch Brown/Eisenhardt 1997 sowie Davenport/Leibold/Voelpel 2006).

Die radikale Schlussfolgerung dieser evolutionsorientierten Forschungsergebnisse lautet: Ausdrückliche Anstrengungen, um eine Strategie zu entwickeln, sind nicht notwendig. Das Zulassen, Fördern und Nutzen einer Auseinandersetzung mit externen Impulsen reicht aus. Für die Wettbewerbsfähigkeit kommt es demnach vielmehr darauf an, die organisationalen Kompetenzen und Fähigkeiten gezielt weiterzuentwickeln, die in der Lage sind, sich verändernde Herausforderungen im Umfeld des Unternehmens zeitgerecht aufzugreifen und marktfähige Lösungen anzustoßen (hier setzt die ganze Diskussion über den Stellenwert von »organizational capabilities« an, dazu mit einem kritischen Überblick Schreyögg/Kliesch-Eberl 2008). Die Funktion einer inhaltlichen strategiebezogenen Bearbeitungslogik, wie sie etwa der osb-Strategieprozess darstellt, besteht dann lediglich darin, dass bereits vorhandenes Wissen über erfolgversprechende Weiterentwicklungsmöglichkeiten offengelegt und gebündelt wird. Vertreter dieses evolutionären Mitschwingens eines Unternehmens mit zufällig sich bietenden Entwicklungschancen, angestoßen durch sich ständig ändernde Marktverhältnisse, setzen damit auf das ohnehin vorhandene Selbsterneuerungspotenzial eines Unternehmens, das es allerdings gezielt weiterzuentwickeln gilt. Dafür bedarf es aber keiner von ganz oben eigens inszenierten Veranstaltung namens Strategieentwicklung. Solche explizit angelegten Nachdenkprozesse können bestenfalls das verstärken, was im Unternehmen im Keim bereits angelegt ist.

Schreyögg (1998, S. 32) beschreibt das eindrückliche Beispiel einer solchen zufälligen Erfolgsstory:

Viagra als Zufallsstrategie

Der Aktienkurs der U.S.-amerikanischen Pfizer Inc. explodierte geradezu und verdoppelte sich binnen kurzer Zeit. Was war geschehen? Die Firma hatte mit einem neuen verschreibungspflichtigen Medikament zur Potenzsteigerung einen neuen Markt erschlossen. Das Medikament erregte weltweit Aufsehen und traf sofort auf eine erhebliche Nachfrage. Alles deutet auf eine höchst ausgeklügelte Strategie hin, angefangen von der Identifikation einer Marktlücke über den Aufbau einer Produktvision bis hin zur praktischen Realisierung. Wie inzwischen hinlänglich bekannt, ist das Gegenteil der Fall. Ein Pfizer-Labor versuchte 1992, ein neues Herzmedikament zu entwickeln; bei der ersten Testreihe berichteten Patienten über die Wirkungen, und dabei stieß man auf die völlig unerwartete Nebenwirkung der Potenzsteigerung. Der strategische Stellenwert dieser Beobachtung wurde von dem Labor rasch erkannt und auch der geeigneten Entscheidungsebene vorgetragen. Dort war man schnell geneigt, diese Entdeckung aufzugreifen und daraus ein marktgängiges Medikament zu entwickeln. Das Fortune Magazine (5/1998) kommentiert lakonisch: »Pfizer is known for some smart luck in the R&D game.«

Die dezentrale Organisation

Die evolutionäre Strategieentwicklung ist besonders in stark dezentralisierten Unternehmen anzutreffen, wo de facto die unternehmerische Verantwortung vor Ort bei kleineren, überschaubaren Geschäftseinheiten liegt, die wie Unternehmen im Unternehmen agieren können und deshalb über große Spielräume für autonome Entscheidungen verfügen. Die Subsysteme nutzen diese Spielräume und entwickeln Teilstrategien, die ihrer jeweiligen geschäftlichen Logik entsprechen. Im Unterschied zu intuitiven Entscheidungsmustern, wie wir sie vornehmlich in eigentümergeführten Familienunternehmen beobachten können, entstehen Strategien in diesem Fall meist in diesen dezentralen Einheiten, gleichsam an der Peripherie des Unternehmens, wo über die vielfältigen Außenkontakte geeignete Innovationsimpulse, entstehen (vgl. dazu auch Regner 2003). Neuerungen und Veränderungsanstöße entzünden sich vornehmlich an der Grenze. Man reagiert auf zufällige Marktkonstellationen und nutzt daraus entstehende Chancen nach Möglichkeit. In diesem Umfeld kann es durchaus vorkommen, dass mehrere strategierelevante Innovationsprozesse parallel und in ihren Grundmustern sogar widersprüchlich verlaufen. Sie fußen auf dem Prinzip von Versuch und Irrtum. In einer solchen Kultur darf mit unternehmerischen Initiativen experimentiert werden. Man lernt durch die Kunden- und Marktrückmeldungen und verstärkt die erfolgversprechenden geschäftspolitischen Innovationen (die Firma Intel ist dafür ein besonders eindrucksvolles Fallbeispiel, dazu Burgelman 2002).

Die Bewältigung der prinzipiellen Unsicherheit wird so auf verschiedene Personen und Subsysteme verteilt, wobei diese Verteilung das Risiko für das Gesamtunternehmen minimiert: Zumindest einige »Unternehmen im Unternehmen« sollten sich erfolgreich entwickeln und dadurch die Überlebensfähigkeit des Gesamtsystems sicherstellen.

Die veränderte Rolle des Topmanagements

Die Unternehmensspitze hat als strategisches Zentrum in diesem Verständnis keine herausragende Bedeutung mehr. Die relevanten strategischen Weichenstellungen erfolgen in den Teilsystemen. Das Topmanagement greift Impulse des geschäftspolitisch verantwortlichen mittleren Managements auf, prüft und bündelt sie. Nicht selten werden die Erfolgsmuster der Teilsysteme erst im Nachhinein als bewusste Strategien des Gesamtunternehmens ausgewiesen.

Die Funktion des Topmanagements besteht in einer indirekten Prozesssteuerung, wobei die Ziele des Unternehmens einen Orientierungsrahmen abstecken. Im Pümpinschen Sinne (1980) könnte man von einem Leitplankensystem sprechen, das autonome Teilstrategien in eine bestimmte Richtung lenkt und die unvermeidlich auftretenden Konflikte zwischen divergierenden strategischen Interessen bearbeitbar macht. In der sorgfältigen Pflege dieses Konfliktmanagements zwischen den dezentralen Einheiten wie auch im Verhältnis zur Unternehmensspitze liegt letztendlich die zentrale Steuerungsfunktion des Topmanagements.

Das mittlere Management als Schlüsselinstanz

Dem mittleren Management kommt bei diesem Ansatz eine herausragende Bedeutung zu. Denn solche »Bottom up«- oder »Sandwich-Strategieentwicklungen« bringen es mit sich, dass viele Spieler ihre – häufig impliziten – Interessen einbringen. Die Funktion der dezentralen Führungskräfte besteht darin, in ihrem Bereich unternehmerisch möglichst erfolgreich zu sein und dadurch bei dem Selektionsprozess, der diesem Ansatz innewohnt, möglichst große Ressourcen für die eigenen strategischen Vorhaben zu erobern. Dies verlangt, wie gesagt, eine hoch entwickelte Konfliktkultur. Ist diese nicht gegeben, so stimuliert ein »schwaches« Zentrum die Durchsetzung partikularer Interessen auf Kosten der Überlebensfähigkeit des Gesamtsystems.

Prozess- und Fachkompetenz

Wie wichtig die Subsysteme für die Unternehmensstrategie sind, lassen die vielfältigen Versuche informeller Einflussnahme erkennen. In der Praxis spielt sich viel abseits der offiziellen Entscheidungswege zwischen Personen und Teilsystemen ab. Die Einflüsse auf den strategischen Dialog und dadurch auch auf die Unternehmensstrategie sind kaum absehbar und entziehen sich häufig der Öffentlichkeit im Unternehmen.

Will man bei diesem evolutionären Grundmuster die Zukunftsbewältigung des Gesamtunternehmens nicht zur Gänze dem freien Spiel der Kräfte überlassen, dann können periodische, strategieorientierte Abstimmungsprozesse zwischen den dezentralen Einheiten sehr sinnvoll sein. Beratung kann dazu beitragen, die unausgesprochenen Interessen der Subsysteme »auf die Bühne zu holen«. In der Praxis besteht allerdings die Gefahr, dass sich die Entwicklung von Strategien dann auf die Suche des jeweils kleinsten gemeinsamen Nenners reduziert. Daher sollten sich Berater nicht darauf beschränken, nur den strategischen Dialog als gelungene Kommunikationsveranstaltung zu inszenieren. Mit ihrer Fachexpertise wie der Erfahrung über die jeweils angemessenen strategischen Instrumente, den Zugang zu Spezialdaten, Konzepten und Verdichtungsmethoden können sie die Teilsysteme unterstützen, geeignete Ansätze für weitere geschäftliche Innovationen zu erkennen, zu fördern und zu kultivieren. Im Kern kommt es darauf an, dafür zu sorgen, dass die relevanten Entscheidungsträger der involvierten Hierarchieebenen gemeinsam einen strategischen Gesamtrahmen entwickeln, der die Spielräume für die unternehmerische Verantwortung in den dezentralen Einheiten absteckt. Dieser ständige Balanceakt zwischen Autonomie und Bindung an gemeinsam akzeptierte Spielregeln und Leitplanken ist die große Herausforderung an die Führungsstrukturen solcher Unternehmen.

Dem Zufall eine Chance geben

Die Grundüberzeugung der evolutionären Strategieentwicklung beruht auf der Annahme, dass Erfolge und Misserfolge davon abhängen, wie gut es einem Unternehmen in all seinen Bereichen gelingt, nicht planbare, sich zufällig bietende Chancen gezielt zu nutzen. Also müssen ein innovationsförderndes Klima sowie Gelegenheiten und Rahmenbedingungen geschaffen werden, die dem Zufall eine Chance geben (Peters 1992). Im Sinne einer Kontextsteuerung können Personen und Teilsysteme möglichst eigenständig und kreativ arbeiten und geschäftspolitisch relevante Neuerungen ausprobieren. In einer solchen unternehmerischen Umgebung wird das kontrollierte Eingehen von Risiken ermutigt. Fehlgeschlagene Initiativen werden genau ausgewertet und als gemeinsame Lernchance genutzt. Je größer die (strategische) Einschränkung und Reglementierung durch enge inhaltliche Vorgaben, desto unwahrscheinlicher sind Eigeninitiative und das Aufgreifen zufällig entdeckter Geschäftschancen.

Theoretische Grundlagen der evolutionären Ansätze

Aus der Beobachtung erfolgreicher Entwicklungsmuster von Unternehmen, die eher dem beschriebenen evolutionären Bewältigungsformen von Zukunftsunsicherheit zugeordnet werden können, kristallisierten sich bald theoretische Richtungen heraus, die diese Praktiken wissenschaftlich untermauern und als verallgemeinerungsfähige Vorgehensweisen anbieten. Henry Mintzberg (1999, S. 203 ff.) etwa ordnet der evolutionären Strategieentwicklung drei »Schulen« zu:

Die Lernschule: Strategieentwicklung als sich herausbildender Prozess

Im Verständnis der Lernschule entstehen Strategien dadurch, dass sich Menschen anpassen und lernen. Die Grundgedanken dieser Spielart wurden zum erstenmal von Charles Lindblom, Yale-Professor der Politikwissenschaft,in seinem provokanten Artikel »The Science of ›Muddling Through‹« formuliert. Lindblom vertrat darin die Ansicht, dass Politik auf der Regierungsebene kein rational geplanter Prozess, sondern vielmehr ein chaotisches Durcheinander von Aktivitäten sei. Obwohl dieser Ansatz allen Prämissen rationalen Handelns widersprach, stieß er doch auf eine große Resonanz, weil diese von ihm beschriebenen Verhaltensweisen im Wirtschaftsleben, aber auch in der staatlichen Politik vielfach zu beobachten waren. Lindbloms Thesen wurden breit rezipiert und mündeten schließlich 1980 in dem Standardwerk von James Brian Quinn »Strategies for Change: Logical Incrementalism« (1980).

Der fragmentierte Inkrementalismus nach Lindblom

Seit Anfang der 1960er-Jahre beschäftigte sich Charles Lindblom mit der Beobachtung von Entscheidungsprozessen in Organisationen, deren Beschreibung schließlich als fragmentierter Inkrementalismus *(disjointed incrementalism)* bekannt geworden ist (Braybrooke/Lindblom 1963). Lindblom beschrieb Politik als fragmentierten Prozess, bei dem Entscheidungen an der Peripherie getroffen werden und bei dem es mehr um die Lösung der jeweils gerade anstehenden brennenden Problemen als um die Nutzung von Chancen geht; einen Prozess, an dem viele Akteure beteiligt sind und der kaum von einer zentralen Autorität koordiniert wird.

In einem späteren Buch fasste er diesen Ansatz bildhaft zusammen:

»Politik ist üblicherweise ein nie endender Prozeß aufeinanderfolgender Schritte, bei denen an die Stelle eines einmaligen, kräftigen Zubeißens ständiges Nagen tritt. Der Schritt für Schritt vorgehende, Probleme behebende Inkrementalist oder Zufriedensteller macht vielleicht nicht den Eindruck einer heroischen Figur. Er ist aber trotzdem ein gewitzter, erfinderischer Problemlöser, der tapfer mit einem Universum ringt und klug genug ist, zu wissen, daß es zu groß für ihn ist« (Lindblom 1968, S. 25).

Der logische Inkrementalismus nach Quinn

Quinn (1980) entwickelte aus diesen Grundgedanken der Politikwissenschaft eine Theorie der Strategieentwicklung, die als »logischer Inkrementalismus« bekannt wurde. Im Unterschied zu Lindblom ist Quinn der Meinung, dass in einem Unternehmen anders als in der Politik oder in Organisationen der öffentlichen Verwaltung der Prozess von zentralen Akteuren gebündelt wird. Somit ist für Quinn strategisches Management der Versuch der Unternehmensspitze, ein einheitliches Muster der von den Subsystemen getroffenen Entscheidungen zu entwickeln oder im Nachhinein auch als solches zu benennen.

Die zwölf Regeln des logischen Inkrementalismus nach J. B. Quinn

1. **Nicht ausschließlich auf formale Informationssysteme vertrauen**
   Anzeichen für eine notwendige strategische Veränderung werden selten vom offiziellen Frühwarnsystem des Unternehmens generiert. Statt dessen entsteht

bei vielfach verstreut agierenden Schlüsselspielern »irgendwie ein unangenehmes Gefühl« im Bauch, oder es setzt sich bei bestimmten Beobachtungen die Überzeugung für künftige Bedürfnisse fest, die am Markt noch kaum jemand so formulieren würde. Signale für sich erst rudimentär abzeichnende Veränderungen werden normalerweise ignoriert. Deshalb bedeutet Strategieentwicklung, Kommunikationsgelegenheiten zu schaffen, die solchen Signalen die erforderliche Aufmerksamkeit bieten.

2. **Für Offenheit und Veränderbarkeit der vorhandenen mentalen Modelle sorgen.**
   In den ersten Phasen verlaufen Strategieentwicklungen nur selten gezielt. Statt dessen untersucht man, stellt in Frage, hört zu, spricht mit kreativen Menschen außerhalb der offiziellen Entscheidungskanäle, überdenkt erste Alternativen. Irreversible Festlegungen werden dagegen zunächst vermieden.
3. **Glaubwürdige Veränderungssymbole schaffen**
   Da sie nicht gut mit vielen tausend Mitarbeitern persönlich kommunizieren können, setzen viele Führungskräfte bewusst einige gut sichtbare symbolische Handlungen, die ohne Worte komplexe Botschaften vermitteln.
4. **Neue Standpunkte legitimieren**
   Topmanager können Diskussionsforen einrichten oder bewusst Auszeiten ermöglichen. Dadurch erhält die Organisation frühzeitig Gelegenheit, sich mit bevorstehenden Problemen und deren Auswirkungen auseinanderzusetzen und neue denkbare Optionen zu bewerten.
5. **Taktische Verlagerungen und Teillösungen anstreben**
   Führungskräfte können sich leichter auf eine Reihe kleiner Programme einigen, wenn eine umfassende Neuorientierung auf zu großen Widerstand stoßen würde. Im Zuge der Ereignisse fließen Lösungen von ursprünglich isolierten Problemen oft zu einer neuen Gesamtlösung zusammen.
6. **Die politische Unterstützung auf eine breitere Basis stellen**
   Bei wichtigen strategischen Veränderungen besteht ein wesentlicher und offensiver Schritt oft darin, politische Unterstützung für sich herausbildende Initiativen zu gewinnen. Ausschüsse und Projektgruppen oder Klausuren sind hier bevorzugte Mechanismen.
7. **Widerstände überwinden**
   Umsichtige Manager überzeugen einzelne von neuen Konzepten, wo immer dies möglich ist. Ernstzunehmende Gegner versucht man durch ein glaubwürdiges Einbinden ihrer Argumente, insbesondere ihrer Ängste und Befürchtungen Schritt für Schritt zu einer gemeinsamen Lösung zu führen. Die Auswahl von Gesprächspartnern und die Intensivierung der Kommunikation mit ihnen sowie das gezielte Management von Koalitionen sind wesentliche Einflussmöglichkeiten.

8. **Flexibilität bewusst strukturieren**
Welche Form Bedrohungen und Chancen annehmen oder wann sie auftauchen werden, lässt sich kaum vorhersagen. Die Vernunft gebietet es daher, dass Manager bewusst Flexibilität in ihre Organisationen einbauen und entsprechende Ressourcen bereithalten.
9. **Versuchsballons aufsteigen lassen und Nischen für Engagements schaffen**
Führungskräfte können bewusst Versuchsballons aufsteigen lassen, um Optionen auszuloten und konkrete Vorschläge aufzuspüren.
10. **Eine Formulierung durchsetzen und dem Engagement einen Rahmen geben**
Führungskräfte halten Zielvorgaben oft bewusst vage und die Verpflichtungen verschwommen. Stehen die Informationen schließlich zur Verfügung oder bildet sich ein Konsens über die wünschenswerten Vorgehensweisen heraus, können sie ihr Prestige in die Waagschale werfen, um einer bestimmten Formulierung zum Durchbruch zu verhelfen.
11. **Sich für kontinuierliche Veränderungen einsetzen**
Selbst wenn die Organisation zu einem neuen Konsens gelangt, muss die Unternehmensleitung in Bewegung bleiben, damit keine neue Erstarrung entsteht. Effektive strategische Manager bieten der Unternehmensspitze daher sofort neue Bezugspunkte, die den Status quo – ungeachtet gerade getroffener Festlegungen – erneut irritieren. Den Zustand der Veränderungsbereitschaft aufrechtzuerhalten ist schwierig, aber unerlässlich.
12. **Die Strategie nicht als linearen Prozess betrachten**
Die Qualität einer Strategie liegt auch in ihrer Fähigkeit, neue Initiativen einzufangen, sich mit unbekannten Ereignissen auseinanderzusetzen und Ressourcen neu zu verteilen, wenn sich Chancen ergeben. Kurz: Die gewählte strategische Ausrichtung muss bei allem Dranbleiben in sich veränderbar gehalten werden, wenn dies veränderte Rahmenbedingungen im Umfeld erfordern. Ihre »Lernfähigkeit« ist daher ein essentielles Merkmal.

Aus der Lernschule ging eine Art »Graswurzel-Modell der Strategieentwicklung« (Mintzberg/McHugh 1985) hervor. Die Autoren verglichen die Entwicklung von Strategien mit Gras, das in einem Garten wächst und an allen möglichen Orten Wurzeln schlägt. Strategien seien ähnlich. Manche breiteten sich wild aus während andere nicht einmal als Strategien erkannt würden. Strategien in diesem Sinne sind ein »emergentes« Phänomen, das sich dem gar nicht so bewusst gesteuerten Zusammenwirken einer Vielzahl von Akteuren in und außerhalb des Unternehmens verdankt. Mit Blick auf diese emergenten Wurzeln strategischer Weichenstellungen kommt es letztlich darauf an, die unternehmerische Neugierde und Verantwortungsübernahme möglichst breit im Unternehmen zu verankern und ein gemeinsames Lernen und die Lust auf Neues zu stimulieren (zu diesem Emergenzgedanken vgl. Mintzberg/Waters 1985).

Eine Weiterführung dieses Gedankens ist das Konzept der »lernenden Organisation«, das in den Arbeiten von Chris Argyris (1976), Donald Schön (1983) und zuletzt in der »Fünften Disziplin« von Peter Senge (1997) ausgeführt wurde.

Das prozessorientierte Organisationsverständnis von Weick

Karl Weick (1969, 1995) beschreibt das Lernverhalten von Organisationen anhand des evolutionstheoretisch motivierten Modells von Handeln, Selektion und Beibehalten. Es geht darum, herauszufinden, was am Markt erfolgreich ist; mit anderen Worten, es wird den eigenen Handlungen rückwirkend ein Sinn gegeben. Ist die Wahl für eine solche Sinngebung getroffen, werden nur solche Aktivitäten beibehalten, die zu wünschenswerten Resultaten führten. Für Weick wurzelt Lernen damit in der ständig mitlaufenden Reflexion und Auswertung gemachter Erfahrungen. Auf diesem Wege wird prozesshaft das gemeinsam erzeugt und immer wieder weiterentwickelt, was miteinander als die eigene Organisation erlebt wird.

In diesem Modell ist die Welt keine abgeschlossene Einheit »dort draußen«, die analysiert und zu einem endgültigen Konzept zusammengefasst werden kann. Statt dessen wird sie organisationsintern inszeniert, wie es Weick ausdrückt. Die Realität entsteht durch die ständige Interpretation und Korrektur früherer Erfahrungen. Daher ist es nicht möglich, zuerst eine Analyse abzuschließen und dieser dann die Umsetzung folgen zu lassen. Wir brauchen zwar die Ordnung auf Basis eines Konzepts, aber es gibt immer Abweichungen, die uns veranlassen, die Ordnung neu zu gestalten. Damit ist kein Lernen ohne Handeln möglich.

Die Lernschule im Überblick

Die Grundannahmen der Lernschule lassen sich wie folgt zusammenfassen:

Die Inszenierung von auf Planung ausgerichteter Strategieprozesse ist wenig sinnvoll. Die unplanbare und komplexe Natur der Umwelt und die Dynamik ihrer Veränderungen erfordert einen Prozess, bei dem zwischen Entstehung und Umsetzung nicht mehr unterschieden werden kann.

Im Mittelpunkt steht das kollektive Unternehmenssystem, das lernt. Seine Lernfähigkeit spiegelt sich vor allem im Lernpotenzial der Führungskräfte wider, die in ihren Entscheidungen Neues entweder aufgreifen und verstärken oder als irrelevant ignorieren. Dieses Lernen bildet sich durch ein Verhalten heraus, welches das rückblickende Auswerten überraschender Erfahrungen anregt, um dem Handeln mit Blick auf die Zukunft einen Sinn zu geben. Das bedeutet, dass Ansätze für strategische Neuausrichtungen an allen möglichen Orten einer Organisation entstehen können. Manche bleiben sich selbst überlassen und verkümmern, andere werden vom Management aufgegriffen und finden offiziellen Eingang in die Beschreibung des strategischen Selbstverständnisses eines Unternehmens.

Aufgabe von Führung ist es daher nicht, Strategien selbst zu konzipieren, sondern den Prozess des strategischen Lernens so zu steuern, dass neue Strategien entstehen können. Strategisches Management bedeutet somit, Abweichungen zuzulassen, Risiken einzugehen, Innovationserfahrungen auszuwerten, Bewährtes zu routinisieren, kurzum die ständige Balance zwischen Stabilität und Veränderung zu gestalten.

Strategische Weichenstellungen erscheinen so anfangs als zufällige Abweichungen bislang bewährter Muster aus der Vergangenheit und werden – sofern sie sich bewährt haben – erst später zu Programmen für die Zukunft.

Die Machtschule: Strategie als Verhandlungsprozess

Die Machtschule definiert die Strategieentwicklung als Prozess mehr oder weniger unverhüllter Einflussnahme, indem Macht und Politik eingesetzt werden, um bestimmte Strategien durchzusetzen, die den dahinterliegenden Interessen der Akteure dienen. In der Strategieliteratur wurde oft unterstellt, dass Führungskräfte rational agierende Funktionsträger seien, die durchdachte Strategien definieren, die dann von loyalen Mitarbeitern breitwillig übernommen und realisiert werden. Unternehmen stützen sich jedoch auf Individuen mit Träumen, Hoffnungen und Ängsten, kurz, mit eigenen Gefühlen und eigenen Interessen, die sich selten mit denen des Unternehmens decken.

Macht im Sinne einer Mobilisierung des Einflusspotenzials zur Verfolgung dieser Interessen wurde in der Strategieforschung lange Zeit ausgeblendet. Jeder wusste, dass es sie gab, aber die Wissenschaft beschäftigte sich nur ungern mit ihr und grenzte sie als Rahmenbedingungen aus. Ende der 1970er-Jahre erschienen erste Arbeiten zu diesem Thema von McMillan (1978), Sarrazin (1977) und Pettigrew (1977).

Man kann Strategieentwicklung auch als Prozess betrachten, der aus Verhandlungen und Kompromissen zwischen konkurrierenden Personen, Gruppen und Koalitionen besteht. Strategieprozesse sind immer auch Orte profilierter Einflussnahme und Machtausübung, weil es in diesen Prozessen neben individuellen Karriere- und Durchsetzungsinteressen stets auch um die wichtige Frage der Verteilung von Ressourcen innerhalb eines Unternehmens geht.

Verfechter dieses Ansatzes vertreten den Standpunkt, dass es unmöglich ist, optimale Strategien zu formulieren, geschweige denn, diese zu implementieren. Dieser Sichtweise liegt ein Organisationsverständnis zugrunde, das davon ausgeht, Organisationen seien nichts anderes als Arenen, in denen die Mitglieder miteinander um die Durchsetzung ihrer Interessen ringen und dafür um den Erhalt bzw. um den Ausbau ihrer Macht und Einflusssphären kämpfen (vgl. dazu ausführlicher Neuberger 2006). Entscheidungen über strategische Fragen sind natürlich besonders exponierte Anlässe für diese Dynamik. Wegen der konkurrierenden Zielsetzungen wird jeder strategische Ansatz ständig gestört und verwässert. Aus dieser Perspektive wird Strategieentwicklung zu einem Wechselspiel der Interessen und Koalitionen, wobei keine über einen längeren Zeitraum hinweg die Vorherrschaft behält.

Strategien werden demnach auch nicht von einem einzelnen »Architekten« oder einem »homogenen Strategieteam« entwickelt. Statt dessen verfolgen zahlreiche Akteure und Seilschaften ihre eigenen Interessen. Anhänger der Machtschule vertreten die Ansicht, dass die aus einem solchen Verhandlungsprozess entstandenen Strategien nicht zwangsläufig optimal sind, weil sie die Interessen und Denkweisen der bestehenden Machtstrukturen wiedergeben. Allerdings können solche erfolgreichen Aushandlungsprozesse vorübergehend stabile Gleichgewichte schaffen, die die gemeinsame Energie auf die Bewältigung der anstehenden Geschäftsthemen lenken und nicht in endlosen Grabenkämpfen binden.

Die Kulturschule: Strategieentwicklung als kollektiver Prozess

In der Kultur eines Unternehmens spiegeln sich all seine im Laufe der Zeit entwickelten Selbstverständlichkeiten, die im Alltag das Verhalten seiner Mitglieder auf unausgesprochene Weise koordinieren. Auf der Organisationskultur basieren aber auch die tieferen Überzeugungen und Werthaltungen, welche die Mitglieder mit der Identität ihres Unternehmens verbinden. Während die Überlegungen der Machtschule um Eigeninteressen kreisen, geht es bei der Kulturschule um die Werte der Gemeinschaft. Vertreter der Kulturschule untersuchen, welche Rolle der Unternehmenskultur bei der Strategieentwicklung zukommt.

Auslöser für das Interesse an dieser Perspektive waren die Erfolge japanischer Unternehmen in den 1980er-Jahren (Pettigrew 1985, Feldman 1986). Sie setzten dem Individualismus anderer Schulen die Bedeutung des kollektiven Handelns entgegen und definierten Strategieentwicklung als Prozess sozialer Interaktion, der auf den gemeinsamen Überzeugungen der Organisationsmitglieder beruht. Allerdings entziehen sich die Ursprünge und Reproduktionsweisen der Unternehmenskultur der bewussten Wahrnehmung. Die Mitglieder der Organisation erwerben sie automatisch durch ihre Sozialisation im Unternehmen (für das Verständnis von Unternehmenskultur nach wie vor grundlegend die Arbeit von Schein 1995).

Die Wirkung kollektiver Wahrnehmungen

Da Kultur das Denken formt, das konkrete Verhalten steuert und damit auch die eingesetzten Managementmethoden beeinflusst, wirkt sie sich auch auf die Strategieentwicklung aus. Kultur fungiert als Wahrnehmungsfilter, der die Entscheidungen einer Organisation maßgeblich lenkt (Snodgras 1984). So kann es vorkommen, dass Unternehmen mit unterschiedlichen kulturellen Prägungen ihre Umwelt gänzlich anders interpretieren, obwohl die Rahmenbedingungen nahezu identisch sind. Die

Organisation entwickelt eine »vorherrschende Logik«, die sie bestimmte Ereignisse und Trends stärker wahrnehmen lässt, andere hingegen weniger oder gar nicht.

Da kommt der Vergangenheit eine Schlüsselrolle zu. Denn auch in Organisationen neigen Menschen dazu, an den Überzeugungen festzuhalten, die in der Vergangenheit funktioniert haben (Lorsch 1986, Weick, Sutcliffe 2003). Daher geben sie jenen Strategien den Vorzug, die in der bestehenden Kultur verankert sind. Ein Unternehmen, das seit jeher Billigstbieter war, wird aller Wahrscheinlichkeit nach auf einen Umsatzrückgang mit weiteren Preissenkungen reagieren. Die kulturell verankerten Grundüberzeugungen, worauf es im jeweiligen Geschäft letztlich ankommt, geben normalerweise den Rahmen vor, wie Probleme gesehen werden und wie darauf reagiert werden soll.

Kultur als strategische Schlüsselfunktion

»Es ist nicht so, dass ein Unternehmen eine Kultur hat. Ein Unternehmen ist eine Kultur. Deshalb ist es so furchtbar schwierig, eine Kultur zu verändern.« (Weick 1995) Nach Barney (1986) kann Kultur das wirkungsvollste und dauerhafteste Hindernis für Nachahmer bilden und übernimmt bei der Entwicklung von Ressourcen eine Schlüsselfunktion. Dem ist sicher zuzustimmen. Allerdings ist es um all die Kulturveränderer, die den Führungskräften das bewusste Gestalten der sie umgebenden Organisationskultur ins Stammbuch geschrieben haben, in der Zwischenzeit recht still geworden. Wir wissen, dass diese Dimension enorm erfolgsentscheidend ist; wir wissen aber auch, dass sie vom Management nicht direkt beeinflusst werden kann (nach Luhmann handelt es sich dabei um »nichtentscheidbare Entscheidungsprämissen«, die sich gleichsam hinter dem Rücken der Akteure herauskristallisieren; ders. 2000). Kultur ist ein indirektes Resultat der vielfältigen Formen, wie in einem Unternehmen die jeweiligen Überlebensthemen angegangen werden. In diesem Sinne ist die Art und Weise des Umgangs mit den zentralen strategischen Herausforderungen eines Unternehmens natürlich unmittelbar kulturbildend.

Grenzen der evolutionären Strategieentwicklung

Auch das Vertrauen auf die eigene evolutionäre Entwicklungskraft ist nicht ohne Risiko. Im Unterschied zum intuitiven und zum expertenorientierten Strategietypus lassen sich bei diesem Entscheidungsmuster folgende Problembereiche identifizieren:

Evolutionäres »Knabbern«

Die Gefahr des Inkrementalismus, des ständigen Knabberns anstelle eines entschlossenen Zubeißens, liegt darin, dass die klare Gesamtlinie zugunsten einer Vielzahl dezentraler taktischer Manöver verlorenzugehen droht oder dass eine solche Linie erst gar nicht entsteht. Eine Reihe in sich stimmiger Schritte kann die Logik des Ganzen ad absurdum führen. So kann ein »Kuddelmuddel« an Technologien und Produkten entstehen; im Extremfall ist das Ganze dann weniger als die Summe seiner Teile.

In bestimmten Situationen, in denen das Überleben der Organisation auf dem Spiel steht, ist das Vertrauen auf die Kraft der geduldigen Evolution nicht unbedingt empfehlenswert. Existentielle Krisen erfordern ein handlungsfähiges Management, das klare Vorstellungen über die erforderlichen Kurskorrekturen hat und diese auch unternehmensweit mit aller Konsequenz durchsetzen kann.

Der Verlust der Gesamtstrategie

Eine Überbetonung der evolutionären Impulse in den verschiedenen Teilbereichen kann dazu führen, dass eine an sich stimmige Strategie durch ungesteuerte Zentrifugaltendenzen Schritt für Schritt unterminiert wird. Bewährtes und Funktionierendes wird zugunsten des situativ Neuen und Interessanten aufgegeben. Manchmal driftet das Unternehmen unmerklich von seiner ursprünglichen Erfolgsstrategie ab, am Ende zum Schaden aller Teilbereiche des Unternehmens. Das Unternehmen lässt sich schrittweise in eine ungünstige Position locken. Kleine Entscheidungen führen manchmal zu großen, unerwünschten Gesamtentwicklungen. »Atomkriege und Geburtsprobleme sind schlechte Anwendungsgebiete für eine Strategie nach dem Motto ›Probieren wir es und sehen wir, was daraus wird‹«(Connolly 1982, S. 45).

An diesem Punkt drängt sich die berühmte Metapher von Peter Senge vom gekochten Frosch auf: Setzt man einen Frosch in einen Topf mit heißem Wasser, springt er heraus. Setzt man ihn hingegen in kaltes Wasser, das nach und nach zum Kochen gebracht wird, bleibt er im Topf und stirbt. Er erkennt die tödliche Gefahr erst, wenn es schon zu spät ist.

Die strategische Bremse

Für strategisches Lernen ist es vielfach notwendig, sich zunächst von der alten vorherrschenden Logik zu verabschieden. Die eingespielten Routinen und insbesondere die kulturell verankerte Unternehmensideologie unterstützt normalerweise weniger die strategischen Veränderungen, sondern sie bewirken eher die Aufrechterhaltung des Status quo. Eine neue Strategie machte es beispielsweise für IBM erforderlich, zuerst die vorherrschende Großrechnerlogik zu überwinden. Da die Grundideologie von IBM lange Zeit durch Großrechner geprägt war, musste die Ausrichtung des Unternehmens auf eine radikal veränderte Computerwelt mit viel internem kulturellen »Gegenwind« vorgenommen werden (Bettis/Prahalad 1995, ausführlicher zum aktuellen Strategieschwenk bei IBM vgl. auch Doz/Kosonen 2008).

Lernen ist kein Selbstzweck

Auch wenn derzeit Fragen der »Lernenden Organisation« nach wie vor Konjunktur haben, ist sie kein Selbstzweck. Zwar müssen Menschen und Organisationen lernen, um für die neuen Herausforderungen gerüstet zu sein. Sie müssen aber auch ihre operative Alltagsarbeit effizient bewältigen. Daher kann es nicht darum gehen, alle sich zufällig bietenden Veränderungschancen aufzugreifen, sondern darum, zu erkennen, was wann geändert werden sollte. Andernfalls läuft man Gefahr, sich zu verzetteln. Schließlich ist Lernen teuer. Es dauert seine Zeit, erfordert einen hohen Kommunikationsaufwand und ist nicht immer effizient steuerbar. Eine »echte« Lernende Organisation macht sich daher auch Gedanken darüber, wann und wo Lernen unnötig und das Festhalten an bewährten Routinen zielführender ist (Wimmer 2007). Eine gelingende Balance zwischen Lernen und Nichtlernen ist zweifelsohne leichter zu finden, wenn im alltäglichen Entscheidungsgeschehen auf einen gemeinsamen strategischen Rahmen zurückgegriffen werden kann, der auf einem tragfähigen Commitment aller Ebenen im Unternehmen aufsetzt. Dann haben die erforderlichen Selektionsentscheidungen eine wirksame Richtschnur. Die relevanten strategischen Weichenstellungen müssen nicht im operativen Tagesgeschäft ausgefochten werden.

Resümee zur evolutionären Strategieentwicklung

Im Unterschied zu den beiden vorherigen Spielarten werden im Fall des evolutionären Strategiemusters strategische Weichenstellungen nicht von der Unternehmensspitze angestoßen. Impulse dazu entstehen mehr oder weniger zufällig in einem freien Spiel der Kräfte auf den verschiedensten Ebenen einer Organisation. Autonome Subsysteme greifen ohne expliziten strategischen Fokus sich zufällig ergebende Marktchancen auf. Das Topmanagement unterstützt allenfalls die Impulse einzelner Unternehmenseinheiten und bündelt die sich evolutionär durchsetzenden Erfolgsmuster der Teilsysteme zu einer Gesamtlinie. Nicht selten werden diese Erfolgsmuster im Nachhinein als bewusste Strategie ausgewiesen.

Die wissenschaftlichen Verfechter dieser in der Praxis recht häufigen Spielart vertrauen auf die eingebaute Fähigkeit zu evolutionärer Adaption beim sozialen System Unternehmen. Lässt man den marktnahen Einheiten, so ihre These, die Möglichkeit, Chancen eigenverantwortlich aufzugreifen, dann bietet dieses dezentrale Eingehen auf die ohnehin nicht vorhersehbaren Marktentwicklungen die besten Aussichten. Als konsequente und radikale Schlussfolgerung ist für Vertreter der evolutionären Strategieentwicklung eine explizite strategische Auseinandersetzung, wie wir sie in der Tradition expertenorientierter Ansätze kennen, weder sinnvoll noch erforderlich.

Systemische Strategieentwicklung

Diese vierte Spielart der Zukunftsbewältigung ist jüngeren Datums und spiegelt die einschneidenden Veränderungen seit den späten 1980er-Jahren wider, die auf der Ebene der Unternehmen zu beobachten sind; etwa in der Art und Weise, wie sie ihre Geschäftsprozesse organisieren, wie sie marktförmige Koordinationsmechanismen in die Organisation hineinnehmen, wie sie entlang den Wertschöpfungsketten flexible Netzwerke bauen, wie sie die Arbeitsteilung zwischen den Hierarchieebenen komplett neu konzipieren, wie sie immer wieder radikale Transformationen gerade mühsam gefestigter Organisationsstrukturen vornehmen und ähnliches mehr. In vielen Fällen haben sich ganz neue Organisationsarchitekturen herauskristallisiert, mit denen in der Zwischenzeit auch andere Bewältigungsformen im Umgang mit deutlich komplexer gewordenen Zukunftsherausforderungen korrespondieren. Parallel zu diesen Entwicklungen, die eine deutliche Steigerung der Eigenkomplexität von Organisationen implizieren, hat sich die wissenschaftliche Diskussion auf der Suche nach alternativen Formen der Strategieentwicklung intensiviert (vgl. etwa Seidl 2007, Whittington 2003 und 2006 sowie Jarzabkowski/Balogun/Seidl 2007).

Aber auch die wirtschaftlichen und gesellschaftlichen Rahmenbedingungen sind einem grundlegenden Strukturwandel unterworfen. Folgende Stichworte haben die öffentliche Diskussion der letzten Jahre nachhaltig geprägt, um nur einige zentrale Punkte herauszugreifen:

- das Zusammenwachsen der Welt zu einer globalisierten Wirtschaft;
- die ungeheure Dynamisierung des Finanzsektors, der jedes Unternehmen dieser Welt zur handelbaren Ware gemacht hat;
- der unmittelbare Einfluss der Kapitalmärkte auf die Wertentwicklung börsennotierter Unternehmen, die dadurch in ein wesentlich sensibleres Abhängigkeitsverhältnis zu den letztlich nicht kalkulierbaren Schwingungen dieser Märkte geraten sind;
- die einschneidenden Veränderungen in den Finanzierungsbedingungen nichtbörsennotierter Unternehmen durch den sogenannten neuen Baseler Akkord, der den klassischen Bankkredit künftig viel stärker an die durch Ratings geschätzte künftige Ertragskraft von Unternehmen bindet;
- die immensen Innovationsschübe in den Informations- und Kommunikationstechnologien, die im Zuge der Internetökonomie ganz neue Märkte entstehen ließen, die aber auch unübersehbare Rückwirkungen auf die Unternehmen der sogenannten Old Economy zeitigen.

Insgesamt ist die Welt für Unternehmen noch um einiges schnelllebiger geworden, ausgestattet mit plötzlichen Brüchen bislang scheinbar stabiler Marktkonstellationen, geprägt von einer Wettbewerbsdynamik aber auch von gesellschaftlichen Umbrüchen, die ständig für Überraschungen sorgen, denen als Unternehmen nur schwer vorausschauend zu begegnen ist. Das heißt letztlich, dass der nicht unmittelbar wirtschaftsbezogene gesellschaftliche Kontext für die Überlebenschancen von Unternehmen sehr, sehr viel bedeutsamer geworden ist. Peter Drucker spricht von einer »next society«, die sich in den Grundzügen heute bereits voll abzeichnet (ders. 2002). Dirk Baecker führt diese Idee weiter, um die weitreichenden Auswirkungen des Computers als Verbreitungsmedium der Kommunikation in unterschiedlichen gesellschaftlichen Bereichen in einer ersten Annäherung beschreibbar zu machen (ders. 2007). Wir müssen zur Kenntnis nehmen, dass das künftige Schicksal von Unternehmen nicht mehr nur in der Wirtschaft entschieden wird, das heißt auf Märkten, auf denen mit Wettbewerbern um die Nachfrage zahlungsfähiger Kunden konkurriert wird. Es geht auch um die Bewährung in anderen gesellschaftlichen Kontexten, die darüber entscheiden werden, ob die eigenen Leistungen als Organisation angenommen werden oder nicht. Es ist diese Entwicklung, die für den Umstand verantwortlich zeichnet, dass das Thema der »Corporate Social Responsibility« so eine Prominenz gewonnen hat. Dies bedeutet für Unternehmen ein erfolgreiches Agieren auch in nicht wirtschaftlichen Netzwerken, in denen man nur beteiligt bleibt, solange man dort selbst als nutzenstiftender Partner für andere agiert.

Vor diesem Hintergrund ist zu verstehen, dass sich in Unternehmen neue Formen der Strategieentwicklung herauskristallisieren, die auf diese veränderten Gegebenheiten unternehmensintern wie in den relevanten Umwelten zu antworten versuchen (ein Beispiel dafür ist etwa die Arbeit von Doz/Kosonen 2008).

Wir tragen dem Umstand Rechnung, dass die wesentlichen Einflussfaktoren auf die Eigendynamik des nahen Umfeldes nicht durchschaubar, geschweige denn direkt beeinflussbar sind und dass die Zukunft auch mit noch so viel Aufwand nicht im Voraus berechenbar ist, und nennen den Antwortversuch auf diese Verhältnisse systemische Strategieentwicklung; systemisch deshalb, weil damit eine gezielt zu entwickelnde Fähigkeit des Unternehmens als System (eine »organizational capability«) gemeint ist. Es handelt sich hier um eine Fähigkeit, die dem Unternehmen dauerhaft zur Verfügung steht und für jene strategische Agilität sorgt, die es für ein aktiv gestaltendes Umgehen mit der Veränderungsdynamik einer global auf das Engste vernetzten Welt braucht. Welche Art von Praxis dahintersteht und welche theoretischen Grundlagen dafür sprechen, soll im folgenden Schritt für Schritt herausgearbeitet werden.

Eine nicht delegierbare gemeinschaftliche Führungsleistung

Wenn es um Fragen der künftigen Überlebensfähigkeit geht, wenn die Kernthemen der eigenen geschäftlichen Identität betroffen sind, also das, womit man mittel- und langfristig überdurchschnittliche Erträge erwirtschaften will, dann handelt es sich um eine nicht delegierbare gemeinschaftliche Führungsleistung oder anders gesagt um eine Aufgabe, die in ihrem Kern nicht an Experten, Berater oder an interne Stäbe delegiert werden kann. »Das Topmanagement kann seine Verantwortung für die Entwicklung, Formulierung und Verfechtung eines Zukunftskonzeptes nicht verleugnen« (Hamel/Prahalad 1997, S. 134). Das Führungsteam eines Unternehmens oder jener Subeinheit, für die Strategieentwicklung betrieben wird, trägt die entscheidende Verantwortung für diesen Prozess und seine Ergebnisse. Es muss nicht nur dafür sorgen, dass über diese Fragen im Unternehmen ausreichend nachgedacht wird. Es hat sich auch selbst in einer führenden Rolle an diesem Diskussionsprozess zu beteiligen und die Qualitätssicherung für den Gesamtprozess zu übernehmen. Natürlich ist es sinnvoll, um dieses Führungsteam herum weitere Funktionsträger zur Gänze oder für bestimmte Arbeitsschritte zu integrieren, um die verstreute Intelligenz im Unternehmen für diesen Prozess gezielt zu nutzen und gleichzeitig die Akzeptanz seiner Ergebnisse breit zu verankern.

Die Integration der anderen Spielarten auf einem neuen Niveau

Die hier beschriebene Strategiespielart nutzt und integriert Aspekte der ersten drei Grundmuster auf einem insgesamt neuen Niveau der Komplexitätsbearbeitung. Bei diesem Niveau geht es sichtlich nicht um ein bloßes Addieren der anderen Spielarten. Dazu sind diese viel zu gegensätzlich und einander ausschließend. Es ist faszinierend zu beobachten, wie in gut funktionierenden Managementteams, die sich gemeinschaftlich den gewandelten Herausforderungen der Unternehmensführung stellen, die unbestrittenen Potenziale der einzelnen Spielarten für eine insgesamt neue Form der Bewältigung von Unsicherheit und der Übernahme von Risiko genutzt werden können. Denn jede Spielart für sich hat ja – wie ausführlich beschrieben – ihre spezifischen Stärken, wenn es darum geht, mit der Unkalkulierbarkeit künftiger Entwicklungen einen überlebensfähigen Umgang zu finden. Das Raffinement dieser neuen, vierten Spielart besteht darin, für die Entwicklung der Strategie und ihrer periodischen Überprüfung eine Prozessarchitektur zu bauen, die in unterschiedlichen Phasen die angesprochenen Potenziale zur Entfaltung bringt:

- die Fähigkeit, die strategische Intelligenz der verschiedenen Geschäftseinheiten und Schlüsselpersonen zu mobilisieren, wie dies der evolutionären Spielart zu eigen ist;
- die Möglichkeit, über einen Fundus der unterschiedlichsten expertenorientierten Konzepte und Modelle der Strategieforschung zu verfügen und diese auch wirkungsvoll anzuwenden;
- und nicht zuletzt die Gelegenheit, die unternehmerische Intuition sowie das schöpferische Potenzial der Entscheidungsträger zu fördern, zu ermutigen und die zugrunde liegenden Annahmen jedoch auch besprechbar zu machen.

Kein Sonderprozess, sondern integraler Teil des Führungsgeschehens

Strategieentwicklung in diesem Verständnis ist kein mit großem Aufwand betriebener Sonderprozess, den ein Unternehmen irgendwann einmal aus besonderem Anlass auf sich nimmt. Vielmehr handelt es sich um einen integralen Bestandteil des entsprechend komplex gebauten Führungsgeschehens, in dem die einzelnen Führungsdimensionen füreinander Bestimmungs- und Begrenzungsmöglichkeiten zur Verfügung stellen. So wird beispielsweise eine strategische Neuausrichtung die gegebene Personalsituation einkalkulieren, und umgekehrt werden wichtige Personalentscheidungen nicht ohne Bezug zur Strategie zustande kommen.

Diese Funktion einer wechselseitigen Begrenzung ist gemeint, wenn wir hier von Integration der verschiedenen Aspekte der Unternehmensführung sprechen (zu diesem integrativen Führungs- und Managementverständnis vgl. Wimmer 1994). Wenn also von systemischer Strategieentwicklung die Rede ist, dann wird damit auf den Umstand angespielt, dass die explizite Beschäftigung mit Zukunftsfragen als Führungsprozess eng mit anderen Steuerungsprozessen verknüpft ist. Gleichwohl weist ein Strategieprozess seine Spezialisierung auf. Er bündelt die Aufmerksamkeit der Beteiligten auf bestimmte Fragen und braucht dafür eine ganz spezifische Prozessarchitektur, ohne die die angestrebte Qualität nicht zu haben ist. Mit seiner Hilfe werden die angestrebten oder vorhandenen Zukunftsbilder angesichts sich überraschend ändernder Umweltbedingungen periodisch überprüfbar und korrigierbar gehalten. Dieser Prozess produziert jene geschäftspolitischen Entscheidungsprämissen, die dem operativen Tagesgeschehen seine Orientierung verschaffen und dieses von ständig mitlaufenden Grundsatzfragen entlasten. Er sorgt aber auch dafür, dass diese Prämissen zeitnah korrigierbar bleiben, für den Fall, dass eine Auswertung der beobachteten Chancen und Risiken eine solche Korrektur nahelegen.

Die Forderung nach einem Strategieprozess, der all diese Ansprüche einlösen kann, ist leicht erhoben. Aber gerade das stellt in der konkreten Unternehmenspraxis hohe Anforderungen an die Mitglieder eines solchen Managementteams und – falls beigezogen – auch an die eingesetzten Berater und Beraterinnen. Sie sind gefordert, zwischen den Steuerungsanforderungen und Entscheidungslasten, die der »reißende Fluss des operativen Geschehens« mit hoher Dringlichkeit täglich produziert, und den grundsätzlicheren Strategiefragen, die ein gänzlich anderes Problemlösungsverhalten verlangen, hin und her zu pendeln.

Praxis der systemischen Strategieentwicklung

Im Folgenden werden die wichtigsten Charakteristika der systemischen Strategieentwicklung in der praktischen Auswirkung dargestellt:

Periodische Auszeiten

Mit Hilfe der hier beschriebenen Spielart der Strategieentwicklung organisieren sich Unternehmen die Möglichkeit, abseits von den Entscheidungszwängen des Alltags sich selbst mit anderen Augen zu sehen, zu beobachten, wie man als Unternehmen in den jeweiligen Märkten agiert, welche Spielregeln dort herrschen, wie und in welchem Ausmaß es einem da gelingt, in diesem Marktgeschehen mitzumischen. Das Unternehmen schafft sich damit spezielle, kommunikative Räume des gezielten Nachdenkens über sich selbst, mit dem Ziel, sich in seiner gewachsenen Identität grundsätzlich auf den Prüfstand zu stellen, zu überprüfen, ob die eingeschlagene Richtung stimmt oder ob man erfolgskritische Veränderungen übersehen hat. Solche Räume für ein gemeinsames Auf-Distanz-Gehen benötigen allerdings höchst spezielle Voraussetzungen.

Distanz schafft Überblick

»Der operative Fluss« eines Unternehmensalltags zieht normalerweise alle Aufmerksamkeit magnetisch an. Um sich diesem Sog zu entziehen, muss man schon einige Kraft mobilisieren. Die Beschäftigung mit der eigenen Identität und ihrer künftigen Entwicklung nimmt nicht nur erhebliche Zeit in Anspruch, sie erfordert auch eine Form des Umgangs mit den anstehenden Problemen, die üblicherweise unter dem Druck des operativen Geschehens nicht aufkommen kann.

Strategische Fragen lassen sich nicht zwischen Zwölf und Mittag behandeln. Weil dies so ist, eignen sich die eingespielten Routinen im Umgang mit alltäglich auftauchenden Problemen ebensowenig für den Komplexitätsgrad strategischer Themen wie die etablierten Strukturen der Regelkommunikation. Diese üblichen Arbeitsformen zielen darauf ab, Routinen zu etablieren, das heißt Probleme als bekannt zu unterstellen, auf die man mit erprobten Lösungen antworten kann. Denn nur dann lassen sich die Marktaktivitäten im erforderlichen Maße beschleunigen. Um bei Strategieüberlegungen zu tragfähigen Antworten zu kommen, muss man Nachdenk- und Entscheidungsprozesse dagegen in einem gewissen Ausmaß verlangsamen. Es müssen Fragen auf den Tisch, für die niemand wohlformulierte Antworten parat hält; es müssen Zweifel aufkommen dürfen, Scheinsicherheiten hinterfragt und fehlendes Wissen als selbstverständlich hingenommen werden. Der schnelle Griff zu beruhigenden Lösungen, die die bisherigen Annahmen und Erfolgsmuster nur bestätigen, wäre für strategieorientierte Arbeitsprozesse genau das Verkehrte. Setzt das operative Geschehen normalerweise auf Beschleunigung, es müssen unter hohem Zeitdruck funktionsfähige Lösungen herbeigeführt werden, so braucht die gemeinschaftliche Befassung mit strategischen Fragen zunächst mal eine Entschleunigung.

Ein strategischer Dialog erfordert Zeit

Trägt man dieser Erkenntnis Rechnung, dann bedeutet dies, dem Thema Strategieentwicklung eigene Zeiträume und darauf spezialisierte Arbeitsformen zu widmen und sich von der Illusion zu verabschieden, diese Fragen könnten eingebunden ins Tagesgeschäft gewissermaßen nebenbei behandelt werden. Entweder es gelingt, die für Strategiefragen nötigen Bearbeitungsgefäße und geschützten Kommunikationsräume zu schaffen und diese, herausgelöst aus dem Tagesgeschäft, gesondert zu institutionalisieren, oder man muss auf diese Art der Unternehmenssteuerung verzichten. Zu akzeptieren, dass strategische Fragen einer ganz anderen Logik unterliegen als das operative Geschäft, ist ein erster entscheidender Schritt, wenn sich Unternehmen auf den Weg in Richtung einer systemischen Strategieentwicklung bewegen. Auf dieser Grundlage können Beschleunigung und Verlangsamung austariert werden, womit sich überhaupt erst die Möglichkeit auftut, dass ein Unternehmen unter Strategiegesichtspunkten entwicklungsfähig wird.

Sich eine Auszeit nehmen bedeutet, wie im Sport an den Rand des Spielfeldes zu treten, um aus der inneren Distanz des Beobachtenden das Spielgeschehen zu rekonstruieren und daraus die erforderlichen Schlüsse für das weitere Handeln zu ziehen. Dieser Schritt zu einer kritischen Selbstreflexion ergibt nur Sinn, wenn er genutzt wird, um die gemeinsamen blinden Flecken in einem Unternehmen auszuleuchten. Dies bedeutet aber, sich emotional auch auf Beunruhigendes einzulassen. Haben die Beteiligten gelernt, mit solchen selbstproduzierten Beunruhigungen konstruktiv umzugehen, kann dies zu tragfähigen Einschätzungen für die Zukunft führen.

Die Arbeitsfähigkeit des Führungsteams als kritischer Erfolgsfaktor

Managementteams, die mit dieser Art der Strategiefindung Erfahrungen sammeln konnten, wissen, dass die zentrale Erfolgsvoraussetzung ihre teaminterne Arbeitsfähigkeit darstellt: Wie sehr kann man sich wechselseitig verwundbar machen? Wie konstruktiv werden belastende Konflikte ausgetragen? Welcher Grad an Offenheit und Besprechbarkeit ist auch hinsichtlich emotionaler Störungen vorhanden? Diese Art von Strategieentwicklung spielt sich jenseits der Regeln des formalen Denkens, der streng deduktiven Schlüsse, des Wenn-dann-Kombinierens ab. Sie lässt auf der Basis gemeinsam erarbeiteter Realitätseinschätzungen in den Strategieteams eine Lernsituation entstehen, die im günstigsten Fall neue unternehmerische Perspektiven und überraschende gedankliche Verbindungen wachsen lässt (zu dieser Art von Teamqualität vgl. Wimmer 2006, aber auch Eisenhardt/Kahwajy/Bourgeois 1997, sowie Doz/Kosonen 2008, S. 79 ff.).

In vielen Unternehmen bemüht man sich zwar formal sehr, die Rahmenbedingungen für einen derart integrierten gesamthaften Managementprozess zu etablieren, aber da die Qualität der beteiligten Managementteams bei weitem nicht auf dem beschriebenen Niveau ist, können die Entwicklungspotenziale, die in dieser Spielart stecken, vielfach nicht annähernd ausgeschöpft werden.

Die Brücke zwischen Gegenwart und Zukunft

Das Konzept einer periodischen Auszeit zur Überprüfung und Nachjustierung der strategischen Orientierungspunkte sorgt dafür, dass ein Unternehmen gerade auch dann auf Kurs bleibt, wenn überraschende Ereignisse und unvorhergesehene Entwicklungen die Rahmenbedingungen gründlich verändert haben. Dieser Modus des Umgangs mit Zukunft schafft sozusagen »Routinen für das Verändern des Veränderns«. Die hohe Sensibilität für eine Veränderung der Marktgegebenheiten in Kombination mit der Unterscheidungsfähigkeit zwischen konsequentem Festhalten am eingeschlagenen Weg und dem Loslassen vergangener Erfolgsrezepte, genau diese Mischung und die damit verbundene strategische Sensibilität und Agilität macht Unternehmen heute auch in äußerst turbulenten Gewässern manövrierfähig. Die ursprünglich festgelegte Identität sowie die grundlegenden Entwicklungsziele bleiben auf diese Art und Weise selbst entwicklungsfähig, was dem System insgesamt eine gewisse Basissicherheit schafft. Ein Unternehmen kann sich im Grunde nur dann von seinen Zukunftsvisionen leiten lassen, wenn klar ist, dass solche Festlegungen nichts Endgültiges sind, sondern im Fluss des Geschehens in begründeter Form korrigiert werden können.

Mit diesem Gedanken landet man auch im Rahmen der Strategieentwicklung beim Grundverständnis kybernetischer Steuerung. Es kommt demzufolge darauf an, sich selbst gegenüber so beobachtungsfähig zu bleiben, dass beunruhigende Abweichungen vom erhofften Weg rechtzeitig erkannt werden und durch gezielte eigene Entwicklungsschritte kontrollierbar bleiben (Baecker 1999 b, S. 14 f.). Folgt man diesem Prinzip, dann wird klar, dass strategische Weichenstellungen, die letztlich auf revidierbaren Maßnahmen insbesondere auf einem flexiblen Ressourceneinsatz beruhen, gegenüber solchen Festlegungen, die ein System auf Dauer und unausweichlich binden, auf jeden Fall vorzuziehen sind. Wer es schafft, identitätsstiftenden strategischen Grundausrichtungen geduldig und konsequent zu folgen, und gleichzeitig auf diesem Weg in hohem Maße lernbereit bleibt, hat angesichts der eingangs beschriebenen Grundparadoxien die besten und dauerhaftesten Überlebenschancen.

Ein unverzichtbares Merkmal der systemischen Form der Strategieentwicklung ist ihre Rekursivität. Erst der systematische Wechsel zwischen gezielten Auszeiten, in denen ein System seine eigene Zukunftsfähigkeit in einem strukturierten Prozess zum Thema macht, und der Konzentration aller Kräfte auf die Bewältigung des operativen Geschäfts schafft die Grundlage dafür, dass die unternehmerische Energie in ihrer schöpferischen Kraft permanent wachgehalten wird und die Impulse daraus gleichzeitig ins Tagesgeschäft einfließen können, ohne dort mehr Friktionen auszulösen, als es bei einschneidenden Veränderungen ohnehin zu erwarten ist. Rekursivität meint, dass die im Tagesgeschäft bei der Strategieumsetzung gemachten Erfahrungen und Umweltbeobachtungen beim nächsten Strategiereview als wichtiges Grundlagenmaterial wieder zur Diskussion stehen.

Einen weiteren Effekt dieses Wechsels beobachten wir dahingehend, dass das beteiligte Management auf diese Weise gezwungen ist, einen erheblichen Teil seiner Aufmerksamkeit der Zukunftssicherung des Unternehmens zu widmen. Wie viele empirische Untersuchungen gezeigt haben, sind diese Ressourcen selbst beim Topmanagement fast vollständig von aktuellen operativen Themen okkupiert (Hamel/Prahalad 1997). Die strategische Dimension von Führung kommt ohne ihre institutionalisierte Integration in den gesamten Managementprozess zwangsläufig zu kurz. Darin ist eine entscheidende Differenz zu den anderen Spielarten zu sehen.

Die expertenorientierte Herangehensweise ist meist anlassbezogen. Der häufigste Fall ist ein Führungswechsel an der Spitze des Unternehmens. Der »Neue an Bord« verschafft sich mit Experten schnell einen Überblick und Anregungen für neue strategische Akzente, die zeigen sollen, dass jetzt ein anderer Wind weht. Vor allem in eigentümergeführten Familienunternehmen bietet der Generationswechsel häufig eine gute Gelegenheit, um eine zumeist schon überfällige strategische Repositionierung vorzunehmen (Nagel/Oswald/Wimmer 2001). Aber auch plötzlich wahrgenommene dramatische Marktveränderungen oder eine drastisch verschlechterte Ertragssituation sind oft ein Anlass, die Situation des Unternehmens durch externe Berater genau durchleuchten und sich strategische Handlungsoptionen vorschlagen zu lassen.

In der evolutionären Spielart findet keine abgestimmte strategische Auseinandersetzung zwischen den Unternehmenseinheiten statt. Jede Business Unit praktiziert im Extremfall ihre eigene, eher implizite Form der Auseinandersetzung mit der Zukunft, so dass sich der Strategieprozess im Gesamtunternehmen zufällig und ohne explizite Strategiearchitektur entwickelt.

Die in der jüngsten Zeit vermehrt zu beobachtende Form der systemischen Strategieentwicklung ist außerdem nicht ausschließlich kundengetrieben oder primär auf die unternehmerische Entschlusskraft einzelner Personen an der Spitze des Unternehmens angewiesen, wie dies bei der intuitiven Spielart durchgehend der Fall ist.

Offenkundig entlasten diese drei Spielarten das Management und damit auch den Rest des Unternehmens vor der ständigen Konfrontation mit den unausweichlichen Unwägbarkeiten und Risiken unternehmerischen Handelns. Diese Entlastung mag so lange sinnvoll gewesen sein, wie sich das Verhältnis der Unternehmen zu den für sie überlebenswichtigen Umweltsystemen durch die beschriebenen Strategiemuster einigermaßen gut ausbalancieren ließ. »In der heutigen Zeit muss ein Unternehmen fähig sein, seine Strategie nicht bloß einmal in zehn Jahren neu zu erfinden, weil es gerade mitten in einer Krise steckt oder einen CEO gegen einen anderen austauscht, sondern kontinuierlich Jahr für Jahr« (Hamel 2001, S. 22). Die Entwicklung dieser Fähigkeit bedeutet, Kernthemen unternehmerischer Existenzgefährdung ins Unternehmen hineinzunehmen und die Verantwortung in den hierarchieübergreifenden Führungszusammenhang zu verlagern. Offensichtlich erzwingen die veränderten wirtschaftlichen Rahmenbedingungen heute mehr und mehr diesen einschneidenden Schritt in der Unternehmensentwicklung.

Das operative Geschehen gibt den Takt an

Der zeitliche Rhythmus, in dem sich ein Unternehmen zum Zweck der strategischen Überprüfung und Neupositionierung einer solchen selbstreflexiven Auszeit unterzieht, steht in engem Zusammenhang mit der Dynamik des jeweiligen Marktes, insbesondere mit dem Lebenszyklus der angebotenen Produkte und Dienstleistungen. Stabilere Branchen wie etwa der Fahrzeug- und Maschinenbau, der Anlagenbau oder die Stahlindustrie werden mit etwas längeren Perioden gut zurechtkommen. Unternehmen in sehr schnellebigen Märkten wie in der Computerindustrie und in der Telekommunikationsbranche oder gar in der Unterhaltungsindustrie und in der Medienbranche (da vor allem in der Musikindustrie) werden in deutlich kürzeren Abständen die Auswirkungen von Marktveränderungen und deren Konsequenzen für die eigene Positionierung überprüfen.

Wie die zeitliche Häufigkeit strategischer Auszeiten auch konzipiert sein mag, entscheidend bleibt die stimmige Verbindung mit den Führungsprozessen, die das operative Geschehen steuern insbesondere mit der jährlichen Budgetplanung. Der Aktionsradius spannt sich von einer adäquaten strategischen Verankerung verschiedenster Veränderungsprojekte über die konsequente Orientierung des Wissensmanagements an den Kernkompetenzen bis hin zu stringenten Prozessen für die Vereinbarung von Zielen und geeigneten Maßnahmen des Personalmanagements. Das Bild vom Fluss des operativen Geschehens und dem daraus auftauchenden Strategieprozess, der wiederum steuerungs- und richtungsweisend auf diesen Fluss zurückwirkt, soll diesen Anspruch an das integrierte Gesamtdesign eines Managementprozesses symbolisieren.

Dieser reflexiv angelegte Prozess einer periodisch stattfindenden strategischen Standortbestimmung benötigt sowohl inhaltlich als auch in der Konzeption der einzelnen Arbeitsschritte ein gut durchdachtes Gerüst. Besonders wichtig ist dabei, dass dieses Gerüst gerade wegen der Regelmäßigkeit seiner Durchführung nicht zu einem formelhaften Zwangskorsett erstarrt. Im Gegenteil, es muss ausreichende Freiräume zum »wilden« Denken schaffen, »heilige Kühe« hinterfragbar machen und einen kreativen Rahmen setzen, der das Aufgreifen sich zufällig bietender Chancen systematisch fördert.

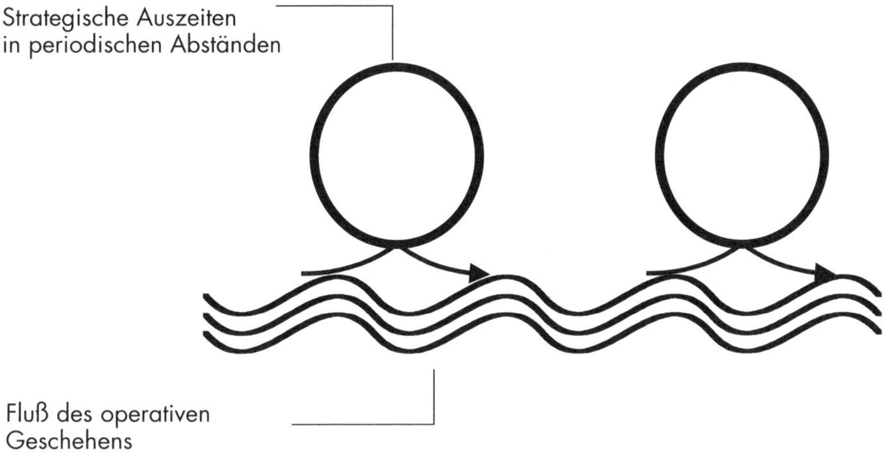

Abb. 3: Der strategiefähige Managementprozess

Unterscheidungen schaffen neue Perspektiven

Die »heiligen Kühe« des gerade mit Erfolg praktizierten Geschäftsmodells in Frage zu stellen, ist leichter gesagt als getan. Das geradezu atemberaubende Tempo, in dem wir uns derzeit in vielen Branchen bewegen, sorgt allerdings dafür, dass jedes Geschäftskonzept – wie brillant die zugrunde liegende Strategie auch sein mag – sein ursprüngliches Wertschöpfungspotenzial schon nach absehbarer Zeit einzubüßen beginnt. Dieser Umstand zwingt uns, bestimmte Überzeugungen, die uns in dem unberechenbaren Hin und Her des Wettbewerbs einigermaßen Halt geben, von Zeit zu Zeit auf ihre tatsächliche Tragfähigkeit zu überprüfen.

Deshalb beginnt Strategieentwicklung zuallererst damit, die eigenen mentalen Modelle, das heißt die Grundannahmen, die das Alltagshandeln steuern, explizit zu machen. Dadurch beraubt man sie ihrer Selbstverständlichkeit und legt die Vermutungen und Unterstellungen innerhalb des Managements sowie die diesbezüglichen Unterschiede offen.

Jedes Management verfügt über eine Reihe von Grundannahmen und Grundüberzeugungen: Wie ist die Branche strukturiert? Worauf kommt es letztlich an, wenn man Geld verdienen will? Wie sieht der Wettbewerb aus? Welche Spielregeln gelten im Umgang miteinander? Mit welcher Art von Kunden hat man es zu tun? Was bevorzugen diese Kunden letztlich und was lehnen sie ab? Welche Technologien sind viel versprechend? So und so ähnlich lauten die Fragen, zu denen die Antworten üblicherweise als selbstverständlich unterstellt werden.

Ähnliche Überzeugungen wirken natürlich auch auf die unternehmensinternen Verhältnisse ein und steuern die Art und Weise, wie Führungskräfte auftauchende Probleme sehen und welche Lösungen sie verfolgen. Ein Teil dieser Überzeugungen ist wahrscheinlich innerhalb des jeweiligen Managements Gemeingut, aber in vielen Punkten gibt es jedoch tiefgreifende Meinungsunterschiede, die im Alltag keine Chance bekommen, aufgearbeitet zu werden.

Systemische Strategieentwicklung ist jener gezielt eingeleitete und professionell gesteuerte Prozess, der eine Verständigung über die verschiedenen mentalen Modelle ermöglicht. Der Dialog über die Art und Weise, wie jeder die Welt aus seiner Perspektive sieht, ist in der Praxis jedoch ein emotional höchst anspruchsvolles Unterfangen. Immerhin haben wir es in solchen Managementteams in der Regel mit Persönlichkeiten zu tun, die darauf trainiert sind, ihre eigenen Unsicherheiten nicht zu zeigen. Die Neigung, sich als Individuum oder Teil eines Teams zu präsentieren, der sich seiner Sache gewiss ist, wird erheblich verstärkt, wenn man auf schöne Erfolge zurückblicken kann. Je erfolgreicher man als Führungsmannschaft bislang agierte, desto schwieriger wird der Abschied von bisherigen geschäftlichen Strategien und den zugrunde liegenden Einschätzungen der Wirklichkeit.

Betreibt man den Aufwand der Strategieentwicklung allerdings nur, um sich in seiner Sicht der Dinge wechselseitig zu bestätigen, dann ist es schade um die investierte Zeit. Gerade weil das Herstellen der erforderlichen Qualität des Miteinanders in den am Strategieprozess beteiligten Teams etwas so höchst Schwieriges ist, gehört die Obsorge für diese Qualität zu den zentralen Erfolgsfaktoren dieser Spielart.

Die Kunst der Strategieentwicklung ist es, sich gemeinsam freizuspielen und dort hinzublicken, wo andere nicht hinsehen, sich jene Fragen zu stellen, die anderen noch nicht in den Sinn gekommen sind. Letztlich geht es doch darum, ungewöhnliche Entwicklungen aufzuspüren, schwache Signale zu entziffern, die andere noch nicht im Blick haben, um daraus künftige Geschäftschancen zu gewinnen. Gary Hamel hält diesbezüglich die gute Nachricht für uns bereit, »dass die meisten Angehörigen einer Branche auf die gleiche Weise blind sind – sie achten alle auf die gleichen Dinge und sind den gleichen Dingen gegenüber unaufmerksam« (Hamel 2001, S. 153). Dies ist mit ein Grund, warum sich die Strategien in einer Branche tendenziell annähern mit der Folge, dass am Ende alle weniger verdienen. Nur wer aus diesem Sog gemeinsamer Realitätskonstruktionen ausbricht, kann eine strategische Position besetzen, die zu einem Mehr an Wertschöpfung führt.

Um in einem Strategieentwicklungsprozess an die relevanten Glaubenssätze heranzukommen, sollte man sich um die Formulierung beobachtbarer Unterschiede kümmern. Deshalb ist die allerwichtigste Frage am Beginn eines solchen Prozesses: Welche Fragen müssen wir uns diesmal stellen? Sie schaffen gemeinsame Suchrichtungen, mit deren Hilfe die ersten strategierelevanten Informationen gewonnen werden können.

Draw a distinction and you create a world

»Draw a distinction and you create a world – Formuliere einen Unterschied, und du schaffst eine neue Welt« ist ein bekanntes systemisches Paradigma (Spencer-Brown 1969, S. 3). Durch die Erarbeitung wichtiger Informationen über das Unternehmen selbst und über dessen Umwelt wächst die Chance, die eigenen, illusionsstützenden Wahrnehmungsverzerrungen zu relativieren und miteinander Schritt für Schritt zu einer angemessenen Sicht der eigenen Realität zu kommen. Natürlich kann man sich in so einem Prozess durch von Außen hereingeholte Sichtweisen anregen lassen (durch Marktstudien, durch learning expeditions, etc.), um nicht nur im eigenen Saft zu braten.

Eine bestimmte Perspektive ist dann angemessen, wenn sie Handlungsorientierungen ermöglicht, die im jeweiligen Kontext Sinn stiften, und wenn dadurch die Überlebenschancen des Systems gesichert werden (Wimmer/Kolbeck 2001, S. 544).

Ein gelungener Strategieprozess eröffnet den Entscheidungsträgern eine differenzierte Sicht auf die zentralen Chancen in der Zukunft, aber auch auf die wichtigsten Bedrohungen. Nur mit Blick auf dieses Bedrohungspotenzial künftiger Entwicklungen wird es möglich, jene robusten Strategien zu wählen, die das Unternehmen gegenüber unkalkulierbaren Risiken abschotten, weil die Verantwortlichen miteinander gelernt haben, frühzeitig auf bedrohliche Entwicklungstendenzen zu achten und diesbezügliche Signale nicht zu verharmlosen. Weick und Sutcliffe nennen diese ungewöhnliche Organisationsfähigkeit »mindfullness« (ders. 2003).

Eine besonders wirksame Form, um zu einer differenzierten Problemsicht zu gelangen, ist das Arbeiten mit jenen Unterschieden, die einerseits neue Bilder bezogen auf das eigene Unternehmen, auf die Branche und den weiteren gesellschaftlichen Kontext entstehen lassen, die andererseits aber auch den unternehmerischen Spürsinn wachrufen, um für eventuell erst entstehende Kundenbedürfnisse gerüstet zu sein. »Die Zukunft wird dann durch die Wahl jener Unterscheidungen bestimmt, mit denen man sie gegenwärtig beobachtet« (Luhmann 2000, S. 118). Weil dies in jedem Fall so ist, sollte man dieses die eigene Zukunft miterschaffende Beobachtungsinstrumentarium nicht dem Zufall überlassen. Deshalb ist die Frage, mit welchen Sehwerkzeugen ein Strategieteam seine Bilder von der künftigen Welt, in der sich das Unternehmen zu bewähren hat, erzeugt, von ganz ausschlaggebender Bedeutung. Hier ist die konsequente Suche nach den »richtigen« Fragen, auf die man im Strategieprozess gemeinsam Antworten finden will, eine wirklich fruchtbare Übung.

Die Strategieforschung hat im Laufe der Zeit zahlreiche Modelle und Instrumente entwickelt, die sich sowohl für das Entdecken eigener blinder Flecken als auch für das Aufschließen bislang nicht entdeckter Welten eignen und die Betrachtung eines Unternehmens aus unterschiedlichen Perspektiven unterstützen. Die gekonnte Kombination der verschiedenen Herangehensweisen gewährleistet, dass die Unternehmenssituation aus den jeweils relevanten Perspektiven betrachtet wird und dass daraus vielschichtige Blickwinkel gewonnen werden können. Diese modellgestützten Suchraster können durchaus nützlich sein, wenn man selbstkritisch mit ihnen umgeht und durch ihren Einsatz nicht darauf verzichtet, eigene Fragen zu entwickeln. In diesem Sinne ist es überhaupt kein Gegensatz, wenn auch in einem »systemisch« konzipierten Strategieprozess in einer jeweils maßgeschneiderten Kombination mit Denkinstrumenten des klassischen strategischen Managements operiert wird. Man muss sie nur ihres präskriptiven, normativen Charakters entledigen.

Leitdifferenz: Innen und Außen

Entlang der Leitdifferenz »Innen und Außen« stehen beispielsweise sorgfältig ausgearbeitete Konzepte zur Verfügung. So sind etwa die bekannte Stärken-Schwächen-Analyse, das Kernkompetenzkonzept, Modelle zur Analyse der Wertschöpfungskette oder Elemente des Portfolio-Modells bewährte Beobachtungsinstrumente, um die Innenperspektive eines Unternehmens und seiner Prozesse zu diagnostizieren. Mehrere vom Markt bestimmte Ansätze wie die Wettbewerbsanalyse nach dem Porter-Modell, die Stakeholder-Betrachtung, die Konkurrenzanalyse oder verschiedene Instrumente zur Auseinandersetzung mit den Kundenbedürfnissen ermöglichen auf der anderen Seite eine differenzierte Auseinandersetzung mit der engeren Umwelt eines Unternehmens. In diesem Sinne wird in der berühmten Differenz von »market-based-view« und »resource-based-view« überhaupt kein Gegensatz gesehen. Beide Analyserichtungen sind unverzichtbar und schaffen erst die Einschätzungsgrundlagen für eine ernsthafte Ausarbeitung von strategischen Optionen.

Leitdifferenz: Gestern und Morgen

Die Leitdifferenz entlang der Zeitachse (Vergangenheit, Gegenwart, Zukunft) bietet weitere Unterscheidungsperspektiven: Während traditionelle Analysetools den Blick für die Logik der Vergangenheit schärfen, helfen zukunftsgerichtete Konzepte wie der Branchenvorausblick oder die Szenariotechnik, eine gemeinsame Vorstellung darüber zu entwickeln, welche möglichen Zukunftskonstellationen mehr, welche weniger wahrscheinlich sind. Wenn es darum geht, bestimmte Trends abzuschätzen, darf das allerdings nicht bedeuten, dem nach wie vor weitverbreiteten Wunsch nach sicheren Prognosen autosuggestiv zu erliegen. Die Zukunft ist und bleibt ungewiss. Trotzdem brauchen wir innere Landkarten, gemeinsame Bilder, die uns helfen, das, was auf uns zukommt, als erwartet oder als total überraschend einzuordnen. Nur auf diese Weise können wir den eigenen Weg in die Zukunft ausleuchten, das heißt beobachten, wie wir gemessen an unseren strategischen Zielen unterwegs sind. Wer Festlegungen für die Zukunft vornimmt und seien es nur Annahmen über bestimmte Entwicklungstrends, der sorgt auf jeden Fall dafür, dass auf dem Weg in die Zukunft Informationen darüber erzeugt werden, ob diese Erwartungen erfüllt oder enttäuscht werden. Dadurch werden die Beobachtungsmöglichkeiten geschärft, die dann ihrerseits die angesprochene Informationsverarbeitung im Unternehmen anstoßen (dazu Luhmann 2000, S. 58). Nicht zuletzt regen die verschiedensten präskriptiven Konzepte der Strategieforschung dazu an, neue Optionen spielerisch abzuwägen; ein Beispiel ist etwa der Einsatz der berühmten Ansoff-Matrix, mit deren Unterstützung unterschiedliche strategische Optionen hinsichtlich möglicher Wachstumsstrategien bezüglich des enthaltenen Risikos eingeschätzt werden können.

Statt von Modellen aus Unterschieden lernen

Die Spielart der systemischen Strategieentwicklung unterscheidet sich von einer expertenorientierten Herangehensweise gerade auch darin, dass mit einzelnen Denkmodellen fallweise zwar durchaus experimentiert wird; allerdings nehmen sie einem Strategieteam weder das eigenständige Denken noch den kreativen Akt des Entscheidens über künftige Weichenstellungen ab. Modelle werden vielmehr als hoffentlich nützliches Repertoire möglicher Unterscheidungshilfen angesehen, die Gelegenheit schaffen, relevante Informationen zu generieren, um die eigenen Wirklichkeitskonstruktionen zu überprüfen.

Ganz im Sinne Luhmanns kann man Organisationen als sich selbst beobachtende Systeme auffassen, die aus einem ständigen Wechsel zwischen Selbst- und Fremdreferenz ihre eigene Realitätssicht gewinnen und kontinuierlich weiterentwickeln (ders. 1997, 2000 und 2002). So verschiebt sich der Fokus bei dieser Spielart des Strategieprozesses von der erkenntnistheoretischen Frage, was beobachtet wird oder welche strategischen Modelle die »richtigen« Antworten auf die jeweilige Unternehmenssituation versprechen, zu der Frage, wie beobachtet wird. Letztlich geht es darum, wie ein Beobachtungsprozess gestaltet werden kann, damit er eine differenzierte Einschätzung des Unternehmens und seiner künftigen Chancen und Bedrohungen ermöglicht (Wimmer/Kolbeck 2001, S. 544).

Die Integration des Schöpferischen

Ein von der Strategieforschung kaum beachtetes Element ist für uns allerdings eine wichtige Quelle für viele strategisch »großen Würfe«: die schöpferische Kraft unternehmerisch denkender Menschen, die oft jenseits jeder ökonomischen Rationalität strategisch neue Wege beschreiten und nicht selten die Spielregeln einer Branche komplett neu definieren (Nicolai 2000, S. 133 f.).

Joseph Schumpeter stellte den Unternehmer wie schon erwähnt in den Mittelpunkt der wirtschaftlichen Dynamik. Für ihn lag der Schlüssel der Innovation in der überraschenden Rekombination von Lösungselementen zur Befriedigung von bislang nicht gesehehen Kundenwünschen, was stets zu einer Zerstörung bisheriger Produkt/Marktkombinationen führt. Schumpeter sieht in der kreativen Ausnutzung eines dynamischen Ungleichgewichts die eigentliche unternehmerische Kraft (dazu anschaulich Bröckling 2007, S. 115ff). Sein Entrepreneur passt sich nicht reaktiv den wie auch immer rational analysierten Marktgegebenheiten an, sondern er gestaltet aktiv Neues und setzt sich dabei, wenn es sein muss mit großer Willensstärke, über alle Traditionen hinweg. Sein Motiv ist nicht in erster Linie das Streben nach Gewinn oder das Wachsen um des Wachsens willen, sondern die Freude am Gestalten, die sich auch im »schöpferischen Tun des Künstlers« wiederfindet (Schumpeter 1947, S.151 f.). In der neueren Managementliteratur hat Peter Drucker diese Gedanken aufgegriffen und den unternehmerischen Akt, das Eingehen wirtschaftlicher Risiken in den Mittelpunkt gerückt (Drucker 1986a und 2005). Angesichts der vielfach zu beobachtenden Tendenz, wie Unternehmen innerhalb einer Branche ihre Strategien schrittweise einander angleichen und sich damit wechselseitig die Ertragspotenziale abgraben, plädiert Gary Hamel nachdrücklich für ein radikales Ausbrechen aus solchermaßen etablierten Logiken. Den Namen Strategie verdienen seiner Ansicht nach nur solche Geschäftsmodelle, die sich radikal von denen der Mitbewerber unterscheiden. Strategisch kommt es laut Hamel darauf an, die etablierten Spielregeln einer Branche zu unterlaufen und sich etwas einfallen zu lassen, was zum einen den Kunden nachhaltig Nutzen stiftet und gleichzeitig die Mitbewerber vollkommen überrascht (Hamel 2001 und 2007).

Diese Art von Geschäftsmodellinnovation braucht den risikobereiten Unternehmertyp im Schumpeterschen Sinn, aber eben nicht nur an der Spitze von Unternehmen, sondern an vielen unterschiedlichen Stellen der Organisation. Dieser Typus von einfallsreichen, aber auch sehr eigenwilligen Persönlichkeiten gedeiht allerdings nur in einem Organisationsumfeld, das die damit verbundene dauernde Unruhe aushält. »Branchenrevolutionäre entwickeln subversive, keine konformen Strategien. Um dies tun zu können, müssen sie das Überzeugungssystem demontieren, das jeden einzelnen in ihrem Unternehmen daran hindert, in unorthodoxen Strategien zu denken.« (Hamel 2001, S. 162)

In der systemischen Spielart der Strategieentwicklung kommt dem Schöpferischen deshalb ein besonderer Stellenwert zu. Die kreativ Neues erschaffende Seite ist in ihr mindestens so wichtig wie die rational-expertenorientierte Sicht der Dinge. Beides zusammen kann so etwas wie eine »wohlinformierte Intuition« entstehen lassen. Genauso bedeutend wie die Qualität des gemeinschaftlichen Diskussionsprozesses sind deshalb der unternehmerische Spürsinn und die damit verbundene Bereitschaft einzelner, Risiko zu übernehmen. In der Praxis sind freilich die dafür erforderlichen gegensätzlichen Mentalitäten nicht leicht unter einen Hut zu bringen, was eine der zentralen Herausforderungen in der Steuerung des Strategieteams darstellt.

Die Verzahnung von Strategieformulierung und Umsetzung

Die Trennung von Denken und Handeln

Für die expertenorientierten Strategieschulen (die Designschule, die Planungsschule und die Positionierungsschule in der Terminologie von Henry Mintzberg, 1999) ist Strategie das Ergebnis eines rationalen Prozesses. Festlegungen, die in einem solchen Prozess gewonnen werden, entstehen in einem sorgfältig inszenierten analytischen Arbeitsprozess, in dem strategische Entscheidungen letztendlich das logisch zwingende Ergebnis der durchgeführten Analysen sind. Die richtige Strategie lässt sich aus den diagnostizierten Konstellationen gleichsam »errechnen«. Sie ist das Ergebnis des eingesetzten »Algorithmus«, dessen Komplexität eine ganz spezifische Fachexpertise und intime Branchenkenntnisse benötigt, über die Unternehmen normalerweise nicht verfügen. Aus dieser Perspektive liegt die Crux im richtigen Erarbeiten der Strategie. Alles weitere folgt daraus. Genau hier setzt auch ein Hauptkritikpunkt vieler Praktiker an der Vorgehensweise klassischer Strategieberatungsunternehmen an: Die zentrale Schwachstelle dieser Vorgehensweise sei die unzureichende Umsetzung der aufwendig entwickelten Strategien. Diese Kritik ist in der Zwischenzeit durch eine Vielzahl empirischer Studien belegt und treibt entsprechende Veränderungen in der Beratungsbranche voran.

Eine wesentliche Ursache dieser Problematik ist in der strikten Trennung der einzelnen Schritte der Strategiearchitektur zu finden: Erst wird gedacht, dann in die Praxis umgesetzt, und dies häufig auch noch von verschiedenen Personengruppen oder Hierarchieebenen. Dieser Strategiearchitektur liegt, wie schon weiter oben angedeutet, ein ganz bestimmtes Organisationsverständnis zugrunde: Im Strategieprozess wird der Zweck festgelegt, für dessen Realisierung das Unternehmen dann als Instrument dient. Die Unternehmensspitze sorgt für die Verknüpfung dieser beiden Dimensionen. Mit diesem Verständnis geht eine Führungskonzeption einher, die in den meisten Unternehmen weder dem intern aufgebauten Komplexitätsgrad des Steuerungsbedarfs entspricht noch mit der Veränderungsdynamik des Umfeldes korrespondiert. Die Kritik an der mangelhaften Umsetzung ist lediglich ein Symptom für diese Grundproblematik.

Die Trennung von Entwicklung und Umsetzung in den wissenschaftlichen Heimatdisziplinen

Ein weiterer Grund für die unbefriedigende Umsetzung expertenorientiert erarbeiteter Strategien, der allerdings mit dem eben genannten in einem unmittelbaren Zusammenhang steht, findet sich in den verschiedenen wissenschaftlichen Heimatdisziplinen, die sich für die Strategieentwicklung und für die Umsetzung zuständig fühlen. Zur Strategiefindung sind in der betriebswirtschaftlichen Disziplin des strategischen Managements im Lauf der letzten dreißig Jahre eine Vielzahl von Theorien und Instrumente entstanden. Hinweise zur Umsetzung dieser Konzepte fallen dagegen meist knapp und wissenschaftlich wenig fundiert aus. Hier unterscheidet sich das betriebswirtschaftlich geprägte Lehrbuch von Müller-Stewens/Lechner (2005), wo neben den präskriptiven Modellen auch der Strategieumsetzung besonderes Augenmerk gewidmet wurde.

Die Forschung zur Umsetzung – also zu Fragen der Veränderung und Beeinflussung komplexer Systeme – ist in anderen Disziplinen beheimatet: Wissenschaftler und wissenschaftlich arbeitende Praktiker, die sich eingehender mit der Logik des Veränderns beschäftigen, sind eher in Disziplinen wie der Gruppendynamik und der Organisationsentwicklung, der Organisationssoziologie, der Psychologie und der angewandten Systemtheorie zu finden.

Nun ist die Beschränkung des wissenschaftlichen Diskurses auf die Grenzen etablierter enger Fachdisziplinen nichts Neues. Sobald es allerdings um einen integrativen strategischen Managementprozess geht, wird der mangelnde interdisziplinäre Diskurs zum Problem. In diese Richtung ist auch Schreyögg (1999b, S. 39) zu verstehen, der in der wissenschaftlichen Diskussion um neue Formen der Strategieentwicklung eine »Schwerpunktverschiebung hin zur Organisation« beobachtet. Damit müssten Strategie- und Organisationsforschung einander wesentlich mehr befruchten, als dies bislang der Fall war. Das ist unter anderem mit ein Ziel der Forschungsbewegung »Strategy as Practice« (Johnson/Langley/Melin/Whittington 2007; vgl. aber auch Roberts 2004 und Doz/Kosonen 2008).

Die wissenschaftliche Auseinandersetzung kann mit diesen Forschungsgebieten aus dem aktuellen Strukturwandel in den Unternehmen, insbesondere aus der Art, wie mit den neuen Herausforderungen durch die Zukunft umgegangen wird, eine Fülle von Anregungen gewinnen. Dort, wo ein integratives Konzept in der Ausgestaltung komplexitätstauglicher Führungsprozesse zur Anwendung kommt, wie dies bei der systemischen Spielart der Strategieentwicklung geschieht, ist der Strategieprozess mit seinen Konsequenzen für das operative Geschäft auf das engste verzahnt. Das übliche Umsetzungsproblem taucht hier in seiner klassischen Form gar nicht mehr auf.

Parallele Bearbeitung der verschiedenen Auseinandersetzungsebenen

Die angesprochene Verzahnung läuft in der Praxis über mehrere Stellhebel. Da ist zunächst der Umstand, dass von Beginn an die soziale Prozessdimensionen der Strategieumsetzung gleichwertig zu den betriebswirtschaftlichen Fragen bearbeitet wird. Konkret bedeutet dies, dass innerorganisatorische Macht- und Einflussbeziehungen, die Art, wie die strategischen Entscheidungen wirklich getroffen werden, das Zusammenwirken von Subsystemen und ähnliches mehr nicht wie in einer »black box« ausgeblendet, sondern im Strategieprozess parallel beobachtet und gestaltet werden. Wenn man vernünftigerweise dazu übergeht, die Managementteams selbst zu den Hauptakteuren der Strategieentwicklung zu machen, dann ist klar, dass die aktuelle Situation ihrer Mitglieder, ihre Position im Team und im Unternehmen, ihr Ehrgeiz, ihre aktuellen Erfolge und Misserfolge, im Hintergrund ständig mitläuft, wenn es darum geht, für die Zukunft geschäftspolitisch die Weichen neu zu stellen.

Manche dieser Parallelprozesse lassen sich durch bewusste Arbeitsschritte und mit besonderen Methoden »vor die Kulissen« einer Organisation bringen und damit produktiv bearbeiten. Andere, tieferliegende Einflussmuster müssen bei der Bearbeitung »sachlicher« Strategiethemen sorgfältig beobachtet werden, damit in der Strategiearbeit »auf der Bühne« nicht ein Stück geprobt wird, das in der Kultur dieses Unternehmens wenig Chancen hat, über die Premiere hinaus auf dem Spielplan zu bleiben. Ohne parallele Bearbeitung der kulturellen Verhaltensaspekte und zwischenmenschlichen Beziehungskonstellationen wird die Strategiearbeit eine weitgehend folgenlose Episode in der Geschichte dieses »Unternehmenstheaters« bleiben.

Dieser Gefahr der strategischen Scheinaktivität kann durch eine bewusste Verzahnung des zukunftsorientierten Gestaltungsprozesses mit seiner operativen Umsetzung vorgebeugt werden. Das bedeutet, dass Maßnahmen zur strategisch angeleiteten Umsteuerung des operativen Geschäfts schon im Strategieentwicklungsprozess selbst vorbereitet – zumindest aber angedacht und geprobt – werden.

Prozessarchitektur und Kommunikation

Mit der Prozessarchitektur im Unternehmen ist ein weiterer zentraler Stellhebel angesprochen: Die Prozesse zur Steuerung des ganz normalen operativen Geschehens wie die jährliche Budgetplanung, die Zielvereinbarungsprozesse sowie die daran anknüpfenden variablen Entlohnungssysteme, das Wissensmanagement und die unterschiedlichen Qualifikationsoffensiven müssen eng mit den strategischen Festlegungen verbunden werden. Häufig kann man beobachten, dass es zwar einerseits ehrgeizige strategische Globalziele gibt, dass andererseits jedoch aus den detaillierten operativen Jahresplänen nicht hervorgeht, wie der kurzfristige und der längerfristige Zeithorizont miteinander zu vereinbaren sind. Es ist Sache eines integrativen Managementprozesses, Beobachtungsinstrumente wie etwa eine entsprechend adaptierte Balanced Scorecard zu entwickeln, die den wechselseitigen Einfluss von strategischer und operativer Ebene sowie von kurz- bzw. längerfristigen Zeithorizonten abbilden. Diese Verzahnung ist heute ein ganz entscheidender Aspekt. Denn je mehr Unternehmen sich darauf einrichten, eine Vielzahl von Umweltbezügen organisationsintern verfügbar und damit auch bearbeitbar zu machen, umso mehr handeln sie sich das Problem ein, die damit verbundenen unterschiedlichen Zeithorizonte intern synchronisieren zu müssen. Mit zunehmender Eigenkomplexität steigen die Anforderungen an diese Synchronisationsleistungen verstärkt noch um die Beschleunigungsdimension, die durch die Errungenschaften der Informations- und Kommunikationstechnologien dazugekommen ist. All dies zusammen rückt den Faktor Zeit noch viel stärker in den Fokus für die Steuerung des Umsetzungprozesses und der Organisationsgestaltung.

Kommunikationsräume für den strategischen Dialog

Ein Wesenselement der systemischen Strategieentwicklung ist das gekonnte Herstellen geeigneter Kommunikationsräume, um unterschiedliche strategische Grundannahmen erörtern und den strategischen Entwicklungsbedarf festlegen zu können. Dabei bringt man die relevanten Funktionsträger des Systems zusammen, um an den für die Weiterentwicklung der Organisation lebenswichtigen Fragestellungen gemeinsam zu arbeiten und die erforderlichen Entscheidungen herbeizuführen. In der Praxis ist zu beobachten, wie sich eine immer größere Sensibilität für die essentielle Bedeutung der Qualität solcher Bearbeitungsprozesse einstellt und wie die Verantwortung für solche heiklen Prozesse zunehmend professionalisiert wird. Die Aufgabe des Prozessverantwortlichen – nicht selten ein internes oder externes Beraterteam – liegt folglich einerseits in der kompetenten Kreation der Architektur des Strategieprozesses selbst und in der gekonnten Steuerung des diesbezüglichen Kommunikationsgeschehens, damit Lösungen gefunden werden, durch die bislang begrenzende Muster des Systems auch tatsächlich aufgebrochen werden. Zum anderen helfen die Prozessverantwortlichen mit, die für die zukünftige Aufgabenerfüllung der Organisation erfolgskritischen Fragen zu identifizieren und die Energien des Systems auf deren Bearbeitung zu fokussieren (Wimmer/Kolbeck 2001, S. 545). Diese letztere Verantwortung kann nur wahrgenommen werden, wenn es gelingt, die charakteristischen blinden Flecke des Systems im Umgang mit seinen Strategiethemen zu identifizieren und sie einer Enttabuisierung zugänglich zu machen. Darin zeigt sich die hohe Kunst der strategischen Prozesssteuerung, die angstreduzierende soziale Räume für eine offene, ungeschützte Thematisierung der aufgeworfenen Fragen zur Verfügung stellt.

Als zentrales Problem der Gestaltung dieser Prozessarchitektur stellt sich immer die Frage, wer am Prozess der Strategieentwicklung letztlich aktiv teilnimmt. Klar sollte es sein, dass das für die Entscheidung verantwortliche Managementteam (und zwar als Team) unverzichtbar ist. Erfahrungsgemäß ist es darüber hinaus nützlich, Schlüsselspieler aus anderen Aufgabengebieten vollständig oder in bestimmten Abschnitten einzubeziehen. Es geht um eine subtil ausgewogene Mischung aus Führungsverantwortung und freien Elementen, die sicherstellt, dass das Unkonventionelle ausreichend Platz findet und bereits verfestigte Argumentationsmuster aufgebrochen werden. »In großen Unternehmen werden Strategiediskussionen allzu häufig von denselben zehn Leuten mit denselben zehn Leuten geführt, und das schon seit fünf aufeinanderfolgenden Jahren. Sie wissen immer schon im Voraus, was der andere sagen wird« (Hamel 2001, S.161).

Die Gefahr solcher Ritualisierungen ist durch die rekursive Prozessanlage dieser Spielart nicht von der Hand zu weisen. Deshalb ist die angesprochene Mischung aus Vertrautheit im Führungsteam und kräftigen Impulsen aus unvertrauten Gefilden erfolgsentscheidend.

Aus dem Gesagten sollte deutlich geworden sein, welche Sorgfalt dem Kommunikationsgeschehen in dieser Spielart gewidmet wird, sehr zum Unterschied zur Bedeutung der Kommunikation beim evolutionären Prozessmuster. Dort findet Kommunikation ungesteuert und daher zufällig statt. Beim intuitiven Entscheidungsmuster kann allenfalls von einem »inneren Dialog« im Kopf des Entrepreneurs mit sich selbst oder mit engsten – meist externen – Vertrauten gesprochen werden. Bei der rationalen Analyse der expertenorientierten Strategiefindung steht die Informationsbeschaffung im Vordergrund, aber eine echte kommunikative Auseinandersetzung mit den verschiedenen Betroffenen wird eher vermieden. Erst bei der Umsetzung der von der Hierarchie getroffenen Entscheidung wird mit den betroffenen Entscheidungsträgern kommuniziert, allerdings nicht selten mit der inneren Haltung einer Befehlsausgabe, die nahezu zwangsläufig Widerstand hervorruft. Auf diesem Wege kann jenes tragfähige Commitment nicht herbeiführt werden, das auf breiter Basis für eine erfolgreiche Implementierung absolut unerlässlich ist (dazu ganz ähnlich Doz/Kosonen 2008, S. 79ff.).

Unvermeidliche Konflikte

Auch wenn in die Strategieerarbeitung Funktionsträger aus unterschiedlichen Hierarchieebenen und Bereichen eingebunden werden, kann dies doch nur sehr selektiv passieren. Dies löst das Problem der Strategievermittllung an den Großteil der Organisation in keiner Weise. Wenn man davon ausgeht, dass strategische Festlegungen kein Geheimwissen darstellen, sondern ganz im Gegenteil eine möglichst breite Identifikation im Unternehmen benötigen, sollte dieses Problem bereits im Vorfeld gelöst werden. Neben den eingespielten Formen der Regelkommunikation haben sich mittlerweile in der Praxis unterschiedliche Veranstaltungsdesigns herausgebildet: hierarchieübergreifende strategische Dialoge, Großgruppenveranstaltungen, Real Time Strategic Change (RTSC)-Konferenzen und ähnliches mehr. Die regelmäßige Einbeziehung breiter Mitarbeitergruppen zu den Strategiefragen ist eine der entscheidenden Erfolgsvoraussetzungen, um die heute geforderte rasche Reaktionsfähigkeit von Unternehmen bei überraschenden Entwicklungen sicherzustellen.

Um die explizite Beschäftigung eines Unternehmens mit seinen existentiellen Zukunftsfragen immer wieder mit Leben zu füllen, das heißt dafür zu sorgen, dass gerade an dieser Stelle keine rituellen Scheingefechte geführt werden, müssen die am Prozess Beteiligten kooperationsfähig sein. Die zu erwartenden Effekte stellen sich –

wie inzwischen leicht erkennbar – nur auf der Basis einer gelungenen Teamleistung der beteiligten Führungskräfte und Mitarbeiter ein. Insbesondere um einen derartigen Kooperationszusammenhang sicherzustellen, hat das Topmanagement seine ganze Autorität in die Waagschale zu werfen. Denn diese Arbeitsfähigkeit beeinflusst nicht nur die inhaltliche Qualität der strategischen Festlegungen, sondern auch ihre Verbindlichkeit erzeugende und Orientierung stiftende Kraft. Solche Überlegungen legen es nahe, in die Kooperationsbasis, in das tragfähige soziale Miteinander gerade zwischen den wichtigsten Entscheidungsträgern auf den unterschiedlichen Hierarchieebenen gezielt zu investieren. Dies bedeutet konsequenterweise, das Konsensprinzip im Prozess der Entscheidungsfindung mehr als wichtige Ressource zu sehen denn als unangenehme Einschränkung des Machtpotenzials der Spitze. Wir kriegen hier also Entscheidungsfindungsprozesse, die näher am Teamprinzip und der Netzwerklogik dran sind als am Führungsverständnis der klassischen Hierarchie (dazu ausführlicher Wimmer 2006).

In jedem ernsthaften Strategieprozess müssen tradierte Abläufe, Kooperationsstrukturen und Beziehungsmuster in Frage gestellt werden. Dies löst unweigerlich Einfluss- und Machtverschiebungen aus und provoziert eine entsprechende Konfliktdynamik. Denn mit jedem eingespielten Organisationszustand sind unweigerlich handfeste Interessen von Personen und Personengruppen verbunden. Strategische Neuorientierungen lösen daher Befürchtungen und Hoffnungen auf eine Verschlechterung oder Verbesserung aus, weil mit jeder ernstzunehmenden Veränderung auch eine Neuverteilung des persönlichen Chancenpotenzials einhergeht.

Eine konstruktive Bewältigung von strukturellem Wandel erfordert deshalb die Ausprägung einer entsprechenden Konfliktkultur. Es sind Beobachtungs- und Bearbeitungsformen zu schaffen, die dafür sorgen, dass die Überlebensfragen des Unternehmens nicht mit den persönlichen Interessen der beteiligten Funktionsträger heillos vermischt werden. Wenn es gelingt, auftretende Konflikte nicht als eine lästige Störung des Managementprozesses zu betrachten, sondern als wichtige Information dafür zu nutzen, dass genau an dieser Stelle weiterer Klärungsbedarf besteht, dann beeinflusst dies die Qualität des Ergebnisses ausgesprochen positiv. Mehrere Untersuchungen belegen die große Bedeutung, die einer gut entwickelten Streitkultur in Topmanagementteams für die strategische Steuerungsfähigkeit von Unternehmen zukommt (vgl. Collins 2001 sowie Eisenhardt u. a. 1997).

Vorausschauende Selbsterneuerung als Ziel

Ein wichtiges Ziel der das Thema Strategie begleitenden Kommunikationsprozesse ist es, das organisationseigene Veränderungspotenzial zu erhöhen. In diesem Sinne zielt die systemische Spielart der Strategieentwicklung darauf ab, ein Unternehmen mit der Fähigkeit auszustatten, seine eigene Entwicklung vorausschauend und damit zeitgerecht an den künftigen Herausforderungen auszurichten (Prinzip der Präadaption). Es bringt damit sein organisationseigenes Veränderungspotenzial auf ein Niveau, auf dem es für ernsthafte Transformationen nicht erst eine veritable Krise benötigt. Mit dieser Fähigkeit, die letztlich eine bestimmte Systemqualität (organizational capability) darstellt, verfügt das Unternehmen auf Dauer über deutlich mehr Möglichkeiten, den Chancen und Bedrohungen einer an sich unkalkulierbaren Umwelt aktiv zu begegnen. Das vorausschauende Moment der Selbsterneuerung verschafft dem Unternehmen ein Zeitbudget für gezielte eigene Weiterentwicklungen, was zu einem nicht unbedeutenden Wettbewerbsfaktor werden kann. Eben dies kann durch eine intelligente Kommunikationsarchitektur bei der Bearbeitung von Strategiefragen wesentlich gefördert werden. Damit sind genau jene Fragen angesprochen, die zur Zeit sehr intensiv und zum Teil auch kontrovers rund um die Möglichkeiten und Grenzen einer Dynamisierung von »organizational capabilities« diskutiert werden (dazu Schreyögg/Kliesch-Eberl 2008 sowie Zollo/Winter 2002 bzw. Teece/Pisano/Shuen 1997).

Die theoretischen Grundlagen der systemischen Strategieentwicklung

Dass sich Unternehmen diese vierte Spielart der Auseinandersetzung mit einer prinzipiell ungewissen Zukunft mehr und mehr zu eigen machen, ist wie gesagt ein historisch noch sehr junges Phänomen. Sucht man nach wissenschaftlichen Quellen, die dafür in Anspruch genommen werden können, so wird man in ganz unterschiedliche Richtungen fündig. Da sind zum einen die Bemühungen der angewandten Sozialforschung, vor allem der Organisationsentwicklung und hier speziell der systemischen Organisationsberatung, die seit längerem an der Frage arbeitet, wie hoch komplexe soziale Systeme, die von niemandem und von keiner Stelle aus wirklich durchschaubar sind, gezielt beeinflusst werden können. Aus diesen Forschungsanstrengungen resultierten einerseits Arbeiten, die allesamt auf die Neufassung einer praxiszugewandten Theorie des Managements hinauslaufen (vgl. Wimmer 1992, 1994 und 1995b, Baecker 1994 und 2003). Zum anderen hat diese Forschungsrichtung vor allem Beratungsdienstleistungen im Auge, die sich selbst als theoriegeleitet verstehen und speziell auf die Unterstützung der Selbstentwicklungsfähigkeit von Systemen zielen (vgl. Schein 1969, Wimmer 2004, 2009, 1995a, Königswieser/Exner 1998, Wimmer/Nagel 2000). In beiden Anwendungsbereichen geht es letztlich um praktikable Lösungen für ein und dasselbe, im Grunde genommen unlösbare Problem: Wie kann ich als Führungskraft oder als Berater in komplexen Organisationszusammenhängen Wirkungen erzeugen, wo doch diese Systeme – eigensinnig wie sie sind – ihrer eigenen Logik, ihrer ganz eigenen Melodie folgen und sich um solche Einmischungsversuche nur sehr bedingt kümmern? »Gesucht ist […] eine neue Logik der Einflußnahme auf organisatorische Veränderungsprozeße und Entwicklungsverläufe, ohne den alten Suchmustern nach einer zentralen Steuer- und Beherrschbarkeit solcher Prozeße zu erliegen. Nicht zuletzt durch diesen Respekt vor der Eigenverantwortung des Klientensystems unterscheidet sich die systemische Organisationsberatung von den Vorgehensweisen, die Beratung als expertengestütztes Ersatzmanagement ansehen« (Wimmer 1995a, S. 261).

Angewandte Sozialforschung

Die angewandte Sozialforschung schöpft ihre Themen in erster Linie aus solchen, im Grunde genommen paradoxen Problemstellungen, die sich an charakteristischen Reibungspunkten und Widersprüchen der konkreten Arbeit mit und in Organisationen entzünden. Dies betrifft auch die Frage einer angemessenen Form der Strategieentwicklung, die sich auf die geänderten Verhältnisse in Unternehmen und ihren unkalkulierbar gewordenen Märkten einstellen kann (Wimmer/Nagel 2000).

Auch hier haben wir es mit einer auf den ersten Blick unlösbaren Paradoxie zu tun: Es geht darum, dort Sicherheit herzustellen, wo allem Anschein nach keine mehr möglich ist. Mit solchen Problemstellungen werden ganz offensichtlich neue Anforderungen an die Steuerung hochkomplexer Sozialsysteme gestellt, die wichtige Implikationen sowohl für eine Theorie von Führung als auch von Beratung nach sich ziehen. In beiden Feldern hat uns die anwendungsorientierte Sozialforschung in den letzten Jahren wichtige Einsichten beschert. Gemeint sind damit die vielen wegweisenden Arbeiten der letzten vier Jahrzehnte aus dem Kontext der Gruppendynamik und Organisationsberatung (repräsentativ für viele sei auf die vielrezipierte Arbeit von Doppler/Lauterburg 2008 verwiesen).

Den Organisationsberatern muss es nun gelingen, jenseits der tradierten Rollenbilder von Fach- und Prozessberatung auch das heute geforderte Integrationsniveau diesbezüglicher Führungsprozesse im eigenen Dienstleistungsrepertoire kompetent abzudecken (Wimmer/Kolbeck 2001). Das heißt, hier ist ein neuer Beratungstypus im Entstehen, der die Konzeption der Prozessarchitektur und die Steuerung des heiklen Kommunikationsgeschehens mit der Rolle eines Sparringpartners für das Management in den inhaltlichen Fragen der Strategieentwicklung gekonnt verknüpfen kann (Wimmer 2009). Dieser Punkt zeigt ein weiteres Mal, wie sich die Entwicklung der Führungsstrukturen in den Unternehmen und das Segment der Beratungsdienstleistungen für das Management wechselseitig vorantreiben, aber auch ganz unterschiedlich ausdifferenzieren.

Neuere Systemtheorie

Eine andere, mit der angewandten Sozialforschung eng verknüpfte wissenschaftliche Quelle für das Verständnis der hier beschriebenen Spielart ist in der neueren Systemtheorie zu finden und in Grundlagenforschungen, aus denen diese ihre weiterentwickelten Denkinstrumente bezieht. In diesem primär theoriegeleiteten, wissenschaftlichen Umfeld ist in der Zwischenzeit eine recht ungewöhnliche Art zu denken und der Weltsicht entstanden, eine Andersartigkeit, die gerade durch ihre ungewohnte Perspektive neue Zugänge zu Phänomenen organisierter Komplexität ermöglicht. Dabei ist der Begriff »systemisch« mittlerweile im Management- und Beratungsbereich zu einem fast inflationär verwendeten Modewort geworden.

Aus unserer Sicht gibt es nicht die Systemtheorie mit einem klar abgrenzbaren Denkgebäude und mit dogmatisierbaren Wahrheiten. Dies würde der zugrunde liegenden Philosophie auch ganz und gar widersprechen. Worüber wir aber inzwischen verfügen, sind interessante Denkansätze aus unterschiedlichen Wissenschaftsdisziplinen, die sich wechselseitig enorm befruchten und in ihrer Gesamtheit eine geänderte Auffassung von Wirklichkeit, ein neues Weltbild entstehen ließen (Luhmann 2002, Wimmer 1992). Bei diesen Denkansätzen handelt es sich insbesondere um den Radikalen Konstruktivismus (Foerster 1981), die Kybernetik zweiter Ordnung (Foerster 1993), das Autopoiesiskonzept der chilenischen Neurobiologen Maturana und Varela (Maturana/Varela 1987), Theorie sozialer Systeme nach Luhmann (Luhmann 1984), Luhmanns Gesellschaftstheorie (1997) und deren organisationstheoretische Ausgestaltung (Luhmann 2000, Baecker 1993, 1999a, 2003 und 2007, Willke 1999), um die systemische Familientherapie der »Mailänder Gruppe« und des Heidelberger Instituts für systemische Therapie (Simon et al. 1992 sowie 1997 und 2004).

Das Reizvolle an der neueren Systemtheorie ist nicht zuletzt ihr transdisziplinärer Charakter. Ihr sind die klassischen Grenzen wissenschaftlicher Fächer und die darin eingelassenen Denkverbote gleichgültig. Sie folgt ihren eigenen theoriegeleiteten Fragestellungen und gewinnt daraus überraschende Perspektiven, insbesondere ein ungewöhnliches Unterscheidungsvermögen, mit dessen Hilfe andere Zugänge zu komplexen Phänomenen, wie dies Unternehmen nun einmal sind, gewonnen werden können. Am Organisationsverständnis lässt sich dies gut zeigen. Betrachtet man beispielsweise Unternehmen als Instrumente in den Händen von Personen, die über ihren Zweck befinden, so ergeben sich aus dieser Realitätskonstruktion mehrere klar ableitbare Prinzipien, wie Unternehmen zu führen sind, welchen Zielen sie in erster Linie zu dienen haben, welche Fakten Relevanz gewinnen, welche nicht, und ähnliches mehr. In ihren Wirkungen gut zu beobachten ist diese weitverbreitete Konstruktion am eng verstandenen Shareholder-Value-Prinzip, das heißt an der Art und Weise, wie börsennotierte Unternehmen an die Anleger und Investoren und damit an die seltsame Dynamik des Kapitalmarktes gebunden werden (dazu Rappaport 1999, Jensen 2001, zur Kritik vgl. Wimmer 2002). Die direkt-kausale Verknüpfung von Zweck und Mittel im Denken der relevanten Entscheidungsträger bestimmt, welche Entscheidungen angemessen erscheinen und welche nicht. In diesem Sinne zählt, was kurzfristig den Aktienwert in die Höhe treibt, auch wenn dies mittel- und langfristig dem Unternehmen in seiner Überlebensfähigkeit als historisch gewachsene Einheit schaden mag (Collingwood 2001). Diese Denkweise hat in der Zwischenzeit durch die schweren Turbulenzen rund um die krisenhaften Erschütterungen der Finanzemärkte in 2008/2009 doch etwas an Einfluss eingebüßt.

Zu ganz anderen Realitätseinschätzungen kommt man, wenn man Organisationen als sich selbst organisierende, soziale Systeme eigenen Typs versteht, die ihre spezielle Färbung aus ihrem Eingebundensein in größere gesellschaftliche Funktionszusammenhänge gewinnen; so etwa Krankenhäuser in den Rahmen des Gesundheitswesens, Schulen in den Rahmen des Erziehungssystems oder politische Parteien in den größeren Kontext des politischen Systems. Organisationen in diesem Verständnis sind aufgabenbezogene Systeme, die sich ihre Zwecke selbst setzen und – wenn erforderlich – auch verändern. Sie sind also sich selbst gegenüber immer Zweck und Mittel gleichzeitig, indem sie ihren Existenzgrund aus der Zugehörigkeit zu einem der weiteren gesellschaftlichen Kontexte schöpfen – etwa um als Krankenhaus in organisierter Form spezifische Heilungschancen zur Verfügung zu stellen – und auf dieser Grundlage ihre Ziele zur Reproduktion dieses »Eigen-Sinns« selbst setzen und verändern (ausführlicher dazu Luhmann 2000).

Aufgabenerfüllung in Organisationen heißt daher immer, unterschiedliche Funktionsträger mit verschiedenen Kompetenz- und Wissenshintergründen so miteinander zu koordinieren, dass auf diese Weise an sich höchst unwahrscheinliche Leistungen zustande kommen. Es sind dies Leistungen, auf die hoch entwickelte Gesellschaften für ihr eigenes Funktionieren unabdingbar angewiesen sind und die nur in organisierter Form erbracht werden können. Das Basiselement derartig leistungsbezogener Koordinationsprozesse in Organisationen sind Entscheidungen, die jeweils für einen Moment eine unsichere Situation in Sicherheit verwandeln und die damit für weitere Entscheidungen, in denen dasselbe passiert, eine festere Ausgangslage schaffen (Luhmann 2000). Mit anderen Worten: Organisationen sind auf Aufgaben spezialisiert, die anders als über diesen Mechanismus der Unsicherheitsabsorption mit Hilfe von Entscheidungen, die wiederum an vorangegangene Entscheidungen derselben Organisation anknüpfen, nicht zu bewältigen wären. Sind Organisationen einmal ins Leben getreten, dann sorgen sie für ihr Weiterbestehen und nutzen die sich bietenden Chancen der für sie relevanten Umwelten, um dies zu tun.

In diesem Prozess der Selbsterzeugung sind sie natürlich in vielfacher Weise von Außen abhängig. Sie sind aus diesen Abhängigkeitsbeziehungen heraus aber nicht direkt im Sinne einer linearen Kausalbeziehung determinierbar. Was organisationsintern mit Umweltereignissen passiert, ob sie als relevant aufgegriffen oder schlicht ignoriert werden, entscheidet sich ausschließlich nach den systemeigenen Regeln, Strukturen und Mustern der Informationsverarbeitung. Die Umwelt bietet Organisationen ein vielschichtiges Rauschen, das intern als Impuls, als Störung, Irritation, als Chance oder als Bedrohung oder eben als irrelevant wahrgenommen wird, und zwar auf der Grundlage einer Grammatik, die sie sich in der Vergangenheit in Auseinandersetzung mit ihren eigenen Überlebensbedingungen geschaffen, und angesichts der Erwartungen, die sie für die Zukunft ausgeprägt hat, reproduziert.

Das Wirtschaftsunternehmen aus systemtheoretischer Perspektive

Schaut man vor einem solchen Theoriehintergrund auf Unternehmen, so ist leicht zu sehen, dass man es hier mit Wirtschaftsorganisationen zu tun hat. Unternehmungen gewinnen ihren Sinn und Zweck vorrangig aus der Wirtschaft, das heißt aus jenem gesellschaftlichen Funktionssystem, das über Zahlungen kodiert ist und für die Gesellschaft das Problem der Zukunftsvorsorge bearbeitbar macht (Baecker 1993).

Dies impliziert für Unternehmen eine seltsame Bipolarität, die viel Widersprüchliches in sich vereinen muss. Vordringlich sind Erträge zu erwirtschaften, das heißt in der Gegenwart das Kapital immer so zu verknappen, dass für eine völlig ungewisse Zukunft – für Investitionen, für neue Produkte, für Forschung, für den Aufbau neuer Kompetenzen, für Akquisitionen und ähnliches mehr – Vorsorge getroffen werden kann. Kapitalbildung meint also, den Anspannungsgrad der Ressourcennutzung aktuell jeweils so hoch anzusetzen, dass neben der Bedienung der Eigentümer- und Beschäftigteninteressen ausreichend Mittel für diesen Zweck der Zukunftsvorsorge zur Verfügung stehen.

Das ist aber nur die eine Seite dessen, was es heißt, ein Unternehmen zu sein. Denn Erträge erwirtschaftet man nur, wenn man für seine Leistungen Abnehmer findet, die sich aus diesem Geschäft so viel Nutzen versprechen, dass sie bereit sind, den erhofften Preis zu zahlen. Wenn es also nicht gelingt, ein Unternehmen ganz konsequent um einen außergewöhnlichen Kundennutzen herum zu bauen und diesen immer und immer wieder zu erzeugen, dann werden auf der Ertragsseite Probleme entstehen. Dafür sorgt mit einiger Unerbittlichkeit die Wettbewerbssituation, die über den Marktmechanismus im Normalfall lebendig gehalten wird (eine interessante Theorie der Unternehmung bietet auch Roberts 2004).

An dieser Bipolarität ist gut zu sehen, wie der Zweck unter der Hand zum Mittel wird und umgekehrt. Mit Kunden macht man Geschäfte, um möglichst hohe Erträge zu erwirtschaften. Dies wird man auf Dauer aber nur können, wenn man den Kunden einen außergewöhnlichen Nutzen stiftet, das heißt die gesamte Energie darauf ausrichtet, als Unternehmen einen nachhaltigen Sinn zu produzieren, der sich nicht im »Gewinnemachen« allein erschöpft.

Dass die Wirtschaft Unternehmungen in die beschriebene Bipolarität einspannt und damit an ihre eigene Dynamik und Unberechenbarkeit koppelt, ohne sie damit in ihrer eigensinnigen Autonomie zu determinieren, erklärt vieles, was wir an unternehmensinternen Strukturbildungen beobachten können. Unternehmungen nutzen die verschiebbaren Grenzen zwischen sich und ihren Märkten, um das, was sich dort an Ungewissheit, an Veränderung, an sich abzeichnenden Brüchen tut, in »ausbeutbare«

Geschäftschancen zu verwandeln. Mit anderen Worten: Unternehmen sind nicht das Opfer von Marktintransparenz und Ungewissheit über die Zukunft, sondern in beiden Momenten zusammen liegt die Wurzel ihrer Existenz, nämlich unternehmerische Risiken organisationsintern so bearbeitbar zu machen, dass sie in einer angesichts des Kapitaleinsatzes verantwortbaren Weise übernommen werden können. Verantwortbar heißt, dass die eigene Ertragskraft als Unternehmen (wenn möglich) gesteigert wird, weil man es mit den eigenen unternehmensspezifischen Leistungen geschafft hat, Kunden mit ihren Nutzenerwartungen an sich zu binden und damit dauerhaft Geschäfte zu machen, die die angestrebte Kapitalbildung und Wertschöpfung ermöglichen.

Strategieentwicklung systemtheoretisch verstanden

Genau in diesem für Unternehmen existenzbegründenden Problemfeld ist aus unserer Sicht die Strategieentwicklung angesiedelt. Strategieentwicklung beschreibt demnach eine Führungsleistung, die gemeinsame Vorstellungen von der eigenen Zukunft in einer sich ändernden Umwelt produziert und regelmäßig weiterentwickelt und diese Identitätsentwürfe mit dem eigenen Leistungsvermögen und seinen Weiterentwicklungsnotwendigkeiten verknüpft. Sie ist jene Führungsdimension, die ein Unternehmen ständig dazu zwingt, die Umwelt dahingehend abzutasten, welche künftigen Chancen- und Bedrohungspotenziale bezogen auf die eigene Existenzsicherung auszumachen sind, die andererseits aber auch Anlass gibt, sich als Unternehmen regelmäßig auf den Prüfstand zu stellen, inwieweit man in der Lage ist, die sich am Markt bietenden Chancen mit dem eigenen Leistungsvermögen auch tatsächlich zu nutzen.

Märkte geben dabei jene Arenen ab, in denen die Teilnehmer am Wirtschaftsgeschehen einander begegnen und sich wechselseitigen Beobachtungen aussetzen; Beobachtungen, die jene wie immer unvollständig bleibenden Informationen ermöglichen, auf deren Grundlage Geschäfte zustande kommen. In diesen Arenen entscheidet sich dann, ob sich die eigenen Realitätskonstruktionen bewähren, ob sich die vielfachen ehrgeizigen Zukunftsziele realisieren lassen oder nicht.

Für den Zweck unserer Überlegungen müssen diese kurzen Hinweise genügen, um einen ersten Eindruck zu vermitteln, warum die Theorieressourcen der neueren Systemtheorie nützlich sein könnten, um für die systemische Spielart der Strategieentwicklung einen theoretisch stringenten »Unterbau« zu liefern. Die folgenden Theoriebezüge gehen stärker auf die Konzeptualisierung der unternehmensinternen Verhältnisse ein, um hier an einigen Schlüsselstellen zu zeigen, wie sich der Blickwinkel verändert, wenn man davon ausgeht, dass Unternehmen sich selbst erzeugende und sich selbst organisierende Systeme sind, die sich letztlich nicht einem instrumentellen Organisationsverständnis beugen. Dass wir damit unter der Hand das klassische Rationalitätsparadigma verabschieden und von Rationalität auf organisationale Intelligenz umstellen, versteht sich von selbst.

Strategieentwicklung als nichttriviale Steuerung

Die triviale Maschine als dominantes Steuerungsleitbild

Herkömmliche Führungsinstrumente beziehen einen Gutteil ihrer Anziehungskraft für viele Manager aus dem Versprechen, strategisch erwünschte Verhaltensweisen von Unternehmensteilen und deren Mitarbeitern mit möglichst einfachen »Navigationssystemen« zu erzeugen. Diese Erwartungshaltung wird durch ein bestimmtes Steuerungsmodell geweckt, das uns aus der Technik und aus den Funktionsprinzipien der klassischen Hierarchie vertraut ist. Diese Denkweise geht davon aus, dass Organisationen so gebaut werden können, dass ihre vielfältigen Teile mit Hilfe von Weisungsketten strikt aneinander gekoppelt sind und damit einem einheitlichen Willen unterworfen werden können (beispielhaft Malik 2000).

Eine solche »triviale Maschine« (Foerster 1981, Wimmer 1992) funktioniert nach einem einfachen Ursache-Wirkungsmodell. Durch die Wahl der richtigen Inputs, die in einem kausalen Lösungsverhältnis zu der vermuteten Ursache eines Problems stehen, kann die triviale Unternehmensmaschine gesteuert werden. Eine Identifikation der richtigen »Stellhebel« der Steuerung und eine entsprechende hierarchische Anweisung bewegen die »Maschine« in all ihren Verzweigungen in die strategisch erwünschte Richtung. Die Führungskraft muss dafür lediglich über die notwendigen handwerklichen Fähigkeiten verfügen.

Unternehmenseinheiten als »ineinandergreifende Zahnräder«

Die Hoffnung vieler Topführungskräfte besteht darin, dass durch strategische Festlegungen ein in sich geschlossener technisch verzahnter Steuerungskreislauf für ein Unternehmen möglich wird. Wenn nur der Regelkreis oder die Wirkungsketten technisch sauber konzipiert sind, ergibt sich die vertikale Umsetzung jeder Strategie »nach unten« fast von selbst. Die verschiedenen Varianten des »value based managements« sind aktuelle Beispiele für Steuerungskonzeptionen, die genau diese Hoffnungen nähren (vgl. Haspeslagh 2002).

Die dahinterliegende Denkweise lässt sich mit der Metapher von ineinandergreifenden Zahnrädern illustrieren: Zahnräder auf verschiedenen Ebenen, die ideal aufeinander abgestimmt sind, übersetzen optimal und ohne große Reibungsverluste die Kraft von oben nach unten und melden Störungen von unten nach oben ohne Informationsverfälschung und zeitliche Verzögerung.

Das implizite Versprechen eines solchen Steuerungsmodells lautet daher: Wenn die Strategie nur konsistent durchkomponiert ist, können die oft als störend empfundenen Eigeninteressen einzelner Teilsysteme und Personen vernachlässigt werden. Alle Akteure handeln entsprechend der Steuerungsimpulse von »oben«. Unvermeidliche Abweichungen werden schnell transparent, und es können wirksame

Gegenmaßnahmen getroffen werden, so dass die Zahnräder in ihrer Kraftübertragung nach Behebung der kurzen Störung nicht weiter behindert werden. Sollte das System der Zahnräder dies nicht ermöglichen, was der Steuermann sich wünscht, so ist die Maschine (hier die Zahnräder) reparaturbedürftig – und nicht der Lenker.

Aus der impliziten Grundannahme, dass der Steuernde nicht Teil des zu steuernden Systems ist, bezieht dieses Steuerungsmodell seinen besonderen Charme für viele Manager: Sollte der Steuerungserfolg ausbleiben – und das soll zuweilen vorkommen –, haben das ausführende soziale System und die dort handelnden Personen versagt. Widerstand, Uneinsichtigkeit, Unfähigkeit von Mitarbeitern sind häufig verwendete Zuschreibungen.

Die Steuerungslogik nichttrivialer strukturdeterminierter Systeme

Solche einfachen Steuermodelle funktionieren noch einigermaßen in einer Welt stabiler und kalkulierbarer Organisationsumwelten. Diese Rahmenbedingungen sind heute aber zunehmend die Ausnahme von der Regel. Konzeptionell verstärken solche Steuerungsmodelle das schon beschriebene Denken in Zweck-Mittelrelationen, wie es dem klassischen Hierarchieverständnis mit seinen Weisungsketten Pate gestanden hat. Diese Führungskonzeption übersieht nur zu leicht, dass wir es in Unternehmen mit komplex verknüpften Subeinheiten zu tun haben, die einander alle beobachten und aus diesen Beobachtungen ihre Schlüsse ziehen, die niemand vorhersehen, geschweige denn kontrollieren kann.

Maßnahmen zur Strategieentwicklung eignen sich ganz besonders für die organisationsinterne Dynamik des Beobachtens und Beobachtetwerdens. Denn üblicherweise sind solche Aktivitäten mit einer spezifischen Prominenz ausgestattet. Die Auswirkungen einer versuchten strategischen Festlegung seitens der Unternehmensspitze auf das Innenleben eines Unternehmens sind alles andere als trivial. Man spürt die Absicht und ist verstimmt. Gegenreaktionen von einzelnen Mitarbeitern und Teilsystemen auf die Zumutungen einer geschäftspolitischen Neuausrichtung oder einer Änderung der eigenen Entscheidungsautonomie sind immer zu erwarten, vor allem dann, wenn man an diesen bedeutsamen und für die allermeisten Organisationsmitglieder folgenreichen Nachdenk- und Entscheidungsprozessen nicht beteiligt war.

Führungskräfte haben es auf allen Ebenen immer mit lebenden sozialen Systemen zu tun, an deren Selbstorganisationsprozessen sie mit ihren eigenen Aktivitäten an prominenter Stelle teilhaben und die sich deshalb als »nichttriviale Systeme« in mehrfacher Hinsicht von den oben beschriebenen technischen Systemen unterscheiden. Lebende Systeme sind weder durch lineare Ursache-Wirkung-Beziehungen berechenbar noch von »außen« durch eine Führungskraft trivial steuerbar. Kommunikation in und mit lebenden Systemen folgt einer anderen Logik, als wenn es darum geht, eine Maschine zu reparieren oder ein technisches Problem zu lösen.

Manager können letztlich befehlen, was und wie sie wollen. Die Adressaten bestimmen – einzeln und im Team – als strukturdeterminierte Systeme autonom, ob sie diesen Steuerungsversuchen Folge leisten oder nicht.

Die Reaktionen auf versuchte strategische Festlegungen der Spitze sind unserer Beobachtung nach mehr innen- als außengesteuert, wobei mit »außen« von der Spitze ausgehend gemeint ist. Das Verhalten der zu steuernden Systeme wird immer von ihren historisch gewachsenen internen Zuständen und von den vorangegangenen Prozessen bestimmt. Insbesondere sind sie eine Antwort darauf, wie die zu beeinflussenden Organisationseinheiten die Entscheidungsträger beobachten, welche Intentionen sie ihnen unterstellen, welche Erfahrungen sie in der Vergangenheit diesbezüglich schon gemacht haben und ähnliches mehr. Sie nehmen alle Ereignisse ihrer Umwelt und damit auch die Steuerungsversuche ihrer Hierarchien als Anregungen oder Störungen wahr, auf die sie entsprechend den Spielregeln ihrer inneren Verfassung reagieren. Und diese Reaktion ist für den Außenstehenden wie für den systeminternen Beobachter nicht wirklich vorhersehbar. Wie eine Business Unit auf eine von der nächsthöheren Ebene vorgegebene strategische Zielsetzung reagiert, bestimmen daher nicht die Architekten der Strategie, sondern immer die mehr oder weniger stabilen Muster innerhalb der »zu steuernden« Organisationseinheit sowie die eingespielten und in der Regel schwer auflösbaren Routinen im Umgang der Hierarchieebenen untereinander.

Die Spielart der systemischen Strategieentwicklung trägt der prinzipiellen Nichttrivialität sozialer Systeme Rechnung und versucht eine Steuerungskonzeption zu realisieren, die diesem Umstand gerecht wird. Daraus lassen sich für die Strategiearbeit der Unternehmenspraxis einige sehr wirksame praktische Ansatzpunkte ableiten.

Die Umstellung von strikter auf lose Koppelung

Wie an anderer Stelle schon angedeutet, hat die Krise des klassischen strategischen Managements auch etwas mit dem einschneidenden organisationalen Strukturwandel zu tun, dem sich in den neunziger Jahren die allermeisten Unternehmen angesichts der in der Literatur manchmal als Hyperwettbewerb (D'Aveni 1994) bezeichneten Umweltveränderungen unterzogen haben. Damit sind Organisationsverhältnisse entstanden, die alle bisherigen an Eigenkomplexität bei weitem übertreffen.

Man hat das Prinzip der funktionalen Gliederung und die Regeln der klassischen Hierarchie konsequent verlassen. An seine Stelle sind neue, primär am jeweiligen Markt ausgerichtete Baugesetze für die organisatorische Binnendifferenzierung von Unternehmen getreten. Die Kernidee dabei ist, überschaubare Organisationseinheiten zu schaffen, die nach Möglichkeit alle um ein eigenständig abgrenzbares

Geschäft herum gebaut sind. Damit entstehen Einheiten, die wie Unternehmen im Unternehmen fungieren, die in ihrem Erfolg oder Misserfolg auf einen klar definierten internen oder externen Markt ausgerichtet sind (zu diesem Prinzip der Selbstähnlichkeit vgl. Wimmer 1995b).

Diese Organisationsarchitektur, die dem Prinzip der Selbstähnlichkeit (Fraktalität) gehorcht – die Subeinheiten sind nach den selben Mustern gebaut wie das Gesamtsystem –, zieht weitreichende Folgen für die Steuerungskonzeption von Unternehmen nach sich. Unternehmensintern ist die wohl wichtigste Konsequenz, dass diese Organisationsform, wenn sie die erhoffte Produktivitätssteigerung und Flexibilisierung bringen soll, einen Funktionswandel der Hierarchie erzwingt (Baecker 1999a). Sobald unternehmerische, weitgehend eigenverantwortliche Geschäftsfelder ihrem angestammten Geschäft nachgehen, wird ein erheblicher Teil der alltäglichen Führungsaufgaben in die spezifischen Kunden/Lieferantenbeziehungen dieser Einheiten verlagert. Auch organisationsintern erledigen sich viele früher hierarchisch geprägte Abstimmungs- und Koordinationserfordernisse durch solche marktförmigen Verhältnisse horizontalen Austauschs.

Die Funktion der Hierarchie

Die hierarchisch übergeordnete Ebene hat unter diesen Bedingungen für entsprechende Rahmenbedingungen zu sorgen, wechselseitig akzeptierte Spielregeln in den internen Austauschbeziehungen zu schaffen und im Konfliktfall deblockierend zu wirken, so dass die notwendigen Entscheidungen für den erfolgreichen Fortgang der Leistungsprozesse auch zustande kommen können. Dies bedeutet in letzter Konsequenz, dass sie die vertikale Struktur aus der alltäglichen Detailsteuerung der untergeordneten Organisationseinheiten weitestgehend herausnimmt.

Die Hierarchie wird dadurch nicht funktionslos. Sie bringt den jeweils übergeordneten Kontext und seine Überlebensnotwendigkeiten zur Geltung. Diese Notwendigkeiten setzen den Operationen der Subsysteme einen durchaus begrenzenden Rahmen, der selbst immer wieder von neuem verhandelt werden muss. Aber innerhalb dieses Rahmens schützt die Hierarchie die Autonomie der betroffenen Einheiten und sichert die übergeordneten Erfolgsvoraussetzungen ab. Dieser grundlegende Funktionswandel des hierarchischen Ebenenunterschiedes ist gemeint, wenn von der Umstellung von strikter auf lose Koppelung in der Steuerung von Unternehmen die Rede ist (Weick 1995, Wimmer 1998).

Es ist leicht nachvollziehbar, dass dem Thema Strategieentwicklung angesichts dieses grundlegenden Führungswechsels in den organisationalen Differenzprinzipien, deren praktische Bedeutung vielfach immer noch unterschätzt wird, ein anderer Stellenwert zukommt. Dabei sind vor allem zwei Aspekte hervorzuheben: Mit der Schaffung von unternehmerisch eigenverantwortlichen Einheiten, die in ihrer Überlebenssicherung auf bestimmte Marktsegmente ausgerichtet sind, binden Unternehmen ihre Organisationsstrukturen unmittelbarer an die Turbulenzen der von ihnen bedienten Märkte. Die größere Marktnähe ist eine der zentralen Absichten dieser veränderten Organisationsarchitektur, womit sichergestellt werden soll, dass die unternehmensinternen Leistungsprozesse stärker vom Kunden her gestaltet werden, was immer eine stärkere Prozessorientierung zur Folge hat.

Angesichts der Veränderungsdynamik, der sich heute Unternehmen in den allermeisten Branchen ausgesetzt sehen, steigen die strategischen Entscheidungslasten in den Unternehmen erheblich an, und zwar sowohl auf der Ebene der Geschäftseinheiten als auch auf der Ebene des Gesamtsystems. Jeder Geschäftsbereich braucht seine maßgeschneiderte strategische Orientierung und muss diese entsprechend seinen Marktgegebenheiten weiterentwickeln. Mit der Dezentralisierung unternehmerischer Verantwortung ist strukturnotwendig die Erwartung verbunden, dass die einzelnen Einheiten eingebettet in die Gesamtstrategie des Unternehmens ihre eigene strategische Positionierung vornehmen.

Führungsparadoxie auf der Ebene des Gesamtunternehmens

Noch erheblich komplexer stellt sich die Situation auf der Ebene des Gesamtsystems dar. Hier muss in regelmäßigen Abständen überprüft werden, wie sich aus einer gesamtunternehmerischen Perspektive die Entwicklung der Märkte darstellt, ob die vorgenommene Marktsegmentierung und ihre organisatorischen Entsprechungen noch stimmig sind, welche Konsequenzen aus veränderten Markteinschätzungen zu ziehen sind, wo die Grenzen etwa durch Outsourcing oder Akquisitionen neu gezogen werden müssen und das firmenübergreifende Netz strategischer Allianzen in anderer Form geknüpft werden sollte, als dies bislang der Fall war.

Mit anderen Worten, die geschäftspolitischen Entscheidungsnotwendigkeiten grundsätzlicher Art haben in den vergangenen Jahren dramatisch zugenommen. Der Prozess der Internationalisierung hat das Seine zu dieser enormen Komplexitätssteigerung beigetragen. Es liegt auf der Hand, dass dafür andere sehr viel rascher wirksame Managementprozesse entwickelt werden müssen, als sie dem Grundmuster einer expertenorientierten Strategieentwicklung entsprochen haben.

Zu diesem objektiven Befund gesellt sich noch ein weiterer Aspekt, der näher am Prozess ist. Die Umstellung der Organisationsarchitektur auf eine lose Koppelung hat einen neuartigen Integrationsbedarf entstehen lassen. Denn an sich erzeugen diese anderen Differenzierungsprinzipien eine reichlich paradoxe Führungssituation. Sie setzen auf dezentrale Autonomie und binden diese gleichzeitig an einen übergeordneten Rahmen. Sie setzen auf eine eigenständige Ausschöpfung der spezifischen Marktchancen und erwarten im selben Atemzug, dass die strategischen Interessen des Gesamtunternehmens berücksichtigt werden. Diese unvermeidliche Paradoxie erfordert Kommunikationsstrukturen, in denen das eingebaute Konfliktpotenzial immer wieder konstruktiv bearbeitet werden kann.

Genau diese Funktion übernimmt der Managementprozess, wie er der Spielart der systemischen Strategieentwicklung zugrunde liegt. Seine Prozessanlage schafft geschützte kommunikative Räume, in denen die zukunftsorientierten Überlebensinteressen der Subeinheiten genauso wie die des Gesamtunternehmens aufeinandertreffen können. So kann es immer wieder zu durchaus konflikthaltigen Aushandlungsprozessen kommen, deren Ziel es ist, im Interesse aller Beteiligten wechselseitige Bindungen in der Festlegung auf eine gemeinsame Zukunft zu schaffen. Der strategische Managementprozess schafft somit jene Begegnungsplattformen, mit deren Hilfe sowohl die strategischen Grundsatzfragen der dezentralen Einheiten als auch die des Gesamtsystems durch die beteiligten Führungsteams bearbeitet werden können.

Genau mit solchen sorgfältig konzipierten Entscheidungsprozessen erfährt die eben angesprochene Führungsparadoxie ihre konstruktive Entfaltung. Denn wenn derartige Prozesse zu gemeinsam getragenen strategischen Festlegungen führen, verzichten alle Beteiligten auf relevante Freiheiten zugunsten der Zugehörigkeit zu einem größeren unternehmerischen Ganzen. Unter den komplexen Bedingungen lose gekoppelter Organisationsverhältnisse ist gezielte Steuerung letztlich nur mehr über das Herstellen solcher Aushandlungsplattformen möglich, deren Ergebnis eine immer wieder aufs neue zu erkämpfende Selbstverpflichtung im Sinne einer Selbstbegrenzung unternehmerisch durchaus möglicher Freiheitsräume ist. Wenn man so will, kann man die Fähigkeit sozialer Systeme, solche wechselseitig getragenen Formen der Selbstlimitierung zustande zu bringen und in periodischen Abständen zu erneuern, als ihre Integrationsfähigkeit bezeichnen (vgl. Luhmann 2000).

Strategieentwicklung, verstanden im Sinne dieser vierten Spielart, versorgt ein Unternehmen also nicht nur mit den erforderlichen geschäftspolitischen Entscheidungsprämissen und hält diese ihrerseits erneuerungsfähig, sie stellt darüber hinaus in lose gekoppelten Systemen Integrationsleistungen zur Verfügung, die auf andere Weise schwerlich zu erbringen wären.

Unternehmen aus dem Blickwinkel ihrer selbstgeschaffenen Zukunft führen

Einen weiteren Impuls, den die Strategieentwicklungsdebatte aus der neueren Systemtheorie bezieht, kann man in dem besonderen Verhältnis der Organisationen im Umgang mit ihrer Zeitlichkeit erkennen. Wenn wir beobachten, wie wir normalerweise in unserem gesellschaftlichen Umfeld mit unterschiedlichen Zeithorizonten umgehen, dann können wir leicht feststellen, dass wir ganz selbstverständlich davon ausgehen, dass die Vergangenheit feststeht und die Zukunft offen ist. Zurückliegende Ereignisse lassen sich nicht mehr beeinflussen, sie sind unrevidierbar. Zukünftiges ist dagegen gestaltbar. Da ist vieles so, aber auch anders denkbar.

Mit diesem dirigierenden Verhältnis zwischen Vergangenheit, Gegenwart und Zukunft können Organisationen im Allgemeinen und Unternehmen im Besonderen nicht arbeiten. Es widerspricht der Funktionsbestimmung von Organisation in modernen, hoch entwickelten Gesellschaften. Sie dreht daher das Zeitverhältnis um und behandelt die Vergangenheit als Reservoir alternativer Möglichkeiten von Entscheidungen und legt die Zukunft fest, indem sie sich Ziele setzt und ihre eigenen Zwecke definiert, die sie bei Bedarf auch wieder ändert (Baecker, 2000b). Organisationen gehören zum Typus sozialer Systeme, dem die Möglichkeit zur Verfügung steht, sich durch den Entscheidungsmechanismus aus den Festlegungen durch die eigene Vergangenheit ein Stück weit zu befreien und sich in seinen gegenwärtigen Handlungen an einer selbst geschaffenen künftigen Identität auszurichten.

Strategieentwicklung als Führungsdimension nimmt in der Umkehr dieses Zeitverhältnisses einen ganz prominenten Platz ein. Sie schafft durch die sorgfältige Analyse der eigenen strategischen Ausgangsposition genügend Distanz zu den bisher gepflegten Erfolgsmustern und macht dadurch entscheidbar, was sie davon als zukunftsfähig betrachtet und was nicht. Angesichts unterschiedlicher Zukunftsszenarien schafft sie die Möglichkeit, sich mittels eines ganz bestimmten Identitätsentwurfs in der Zukunft festzulegen und diese Festlegung mit konkreten Zielen zu unterlegen.

Dieser Schritt der wiederholten Selbsterschaffung mit Blick auf eine erstrebenswerte gemeinsame Zukunft ist in seiner gesellschaftlichen Bedeutung gar nicht hoch genug einzuschätzen. Denn mit dieser Fixierung eines künftig anzustrebenden Zukunftsbildes von sich selbst als Unternehmen wird der Weg dorthin überhaupt erst beobachtbar. Der Prozess der Strategieentwicklung erzeugt jene Kriterien und Messlatten, mit deren Hilfe festzustellen ist, wie man in Richtung Zukunft unterwegs ist. »Wenn man sich nicht erinnert, was man wollte, macht der Zustand, den man erreicht hat, keinen Unterschied« (Baecker 2000b).

Je mehr man heute davon ausgehen muss, dass die unreflektierte Fortsetzung vergangener Erfolgsmuster ein Unternehmen in den eigenen Untergang lockt, um so mehr kommt es darauf an, die prinzipielle Fähigkeit von Organisationen, die übliche Asymmetrie in den Zeitverhältnissen umzukehren, gezielt zu stärken.

Strategieentwicklung bezeichnet jenen Ort, an dem diese Umkehr systematisch vorgenommen werden kann. Deshalb bieten Unternehmen all jenen ein unternehmerisches Betätigungsfeld, die fest daran glauben, dass Zukunft etwas ist, das man gemeinsam mit anderen schafft, und nicht etwas, das einem schicksalhaft widerfährt.

In diesem Sinne wird ein Unternehmen aus seiner selbsterzeugten Zukunft heraus führbar, wenn es ihm glaubwürdig gelungen ist, einen großen Teil seiner Belegschaft auch emotional an dieses Zukunftsbild zu binden und die mit diesem Bild verbundene Sinnstiftung auf einer breiten Basis zu verankern.

Resümee zur systemischen Strategieentwicklung

In der von Charles Handy (1998) aufgezeigten Paradoxie, dass gerade den Erfolgsrezepten der Vergangenheit der Keim für das Scheitern in der Zukunft innewohnt, liegt der tiefere Existenzgrund für den in diesem Buch konzipierten systemischen Managementprozess. Da sowohl die Erfahrungen der Vergangenheit als auch die Einschätzung der künftigen Entwicklungen für die strategische Positionierung zwar Hinweise, aber keine Sicherheiten bieten, besteht der Kern dieses Managementprozesses in einem angemessenen und somit orientierungstiftenden Umgang mit Unsicherheit und Nichtwissen. Der Bereich des Nichtwissens ist wohl bei keiner anderen unternehmerischen Entscheidung so groß wie in Strategiefragen.

Die durch den strategischen Managementprozess inszenierte, inhaltliche und methodisch unterstützte gemeinschaftliche Reflexion hilft, selbstillusionären Vorstellungen vorzubeugen, die bei genauerem Hinschauen oft auf ungeprüften Annahmen und vordergründigen Sicherheiten fußen.

Strategieentwicklung in dem vorgestellten Prozessmuster lässt Organisationen ihre eigene Gefährdung immer wieder bewusst werden und unterläuft die immer vorhandenen Selbstberuhigungstendenzen. Sie lässt aber auch aus den identifizierten Marktchancen der Zukunft in Verbindung mit einem gesicherten Wissen um die eigenen Fähigkeiten jene Kraft wachsen, die ein sicherheitstiftendes Entscheiden im alltäglichen Vollzug der eigenen Aufgaben ermöglicht, ohne dabei die heute geforderte Lernfähigkeit als Organisation zu verlieren.

DER STRATEGISCHE MANAGEMENT-PROZESS IM ÜBERBLICK

Die »osb-Strategieschleife«

Strategieentwicklung in unserem Sinn ist ein Prozess, den die Entscheidungsträger zusätzlich zu und in Verbindung mit ihren operativen Aufgaben betreiben. Das Führungsteam und weitere Schlüsselpersonen aus der Organisation bzw. von außerhalb müssen sich genug Zeit für Klausuren, Projektarbeit, Recherchen und ähnliches reservieren, um diese gemeinsame Arbeit des Nachdenkens und Entscheidens herausgehoben aus dem Tagesgeschäft in einem überschaubaren Zeitraum zu bewältigen. Die »osb-Strategieschleife« ist die grafische Darstellung einer idealtypischen Vorgehenskonzeption, in der die einzelnen Arbeitsschritte in einer durchdachten Abfolge angeordnet sind.

Die Schleife symbolisiert die unterschiedliche Offenheit der Perspektiven und Analysenebenen, die während des Prozesses eine Rolle spielen: Zunächst wird der Beobachtungsraum auf die Umweltsysteme und auf alternative Zukunftsperspektiven geöffnet und später in Richtung Handlungsorientierung zugespitzt. Im Verlauf des Managementprozesses verzahnen sich dann die strategischen Entscheidungen zunehmend mit dem operativen Geschehen.

Die »Schleife« besteht aus in sich schlüssigen Schritten, die neben ihrer inhaltlichen Logik auch den Zweck verfolgen, die unvermeidbare Komplexität der strategischen Arbeit für die Bearbeitung etwas zu reduzieren. Die Vielfalt der miteinander vernetzen Themen wird entflochten. Die Führungskräfte können ihre Aufmerksamkeit und ihre Energie auf eine Frage nach der anderen konzentrieren, ohne die Komplexität des strategischen Such- und Entscheidungsprozesses zu sehr zu vereinfachen.

In der Praxis finden die Arbeitsschritte jedoch nicht immer exakt in dieser zeitlichen und logischen Reihenfolge statt. Häufig werden spätere Schritte wie in einer Pendelbewegung vorab bearbeitet. So macht es vielen Führungskräften oft große Mühe, unterschiedliche strategische Optionen durchzuspielen und eine ausreichende Distanz zu den damit verbundenen persönlichen Karrierechancen und organisatorischen Konsequenzen zu gewinnen. Zudem ist es in einem schon fortgeschrittenen Prozessstadium oft erforderlich, bestimmte diagnostische Überlegungen im Lichte neuer Erkenntnisse und Einsichten noch einmal vertieft zu durchdenken. In diesem Sinne bewegt sich der kollektive Denkprozess des öfteren in rekursiven Schleifen vor und zurück. Er pendelt zwischen dem Bedürfnis, rasch zu für alle verbindlichen Festlegungen zu kommen, und der Notwendigkeit, diagnostische Einschätzungen gründlich zu untermauern, zwischen Wissen und bloßen Annahmen unterscheiden zu können, gemeinsame Vorurteile aufzulösen, neue Perspektiven ernsthaft zuzulassen und ähnlichem mehr. In diesem gemeinsamen Suchprozess ist so mancher Umweg unvermeidlich.

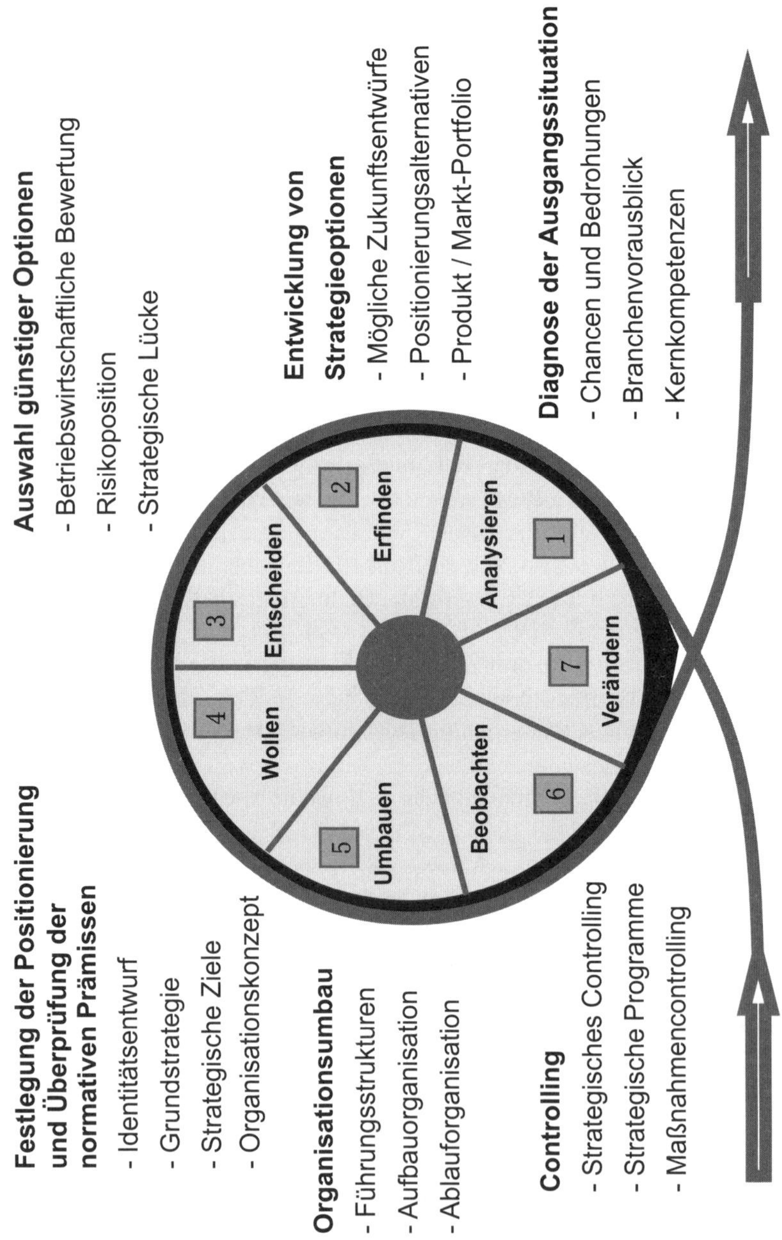

Abb. 4: Die »osb-Strategieschleife«

Die inhaltlichen Schritte des Managementprozesses

Schritt 1: die Diagnose

Jeder Manager arbeitet mit mehreren Annahmen, die er im Einzelnen nicht weiter überprüft. Er hat ein festes Bild, wie seine Branche strukturiert ist, welchen Spielregeln der Wettbewerb folgt, wer seine Kunden sind und was diese wollen, welche Technologien viel versprechend sind und welche zum Scheitern verurteilt und dergleichen mehr. Diese zumeist unausgesprochenen Überzeugungen, die nicht selten von der ganzen Branche geteilt werden, beeinflussen die täglichen Entscheidungen, was das Wettbewerbsverhalten der Unternehmen immer ähnlicher macht.

Die eigenen Modelle hinterfragen

Wer tragfähige Strategien entwickeln will, beginnt am besten zunächst damit, die eigenen mentalen Modelle zu identifizieren und zu hinterfragen. Von welchen Überzeugungen lässt man sich eigentlich leiten? Wie ist man gerade zu dieser Einschätzung gekommen? Unter welchen wirtschaftlichen Rahmenbedingungen haben sich diese Annahmen herausgebildet? Gelten diese Bedingungen noch, oder haben sie sich verändert?

Gelingt es, diese Grundannahmen offen zu besprechen, dann offenbaren sich die »inneren Landkarten«, die Orientierungshilfen einer Organisation. Gerade in reiferen Branchen zeigt sich immer häufiger, dass die wichtigsten Mitbewerber auf ganz ähnliche Strategien setzen – letztlich ohne nennenswerte Terraingewinne. Einzelne Unternehmen, die sich außerhalb der etablierten Spielregeln bewegen, die das Geschäft gleichsam neu erfinden, indem sie bislang negierte Kundenwünsche konsequent aufgreifen, entwickeln sich hingegen oft überraschend erfolgreich (Chan Kim/Mauborgne 1999, sowie 2005). Deswegen ist es in der Anfangsphase eines Strategieentwicklungsprozesses ausgesprochen hilfreich, für diesen wichtigen Diagnoseschritt mehrere Leitfragen gemeinsam zu definieren. Was wollen wir als Unternehmen in diesem Prozess eigentlich herausfinden? Worin bestehen denn die zentralen Überlebensfragen unseres Unternehmens in der gegenwärtigen Phase? Wenn man sich auf einige dieser Kernfragen gemeinsam verständigen kann, gewinnt der Diagnoseprozess viel Energie. Dies bedeutet, dass es von ausschlaggebender Bedeutung ist, einen Strategieprozess nicht gleich mit der Diskussion mitgebrachter Antworten zu beginnen, sondern sich zunächst die Zeit zu gönnen, gemeinsam die entscheidenden Fragen zu definieren. Damit erst wird die Suchrichtung des gemeinsamen Prozesses für alle klar, wenn es darum geht, miteinander für die Zukunftsfähigkeit des Unternehmens Sorge zu tragen.

Die Spielregeln der Branche verstehen

Hat man die eigenen Modelle hinterfragt und Distanz zu den Annahmen gewonnen, wird es Zeit, sich ein fundiertes Bild von der aktuellen und der künftigen Welt zu verschaffen, in der man als Unternehmen operiert. Nun geht es darum, die bestimmenden gesellschaftlichen Entwicklungstrends sowie die Dynamik des wirtschaftlichen Umfeldes und die zugrunde liegenden Spielregeln zu verstehen, die das Verhalten der beteiligten Marktteilnehmer steuern, um daraus begründete Annahmen über künftige strategische Herausforderungen zu entwickeln.

Diese Analyse erfolgt im Wesentlichen auf drei Ebenen:

- Zunächst ist eine Auseinandersetzung mit dem weiteren gesellschaftlichen Umfeld erforderlich; dazu zählen etwa demografische Fragen oder Veränderungen in den ökologischen Verhältnissen oder in den gesetzlich-politischen Rahmenbedingungen. Dann wird eine intensive Beschäftigung mit dem engeren wirtschaftlichen Umfeld des Unternehmens wie der Entwicklung des Marktpotenzials, der Wettbewerbsdynamik, der Kundenanforderungen, der Rohstoffmärkte, etc. notwendig.

  Auf dieser ersten Reflexionsebene geht es darum, die wichtigsten Chancen und Bedrohungen des Unternehmens zu entdecken. Als analytische Werkzeuge haben sich dafür die Instrumente und Bearbeitungsformen der System/Umweltanalyse, der Kraftfeldanalyse, der an Ulrich angelehnten Umfeldanalyse und der Konkurrenz- und Marktdynamik nach Porter bewährt.
- Darauf folgt der Entwurf unterschiedlicher Zukunftsszenarien. Welche alternativen Entwicklungen im Umfeld unseres Unternehmens sind prinzipiell denkbar, und wie plausibel sind sie? Dieser Schritt verschafft dem System Vorstellungen über mögliche künftige Welten, die aus heutiger Sicht mit einiger Plausibilität Wirklichkeit werden können. Die Entwicklung von Szenarien verhilft dazu, sich vom Bedürfnis nach möglichst exakter Voraussicht und Planbarkeit zu verabschieden und die eigene Sensibilität für mögliche alternative Zukünfte zu schärfen, um die wahrscheinlichen Merkmalskombinationen dieser Zukünfte zu benennen. Vor diesem Hintergrund können sich dann unterschiedliche Positionierungschancen für sich selbst als Unternehmen herauskristallisieren. Als unterstützendes Instrument hat sich die Szenariotechnik bewährt, die plausible, in sich konsistente Bilder über mögliche künftige Realitäten erzeugt. Diese Szenarien dienen nicht dazu, »die Zukunft definitiv vorauszusagen, sondern spezifizieren mehrere mögliche Zukünfte, die jede für sich durchaus plausibel aus der Gegenwart herzuleiten sind. Sie bilden gleichsam einen Vorrat von Visionen« (Minx/Böhlke 1995, S. 101).

  Dieser »Vorrat an Visionen« stimuliert unsere Vorstellungskraft über mögliche gesellschaftliche Konstellationen. Szenarien sind »Werkzeuge des Weitblicks« (de Geus 1998). Sie erzeugen jene Vorstellungskraft, mit der sich auch schwache

Signale, die in die eine oder andere Richtung weisen, deuten lassen. Es werden Abweichungen beobachtbar, Ungewöhnliches wird auffällig und damit für die unternehmensinterne Informationsverarbeitung zugänglich. Diese kollektive Sensibilität ist die entscheidende Voraussetzung für eine vorausschauende Steuerung, auf die es heute angesichts zunehmender Komplexität und Veränderungsgeschwindigkeit immer mehr ankommt (Wimmer 2009). Hamel und Prahalad (1997) plädieren in diesem Zusammenhang für einen geschärften »Industrievorausblick«. Eine derartige Vorschau basiert auf Annahmen über die relevanten Entwicklungstrends von Konsumgewohnheiten, Technologie, Bevölkerungsstruktur, Gesetzgebung, ökologischen Entwicklungen, internationalen Macht- und Konfliktkonstellationen und ähnlichem mehr. Unternehmen können Rückschlüsse aus diesen Annahmen nutzen, um die Spielregeln ihrer Branche umzuschreiben und sich neue Wettbewerbsräume zu erschließen.
In der Praxis entsteht an dieser Stelle des Prozesses stets ein starkes Bedürfnis nach prognostischer Klarheit. Das innere Umschalten vom »Wissen wollen, wie es wirklich sein wird« zur gemeinschaftlichen Vorstellungskraft, was es sein könnte, ist in der Regel ein ganz schwieriger Schritt. »Unternehmen misslingt die Erschaffung der Zukunft nicht deshalb, weil sie sie nicht exakt genug vorhersagen können, sondern weil sie nicht fähig sind, sich die Zukunft vorzustellen. Was ihnen fehlt, ist Neugier und Kreativität, nicht Klarheit« (Hamel 2000, S. 144). Genau diese tiefsitzende Problematik sollte in diesen Anfangsschritten einer Bearbeitung zugänglich gemacht werden. Es geht um einen Umbau der mentalen Modelle von Voraussicht und Prognose auf ein Verständnis für gesamtgesellschaftliche Zusammenhänge und möglicher Entwicklungsverläufe (vgl. auch Doz/Kosonen 2008, S. 34).

- Als dritte Reflexionsebene kommt schließlich die Innenschau hinzu. Die Stärken-Schwächenbetrachtung bildet den Übergang von der Außen- zur Innenperspektive. Welche Ressourcen stehen dem Unternehmen überhaupt zur Verfügung? Auf welches Kompetenzportfolio stützt es seine Erfolge? Bei dieser Positionierung besteht allerdings die Gefahr, dass sich die Führungskräfte liebgewonnene Selbstbilder gegenseitig bestätigen. Daher sollten die Stärken und Schwächen auf die zuvor herausgearbeiteten Chancen und Risiken oder auf andere, für das Funktionieren des Unternehmens wichtige Parameter bezogen werden.
  Wir empfehlen an dieser Stelle eine intensive Auseinandersetzung mit den Kernkompetenzen der Organisation. Diese Betrachtungsweise fußt auf der Einsicht, dass nachhaltige strategische Wettbewerbsvorteile auf Ressourcen und Kompetenzbündel von Unternehmen beruhen, die einen außergewöhnlichen Kundennutzen stiften, die selten und schwer imitierbar sind und so ein Unternehmen letztlich dauerhaft unterscheidbar machen (ursprünglich dazu Barney 1991 sowie ders. u.a. 2001; weiters Hamel/Prahalad 1990 und Peteraf 1993). Die Kernkompetenzanalyse nach Hamel und Prahalad (1997), wie wir sie zur

Anwendung bringen, ist ein anspruchsvoller, in die Tiefe gehender Diagnoseschritt: Es geht darum, den aktuellen und den künftigen Quellen des Erfolgs auf den Grund zu gehen. Der Blick auf die Kernkompetenzen lenkt die Aufmerksamkeit weg von der üblichen Fixierung auf das aktuelle Produktportfolio, hin zum längerfristigen Aufbau von Wettbewerbsvorteilen. »Die Besonderheit von Kernkompetenzen ist, dass sie in einem mehr oder weniger ungeplanten kollektiven Lernprozess entstehen, der abteilungs- und funktionsübergreifend einzelne Fähigkeiten zu einer komplexen Kompetenz bündelt« (Schreyögg 1999b, S. 394). Das Identifizieren der eigenen Kernkompetenzen ist eine strategische Schlüsselstelle, weil später entwickelte Optionen dahingehend überprüft werden, ob diese auf Kernkompetenzen beruhen oder nicht. Optionen, die zwar auf attraktiven Chancen fußen, aber nicht über die notwendige Ressourcenbasis verfügen, werden selten realisiert, es sei denn, man beginnt rechtzeitig, die erforderlichen Kompetenzen aufzubauen oder diese über gezielte Aquisitation in das Unternehmen zu holen.

Optionen erhalten den Handlungsspielraum

Als Ergebnis des ersten Schritts sollte die strategische Führungscrew die wichtigsten Chancen und Bedrohungen, mit denen das Unternehmen in Zukunft konfrontiert sein könnte, kennen und ein gemeinsames Bild von den vorhandenen Ressourcen und Beschränkungen entwickelt haben. In Summe macht dies die zentralen strategischen Herausforderungen beschreibbar, denen sich das Unternehmen in den kommenden Jahren konfrontiert sieht. Mit anderen Worten: Die Schlüsselpersonen sollten die Einsicht in die Notwendigkeit, aktiv zu werden, verinnerlichen. Das Unternehmen kann sich erst dann sinnvoll mit alternativen Zukunftsstrategien beschäftigen, wenn die Entscheidungsträger spüren, was es bedeutet, nicht zu handeln und in den zur Zeit eingefahrenen Bahnen der Leistungserbringung zu verharren. Nur wenn die Analyse der strategischen Ausgangslage genügend Attraktivität und Energie für Veränderungen mobilisiert hat, wird ein Unternehmen in die Lage versetzt, ernst gemeinte strategische Optionen zu entwickeln und damit unterschiedliche Identitätsentwürfe für seine Zukunft zu kreieren.

Schritt 2: Optionen entwickeln

Die gemeinsamen Grundannahmen, die in der ersten Phase erarbeitet wurden, liefern den Stoff, um in einem kreativen Akt mögliche Zukunftsentwürfe zu entwickeln, die sich vom Status quo deutlich unterscheiden. Zum Einstieg dient die folgende Überlegung: »Was passiert, wenn nichts passiert, mit uns als Unternehmen, und welche Alternativen wären denkbar?«

Die zentralen Fragen in diesem Arbeitsschritt sind:

- Was können wir angesichts der voraussichtlichen Marktentwicklung mit unseren vorhandenen Kernkompetenzen tun?
- Welche heute möglicherweise erst in Ansätzen erkennbaren Kundenbedürfnisse sind auszumachen, für die wir aufgrund unserer Kernkompetenzen Antworten finden können?
- Welche neuen Kompetenzen müssen wir aufbauen, um sich abzeichnende Wachstumschancen und Ertragspotenziale konsequent nutzen zu können?
- Welche neuen Märkte/Branchen und potenziellen Kundengruppen können wir mit welchem Leistungsangebot in unsere Überlegungen einbeziehen?
- Wie können wir die Regeln unserer Branche mitgestalten oder gar verändern?
- In welchem Ausmaß wollen wir wachsen? In erster Linie aus eigener Kraft oder durch Akquisitionen, Firmenzusammenschlüsse und strategische Allianzen? Wie verhalten wir uns angesichts der Konsolidierungstendenzen in der eigenen Branche?
- Wie definieren wir unseren geografischen Markthorizont? Wie verhalten wir uns gegenüber der Internationalisierungsdynamik?
- Können wir mit unserem bestehenden Geschäftsmodell künftig noch reüssieren, oder müssen wir uns diesbezüglich etwas Neues einfallen lassen?

Bloß nicht zuviel Modellgläubigkeit

In dieser zweiten Phase des strategischen Managementprozesses sollten sich die verantwortlichen Führungskräfte durchaus von verschiedenen theoretischen Konzepten anregen lassen, ohne allerdings in zu große Modellgläubigkeit zu verfallen. Diesbezügliche Skepsis erhält die eigene Kreativität und erhöht die Einmaligkeit der Ergebnisse. Alles in allem sehr brauchbare Denkhilfen liefern die PIMS-Studien, die Analyse von Produktlebenszyklen, die Erfahrungskurve (»Boston-Effekt«), die Substitutionskurve, die doppelte S-Kurve von Charles Handy, die Ansoff-Matrix, das Porter-Modell oder die Kernkompetenzperspektiven von Hamel und Prahalad, um nur einige beispielhaft zu nennen. Doch Vorsicht, es geht nicht darum, theoretisches Wissen konsistent nachzubilden, den angebotenen Normstrategien brav zu folgen oder vorgefertigte Überlegungen in der Tradition der inkrementalen Spielart lediglich zu bündeln und als Strategien nachzureichen. Die Entwicklung von Optionen ist der eigentlich kreative Akt im Strategieprozess. Da dürfen Intuition und strategischer Weitblick zur Anwendung kommen.

Erfolgversprechend ist diese zweite Phase, wenn es gelingt, mehrere realistische strategische Optionen auszuarbeiten, die in dieser Form vor Beginn des Prozesses keiner der Beteiligten bereits im Kopf hatte. Es ist dies ein anspruchsvolles Ziel, das in der Regel nur dann erreicht werden kann, wenn die Grundannahmen der Organisation zunächst emotional und intellektuell radikal hinterfragt worden sind.

Schritt 3: Auswahl und Bewertung

Die Optionen, die aus der bisherigen strategischen Arbeit hervorgegangen sind, werden im dritten Schritt abgewogen und bewertet. Dafür ist es ratsam, sie soweit im Detail auszuarbeiten, dass der Investitionsaufwand und die Ertragspotenziale abschätzbar werden, um die unternehmerischen Implikationen beurteilen zu können. Welche der erarbeiteten Möglichkeiten wählt das Unternehmen? Ist ein Mix aus diesen alternativen Identitätsentwürfen denkbar, die ja nicht nur Phantasiegebilde darstellen, sondern den Plausibilitäts-Check vor dem Hintergrund der strategischen Ausgangsdiagnose bestanden haben?

Auch in dieser Phase können bewährte Instrumente eingesetzt werden, die den Auswahlprozess als Entscheidungshilfe unterstützen. Es sind dies Konzepte wie die Ansoff-Matrix, die Portfoliomethode, die Kundennutzenstrategie, Sensitivitätsüberprüfungen oder Wirtschaftlichkeitsrechnungen, die an dieser Stelle sinnvoll zum Einsatz kommen können.

Ein pragmatischer Plausibilitätscheck

Folgende strategische Leitfragen schaffen Orientierung, wenn es darum geht, zentrale Merkmale der künftigen Identität auszuwählen und festzulegen:

- Welche Optionen basieren auf unseren Kernkompetenzen oder ermöglichen es uns, diese weiter auszubauen oder auch ganz neue zu entwickeln?
- Auf welchem Feld haben wir die seriöse Chance, uns zu den Besten unserer Branche zu entwickeln, und welches Geschäftsmodell kann diesen Prozess tragfähig unterstützen (dazu auch Collins 2001)?
- Welche Optionen berücksichtigen am besten die von allen erkannten Chancen und Risiken?
- Können die zentralen Entwicklungen der Branche mit diesen Optionen beeinflusst und verändert werden?
- Welche Option mobilisiert die meiste zukunftsweisende Energie? Bei welcher Vorstellung entsteht bei allen Beteiligten ein wahrhaft ansteckendes Glitzern in den Augen?
- Welche der Optionen stärkt unsere Unterscheidbarkeit am Markt und eignet sich für eine differenzierende Markenpolitik?
- In welchem Ausmaß erfüllen die Optionen das Erfordernis einer nachhaltigen Absicherung der unternehmerischen Ertragskraft, um künftige Investitionsbedarfe und Eigentümererwartungen abdecken zu können.
- Sind die Optionen robust genug? Bewähren sie sich auch in anderen durchaus plausiblen Zukunftsszenarien als präferiertes Zukunftsbild?

Diese Leitfragen sollten jedoch nicht den Blick darauf verstellen, dass gerade in dieser Phase häufig nicht nur die Sorge um die Zukunft des Unternehmens handlungsleitend ist, sondern dass auch persönliche, nicht immer offen verhandelte Interessen wie das Streben nach Macht und Einfluss oder der Zugang zu Ressourcen den Entscheidungsprozess beeinflussen. Daher ist es zu diesem Zeitpunkt besonders wichtig, die bisherigen Entscheidungsmuster transparent zu machen. Das beugt der Gefahr vor, dass ein aufwendiges akademisches Entscheidungsspiel betrieben wird, dessen Ergebnisse später unterlaufen werden.

Der unternehmerische Schöpfungsakt

Die bekannten Verfahren, Entscheidungen zu unterstützen, leisten viel. Was sie nicht schaffen und worauf es letztlich ankommt, ist der Entwurf eines zugkräftigen Bildes der eigenen künftigen Identität, das die Kräfte im Unternehmen nachhaltig und auf breiter Basis mobilisiert. Es geht ja um den Aufbau dieser kollektiven »Stretch«-Situation, die außergewöhnliche Kräfte freisetzen kann und nicht nur um eine optimierte Passung (»Fit«) mit den eigenen Umweltbedingungen (ähnlich Hamel/Prahalad 1997). Woher kommt die Energie, die das Management in seinen strategischen Entscheidungen antreibt? Ist es der bisherige Erfolg? Sind es von Ehrgeiz getriebene Vorstellungen der eigenen Größe? Oder gilt es vor allem, die tonangebenden Analysten des Kapitalmarkts zu beeindrucken? Ist es der sichtbare Vorsprung der Mitbewerber oder die Ertragserwartung der Shareholder? Ist es die Absicherung der Tradition zum Beispiel als Familienunternehmen?

Auf längere Sicht lässt sich der Unternehmenswert nicht allein dadurch steigern, dass man noch schneller, noch größer und profitabler werden will. »Zwar ist das Streben nach Wachstum ein Bestandteil fast jeder strategischen Intention, aber die wirkliche, emotional getragene Motivation entsteht erst dann, wenn ein Unternehmen artikulieren kann, auf was es hinwächst« (Hamel/Prahalad 1997, S. 214). Und so sind es die Vorstellungen, welche Bedürfnisse von Kunden man künftig befriedigen möchte, und das Gefühl, dass es sich wirklich lohnt, für dieses Ziel große Kräfte zu mobilisieren, die ein Unternehmen nachhaltig auf Erfolgskurs halten.

Schritt 4: Die normativen Prämissen und die eigentliche Positionierungsarbeit

Durch die intensive Diskussion mehrerer möglicher Geschäftsmodelle entsteht eine solide Basis, auf der normative Orientierungskonzepte festgelegt werden können. Diese Entscheidungen über die mit aller Kraft anzustrebende künftige Unternehmensidentität fixieren den Spielraum, in dem sich dann mögliche Unternehmens- und Geschäftsfeldstrategien zu bewegen haben. Mit diesen Steuerungskonzepten wird ein Rahmen abgesteckt, der wie Leitplanken eine Orientierung für die künftige Unternehmensentwicklung vermitteln soll.

In dieser Phase der Strategieentwicklung werden die ausgewählten Optionen zu einer verbindlichen strategischen Positionierung gebündelt. Diese beschreibt die wesentlichen Merkmale der eigenen geschäftspolitischen Identität, die Produkt-Marktkombinationen, die Kundenzielgruppen, die Reichweite der Markthorizonte, etc. An diese Positionierungsarbeit schließt die Festlegung der für das Unternehmen bestimmenden Unternehmensziele an: Marktanteile, Umsatz- und Renditeziele, Festlegungen zur Qualitäts- und Produktivitätsentwicklung, etc. Wichtig ist natürlich eine möglichst genaue Quantifizierung dieser angestrebten Unternehmensziele. An ihnen gilt es ja abzulesen, wie erfolgreich man in den Folgejahren bei der Strategieumsetzung unterwegs ist.

In diesem Sinne folgen die zentralen Unternehmensziele (insbesondere die Ertragserwartungen) aus der Festlegung der künftigen geschäftspolitischen Identität. Sie sind der Positionierungsarbeit nicht vorgelagert, wie es dem Shareholder-Value-Konzept bzw. dem »value based-view« der Strategieentwicklung entspricht (dazu Rappaport 1999 und Jensen 2003). Die Renditeerwartungen als Prämisse für die Strategieentwicklung, häufig ausgerichtet an den Erwartungen des Kapitalmarktes, verführt dazu, diese Erwartungen maßlos zu überziehen und damit die Unternehmensentwicklung in eine dauerhafte Misserfolgsspirale zu zwingen. Wohin diese Entkoppelung der Finanzsphäre von den realwirtschaftlichen Verhältnissen führt, zeigen die enormen krisenhaften Verwerfungen, die seit der zweiten Hälfte des Jahres 2008 weltweit zu beobachten sind. Deshalb gilt es mit aller Sorgfalt darauf zu achten, dass die Unternehmensziele das Chancenpotenzial eines Unternehmens in seinen spezifischen Märkten realitätsgerecht widerspiegeln und nicht dem magischen Wunschdenken businessferner Kapitalmarktakteure korrespondieren.

Sind die geschäftspolitische Identität wie auch die zentralen Unternehmensziele identifiziert, dann geht es darum, gemeinsam ein Konzept für die Umsetzung zu erarbeiten. An welchen Stellhebeln müssen wir jetzt und in den kommenden Jahren ansetzen, um das Unternehmen insgesamt in die angestrebte Richtung zu entwickeln? Hier entsteht so etwas wie ein »Masterplan«, eine Beschreibung des gemeinsamen Weges in die Zukunft.

Diese Verfeinerungsschritte der festgelegten Grundstrategie sind ein absolutes Muss. Sie sind das wesentliche Bindeglied zwischen dem Heute und dem Morgen, sie verknüpfen die kurzfristigen mit den langfristigen Zeithorizonten. Das Implementierungskonzept zeigt der Organisation, welche Kompetenzen sie in Vorwegnahme der Zukunft bereits heute entwickeln muss, welche neuen Vertriebswege sie schon heute aufbauen und welche Entwicklungsprioritäten sie heute bereits verfolgen sollte, um in der künftigen Wettbewerbsauseinandersetzung erfolgreich bestehen zu können.

Manchmal kann es sinnvoll sein, die Arbeit an den in Frage kommenden Grundstrategien mit der Formulierung eines Leitbildes abzurunden. Es bringt die Strategie »auf den Punkt«, in dem es Orientierungssignale nach Innen zu den Mitarbeitern und nach Außen zu Kunden und Partnern sendet. Das Leitbild ist Ergebnis eines Prozesses, in dessen Verlauf sich das Unternehmen mit der eigenen Identität auseinandergesetzt hat, und hält die zentralen Aussagen, die aus den strategischen Entscheidungen ableitbar sind, fest. Es präzisiert eine Reihe von Prämissen, die dem Veränderungsprozess einer Organisation die Richtung geben, und dient damit gleichzeitig als Messlatte für den Erfolg der eingeleiteten Maßnahmen.

Schritt 5: Der radikale Umbau, Organisationstransformation

Mit dem fünften Schritt beginnt die Umsetzungsphase. Durch eine strategische Neupositionierung werden nahezu immer Veränderungen auf den unterschiedlichsten Ebenen des Unternehmens notwendig. Oft bedingt bereits das dynamische Wettbewerbsumfeld, dass die Binnenstrukturen und -prozesse des Unternehmens umzubauen sind. Die seit Jahrzehnten gültigen Strukturgesetze der klassischen Hierarchie, die Organisationsprinzipien der funktionalen Gliederung und Arbeitsteilung, die bürokratischen Formen der Koordination und Kommunikation haben in vielen Branchen und Unternehmen ihre unbestrittene Gültigkeit ohnehin bereits verloren. In diesem Sinne ist in dieser Phase sehr genau zu prüfen, ob die eigenen Organisationsverhältnisse, die Art, wie man sich organisatorisch aufgestellt hat, um die zu bearbeitenden Zielmärkte möglichst optimal zu bedienen, ob diese Strukturen und etablierten Geschäftsprozesse mit den festgelegten strategischen Entwicklungszielen noch korrespondieren. Wenn nicht, dann stehen einschneidende Veränderungen der Organisation ins Haus.

Während man früher durch kleine Anpassungen versuchte, die herkömmlichen Bauprinzipien von Zeit zu Zeit zu optimieren oder zu ergänzen, geht es heute zunehmend darum, ganz neuen Aufbauprinzipien und Organisationslösungen zum Durchbruch zu verhelfen. Ein konsequentes Forcieren der Internationalisierung, Fusionen und ihre Integrationsanforderungen, eine konsequente Dezentralisierung, Redimensionierungen angesichts schrumpfender Marktpotenziale, feste strategische Allianzen oder Privatisierung, all dies sind Indizien, die einen radikalen Umbau der bisherigen Identität einer Organisation signalisieren. Alles in allem handelt es sich in der Regel um sehr schmerzhafte Maßnahmen, weil oft lange eingespielte Routinen, etablierte Interessen und Machtsphären berührt werden. Sie sind um so leichter durchzusetzen, je existenzbedrohender und nachvollziehbarer der äußere Druck ist. Nicht zuletzt spielt der Faktor Zeit eine immer wichtiger werdende Rolle (dazu eindrucksvoll Doz/Kosonen 2008).

Schritt 6: Steuern und prüfen

Ist das Fundament für notwendige Veränderungen gelegt, geht es in der Folge um den Brückenschlag zwischen der strategischen Entscheidung und der operativen Umsetzung. Wie können die strategisch erwünschten Kursänderungen den »operativen Fluss des Geschehens« umlenken? Was braucht es dafür an Personalmaßnahmen, an Weiterentwicklungen in der IT-Infrastruktur, an Produktinnovationen, an gezielten Maßnahmen zur Weiterentwicklung der bisherigen Markenpolitik, etc. Abweichungen auf dem Weg zur künftigen Identität müssen so früh wie möglich erkannt werden, damit man entsprechende Kurskorrekturen vornehmen kann. Diese Koppelung zwischen den Steuerungsgesetzen von »Strategie« und »Umsetzung« lässt sich mit der Metapher der Beziehung zwischen Motor und Getriebe verdeutlichen. Bei einem Auto übernimmt der sogenannte »Wandler« (das Getriebe) die Übertragung der Kraft des Motors auf die Räder eines Fahrzeugs. Im strategischen Prozess übernehmen Controllingsysteme diese Steuerungsfunktion (mit dem Ziel einer engen Verzahnung von Strategieentwicklung und operativem Geschäft stellen Kaplan/Norton eine Gesamtprozessarchitektur vor, die eine hohe Ähnlichkeit zu dem hier vorgestellten strategischen Managementprozess besitzt. Dies. 2008).

Was messbar ist, passiert auch

Neuere Konzepte wie die Balanced Scorecard (BSC) oder das Konzept der wertorientierten Führung sind Steuerungsmodelle, die diese »Wandlerfunktion« (Getriebefunktion) in einem Unternehmen bekommen können. Auf der Basis von strategischen Entscheidungen werden Maßnahmenpakete geschnürt, die neben den organisatorischen Umbauprozessen des Schrittes 5 auch Investitionsmaßnahmen, Marketingaktivitäten, Personalmanagement- und Personalentwicklungspakete, spezifische Investitionen ins Wissensmanagement und ähnliches mehr enthalten können. Eine zügige Realisierung dieser aus dem Strategieprozess heraus angestoßenen Projekte ist alles andere als wahrscheinlich. Nur wenn die zugrunde liegenden Veränderungsanliegen an erster Stelle der Prioritätenliste stehen, können sie sich der normalen Sogwirkung des operativen Geschäfts, das die gesamte Aufmerksamkeit auf sich zieht, entziehen. In diesem Sinne schafft eine gelungene Strategieentwicklung auch die Grundlagen dafür, dass sich das Unternehmen anders zu beobachten lernt als bislang gewohnt.

Mit den Steuerungssystemen dieses Schritts lässt sich möglichst zeitnah einschätzen, ob die angestoßenen Aktivitäten tatsächlich die gewünschten Effekte erzielen. Auf der Grundlage dieses strategischen Soll/Ist-Vergleichs lassen sich weitere Schlüsse ziehen, die – falls erforderlich – zu Korrekturen einzelner Maßnahmen oder zur Intensivierung bestimmter Aktivitäten führen. Rund um das strategische Controlling sind in den letzten Jahren elaborierte Verfahren entwickelt worden, die allerdings im Einzefall immer sehr genau zu prüfen sind, ob Aufwand und Nutzen in einem vernünftigen Verhältnis zueinander stehen (dazu am prominentesten die Arbeiten von Kaplan/Norton 1996, 2004, 2006). Letztlich geht es bei all diesen Anpassungsversuchen darum, die Lernfähigkeit des Unternehmens schon im Vorfeld zu verbessern, noch bevor unerwünschte Entwicklungen eingetreten sind.

Schritt 7: Präventives Lernen

Mit wachsendem Veränderungspotenzial verfügt eine Organisation über immer bessere Möglichkeiten, den Chancen und Bedrohungen einer unberechenbaren Umwelt aktiv zu begegnen. Die zukunftsorientierte Perspektive dieser Phase verschafft dem Unternehmen ein Zeitbudget, das individuelle, kontinuierliche Veränderungen erlaubt. Eine solche proaktive Selbsterneuerung kann längerfristig betrachtet durchaus revolutionäre Züge annehmen (dies ist die Annahme einer Dynamisierung »organizational capabilities«. Dazu beispielhaft Zollo/Winter 2002; kritisch dazu Schreyögg/Kliesch-Eberl 2007).

Ein idealer Rahmen für diese Prozesse entsteht, wenn bislang eingespielte Muster der Selbstentwicklung hinterfragt und gegebenenfalls aufgelöst oder umgestellt werden, etwa durch eine Ausweitung der organisationseigenen Irritationsquellen. Durch zusätzliche Berührungspunkte mit der Umwelt eröffnet sich das Unternehmen darüber hinaus zahlreiche Lernanstöße; das Beobachtungsspektrum wird weiter, und es entstehen innovationsfreudige, interne Strukturen, die mit hoher Flexibilität Impulse und Chancen im Umfeld aufgreifen können (zu diesem evolutionstheoretisch inspirierten Konzept der Unternehmensentwicklung vgl. Wimmer 2007).

Beispiele für solche proaktiven Impulsgeber sind Entwicklungspartnerschaften mit Kunden, Lieferantennetzwerke, Benchmarking, strategieorientiertes Wissensmanagement, die konsequente Pflege der Kernkompetenzen und ähnliches mehr.

Der gezielte Einfluss konzentriert sich auf jene Dimensionen, welche die Lernfähigkeit einer Organisation, ihr natürliches Selbstveränderungspotenzial zentral berühren. Im Grunde geht es darum, eine Organisation durch eine Vielzahl ineinandergreifender Faktoren so lernfähig zu machen, dass radikale Schnitte organisationaler Natur unwahrscheinlicher werden.

Der hier im Überblick dargestellte strategische Managementprozess wird in den folgenden Kapiteln detailliert ausgeführt und mit Instrumenten und Fallbeispielen aus der Praxis illustriert.

DIE STRATEGISCHE ANALYSE

»Sage mir, wie eine Reise beginnt, und ich sage dir, wie sie enden wird«, meint der Volksmund und behält auch bei solchen Reisen recht, die Unternehmen mit einem Strategieprozess antreten. Das Fundament für den Erfolg wird bereits in der ersten Phase gelegt, wenn es darum geht, das Grundmuster der Strategieentwicklung festzulegen, die bisherige geschäftspolitische Ausrichtung und die sie steuernden Grundüberzeugungen grundsätzlich auf den Prüfstand zu stellen. Bleibt die strategische Arbeit an der Oberfläche, dann tauschen die Protagonisten nur Allgemeinplätze und leicht zu Beobachtendes aus und produzieren in weiterer Folge nur »mehr vom selben«.

Wie an anderer Stelle schon deutlich hervorgehoben, ist das gemeinsame Herstellen eines Reflexionsniveaus zwischen den relevanten Entscheidungsträgern, auf dem mehr besprochen werden kann, als die alltäglichen Gesprächsroutinen ohnehin zulassen, eine ausgesprochen anspruchsvolle Leistung. Der tiefere Sinn der Analysephase eines Strategieentwicklungsprozesses besteht darin, das Team der Strategieverantwortlichen jenem Maß an Beunruhigung auszusetzen, das erforderlich ist, um für die Zukunft die richtigen Weichen zu stellen.

Gerade wenn es um die wesentlichen Existenzfragen des Unternehmens geht, ist dieses »Sich selbst auf den Prüfstand stellen« emotional besonders belastend. Wir neigen alle dazu, zunächst jenen Informationen mehr Aufmerksamkeit zu schenken, die unsere gut gehüteten, inneren Überzeugungen bestätigen. Deshalb ist die Gefahr groß, dass ein Managementteam für diese Form der Selbstberuhigung viel Aufwand treibt, um am Ende das bestätigt zu bekommen, was alle vorher bereits wussten. Ein sicherer Weg in diese Richtung besteht darin, nah an den operativen Dringlichkeiten zu bleiben und ohne großen Analyseaufwand rasch zu Lösungen zu kommen.

Die Drucker'sche Frage »Tun wir die Dinge richtig?« provoziert mit einiger Sicherheit eine Anzahl von Antworten, die im Unternehmen so oder ähnlich schon früher einmal aufgetaucht sind. Radikal neue Perspektiven werden auf diese Art und Weise zwar kaum erschlossen, allerdings sind durchaus nützliche Hinweise für operative Optimierungsmaßnahmen zu erwarten.

Für eine substantielle Auseinandersetzung mit der Frage »Tun wir die richtigen Dinge?« ist es jedoch unabdingbar, das gesamte Geschäft radikal hinterfragbar zu machen. Bildlich gesprochen geht es darum, die Sehkraft zu schärfen, indem man die bisherige Brille, durch die man die Dinge betrachtet hat, einmal abnimmt, auf ihre Tauglichkeit überprüft und gegebenenfalls die Gläser austauscht.

Gefahr mobilisiert

Bringt das Beharren auf dem Status quo die Organisation nicht für alle nachvollziehbar in Gefahr, so lässt sich eine strategische Neuausrichtung mit all ihren radikalen Eingriffen in bestehende Macht- und Interessenlagen nicht so leicht durchsetzen.

In diesem Fall ist das Risiko groß, dass die Strategiearbeit eine rituelle akademische Übung mit geringer Bedeutung für den Organisationsalltag bleiben wird. Ein Blick auf die turbulente Entwicklung, der die meisten Märkte in der Gegenwart ausgesetzt sind, legt allerdings die Vermutung nahe, dass die Diagnose »keine Gefahr im Verzug« der Selbsttäuschung entspringt, was auch nicht weiter verwunderlich ist, denn der Erfolg von gestern verstellt vielen Führungskräften den Blick auf die Chancen und Risiken der Zukunft.

Die strategische Lücke

In der Literatur wird die Differenz zwischen einer Fortschreibung des Status quo und der erwünschten Zukunft als »Lücke« bezeichnet (vgl. Kreikebaum 1993). Man unterscheidet dabei eine strategische und eine operative Lücke. Die operative Lücke betrifft das operative Optimierungspotenzial. Eine strategische Lücke entsteht, wenn Kurskorrekturen unterbleiben, die zu außergewöhnlichen Erfolgen führen könnten. In der ersten Phase der Analyse geht es daher darum, mit Hilfe verschiedener Modelle und Instrumente bestimmte Ansätze zu identifizieren, die zu einer Schließung dieser strategischen Lücke beitragen könnten.

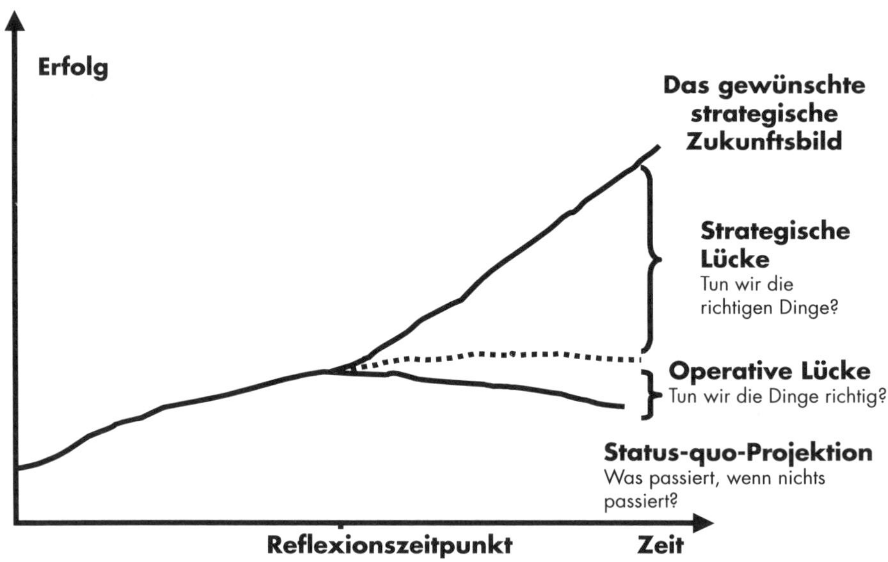

Abb. 5: Die strategische und die operative Lücke (vgl. Kreikebaum 1993, S. 41)

Die gemeinsame Sicht der Dinge

Die Analyse ist dann geglückt, wenn es gelingt, aus den oft nur schwach ausgeprägten Signalen (Ansoff 1981, S. 233 f.) die relevanten Chancen für das Unternehmen und seine Bedrohungsszenarien zu identifizieren und gemeinsam zu akzeptieren. Diese Früherkennung ist die Basis für eine vorausschauende Selbsterneuerung, die wiederum dem Unternehmen zeitgerechtes Handeln ermöglicht. Radikalere Kriseninterventionen sind auf diesem Wege oft – wenn auch nicht immer – zu vermeiden. Mit Hamel und Prahalad (1997) sind wir der Meinung, dass ein Unternehmen, das sich seiner wesentlichen Chancen und Risiken nicht nachhaltig bewusst ist, leichtfertig seine Existenz aufs Spiel setzt.

Als zweites zentrales Ergebnis sollten in dieser ersten Phase der Strategiearbeit die wichtigsten Kernkompetenzen des Unternehmens identifiziert werden. Sie sind die tieferen Wurzeln der bisherigen Überlebensfähigkeit und spielen in späteren strategischen Entscheidungen eine wesentliche Rolle. Denn auch spätere Erfolge werden sich nur auf der Basis vorhandener Kernkompetenzen einstellen, es sei denn, das Unternehmen beschließt gleichzeitig mit einer strategischen Weichenstellung in neue Geschäftsfelder, die benötigten zusätzlichen Kernkompetenzen mit aufzubauen. Dies ist in der Regel jedoch mit enormem Aufwand und ebenso großem Risiko verbunden.

Inszenierungen einer gründlichen Analyse

Wer bisherige Sichtweisen radikal hinterfragen will, sollte in der Analysephase auf eine besondere soziale Inszenierung setzen, die durch ganz unterschiedliche Instrumente die Chance erhöht, dass das bisherige Selbstverständnis der Organisation nachhaltig irritiert wird. Diese Irritation lässt ein neues Bild vom Unternehmen entstehen, das die Notwendigkeit zur Veränderung nicht nur kognitiv im Kopf, sondern auch emotional nachvollziehbar macht.

Mit Hilfe der Instrumente aus der klassischen Strategieliteratur kann man Unternehmen und Organisationseinheiten aus den unterschiedlichsten Perspektiven betrachten. Es ist wie in einem Helikopter, in dem man unterschiedliche Landschaften überfliegt, wobei sich durch Veränderungen der Flughöhe neue Zusammenhänge oder weitere Details ergeben. In diesem Kapitel werden mögliche Perspektiven beim »Flug über das Unternehmen« beschrieben, die entsprechenden Instrumente erläutert und mit Beispielen aus der Praxis verdeutlicht. Im Tun kommt es in jedem Fall auf eine angemessene Flughöhe an, um die relevanten strategischen Fragen überhaupt in den Blick zu bekommen. Der Rückgriff auf bewährte Denkhilfen aus dem klassischen Management ist dabei keineswegs ein Schwenk in Richtung der expertenorientierten Vorgehensweisen. Diese Denkinstrumente und Analysewerkzeuge helfen dem Strategieteam, sich die relevanten Analysedimensionen vorzunehmen und sich dabei jeweils die richtigen Fragen zu stellen. In diesem Sinne sind sie »Krücken«, die ein routiniertes Management auch beruhigt weglegen kann, wenn es ausreichend Erfahrung mit den Herausforderungen der Steuerung eines Strategieentwicklungsprozesses besitzt. Klar bleibt, dass es sich bei diesem ganzen Analyseprozess um eine gemeinsame Konstruktionsleistung des Strategieteams handelt. Man erarbeitet sich eine gemeinsame Sicht auf die Welt, in der sich das eigene Unternehmen gemeinsam mit anderen wirtschaftlichen Akteuren künftig bewähren muss. Das Ergebnis sind begründete Annahmen und nicht objektive Tatsachen. Dieser konstruktivistische Zugang macht es erforderlich im Analyseprozess immer wieder mitzubeobachten, wie man sich selbst und andere beobachtet, um die eigenen Sehgewohnheiten mit zum Gegenstand der Überlegungen machen zu können.

Abb. 6: Die verschiedenen Perspektiven und Instrumente in der Analysephase

Der Blick auf benachbarte Systeme

Unser geistiger Helikopterflug führt uns vorerst in eine Flugposition, die einen Gesamtüberblick über das Unternehmen in seinem Umfeld zulässt. Die Informationen aus dieser Höhe sind nicht besonders detailliert und differenziert, dafür erschließt sich der Blick auf benachbarte Systeme, die sich sonst dem Blick entziehen. Diese Auseinandersetzung mit relevanten Umweltsystemen ist in der Strategiearbeit besonders wichtig, weil diese Beschäftigung mit der Außenwelt die Offenheit für Neues stark beeinflusst.

Um diesen Gesamtüberblick zu bekommen, setzen wir gern als erstes Instrument die »Stakeholder-Analyse« ein. Sie verschafft uns einen ersten Blick darauf, welche Spieler sich auf unserem Spielfeld der Strategie bewegen. Welche Interessen und Erwartungen haben diese wichtigen Mitspieler, welche Reaktionen auf unsere Strategien sind von ihnen zu erwarten? Aus dieser Vogelperspektive zeichnet es sich bereits in Umrissen ab, welche Chancen und Bedrohungen von den übrigen Teilnehmern auf unseren Märkten ausgehen.

Die große Flughöhe ist aber auch für einen anderen Beobachtungsfokus günstig: Neben dem Blick auf die handelnden Personengruppen empfiehlt sich der Blick auf den weiteren Kontext, in den das Unternehmen eingebettet ist und der es beeinflussen kann: auf volkswirtschaftliche Entwicklungen, auf demografische und soziokulturelle Tendenzen in der Gesellschaft, auf ökologische Einflüsse und auf Einflussfaktoren, die von der Politik und vom Rechtssystem ausgehen. Je intensiver die einzelnen Wirtschaftsregionen und Kulturkreise zu einer einheitlichen Weltgesellschaft zusammenwachsen, umso wichtiger wird es für Unternehmen einen Blick für die daraus resultierenden Einflussfaktoren zu entwickeln. Früher konnte man als Unternehmen noch ungestraft davon ausgehen, dass dieser weitere gesellschaftliche Kontext eine relativ stabile Größe darstellt, die man in der Strategieentwicklung als Gegeben unterstellen konnte. Wir teilen Peter Druckers eindrücklich formulierte Auffassung, dass dies der Vergangenheit angehört (ders. 2002). Das volle Angekommensein unserer Organisationen in einer globalisierten Welt mit ihren veränderten Möglichkeiten der Kommunikation, versorgt diese mit ständigen Veränderungsimpulsen, die aus der zunehmenden Beschleunigungsdynamik dieser neuen Umweltbedingungen kommen. Mit diesem Beschleunigungsfaktor gewinnen Fragen der Zeitlichkeit, der Geschwindigkeit, der strategischen Agilität im Herstellen der eigenen Antwortfähigkeit eine immer größere Bedeutung (dazu Doz/Kosonen 2008 sowie Baecker 2007).

Als zweites Instrument, das von uns in der großen Höhe des Helikopterfluges eingesetzt wird, ermöglicht deshalb die Umweltanalyse einen ersten Blick auf künftige Herausforderungen, die aus den verschiedensten Umweltsystemen auf die Organisation zukommen könnten. Diese zweite Außenperspektive fördert bereits differenziertere Signale zutage. Greift man sie als Chancen und Risiken auf, beeinflusst man die mittelfristige Überlebensfähigkeit der Organisation möglicherweise bereits entscheidend.

Die Stakeholder-Analyse

Die erfolgreiche Entwicklung einer Organisation hängt letztlich davon ab, ob sie in ihren jeweiligen sozialen Umfeldern flexibel reagieren kann. Das soziale Beziehungsgeflecht zwischen dem Unternehmen und den relevanten Interessensgruppen verdient daher viel Aufmerksamkeit. Die Stakeholder-Analyse ermöglicht einen ersten differenzierten Blick auf die wichtigsten Mitspieler und deren Interessenslagen im Bezug auf das untersuchte Unternehmen (Freeman 1984). Sie steht in der Tradition der »politischen Schule«, deren Protagonisten die Strategieentwicklung als komplexen Verhandlungsprozess betrachten.

Um das Beziehungsnetz zu analysieren, muss man zunächst Beziehungen identifizieren, die das Überleben der Organisation aktuell und künftig mitbestimmen. Parallel dazu kann man andere aussondern, die voraussichtlich eher zu vernachlässigen sind. In einem zweiten Schritt beschäftigt sich die Stakeholder-Analyse mit der Frage, welche Erwartungen und Interessen diese Interessengruppen im Hinblick auf das Unternehmen oder die betrachtete Organisationseinheit hegen. Denn die Überlebenschancen werden nicht zuletzt dadurch beeinflusst, wie das Unternehmen von seinen zentralen Partnern wahrgenommen wird. Mit Hilfe der Stakeholder-Analyse nimmt man zu Beginn der strategischen Arbeit ganz konsequent eine Außenperspektive ein und verhindert damit, nur »im eigenen Saft zu schmoren«. Am Ende dieses ersten Diagnoseschritts steht ein von allen akzeptiertes Bild über die Chancen und Risiken, die sich aus den Interessen der wichtigsten Mitspieler auf dem Strategiefeld für das Unternehmen ergeben.

Leitfaden für eine Stakeholder-Analyse

Schritt 1: Wählen Sie die wichtigsten Stakeholder aus
Am besten sichtet eine kleine Arbeitsgruppe die identifizierbaren Stakeholder (Interessengruppen) und wählt die fünf bis neun wichtigsten aus. Grundsätzlich kommen all jene als Stakeholder in Frage, die ein großes Interesse am Gedeihen oder Niedergang des untersuchten Unternehmens haben: Kunden, Konkurrenten, Lieferanten, Aktionäre, Kooperationspartner, Finanziers, Behörden, Belegschaftsvertreter, nationale oder supranationale Organisationen, aber auch Mitarbeiter oder bestimmte Mitarbeitergruppen des Unternehmens.

- Die wichtigsten »Mitspieler« im Match um den Erfolg unseres Unternehmens oder unserer Organisationseinheit sind …

Schritt 2: Entwerfen Sie ein Bild des Beziehungsgeflechts
Um die Bedeutung und die Intensität der einzelnen Beziehungen zu verdeutlichen, können Sie das darzustellende Beziehungsgeflecht nach folgenden Prinzipien strukturieren:

- Für die Bedeutung des jeweiligen Stakeholders wählen Sie unterschiedlich große Kreise. Je wichtiger der Systempartner für das Überleben Ihres Unternehmens scheint, desto größer fällt auch der Kreis aus. Beziehen Sie in Ihre Überlegungen auch die Frage ein, welche strategischen Möglichkeiten sich durch den jeweiligen Stakeholder erschließen könnten und welche Begrenzungen er möglicherweise mit ins Spiel bringt.
- Die Intensität der Beziehung wird durch die Nähe zum Unternehmen im Zentrum des Bildes ausgedrückt. Nicht berücksichtigt ist dabei die Qualität der Beziehung. Es kann sich also genauso um eine besonders positive wie auch um eine konfliktreiche oder gestörte Beziehung handeln.

Die so entstehende Stakeholder-Graphik lässt sich mit der Metaplantechnik auf einer Plakatwand darstellen.

Schritt 3: Analysieren Sie Ihre wichtigsten Beziehungen
Nun folgt eine genaue Analyse der einzelnen Beziehungen:

- Welche Erwartungen könnte der Stakeholder in Bezug auf die Zukunftsstrategie des untersuchten Unternehmens hegen? Welche Befürchtungen könnten ihn plagen?
- Welche Interessen könnten die einzelnen Systempartner verfolgen? Und wer hat welche »Aktien« im Spiel?
- Welche Gegenstrategien könnten einzelne Interessengruppen verfolgen?
- Welche Koalitionen wären für uns möglich, welche könnten die Stakeholder untereinander schließen?

Um zu den Antworten auf diese Fragen zu kommen, hat man die Wahl zwischen zwei Vorgehensweisen: In vielen Fällen ist es möglich, zwei bis drei reale Systempartner zu einem Analyseworkshop einzuladen und dort ihre Erwartungen und Befürchtungen »im Original« zu erheben. Die Ergebnisse dieser Diagnose werden am besten durch Metaplankärtchen auf der Darstellung des Beziehungsgeflechts dokumentiert.

Alternativ zur Metaplandarstellung können auch aufstellungs- oder rollenspielartige Inszenierungen zum Einsatz kommen. In dieser Variante übernehmen einzelne Personen die Rollen der Systempartner und stellen die jeweilige Beziehungssituation szenisch dar. Auch diese Ergebnisse sollten im Bild des Beziehungsgeflechts festhalten werden.

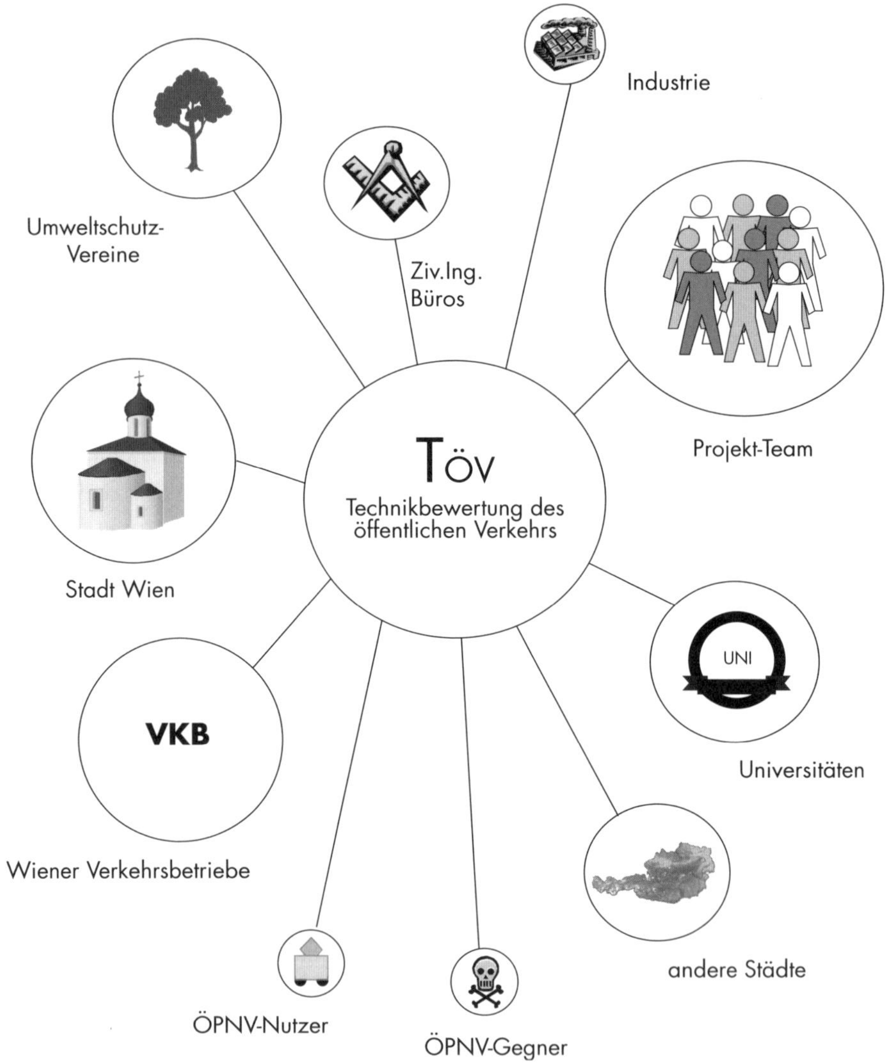

Abb. 7: Beispiel für Stakeholder

Schritt 4: Erste Chancen und Risiken zeichnen sich ab
Die Auswertung des Beziehungsgeflechtes ermöglicht eine erste Einschätzung, welche Chancen von den wichtigen Mitspielern auf dem Feld der Strategie ausgehen und wo Bedrohungen entstehen könnten.

- Wo liegen Risikopotenziale?
- Welche Chancen ergeben sich für uns?

Die Einschätzungen werden sorgfältig dokumentiert und bilden erste Anhaltspunkte für die spätere Entwicklung von strategischen Optionen.

Die Umweltanalyse

Künftige Entwicklungen in einer vielschichtigen Umwelt abzuwägen und deren Bedeutung für das eigene Unternehmen zu beurteilen ist ein besonders schwieriges Unterfangen, dies um so mehr, als es sich dabei um ein schlecht strukturiertes Problemfeld handelt: Mit der Unzulänglichkeit der Prognosemethodik einerseits und den nur unzureichend erfassbaren künftigen Entwicklungen andererseits.

Im Folgenden versuchen wir, einen für die Strategiearbeit praktikablen Ansatz zur Gewinnung und Verarbeitung von unternehmensrelevanten Umweltinformationen vorzustellen.

Zunächst stellt sich die Frage, wie die zu beobachtenden Umweltsysteme sinnvoll strukturiert werden können. Da es bekanntlich kein allgemein gültiges Kategoriensystem gibt, ließen wir uns von den Kategorien des St. Galler Managementmodells anregen, das eine ökologische, eine soziale, eine technologische und eine wirtschaftliche Umweltsphäre des Unternehmens unterscheidet (Ulrich 1987, Ulrich/Krieg 1974, Bleicher 1999). Diese »Sphären« haben wir zu Beobachtungsdimensionen überarbeitet, die helfen sollen, die Auswirkungen der verschiedenen Umweltentwicklungen auf das eigene Unternehmen zu beurteilen. Für diesen Schritt kann man natürlich auch auf andere Kategorisierungen zurückgreifen (z. B. das PESTEL-Framework, dazu Johnson/Scholes 2002, S. 99 ff.) All diese Angebote sollen allerdings kein Strategieteam von der Aufgabe entlasten, sich selbst die Frage zu stellen, welche gesellschaftlichen Felder einen signifikanten Einfluss auf die eigene Branche haben und welche strategischen Herausforderungen mit diesem Einfluss und seiner künftigen Veränderung verbunden sind. Solche Analysefelder können beispielhaft sein:

- Das makroökonomische Umfeld umfasst jene künftigen wirtschaftlichen Entwicklungen, die den Unternehmenserfolg des untersuchten Unternehmens positiv oder negativ beeinflussen können. Dabei kann es sich zum Beispiel um Veränderungen des Bruttosozialprodukts, des Geldwerts, der Sparquote, der

Zahlungsbilanz, der Arbeitslosigkeit, der Zinsentwicklungen, der Standortsituation und ähnliches mehr handeln.

- Demografische Entwicklungen wie das Bevölkerungswachstum, die Altersstruktur oder die regionale Bevölkerungsdichte haben unter anderem Auswirkungen auf die Kaufkraft und dadurch auf die wirtschaftliche Entwicklung vieler Unternehmen.
- Im Rahmen des weiteren gesellschaftlichen Umfeldes werden Veränderungen in der Wertestruktur und in den kollektiven Verhaltensweisen der Gesellschaft untersucht, etwa die Einstellungen der Konsumenten oder der Belegschaft des Unternehmens.
- Die technologische Entwicklung beeinflusst die Möglichkeiten nahezu jedes Unternehmens. Veränderungen bei Schlüsseltechnologien wirken sich gravierend auf die Überlebenschancen eines Unternehmens aus – und zwar sowohl in positiver als auch in negativer Hinsicht.
- Die Analyse der ökologischen Umwelt stellt die Auswirkungen der menschlichen Eingriffe in die Natur und deren aktuelle und künftige Konsequenzen für das untersuchte Unternehmen in den Vordergrund. Welche Signale lassen heute schon erkennen, dass das Unternehmen von Veränderungen des ökologischen Systems in einigen Jahren wesentlich beeinflusst werden könnte? In welchen umweltsensiblen Bereichen bewegt sich das Unternehmen? Welche Entwicklungen sind heute bereits absehbar?
- Auch das politische System kann den Handlungsspielraum eines Unternehmens beeinflussen. Durch die Wirtschaftspolitik eines Landes oder eines supranationalen Gebildes wie der EU, durch die politische Stabilität oder den Einfluss der Gewerkschaften entstehen neue Chancen und Risiken, die ein Unternehmen berücksichtigen sollte.
- Auch das Rechtssystem bildet einen Rahmen, in dem das Unternehmen agiert. Rechtliche Anpassungen an die Erfordernisse des Binnenmarktes der EU, wie sie in den letzten Jahren für viele Unternehmen existentiell bedeutsam waren, verdeutlichen diese Herausforderungen an die Strategie vieler Unternehmen.

Neben diesen Umweltsystemen beeinflussen weitere wichtige Subsysteme die strategischen Handlungsmöglichkeiten von Unternehmen: Die Absatz- und Beschaffungsmärkte sowie die aktuellen und künftigen Konkurrenten. Die Einflüsse dieser Umwelten – vielfach unter dem Begriff einer Branche zusammengefasst – fließen als Beobachtungsperspektiven der später vorgestellten Instrumente in die Strategiearbeit ein. In der Umweltanalyse geht es um den weiteren gesellschaftlichen Kontext, in den die jeweilige Branche eingebunden ist.

Leitfaden für eine Umweltanalyse

Schritt 1: Checken Sie die relevanten Umweltsysteme
In der unten angeführten Checkliste sind mögliche Auswirkungen der verschiedenen Entwicklungen in den relevanten Umweltsystemen exemplarisch aufgelistet. Das Ziel dieses Suchprozesses besteht darin, besondere Herausforderungen zu entdecken. Da keine Checkliste die Wirklichkeit auch nur annähernd abbilden kann, ist die vorliegende Liste vornehmlich als Anregung zu verstehen. Sie muss auf die speziellen Bedingungen, denen die zu beobachtende Organisation ausgesetzt ist, angepasst werden.

- Nationale, volkswirtschaftliche und weltwirtschaftliche Entwicklungen
  - Gesamtleistung der Volkswirtschaft: Bruttosozialprodukt, verfügbare Einkommen, Einkommensverteilung
  - Investitionstätigkeit des privaten und des öffentlichen Sektors
  - Geldwertentwicklung: Konsumentenpreise, Großhandelspreise, Rohstoff- und Erzeugerpreise
  - Binnenmarktentwicklung
  - Außenhandelsentwicklung: Wechselkursentwicklung, Ein- und Ausfuhrwerte, Terms of Trade
  - öffentliche Finanzen: Staatsquote, Verschuldung, Subventionen
  - Entwicklung spezifischer für das Unternehmen relevanter Wirtschaftssektoren
- Wirtschaftsentwicklungen einzelner Regionen/nationaler Volkswirtschaften
  - internationale Währungs- und Zinsentwicklungen
  - internationale Verschuldungen
  - steigende/fallende Länderrisiken
  - Entwicklung der nationalen und globalen Einkommensverteilung
  - attraktive ausländische Märkte
- Demografische Entwicklungen
  - Bevölkerungsentwicklung
  - Bevölkerungsstruktur: Familiengründungen und ähnliches mehr
  - Altersstruktur
  - Anzahl der Haushalte
  - Größe der Haushalte
  - Struktur der Haushalte: Ein- oder Mehrpersonenhaushalte
  - Bildungsgrad
  - regionale Verteilung der Bevölkerung
  - Stadt-/Landentwicklung
- Arbeitsmarkt
  - Rekrutierungskosten und -probleme
  - Gehaltsniveau und -trends

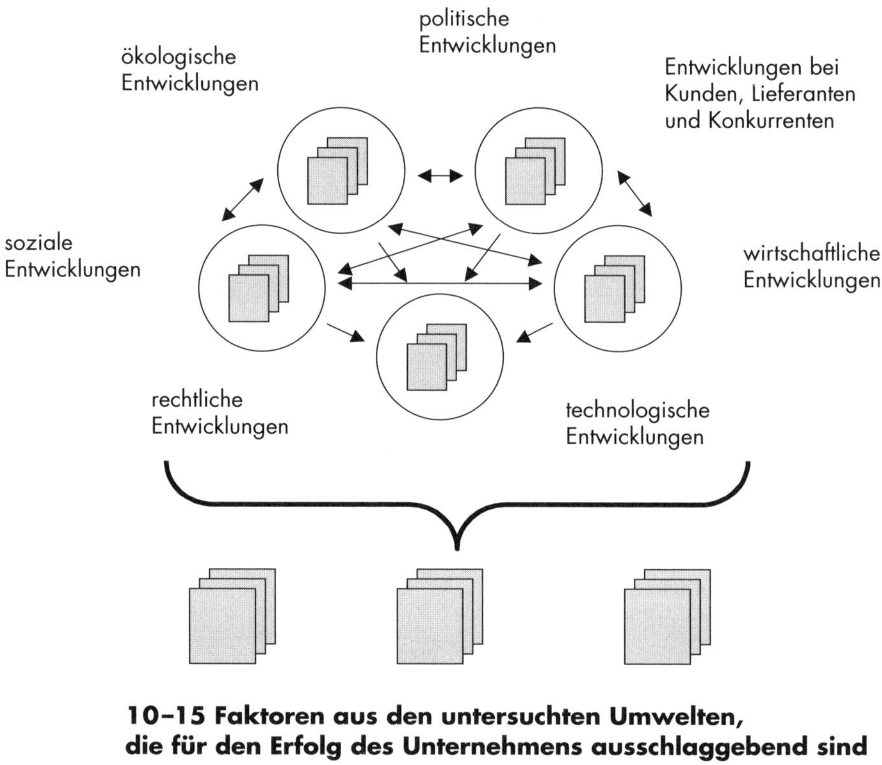

Abb. 8: Vorgehen bei der Umweltanalyse (Ulrich 1987)

  - Entwicklung der gesetzlichen Sozialleistungen
  - Gewerkschaftspolitik, Konfliktniveau der tarifpolitischen Auseinandersetzungen
  - Arbeitszeitverkürzung und -flexibilisierung
  - Sozialprestige der Beschäftigung im Unternehmen
  - strukturelle Arbeitslosigkeit
- Gesellschaftliche Entwicklungen
  - Veränderung der menschlichen Grundbedürfnisse: Nahrung, Kleidung, Lebensraum, Klima, Gesundheit
  - Auswirkungen von gesellschaftlichen Werthaltungen: Konservativismus/ Progressivität, Individualismus /Kollektivismus, Demokratie/autoritäres System, Materialismus /Idealismus, Pazifismus/ Militarismus
  - Konsumgewohnheiten
  - Einstellungen zur Gesundheit: Vorbeugung, Gesundheitspflege, Krankenpflege, Unfallschutz

  - Einstellung zu Bildung und Forschung
  - Einflüsse von Ethik und Religion: moralische Verhaltensnormen, Religiosität, Fundamentalismus, Sekten
  - Freizeitverhalten: die Bedeutung von Unterhaltung, Sport und Erholung
  - Soziokulturelle Entwicklungen: Arbeitsmentalität, Mobilität, Sparneigung, Freizeitverhalten, veränderte Einstellungen gegenüber der Wirtschaft, relevanten Produkten und Werkstoffen
  - Unternehmerische Grundhaltungen wie Sicherheitsstreben, Risikoeinstellungen
- Technologische Entwicklungen
  - Entwicklung der Schlüsseltechnologien
  - Entwicklung der Energie- und Rohstofftechnologien
  - Entwicklungsinvestitionen
  - Produktionstechnologien: Verfahrenstechnologie, Innovationspotenzial, Automation/Prozesssteuerung
  - Produktinnovation: Hardware, Software
  - Substitutionstechnologien
  - Lagerautomatisation
  - Bürokommunikation
  - Informations- und Kommunikationstechnologie
  - Rationalisierungstechnologien
- Ökologische Umweltsysteme
  - Verfügbarkeit von ökologischen Ressourcen: Boden, Wasser, Luft, Licht
  - Verfügbarkeit von Energie: Erdöl, Gas, Strom, Kohle, andere Energiequellen
  - Entwicklung von Leben: Menschen, Tiere, Pflanzen
  - Verfügbarkeit wichtiger Rohstoffe
  - Einflüsse des ökologischen Bewusstseins: Umweltsensibilität, Umweltbelastungen
  - Auswirkung von Umweltbelastungen: Abwässer, Abgase, Abwärme, Müll, Giftstoffe, Strahlung, Bebauung, Verkehr, Lärm
  - mögliche Auswirkungen von Umweltschäden
  - nachträgliche Umweltmaßnahmen: Abwasserreinigung, Müllverwertung, Entgiftung, Hygiene, Medizin
  - vorbeugende Maßnahmen zum Schutz der Umwelt: Einschränkungen in Erzeugung und Verbrauch von Wasser, Energie, Tieren, Rohstoffen, Produkten
  - Recycling: Recyclingkosten, Verfügbarkeit von Recyclingmaterial
  - qualitative Änderungen von Gebäuden, Produktionsmitteln, Verfahren, Produkten
  - Beschränkungen in der Raumordnung und im Verkehr
  - nichtstaatliche Umweltschutzinitiativen: Medien, Konsumentenorganisationen, Bürgerinitiativen

- Politische Einflüsse
  - Globale politische Entwicklungstendenzen: Ost-West, Nord-Süd, Gefahr lokaler oder internationaler Konflikte, Marktstellung der Rohstoffproduzenten
  - Stabilität des gesellschaftlichen und des politischen Systems
  - Regierungsform und parteipolitische Entwicklungen in den relevanten Ländern
  - Entwicklungstendenzen in der Wirtschaftspolitik
  - Entwicklungen des internationalen Handels: Integration, Protektionismus
  - Handlungsfreiheit der Individuen und Unternehmen
  - Bedeutung und Einfluss der Gewerkschaften
  - Integration oder Desintegration politischer Systeme: Binnenmarkt, WTO
  - Einflussnahme durch Unternehmen/Lobbying
  - Interventionen in die Marktwirtschaft durch den Staat
- Das Rechtssystem
  - erkennbare Veränderungen nationaler und internationaler Rechtsnormen
  - nationale und internationale Rechtsprechung
  - Umsetzungspraxis der EU-Kommission/Wirtschaftsintegration
  - Auswirkungen weiterer Integration und Globalisierung der Rechtssysteme
  - Wirtschaftsgesetzgebung
  - Änderungen in der Steuerpolitik
  - Tendenzen in der Sozialgesetzgebung und im Arbeitsrecht
  - staatliche Umweltregelungen: Beschränkungen, Verbote, Haftungsbestimmungen, Sicherheitsmaßnahmen
  - finanzielle staatliche Eingriffe: Gebühren, Steuern, Subventionen
  - Vorschriften über Gewinntransfers, Gesetze bezüglich ausländischer Investitionen
  - Import/Exportbeschränkungen
  - für das Unternehmen relevante Verordnungen
  - Rechtssicherheit

Schritt 2: Die Auswahl der wichtigsten Einflussfaktoren

Es empfiehlt sich, die Checkliste in kleinen Arbeitsgruppen durchzugehen und jene 15 bis 20 wichtigsten Einflussfaktoren herauszuarbeiten, die über künftige Erfolge oder Misserfolge entscheiden könnten. Wird dieser Bewertungsprozess von zwei bis drei Arbeitsteams parallel durchgeführt, ist gewährleistet, dass individuelle Einschätzungen und Vorlieben nicht die Oberhand gewinnen. Manchmal arbeiten wir auch mit externen Kontrollgruppen, etwa Personen aus dem Bereich der Wissenschaft oder mit einem Junior-Board-System. Sie sorgen für neue Perspektiven, die von intimen Kennern des Geschäftes so nicht wahrgenommen werden. Unterschiedliche Einschätzungen garantieren eben nicht nur, dass Wissen von inner- und außerhalb des Unternehmens einbezogen wird. Über den Austausch der Unterschiede sorgen sie auch dafür, dass neue Informationen entstehen können.

Die wichtigsten Faktoren, die über Erfolg oder Misserfolg entscheiden werden

Abb. 9: Formular zur Identifizierung der wichtigsten strategischen Herausforderungen

Schritt 3: Dokumentation und Auswertung der Einflussfaktoren
15–20 Faktoren werden für den weiteren Strategieprozess sorgfältig dokumentiert und ausgewertet: Welche Chancen und welche Risikofaktoren lassen sich aus den gemeinsam identifizierten Einflussgrößen benennen? Mit Blick auf die Umfeldanalyse, worin sehen wir die größten strategischen Herausforderungen für unser Unternehmen in den einzelnen Branchen, in denen wir tätig sind?

Hauptchancen	**Hauptrisiken**

Erste mögliche strategische Ansätze, um Chancen zu nutzen und erkannte Risiken zu vermeiden

Mögliche operative Sofortmaßnahmen

Abb. 10: Formular zur Dokumentation der Umweltanalyse

Die Ergebnisse der Umweltanalyse werden in den strategischen Arbeitsprozess wieder einfließen, wenn es darum gehen wird, mögliche Optionen zu entwickeln. Darüber hinaus bilden sie eine gute Ausgangsbasis für ein strategisches Controllingsystem, das im Zuge dieses Managementprozesses aufgebaut oder zumindest adaptiert werden kann.

Die Analyse der Wettbewerbs- und Branchenlogik

Nachdem die beiden ersten Diagnoseinstrumente den Blick für die größeren Zusammenhänge im Umfeld des Unternehmens geschärft haben, verringern wir die virtuelle Flughöhe unseres »Strategie-Helikopters«, um die Wettbewerbsperspektiven genauer zu untersuchen. Dadurch rücken erstmals wichtige Details auf dem engeren strategischen Spielfeld des Unternehmens ins Blickfeld.

Beim Konzept der Wettbewerbsstrategie von Porter geht es im Wesentlichen um zwei zentrale Fragen:

- Wie attraktiv ist unsere Branche?
- Wie lauten die Spielregeln, die die relative Wettbewerbsposition innerhalb der Branche bestimmen?

Ziel ist es, Wettbewerbsstrategien zu finden, mit denen das Unternehmen sowohl die Rentabilität der Branche als auch die eigene Wettbewerbssituation beeinflussen kann.

Die Konkurrenz im Blick

Mit Konkurrenzanalyse und Benchmarking nähert sich unser Helikopter der bisherigen Analyselogik folgend dem untersuchten Unternehmen, dem Branchenumfeld und seinen unmittelbaren Mitbewerbern noch weiter. Die Konkurrenzanalyse basiert auf der Grundannahme, dass ein Unternehmen jene Fähigkeiten sichern und ausbauen sollte, die ihm einen Wettbewerbsvorteil gegenüber der Konkurrenz verschaffen. Folglich kommt der Beobachtung der Konkurrenten ein besonderer Stellenwert zu. Benchmarking ist ein Verfahren, bei dem Produkte, Verfahren und Prozesse der eigenen Unternehmung mit Beispielen für »best practice« verglichen werden.

Ziel dieses Vergleiches ist es nicht, sich bestimmte Praktiken bei Mitbewerbern abzuschauen und diese schlicht zu kopieren. Dies mag in Einzelfällen durchaus sinnvoll sein. Als Strategie ist ein solches Verhalten allerdings nicht zu empfehlen, führt es doch dazu, dass die Unternehmen innerhalb einer Branche einander immer ähnlicher werden und damit die Ertragschancen für alle geringer werden. Benchmarking dient also letztlich dazu, sich durch das intensive Studium anderer Unternehmen, etwa auf dem Weg über sogenannte »Learning-Expeditions«, gezielte Anregungen für die Weiterentwicklung der eigenen Leistungspotenziale zu organisieren. Das Nutzen derart gut vorbereiteter Begegnungen mit den Problemlösungsroutinen anderer Unternehmen ist ein sehr effizientes Mittel, um die eigene Organisation mit wirksamen Lernimpulsen zu versorgen.

Die Analyse der Wettbewerbsdynamik nach Porter

Der Wettbewerb in einer Branche, seine Intensität und seine charakteristischen Strukturen entscheiden vielfach über Erfolg und Misserfolg eines Unternehmens. Man geht deshalb davon aus, dass sich durch die Beobachtung der Wettbewerber die spezifische Eigenlogik einer Branche und ihre charakteristischen Spielregeln erschließen lassen. Mit einer durchdachten Wettbewerbsstrategie können Unternehmen daher den Versuch unternehmen, sich innerhalb einer Branche möglichst erfolgversprechend zu positionieren. Michael Porter (1983; 1986) ist der führende Vertreter dieses strategischen Ansatzes, der das Augenmerk besonders auf die Analyse und die Beeinflussung der Wettbewerbsstrukturen einer Branche legt. Im Wesentlichen geht es darum, wie es dem Unternehmen gelingen kann, sowohl die Rentabilität der Branche als auch die individuelle Wettbewerbsposition aktiv zu gestalten, um die eigenen Ertragschancen möglichst optimal auszuschöpfen.

Das Modell der fünf Wettbewerbskräfte von Porter

Dieses »Modell der fünf Wettbewerbskräfte« bildet den analytischen Bezugsrahmen, mit dem Porter die Branchenstruktur untersucht und auf dem sein Konzept der Wettbewerbsstrategien aufbaut (Porter 1983, S. 33 ff.). Es beschreibt jene fünf Kräfte, die bestimmen, wie attraktiv eine Branche ist und worauf es ankommt, in ihr erfolgreich zu bestehen. Aus dieser Strukturanalyse lassen sich Spielregeln für den Wettbewerb ableiten, die ihrerseits in eine Wettbewerbsstrategie münden. Mit dieser Strategie versucht das Unternehmen wiederum, die Regeln zu seinen Gunsten zu beeinflussen.

Die Regeln des Wettbewerbs werden von folgenden fünf Wettbewerbskräften bestimmt:

- Neue Konkurrenten: Wie wahrscheinlich ist es, dass neue Mitbewerber auf den Plan treten und durch niedrigere Preise oder attraktivere Leistungsangebote Teile der Wertschöpfung wegkonkurrenzieren?
- Ersatzprodukte: Wie groß ist die Substitutionsgefahr? Können Abnehmer auf andere Produkte und Dienstleistungen ausweichen und dadurch die Rentabilität der Branche beschränken?
- Verhandlungsstärke von Abnehmern und Lieferanten: Bleibt die strukturelle Wertschöpfung in der Branche, oder kann sie durch vor- oder nachgelagerte Partner abgezogen werden?
- Rivalität zwischen den vorhandenen Wettbewerbern: Wie hoch ist die aktuell gegebene Wettbewerbsintensität? Teilen sich die vorhandenen Marktteilnehmer den Branchenprofit oder konkurrenzieren sie ihn durch hohe Wettbewerbskosten weg?

Das Modell der fünf Wettbewerbskräfte steckt einen konzeptionellen Rahmen, der es einem Unternehmen ermöglicht, die Logik der Branche zu verstehen und daraus strategische Alternativen abzuleiten.

Fünf Fragen zur Analyse der Wettbewerbsdynamik

Die fünf oben skizzierten Wettbewerbskräfte bestimmen nach Porter die Wettbewerbsintensität und die Rentabilität einer Branche, wobei die stärksten Kräfte in ihrem Zusammenwirken die Spielregeln prägen und in der strategischen Arbeit berücksichtigt werden sollten. Porter plädiert dafür, die Wettbewerbsdynamik möglichst gut zu analysieren, um auf dieser Basis die Spielregeln der Branche zu identifizieren. Vor diesem Hintergrund (Porter 1986, S. 32) wird die Wettbewerbsposition des Unternehmens überdacht und neu ausgerichtet.

Die folgende Checkliste kann dabei behilflich sein, die Suche nach den Spielregeln der Branche zu strukturieren. Die Antworten auf die folgenden Fragen ermöglichen Aussagen über die Logik und die Spielregeln der jeweiligen Branche.

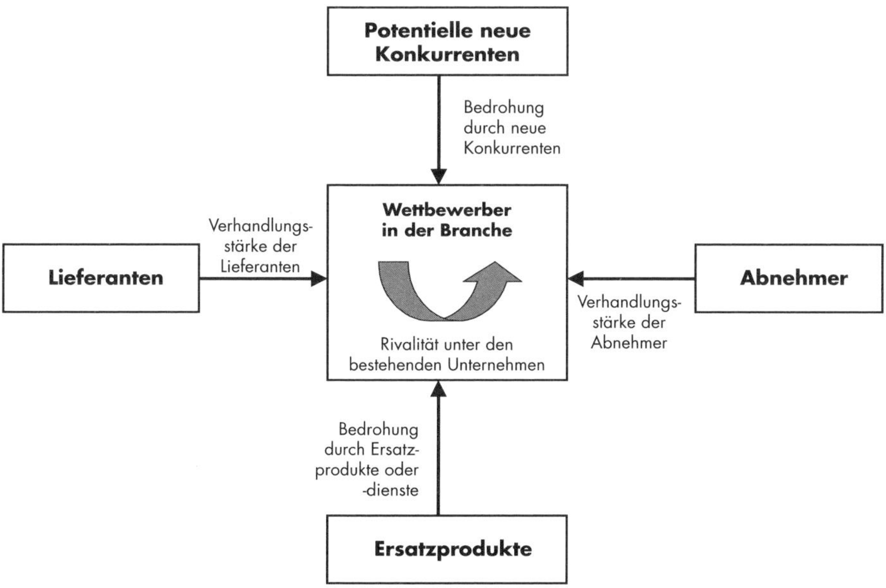

Abb. 11: Die fünf die Branchenrentabilität bestimmenden Wettbewerbskräfte (Porter 1986. S. 29)

Wie groß ist die Gefahr, dass neue Mitbewerber auf den Plan treten?

Um abzuschätzen, wie sicher der eigene Markt durch Eintrittsbarrieren abgeschirmt wird, sollte man die folgenden sieben Faktoren betrachten:

- **Größenvorteile durch »Economies of Scale«**
  Größenvorteile schrecken Neuanbieter ab, weil sie entweder mit hohen Risikoinvestitionen gegen die etablierten Wettbewerber der Branche ankämpfen müssen oder mit harten Gegenreaktionen zu rechnen haben. Größenvorteile können in allen Bereichen vorliegen. So haben etwa etablierte Wettbewerber in der Computerindustrie oft Größenvorteile bei der Produktion, in der Forschung, im Marketing und bei Serviceleistungen. In der Dienstleistungsbranche ist häufig der Markenname ein Größenvorteil.
- **Produktunterschiede, die sich in einer entsprechenden Loyalität der Kunden niederschlägt**
  Etablierte Unternehmen profitieren oft von früheren Leistungen. Die Kunden waren zufrieden und verhalten sich nun in hohem Maße loyal. Neu eintretende Marktteilnehmer müssten erhebliche Mittel investieren, um diese Loyalität zu überwinden und eine vergleichbare Bindung an das eigene Produkt aufzubauen.
- **hoher Kapitalbedarf bei Markteintritt**
  Ist viel Geld notwendig, um in den Markt eintreten zu können, ist die Eintrittsbarriere ebenfalls hoch. Selbst große, kapitalstarke Unternehmen überwinden diese Hürde nicht so schnell, weil Investitionen in einen neuen Markt immer eine riskante Kapitalverwendung darstellen (Ansoff 1988).
- **Umstellungskosten für die Kunden**
  Müssen Kunden in die Tasche greifen, um den Lieferanten zu wechseln, ist der Markt ebenfalls durch eine Eintrittsbarriere abgesichert. Derartige Kosten entstehen beispielsweise, wenn Mitarbeiter umgeschult werden müssen, Beratung im Zusammenhang mit der Umstellung notwendig wird, sich die Arbeitsabläufe ändern oder Zusatzgeräte aufgestellt werden müssen. So gelang es zum Beispiel Xerox, durch das Vermieten von Kopiergeräten die Kunden zu binden. Viele Softwareanbieter bauen über solche Mechanismen schwer zu revidierende Abhängigkeiten ihrer Kunden auf.
- **besondere Zugänge zu Vertriebskanälen**
  Etablierte Unternehmen verfügen meist über bestehende Vertriebskanäle. Der Aufbau solcher Zugänge oder die Errichtung neuer Kanäle kann eine hohe Eintrittsbarriere bilden. Die Lebensmittelindustrie kennt viele Beispiele, wie kostenintensiv Preissenkungen, gemeinsame Werbeaktionen oder der Einkauf von Regalfläche ist, bis man in den Supermärkten großer Lebensmittelketten »gelistet« wird.
- **größenunabhängige Kostenvorteile**
  Unabhängig von der Größe können etablierte Unternehmen unerreichbare Kostenvorteile haben, die einen Markteintritt stark erschweren. Solche Vorteile

entstehen durch Patente oder geheime Produktionstechnologien, durch einen günstigen Zugang zu Rohstoffen, durch günstige Standorte und die damit verbundenen Logistikvorteile, staatliche Subventionen oder schlicht durch die längere Erfahrung.

- **Eintrittsbarrieren durch staatliche Politik**
  Schließlich kann der Staat den Zugang zu bestimmten Märkten erschweren. Reglementierungen wie beim LKW-Transport oder Lizenzen sind Beispiele dafür. Subtilere Formen der staatlich unterstützten Eintrittsbarrieren wie diffizile Ausschreibungsvorschriften, Berufsausübungsregelungen und ähnliches mehr sind durch die Grundfreiheiten des Wettbewerbs in der EU in den letzten Jahren stark zurückgegangen.

Die Gefahr ganz neuer Wettbewerber, die man gar nicht im Visier hatte, wird häufig unterschätzt. Je attraktiver die Ertragschancen einer Branche sind, umso wahrscheinlicher ist es, dass versucht wird, die vorhandenen Eintrittsbarrieren zu überspringen.

Wie ausgeprägt ist die Rivalität zwischen den bestehenden Unternehmen?
Wie schon erwähnt, entscheidet die Rivalität innerhalb einer Branche darüber, ob sich die bestehenden Wettbewerber den Branchenprofit gegenseitig wegnehmen oder ob ein profitables Miteinander möglich ist. Preiswettbewerb, Rabattwettläufe, Werbeschlachten um die Einführung neuer Produkte und die Politik bei Service- und Garantieleistungen sind Indizien, wie intensiv die Rivalität ausfällt. In manchen Branchen sind Attribute wie »kriegerisch« oder »erbittert« durchaus am Platz, in anderen Branchen lässt sich das Verhältnis durchaus als »vornehm« oder »höflich« beschreiben.

Lassen sich die folgenden Faktoren beobachten, ist die strukturelle Rivalität vermutlich hoch:

- **viele ähnliche Wettbewerber**
  Unterscheiden sich die Mitbewerber nicht deutlich, müssen sie sich vornehmlich über den Preis und dadurch zu Lasten der Erträge differenzieren.
- **einfache Gebrauchsartikel (commodities)**
  Bei Milch, Bürowaren wie Papier oder CDs und andere einfache Gebrauchsartikel erfolgt die Kaufentscheidung hauptsächlich über den Preis, was wiederum zum oben skizzierten Preiskampf zu Lasten der Erträge führt.
- **heterogene Mitbewerber**
  Wettbewerbern, die sich aufgrund ihrer Strategie, Geschichte oder Persönlichkeit zu stark unterscheiden, fällt es schwer, die Absichten der Mitbewerber zu verstehen und sich auf ähnliche Spielregeln zu einigen. Eine solche Wettbewerbsdynamik entsteht nicht selten, wenn ausländische Konkurrenten ein eingespieltes bequemes Marktgeschehen aufmischen – etwa im Bereich der Baumärkte. Die permanenten Konflikte gefährden die Branchenrentabilität.

- **schwaches Branchenwachstum**
  Auf stagnierenden Märkten geht die Expansion eines Marktteilnehmers immer zu Lasten der Umsätze und der Marktanteile der Mitbewerber. Der Kampf um Marktanteile ist in langsam wachsenden Märkten daher oft verbissener als bei schnellem Wachstum, wo alle Marktteilnehmer gut verdienen.
- **hohe Fixkosten und hohe Kapazitätsreserven**
  Sie zwingen Unternehmen, ihre Kapazitäten auch bei geringen Erträgen auszulasten. Die Kombination mit vorhandenen Überschusskapazitäten lässt den Preiskampf schnell eskalieren. Ein Beispiel dafür ist die Papierindustrie. Zu einer ähnlichen Preisrivalität kommt es übrigens auch, wenn sich Produkte nur schwer oder teuer lagern lassen, wie etwa Frischwaren, Modeartikel oder Dienstleistungen, die kaum auf Lager gehalten werden können.
- **hohe strategische Einsätze**
  Besonders explosiv wird die Branchenrivalität, wenn einige Unternehmen den Erfolg um jeden Preis und ohne Rücksicht auf kurzfristige Erträge suchen. Im Medienbereich oder im Bereich der Telekommunikation finden sich ausreichend Beispiele für solche strategisch angeregten hohen Einsätze.
- **hohe Austrittsbarrieren**
  Sind die Austrittsbarrieren durch spezielle, schwer liquidierbare Aktiva, teure Sozialpläne oder emotionale Barrieren beim Management hoch, müssen Positionen zu Lasten der Branchenrentabilität grimmig gehalten werden.

Droht Substitution?
Nahezu jedes Produkt ist durch ein anderes Produkt oder eine andere Dienstleistung zu ersetzen. Leicht substituierbare Produkte beeinträchtigen die Rentabilität einer Branche. Die Bedrohung durch Ersatzprodukte ist um so größer, je besser das Preis-/Leistungsverhältnis im Vergleich zum ursprünglichen Produkt ausfällt und je größer die Bereitschaft der Abnehmer ist, das Produkt zu wechseln. So gut wie jeder Manager kennt ein Beispiel: die mögliche Substitution der chronisch verspäteten Businessflüge durch komfortable Hochgeschwindigkeitszüge im Kurzstreckenbereich.

Die Suche nach Ersatzprodukten ist eine Suche nach Produkten, die eine ähnliche Funktion wie das Produkt der untersuchten Branche haben. Diese Suche ist nicht immer von schnellem Erfolg gekrönt, weil sie den Suchenden manchmal in Geschäftszweige führt, die scheinbar mit der Ursprungsbranche wenig zu tun haben. So haben Produkte des Finanzsektors ihre engen Branchengrenzen schon überschritten. Potenzielle Substitutionsprodukte finden sich bei ganz anderen Finanzdienstleistern. Vielen Unternehmen fällt diese branchenübergreifende Funktionsanalyse schwer, weil ihre Blickwinkel zu sehr produktbezogen und damit auf die bestehenden »Lieblingskonkurrenten« ausgerichtet sind und weil ihnen deshalb das Verständnis für das eigentliche Kundenproblem abhandengekommen ist.

Substitutionsprodukte können sowohl von der gesamten Branche abgewehrt werden als auch durch unternehmensindividuelles Handeln. Im ersten Fall kommt es beispielsweise zu einheitlichen Standards, oder es werden Vertriebswege besetzt. Im zweiten Fall sind Preis- und Produktpolitik die Mittel erster Wahl.

Wie ist es um die Verhandlungsstärke der Abnehmer bestellt?
Abnehmer aller Branchen versuchen, die Preise zu drücken, eine höhere Leistung oder eine bessere Qualität zu fordern sowie Wettbewerber gegeneinander auszuspielen. Das alles sind Aktivitäten, die die Attraktivität und die Rentabilität des jeweiligen Marktes verringern. Inwieweit dies gelingen kann, hängt von folgender Branchenstruktur auf der Abnehmerseite ab:

- **hohe Marktmacht auf der Seite der Abnehmer**
  Wenn ein Unternehmen große Teile seines Umsatzes mit wenigen Abnehmern erzielt, ist seine Abhängigkeit in der Regel hoch. Sollte mehr als die Hälfte des Gesamtumsatzes auf einen einzigen Abnehmer entfallen, kann man fast von einer »verlängerten Werkbank« sprechen, deren Erträge naturgemäß gegenüber dem Großabnehmer nicht leicht zu verteidigen sind. Das Verhältnis von Zulieferern und Autoindustrie oder Lebensmittelproduzenten und Lebensmitteleinzelhandel nimmt bedingt durch den Konzentrationsprozess in der Zwischenzeit durchaus diese Züge an.
- **hoher Anteil an den Gesamtkosten der Abnehmer**
  Liefert die Branche einen signifikanten Anteil an den Gesamtkäufen der Abnehmer und steht damit für den größten Teil der Gesamtkosten, ist mit einer selektiven Einkaufspolitik zu rechnen. Bei einem kleinen Kostenanteil ist die Preisempfindlichkeit der Abnehmer in der Regel geringer. In vielen Branchen bilden z. B. die Rohstoffkosten einen außergewöhnlich hohen Anteil an den Gesamtkosten. Entsprechend sensibel wird sich die Beschaffungspolitik an diesem Umstand orientieren.
- **standardisierte Produkte**
  Sind sich die Branchenprodukte sehr ähnlich, können die Lieferanten gegeneinander ausgespielt werden. Ein Beispiel ist der Stahlmarkt bezogen auf das weltweite Massengeschäft.
- **niedrige Umstellungskosten**
  Sind die Abnehmer kaum an Produkte eines Herstellers gebunden, können die Lieferanten leicht ausgetauscht werden. Zudem sind Abnehmer auch dann in der stärkeren Position, wenn auf Herstellerseite hohe Umstellungskosten entstehen – so zum Beispiel bei Reformen in der Plastikflaschenerzeugung.
- **Ertragsprobleme bei den Abnehmern**
  Niedrige Gewinne bei den Abnehmern drängen diese, ihrerseits ihre Einkaufskosten zu senken. So versuchte etwa die Luftfahrtindustrie in ihrer jüngsten Krise die entstandenen Ertragsprobleme mit allen erdenklichen Mitteln auf die

Schultern der Zulieferindustrie zu verteilen. Ertragsstarke Abnehmer können es sich eher leisten, die Beziehung zu ihren Lieferanten langfristig zu pflegen, wie am Beispiel von Toyota sehr gut beobachten kann.

- **Drohung mit Rückwärtsintegration**
  Kann der Hersteller glaubhaft damit drohen, das zugekaufte Produkt problemlos selbst herzustellen, steigt der Druck auf die Branche. So können große Autohersteller ihren Systemlieferanten vermutlich glaubhaft vermitteln, dass sie sehr wohl in der Lage sind, die derzeit zugekauften Systemkomponenten auch selbst zu fertigen. Ähnliches gilt für Coca-Cola; das Unternehmen könnte jederzeit in der Lage sein, seine Flaschen auch selbst zu erzeugen und abzufüllen, statt diese Leistungen zuzukaufen.
- **vollkommene Information des Käufers**
  Die Verhandlungsstärke des Käufers steigt nicht zuletzt mit seiner umfassenden Kenntnis des Beschaffungsmarktes. In diesem Punkt sind wahrscheinlich die größten Auswirkungen durch die Internetrevolution zu erwarten sowie durch die Tendenz, die Wertschöpfungsprozesse firmenübegreifend immer exakter miteinander zu verzahnen.

Wie verhandlungsstark ist der Lieferant?
Mächtige Lieferanten sind ihrerseits in der Lage, die Branchenrentabilität zu beeinflussen. Die Faktoren, die diese Lieferantenmacht erzeugen, sind das Spiegelbild jener Bedingungen, die die oben beschriebene Abnehmermacht kennzeichnen. Lieferantengruppen sind daher dann stark, wenn folgende Voraussetzungen gegeben sind:

- Konzentration auf der Seite der Lieferanten, die ihrerseits einen zersplitterten und schlecht organisierten Abnehmermarkt bedienen.
- Die Verkäufe an die Branche können nicht substituiert werden.
- Die Branche ist als Kunde für die Lieferanten relativ unwichtig.
- Das Produkt des Lieferanten ist in der Leistungskette des Käufers wichtig.
- Auf der Lieferantenseite wurden die Produkte stark differenziert oder bei den Abnehmern Umstellungskosten aufgebaut.
- Die Lieferanten vermitteln glaubwürdig das Interesse an einer Vorwärtsintegration.

Diese Aspekte, die die Lieferantenmacht ausmachen, gelten übrigens auch für hochqualifizierte Experten, die so in der Lage sind, außergewöhnliche Gehälter zu realisieren.

Die Europäische Faltschachtelindustrie (eine Fallstudie) (ausführlicher nachzulesen bei Nicolai/Hilse 2002)

Die Analyse der fünf Wettbewerbskräfte nach Porter bietet einen ersten Einblick in die Struktur einer Branche. Aus der Branchenstrukturanalyse lassen sich nicht unmittelbar Strategien ableiten. Es geht zunächst darum, besser zu verstehen, nach welchen Regeln eine Branche funktioniert.

- **Verhandlungsstärke der Abnehmer**
  Bei einem Produkt wie Faltschachteln gibt es grundsätzlich eine Vielzahl unterschiedlicher Abnehmer. Einen sehr großen Anteil besitzt jedoch die Lebensmittelindustrie. Der Konzentrationsprozess in dieser Industrie verstärkt die Verhandlungsmacht der Abnehmer. Bei standardisierten Faltschachteln sind zudem die Umstellungskosten niedrig, das heißt, der Zulieferer kann relativ leicht gewechselt werden – wenn man von den bestehenden Vertrauensbeziehungen zum Zulieferer absieht, die im Einzelfall hohe Umstellungskosten verursachen können. Auch dies erhöht die Verhandlungsstärke der Abnehmer.
- **Verhandlungsstärke der Lieferanten**
  Das Hauptrohmaterial für Faltschachteln ist Kartonage. Mit einem Anteil von etwa 40 Prozent der anfallenden Stückkosten ist der Preis für das Rohmaterial von grundlegender Bedeutung. Tatsächlich besteht die Gefahr, dass die Zulieferer einen großen Anteil des Basisgewinns der Faltkartonhersteller abschöpfen können. Im Einzelnen sind folgende Faktoren dafür verantwortlich zu machen:
  - Mit Stora-Enso und der Mayr-Melnhof Gruppe (MM Gruppe) dominiert nach der Phase der Konzentration sowohl im Teilmarkt Frischfaser als auch im Teilmarkt Recyclingfaser jeweils ein großer Player.
  - Die enormen Investitionskosten für eine Kartonmaschine mit bis zu 400 Mio. € und der für ein rentables Produktionsvolumen notwendige Mindestabsatz fungieren als mächtige Eintrittsbarriere in der Vorstufe. Eine Minderung der Marktmacht der größten Player durch neue Wettbewerber ist daher nicht zu erwarten, zumal die Wachstumsraten in der Industrie niedrig sind und es daher wenig Anreiz für einen Markteintritt gibt.
  - Dass in der Vergangenheit Geldbußen wegen Preisabsprachen und abgestimmten Verhaltens verhängt wurden, deutet auf die Möglichkeit von Kollusion hin. Die Preise der MM Gruppe haben »Signalwirkung«, das heißt, andere Wettbewerber orientieren sich an ihnen, was ebenfalls auf eine niedrige Wettbewerbsintensität in der Kartonindustrie schließen lässt.
  - Die maßgeblichen Papier- und Kartonhersteller sind im Vergleich zu den mittelständischen Faltkartonproduzenten sehr groß, und sie haben noch eine ganze Reihe anderer Kunden außerhalb des Faltschachtelbereichs wie etwa Papierverarbeiter.

- **Bedrohung durch Ersatzprodukte**
  Grundsätzlich besteht die Möglichkeit der Substitution durch andere Verpackungsmittel wie Kunststoff, Papier oder Glas. Die Grenzen zwischen den verschiedenen Verpackungsmitteln haben sich in den letzten Jahren jedoch als recht stabil erwiesen. Entwicklungen wie die Faltschachtel als Primärverpackung für Lebensmittel deuten sogar darauf hin, dass sich die Substitutionsrichtung leicht zugunsten der Pappverpackungen entwickelt. Die Schutzfunktion der Faltschachtel ist auf absehbare Zeit unverzichtbar. Die Präsentationsfunktion könnte durch E-Commerce teilweise ersetzt werden. Doch selbst wenn die Kaufentscheidung über das Internet und eine dortige Präsentation erfolgt, so zeigen die Erfahrungen im Lebensmittelversand, dass die Präsentationsfunktion bei der Verbrauchsentscheidung immer noch eine große Bedeutung hat.
- **potenzielle neue Konkurrenten**
  Die Gefahr, dass neue Wettbewerber in den Markt eindringen, ist eher gering. Es gibt zwar keine hohen Eintrittsbarrieren. Und möglicherweise steigen Papier-/Kartonageerzeuger per Vorwärtsintegration in den Markt ein. Aber:
  - Angesichts der Überkapazitäten und der zu Verfügung stehenden Übernahmekandidaten (etwa Familienunternehmen mit ungeregelter Nachfolge) wird diese Option voraussichtlich eher über Akquisitionen als über Start ups realisiert.
  - Das Ertragsniveau in der Branche ist derzeit gering. Es besteht ein geringer Anreiz für den Markteintritt.
  - Mit zunehmender Marktkonzentration steigt die Bedrohung für potenzielle Newcomer, dass mächtige Wettbewerber bei einem Markteintritt Vergeltungsmaßnahmen ergreifen.
- **Rivalitätsgrad innerhalb der Branche**
  Der Rivalitätsgrad unter den Faltschachtelproduzenten ist hoch. Verantwortlich dafür sind:
  - ein langsames Marktwachstum. Wachstum ist nur noch auf Kosten anderer Wettbewerber und bei Vergrößerung des Marktanteils möglich.
  - Es herrschen Überkapazitäten in der Branche.

Zusammenfassend ergibt die Analyse der fünf Wettbewerbskräfte das Bild einer eher unattraktiven Branche. Dies gilt insbesondere für die mittleren und kleineren Unternehmen der Faltschachtelindustrie. Sie befinden sich zwischen den verhandlungsmächtigen Zulieferern und Abnehmern in einem strategischen »Sandwich«. Die vergleichsweise niedrige Bedrohung durch Newcomer resultiert im Wesentlichen nicht aus unüberwindbaren Marktzutrittsbarrieren, sondern aus mangelnden Anreizen für den Markteintritt. Für eine Analyse der strategischen Optionen muss jedoch die Branchenstrukturanalyse durch die feinkörnigere intraindustrielle Analyse der strategischen Gruppen ergänzt werden. Aus dieser Perspektive wird beispielsweise deutlich, dass die regionalen Faltschachtelhersteller durch das ungünstige Warenwert-Transportkosten-Verhältnis bei Faltschachteln zu einem gewissen Grad lokal geschützt sind.

Leitfaden zur Positionierung des Unternehmens in der Wettbewerbslandschaft

Schritt 1: Analysieren Sie die Branchenstruktur
Das an Porter orientierte Analyseraster auf der nächsten Seite hilft, die Logik der jeweiligen Branche zu untersuchen und zu verstehen.

Schritt 2: Identifizieren Sie die Spielregeln der Branche
Die Ergebnisse dieser Branchen- und Wettbewerbsanalyse fließen in die Beschreibungen von Wettbewerbsdynamik und Spielregeln der Branche ein:

- Welche Logik prägt dieses Geschäft?
- Welche fünf bis sieben wichtigsten Spielregeln gelten hier?
- Nach welchen Gesetzen wird in dieser Branche »gespielt«, wann gewinnt man und wann verliert man?
- Welchen Bestand haben diese Regeln? Könnten sie in den nächsten Jahren umgeschrieben werden? Welche könnten hinzukommen und welche wegfallen?
- Gibt es einen Wettbewerber, der das Potenzial hat, völlig neue Regeln zu definieren und den anderen Marktteilnehmern aufzuzwingen? Stichwort: Microsoft

Es ist wichtig, diese Spielregeln zu verstehen. Für eine strategische Positionierung reicht Verständnis allein allerdings nicht. Wer sich möglichst gut an die vorhandenen Spielregeln des Wettbewerbs anpasst, setzt sich einem sehr zerstörerischen Effekt aus: Branchenhomogene Strategien bringen selten individuelle Erfolge; viel eher reduzieren sie die Rentabilität der Branche.

Wir empfehlen daher, mit dem Wissen um die Wettbewerbslogik Selbstverständlichkeiten der Branche ganz gezielt in Frage zu stellen: »Wie kann sich unser Unternehmen bewusst anders verhalten und in die Position des Vorreiters kommen?«, lautet die alles entscheidende Frage, mit der sich die Spielregeln nicht nur hinterfragen, sondern in der Folge auch verändern lassen.

Im Kern geht es an dieser Stelle darum, Selbstverständlichkeiten nicht ungeprüft zu übernehmen, sondern nach Möglichkeit eine strategische Position anzustreben, die sich von der des Mitbewerbs deutlich unterscheidet. Gelingt dies, dann kann ein Unternehmen sich auch in einer scheinbar unattraktiven Branche mit hervorragenden Ertragschancen positionieren und sich damit von der allgemeinen Branchenentwicklung ein Stück weit abkoppeln.

Wettbewerbs-dimensionen »5 forces«	Einflussfaktoren auf die jeweilige Wettbewerbsdimension	Kurzbeschreibung der untersuchten Branche	Branchen-rentabilität
Rivalität in der Branche	**Intensive Rivalität entsteht durch:** ▪ viele ähnliche Wettbewerber ▪ schwaches Branchenwachstum ▪ hohe Fixkosten bei hohen Kapazitätsreserven ▪ Differenzierung zwischen den Konkurrenten nur über den Preis ▪ hohe strategische Einsätze (Marktanteilsgewinne um jeden Preis) ▪ hohe Austrittsbarrieren		☐ exzellent ☐ gut ☐ mittelmäßig ☐ problematisch ☐ krisenhaft
Neue Wettbewerber	**Markteintrittsbarrieren für neue Wettbewerber sind:** ▪ Größenvorteile (Economies of Scale) ▪ Produktunterschiede, die sich in einer entsprechenden Käuferloyalität niederschlagen ▪ hoher Kapitalbedarf für einen Markteintritt ▪ Umstellungskosten für den Käufer beim Wechsel zu einem anderen Produkt ▪ außergewöhnlich gute und teure Vertriebskanäle ▪ größenunabhängige Kostenvorteile (Patente, Rohstoffe, Standort, Subventionen, staatliche Barrieren)		☐ exzellent ☐ gut ☐ mittelmäßig ☐ problematisch ☐ krisenhaft
Substitutions-gefahr	**Substitutionsgefahr entsteht durch:** ▪ reale oder potenziell attraktive Ersatzprodukte ▪ offensives Marketing für Ersatzprodukte und -dienstleistungen ▪ unmögliche Abwehr von Substitutionsprodukten etwa durch einheitliche Standards, Besetzen von Vertriebskanälen und ähnliches ▪ neue Produkte durch die Technologieentwicklung		☐ exzellent ☐ gut ☐ mittelmäßig ☐ problematisch ☐ krisenhaft

Wettbewerbsdimensionen »5 forces«	Einflussfaktoren auf die jeweilige Wettbewerbsdimension	Kurzbeschreibung der untersuchten Branche	Branchenrentabilität
Verhandlungsstärke des Abnehmers	**Faktoren, die die Verhandlungsmacht der Abnehmer erhöhen:** ▪ hohe Marktmacht auf der Seite der Abnehmer ▪ eine große Zahl alternativer Anbieter für den Käufer (standardisierte austauschbare Produkte) ▪ Kosten- und Markttransparenz für die Abnehmer (Bsp. Marktplätze) ▪ wenige Abnehmer treten konzentriert auf ▪ geringe Umstellungskosten und Risiken für den Käufer beim Wechsel des Lieferanten ▪ hoher Anteil der Branchenprodukte an den Gesamtkosten der Abnehmer (strategische Einkaufspolitik) ▪ Ertragsprobleme auf Seiten der Abnehmer, die sie auf ihre Lieferanten überwälzen wollen ▪ glaubhafte Drohung mit Rückwärtsintegration in der Wertschöpfungskette		☐ exzellent ☐ gut ☐ mittelmäßig ☐ problematisch ☐ krisenhaft
Verhandlungsstärke der Lieferanten	**Faktoren, die die Verhandlungsmacht der Lieferanten erhöhen:** ▪ große Wettbewerbsvorteile des gelieferten Produkts ▪ geringe Zahl der potenziellen Lieferanten ▪ große Bedeutung des Produkts für die Qualität des Produkts des Kunden ▪ hohe Umstellungskosten beim Wechsel des Lieferanten ▪ geringe Bedeutung des Kunden für den Lieferanten ▪ glaubhaftes Interesse an einer Vorwärtsintegration		☐ exzellent ☐ gut ☐ mittelmäßig ☐ problematisch ☐ krisenhaft

Abb. 12: Leitfaden zur Analyse der Branchenstruktur

Die Spielregeln der Branche *In Bezug auf …*	Chancen und Risiken des Unternehmens
… die Bedrohung durch neue Anbieter:	
… die Rivalität innerhalb der Branche:	
… die Bedrohung durch Ersatzprodukte:	
… die Verhandlungsstärke der Abnehmer:	
… die Verhandlungsstärke der Lieferanten:	

Abb. 13: Formular zur Dokumentation der Wettbewerbsanalyse

Schritt 3: Erkennen Sie die Chancen und Risiken der Spielregeln
Mit dem Wissen um die Spielregeln der Branche und ihre charakteristische Eigendynamik wird nun die spezifische Wettbewerbsposition des untersuchten Unternehmens betrachtet:

- Was macht unser Unternehmen so besonders?
- Welche Spielregeln können wir exzellent zu unserem Vorteil nutzen, welche wirken sich für uns negativ aus?
- Sind wir in der Lage, die Spielregeln mitzugestalten, oder sind wir ein unbedeutender Mitspieler?
- Wo ergeben sich für uns Möglichkeiten, uns ganz bewusst nicht an branchenübliche Selbstverständlichkeiten zu halten?
- In welchen Aspekten kann unser Unternehmen gezielt in die Rolle des Vorreiters kommen?

Branchenstruktur und das Internet

Viele Wissenschaftler und professionelle Marktbeobachter haben die These aufgestellt, dass die Internetökonomie alle bisherigen Marktregeln in Frage stellt. Michael Porter (2001) argumentiert hingegen, dass die grundlegenden Marktmechanismen trotz aller Rhetorik von der »New Economy« oder »E-Business-Strategy« nicht außer Kraft gesetzt werden. Er greift daher zur Analyse des Zusammenhangs von Strategie und Internet auf seinen bewährten Bezugsrahmen der fünf Wettbewerbskräfte zurück und vertritt die These, dass das Internet die bestehenden Industrien ergänzt, aber nicht kannibalisiert.

Viele Branchen werden jedoch eher unattraktiver durch das Internet (wie z. B. der klassische Versandhandel). Tatsächlich befördern die neuen Informations- und Kommunikationstechnologien Kräfte, die einen Wettbewerbsvorteil wegerodieren können. Besonders betroffen sind beispielsweise die klassischen Printmedien oder etwa auch die Musikindustrie, die lange Zeit die tief greifende Transformation ihrer Geschäftsmodelle nicht zur Kenntnis nehmen wollte. Porter listet diese Kräfte in seinem Bezugsrahmen auf:

Abb. 14: Der Einfluss des Internets auf die Branchenstruktur nach Porter (2001), aufbereitet von Alexander Nicolai, Universität Oldenburg

Die Konkurrenzanalyse nach Porter

Jede Wettbewerbsstrategie basiert auf der Grundannahme, dass ein Unternehmen jene Fähigkeiten sichern und ausbauen sollte, die ihm einen Wettbewerbsvorteil im Sinne eines deutlich unterscheidbaren Kundennutzens verschaffen. »Ein Unternehmen wird seine Mittbewerber nur übertreffen, wenn es sich von diesen abheben und diesen Abstand dauerhaft halten kann. Es muss den Kunden einen höheren Wert bieten als die Konkurrenz oder einen ähnlichen Wert zu einem niedrigeren Preis oder beides. Aus einer einzigartigen strategischen Position ergibt sich unweigerlich eine überdurchnschnittliche Rendite« (Porter 1997, bzw. 2008, S. 107). Aus diesem Grunde kommt der Konkurrenzanalyse in der wettbewerbsorientierten Schule der Strategieforscher eine herausragende Bedeutung zu.

Ältere Verfahren der Konkurrenzanalysen begnügten sich damit, die operativen Stärken und Schwächen der Mitbewerber zu analysieren (Gälweiler 1974), und vernachlässigten dabei die strategischen Ziele der Konkurrenz. Auch hier war es Michael Porter, der mit seinem System zur Konkurrenzanalyse (1983, S. 86 f.) neue Standards setzte. Er versuchte, die Konkurrenten nicht nur operativ in ihren strukturellen Stärken und Schwächen zu verstehen. Er betrachtete sie als komplexe Systeme und untersuchte ihre strategisch relevanten Zukunftsperspektiven. Auf dieser Sicht bauten Pümpin (1982) und Hinterhuber (1992) ihre Arbeiten auf und integrierten die Betrachtungsweise von Porter in ihre Modelle.

Ziel dieser anspruchsvollen Analyse der Wettbewerber nach Porter ist, sich in die Konkurrenten hineinzudenken, ihre voraussichtlichen Strategien zu identifizieren und ihre möglichen Reaktionen auf die strategischen Spielzüge anderer in der eigenen Strategiearbeit zu berücksichtigen. Porter kritisierte, dass die meisten Unternehmen ihre Einschätzungen auf Basis informeller Eindrücke, Vermutungen und Intuition gewinnen und damit nicht mehr als sorgsam gepflegte Vorurteile darstellen, die den Blick auf die tatsächlichen Kräfteverhältntisse im Wettbewerb verstellen. Sein System der Konkurrenzanalyse basiert hingegen auf den vier Diagnoseelementen

- zukünftige Ziele,
- gegenwärtige Strategie,
- Annahmen über blinde Flecken,
- Annahmen über besondere Fähigkeiten der einzelnen Konkurrenten.

Die künftigen Ziele des Mitbewerbers

Durch die Analyse der strategischen Ziele des Mitbewerbers wird ersichtlich, ob ein bestimmter Konkurrent mit seiner gegenwärtigen Performance zufrieden ist oder nicht. Auf dieser Basis lässt sich abschätzen, wie wahrscheinlich seine voraussichtliche Strategie ist und wie heftig eventuelle Gegenreaktionen auf eigene strategische Entscheidungen ausfallen könnten.

Die Grundannahmen des Mitbewerbers

Bei diesem Schritt geht es darum, sich eine Vorstellung zu verschaffen, wie der Mitbewerber sich und die Branche sieht. Ein derartiges Selbstbild kann zum Beispiel das eines Marktführers, eines Billigproduzenten, eines Qualitätsführers sein. Es fördert die »blinden Flecken« des Konkurrenten zutage, Bereiche, die er nicht realistisch sieht oder wo er in eingefahrenen Bahnen verharrt. Es ist ausgesprochen hilfreich, »die Pfadabhängigkeit« der Mitbewerber zu verstehen, um deren wahrscheinliche Reaktionsmuster in der Wettbewerbsauseinandersetzung einschätzen zu können. All dies bietet gute Ansatzpunkte für eigene Strategien, die aller Voraussicht nach auf geringe Gegenreaktionen stoßen werden.

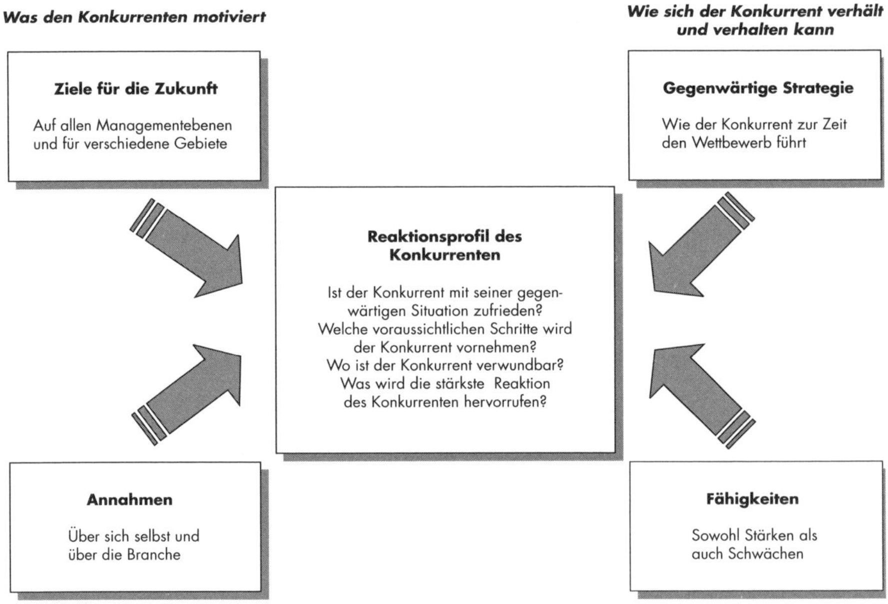

Abb. 15: Die Elemente einer Konkurrentenanalyse nach Porter (1986, S. 88)

Die gegenwärtige Strategie des Mitbewerbers
Bei diesem Element der Konkurrenzanalyse wird versucht, die gegenwärtige Strategie des Konkurrenten zu erkunden. Welche expliziten oder impliziten Strategien leiten dieses Unternehmen derzeit?

Die Fähigkeiten des Mitbewerbers
Die möglichst realistische Einschätzung der Fähigkeiten eines jeden Mitbewerbers rundet die Konkurrenzanalyse ab. Während sich die ersten drei Analyseschwerpunkte mit den wahrscheinlichen Strategien des Gegenübers beschäftigten, konzentriert sich der vierte Schritt auf die vorhandenen Fähigkeiten, diese Strategien auch tatsächlich umzusetzen: Was kann der Mitbewerber, was kann er nicht? Worin ist er am besten, worin am schlechtesten? Wo werden seine Kernkompetenzen gesehen?

Das Reaktionsprofil des Konkurrenten
Aus der Synthese der vier vorherigen Ergebnisse entsteht das Reaktionsprofil des Mitbewerbers. Es zeichnet zunächst ein Bild der erwarteten Reaktionen und beschäftigt sich darüber hinaus mit den voraussichtlichen Reaktionen auf Strategien anderer Marktteilnehmer.

Leitfaden zur Konkurrenzanalyse

Schritt 1: Wählen Sie die relevanten Konkurrenten aus
Die komplexe Konkurrenzanalyse nach Porter erfordert einen nicht zu unterschätzenden Zeitaufwand. Daher ist es empfehlenswert, sich auf die wirklich relevanten Konkurrenten zu beschränken. Meist gibt es zwei bis drei Mitbewerber, die die Dynamik des jeweiligen Marktes stark beeinflussen, während viele andere lediglich als Nachahmer mit dabei sind.

Schritt 2: Führen Sie eine Konkurrenzanalyse für die ausgewählten Mitbewerber durch
Die folgenden Fragen sollen Ihnen helfen, die ausgewählten Konkurrenten zu untersuchen und deren Reaktionen zu prognostizieren. Das von uns verwendete Analyseformular unterstützt Sie dabei, die Ergebnisse für eine spätere Auswertung zu sichern (siehe Abb. 16).

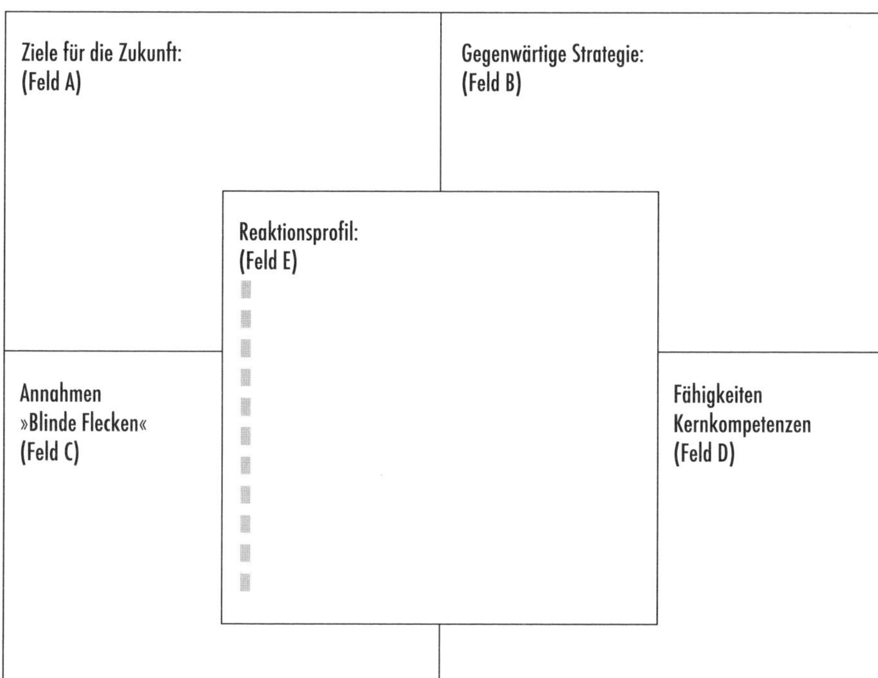

Abb. 16: Formular zur Dokumentation der Konkurrenzanalyse

Die Analyse der künftigen und der aktuellen Strategien (Feld A und B)

Der erste Fragenkomplex dient dazu, die künftige (Feld A des Formulars) und die aktuelle Strategie des Mitbewerbers (Feld B) zu erkunden. Die Fragen können sowohl zur Einschätzung der künftigen Vorhaben als auch zur Einschätzung des aktuellen Verhaltens dienen. Die Antworten sollten sich am unmittelbaren Geschäftsfeld orientieren, mit dem man im Wettbewerb steht. Ist der Mitbewerber Teil eines größeren Unternehmens oder eines Konzerns, müssen auch Konzernvorgaben und -restriktionen berücksichtigt werden.

- **Ziele des unmittelbar konkurrierenden Geschäftsfeldes**
  - Worin bestehen die expliziten und die impliziten finanziellen Ziele des Mitbewerbers – etwa Rentabilität versus Umsatzwachstum, starkes Wachstum versus Cash Cow, kurzfristiger versus langfristiger Erfolg?
  - Wie werden diese Ziele ausbalanciert? Meistens bestehen Zielkonflikte. Wie sucht das Unternehmen einen Ausgleich? Welche Ziele stehen im Vordergrund und welche werden voraussichtlich hintangestellt?
  - Gibt es in diesem Unternehmen nichtökonomische Werte oder Überzeugungen, die das Verhalten wesentlich beeinflussen – etwa Standortpräferenzen, feste Ansichten über Produktdesigns oder Dienstleistungsqualität; möchte das Unternehmen Marktführer oder Technologieführer sein?
  - Welche Bereiche dominieren die organisatorische Struktur? Die Antwort enthält Hinweise, welche Funktionsbereiche bei der Zuteilung von Ressourcen bevorzugt werden. So kann es unterschiedliche Auswirkungen haben, ob das Unternehmen eher marketing- oder produktionsgetrieben agiert.
  - Welche Anreizsysteme bestehen? Wie werden Manager bezahlt? Wie der Verkaufsapparat? Gibt es kurz- oder mittelfristige Gewinnbeteiligungen (Stock Options)? Dies kann Hinweise darauf geben, wie Manager angesichts ihrer Vergütungssysteme auf verschiedene Ereignisse reagieren werden.
  - Welche Controllingsysteme gibt es? Sie zeigen, worauf der Mitbewerber achtet, wie er seine Erfolge misst und wo er Abweichungen erkennen kann – oder auch nicht.
  - Wie werden die Manager rekrutiert und welche Auswirkungen hat dies auf das Verhalten des Unternehmens? Wie setzt sich das Führungsteam zusammen? Welche Expertise dominiert, was ist unterrepräsentiert? Welches Know-how und welche Erfahrungen bringt der Vorstandsvorsitzende mit? Sind Muster erkennbar, nach denen Außenstehende ins Unternehmen geholt werden (Branchen, Unternehmenstypus und ähnliches)?
  - Wie arbeitet das Führungsteam zusammen? Gibt es Fraktionen, die unterschiedliche Ziele forcieren? Dies könnte einen plötzlichen Strategiewech-

sel wahrscheinlich machen. Andererseits lässt hohe Einigkeit auf großes Durchhaltevermögen oder auch auf »Scheuklappendenken« schließen.
- Wie ist der Aufsichtsrat zusammengesetzt und welcher Einfluss ist von dieser Seite zu erwarten? Die Zusammensetzung kann Hinweise auf die Risikobereitschaft geben, aber auch darauf, welche Interessen repräsentiert werden.
- Gibt es vertragliche Einschränkungen, die mögliche Strategien einschränken – etwa Lizenzen, Regelungen mit Joint Ventures, Syndikatsverträge?
- Sind sonstige Vorschriften sowie staatliche oder soziale Einschränkungen des Unternehmensverhaltens bekannt – etwa Wettbewerbsregeln, Kartellamt, Schiedsverfahren?

- **Ziele des Gesamtunternehmens oder des Konzerns**
  - Wie sind die Ergebnisse des Gesamtunternehmens – Rendite, ROI, ROCE? Daraus lassen sich Rückschlüsse auf die Ziele der konkurrierenden Geschäftseinheit ziehen – etwa auf Marktanteilsziele, Preispolitik, Politik im Zusammenhang mit neuen Produkten.
  - Welche Anforderungen stellt der Konzern vermutlich an die konkurrierende Geschäftseinheit?
  - Welche strategische Bedeutung wird der Geschäftseinheit vom Konzern zugemessen? Ist sie Eckpfeiler des Konzerns oder Anhängsel? Werden finanzielle Mittel daher eher abgezogen, oder kann die Geschäftseinheit mit zusätzlichen Mitteln rechnen?
  - Welche Motive hatte der Konzern, in das Geschäftsfeld einzusteigen? Wollte er Überkapazitäten oder bestehende Vertriebskanäle nutzen? Strebte er eine horizontale (»Flankenschutz«) oder eine vertikale Integration an?
  - Welche konzerninternen Wertvorstellungen sind erkennbar? Will er beispielsweise stetig produzieren, um Entlassungen zu vermeiden? Strebt er Technologieführerschaft an? Will er sich zum Global Player entwickeln?
  - Gibt es bestimmte Strategietypen, die der Konzern andernorts bereits sehr erfolgreich eingesetzt hat? Ist eine bestimmte Akquisitionspolitik zu beobachten? Welche Wachstumsstrategie verfolgt das Unternehmen?
  - Welche Unternehmensziele, Rentabilitätshindernisse oder -vorgaben und Kapitalbeschränkungen könnten sich für die Geschäftseinheit durch Entwicklungen anderer Konzernteile ergeben?
  - Sind Diversifizierungspläne des Konzerns bekannt? Ist daraus mit Kapitalengpässen oder gar mit Verstärkungen durch Ergänzungen zu rechnen?
  - Gibt die Organisationsstruktur des Konzerns Hinweise auf Position und mögliche Prioritäten der Geschäftseinheit – etwa dass die Geschäftseinheit unmittelbar dem Vorstandsvorsitzenden oder einem einflussreichen Vorstandsmitglied zugeordnet ist?
  - Was ist die Rekrutierungspolitik des Konzerns? Welche Art von Spartengeschäftsführern wird gefördert? Was ist deren Zeithorizont? Aus welchem Tätigkeitsbereich stammen wichtige Entscheidungsträger?

  - Gibt es seitens des Konzerns eine besondere emotionale Bindung an das untersuchte Geschäftsfeld? Sind frühere Manager dieses Geschäftsfeldes inzwischen in Spitzenpositionen? Hat das gegenwärtige Spitzenmanagement wesentliche Entscheidungen bezüglich dieses Geschäftsfeldes getroffen?
- **Portfolioanalyse für den Konkurrenten**
  Besonders aufschlussreich kann es sein, das Portfolio des Mitbewerbers zu erstellen. Dabei kann sowohl das Gesamtkonzernportfolio als auch das unmittelbare Geschäftsfeld-Portfolio Hinweise auf mögliche strategische Überlegungen geben.

Die Analyse der Grundannahmen der Mitbewerber (Feld C)

In dem nun folgenden Schritt entsteht ein Bild, wie der Mitbewerber sich selbst und die Branche sieht. Die Antworten auf folgende Fragen unterstützen Sie dabei, Grundannahmen und blinde Flecken Ihrer Konkurrenten zu identifizieren:

- Was betrachtet der Konkurrent als seine Stärken und Schwächen? Wie würde er seine relative Position – etwa bezüglich seiner Kosten, der Qualität seiner Produkte, seiner technologischen Produktionsstandards – beschreiben? Treffen diese vermuteten Selbstbeschreibungen zu? Lassen sich blinde Flecken ausmachen?
- Bestehen beim Mitbewerber starke emotionale oder historische Bindungen an bestimmte Geschäftsgrundsätze – etwa Qualität, Design, Verkaufsphilosophie –, die er nicht so leicht aufgeben wird?
- Gibt es kulturelle Unterschiede zum Mitbewerber? Im globalen Wettbewerb könnte das zu Unterschieden führen, wie bestimmte Strategien wahrgenommen und beantwortet werden.
- Gibt es Verfahren oder Strategien, an denen sich der Unternehmensgründer orientierte und die heute noch das Handeln beeinflussen?
- Wie beurteilt der Mitbewerber die Branchentrends? Auf welchen Einschätzungen über Entwicklungen und Trends basieren seine Grundstrategien?
- Wie betrachtet der Mitbewerber seine Konkurrenten? An wem orientiert er sich? Wer wird unterschätzt? Warum?
- An welche Branchenregeln glaubt der Mitbewerber? Solche konventionellen Branchenweisheiten lauten etwa »Der Käufer verlangt Qualität«, »Dezentralisierung ist besser als Zentralisierung« oder »Ein Sortiment xy ist für den Erfolg Voraussetzung«.
- Auch die Geschichte eines Unternehmens bietet häufig gute Ansatzpunkte für die Suche nach seinen Grundannahmen:
  - Wie ist die gegenwärtige Situation des Mitbewerbers im Vergleich zu seiner jüngeren Vergangenheit? Dies liefert Hinweise, was in der jüngeren Vergangenheit besser war als heute. Manager versuchen oft, Ergebnisse, die positiv in Erinnerung geblieben sind, wiederherzustellen.

- Welche markanten Geschichten werden über den Mitbewerber erzählt? Womit ist er gescheitert? Kollektive Erinnerungen an traumatische Misserfolge können den Blick auf sinnvolle Optionen verstellen.
- Was waren die Erfolgsgeschichten der Vergangenheit? Auf diesen Gebieten ist zu erwarten, dass der Wettbewerber weitere Akzente setzen wird.
- Wie reagierte der Mitbewerber auf gewisse Ereignisse der Vergangenheit? Emotional, rational, als erster oder verzögert? Auf welche Art von Ereignissen reagierte der Mitbewerber überhaupt, auf welche nicht?

Die Analyse der Fähigkeiten des Mitbewerbers (Feld D)

Eine möglichst realistische Einschätzung der Fähigkeiten der einzelnen Mitbewerber rundet die Konkurrenzanalyse ab.

- Welche Fähigkeiten besitzt er?
- Worin ist er am besten, worin am schlechtesten?

Porter unterscheidet zwischen Kernfähigkeiten, Wachstumsfähigkeiten, der Fähigkeit zur schnellen Reaktion, Anpassungsfähigkeit und zum Durchhaltevermögen. Wir halten jedoch das Konzept der Kernkompetenzen von Hamel und Prahalad (1990 bzw. 1997) für die Einschätzung der Fähigkeiten des Mitbewerbers für aussagekräftiger und greifen daher an dieser Stelle auf das Konzept der Kernkompetenzen zurück, das im Rahmen dieses Kapitels weiter unten dargestellt wird. Dort ist ein Frageraster angeführt, das es in ähnlicher Weise wie oben dargestellt ermöglicht, sich über die Kernkompetenzen der wichtigsten Mitbewerber zu verständigen.

Das Reaktionsprofil als Synthese der vier Analyseschritte (Feld E)

Das anhand des obigen Analyserasters entstandene Bild des Mitbewerbers wird zu einem Reaktionsprofil (im Feld E des Formulars) zusammengeführt, das die bisher gewonnenen Einschätzungen zusammenfasst. Welche voraussichtlichen Strategien sind von diesem Konkurrenten zu erwarten? Welche Schritte sind wahrscheinlicher als andere? Mit welcher Konsequenz und Durchschlagskraft muss angesichts der bisherigen Erfahrungen gerechnet werden? Anhand folgender Leitfragen lässt sich das Reaktionsmuster des Mitbewerbers identifizieren:

- Wie zufrieden ist der Mitbewerber mit seiner strategischen Position? Welche Initiativen sind vor diesem Hintergrund bezogen auf welche Zeithorizonte zu erwarten?
- Welche der Strategien ist auf Basis der durchgeführten Analysen wahrscheinlich, welche am wahrscheinlichsten?
- Wie stark und wie konsequent wird der Mitbewerber seine Maßnahmen umsetzen? In welcher Intensität und mit welcher Beharrlichkeit sind diese Aktivitäten zu erwarten? Wie ernsthaft wird er seine Vorhaben verfolgen, wenn er auf Widerstände trifft?

Der zweite Aspekt des Reaktionsprofils beschäftigt sich mit den voraussichtlichen Reaktionen auf Strategien anderer Marktteilnehmer.

- Wie verwundbar ist der Mitbewerber? Welche Ereignisse oder Strategien anderer Marktteilnehmer würden ihn am meisten treffen? Welche Gegenmaßnahmen würden ihn so viel Kapital und Energie kosten, dass er sie voraussichtlich unterlässt?
- Wodurch lässt sich der Mitbewerber vermutlich provozieren? Welche Ereignisse und Maßnahmen würden ihn unabhängig von einer ökonomischen Bewertung auf jeden Fall zu Vergeltungsschlägen verleiten? Derart sensible Themen sind meist emotional bedingt und sollten so weit wie möglich umgangen werden.
- Wie wirksam sind mögliche Vergeltungsschläge des Mitbewerbers? Welche Maßnahmen oder Ereignisse könnten ihn an einer schnellen und wirksamen Reaktion hindern?

Dokumentieren Sie die Ergebnisse dieser komplexen Konkurrenzbeurteilung im obigen Formular und setzen Sie Ihre Konkurrenzanalyse mit dem zweitwichtigsten Konkurrenten fort.

Schritt 3: Zusammenfassende Auswertung der verschiedenen Konkurrenzanalysen
Es kann durchaus nützlich sein, solche Konkurrenzanalysen in eigenen Simulationen (sogenannten »war gamings«) durchzuspielen, um die mögliche Eigendynamik künftiger Wettbewerbsauseinandersetzungen möglichst realitätsgerecht zu erfassen (dazu auch Doz/Kosonen 2008, S. 59). Die Analyse der wichtigsten Mitbewerber wird für den weiteren Strategieprozess sorgfältig ausgewertet: Welche Chancen und welche Risikofaktoren lassen sich aus der Auseinandersetzung mit den Konkurrenten benennen? (siehe Abb. 17)

Benchmarking

Benchmarking ist ein Verfahren, bei dem Produkte, Verfahren und Prozesse der eigenen Unternehmung mit denen des »Best-Practice»-Unternehmens verglichen werden. Mit Vorliebe werden indirekte Leistungsbereiche einander gegenübergestellt, die auf keinen unmittelbaren Marktvergleich zurückgreifen können. Die Grundidee des Benchmarking besteht darin, Unterschiede zu besonders erfolgreichen Vergleichsunternehmen und -prozessen zu erkennen und aus diesen Anregungen für Verbesserungen zu gewinnen.

Benchmarking wird oft innerhalb der Branche – »Best of Class«, »Industrieführer« oder »Industriestandard«, »Reverse Engineering bei Produkten« – praktiziert, teilweise werden auch branchenfremde Verfahren – »Best of All«, »der Beste im Land«,

Hauptchancen	**Hauptrisiken**
erste mögliche strategische Ansätze zur Nutzung der Chancen und zur Vermeidung der erkannten Risiken	
mögliche operative Sofortmaßnahmen	

Abb. 17: Formular zur Dokumentation der Ergebnisse der Konkurrenzanalysen

»Weltklasse« – in einem sogenannten generischen Benchmarking verglichen (Bea/Haas 1997, Horváth/Herter 1992).

Bekannt in den Industrieländern wurde diese Methode durch die bemerkenswerten Erfolge ihrer »Erfinder«, der Unternehmen Xerox und General Electric. Den spektakulären Durchbruch verschaffte ihr die Resonanz auf die weltweite Studie zur Autoindustrie des MIT (Womack/Jones/Roos 1990).

In den Grundgedanken ist Benchmarking schon ein von F. Taylor angewandtes Instrument, mit dessen Hilfe versucht wird, die operative Lücke des Unternehmens zu identifizieren. Trotz dieser Verankerung in der traditionellen Managementlehre wird Benchmarking oft auch in Strategieprozessen eingesetzt. Schließlich können auch durch Schließung der operativen Lücke Erfolgspotenziale identifiziert und Mängel in der eigenen strategischen Ausrichtung entdeckt werden. Zur Durchführung gezielter Benchmarkingvorhaben erfreuen sich in den letzten Jahren sogenannte »Learning-expeditions« wachsender Beliebtheit.

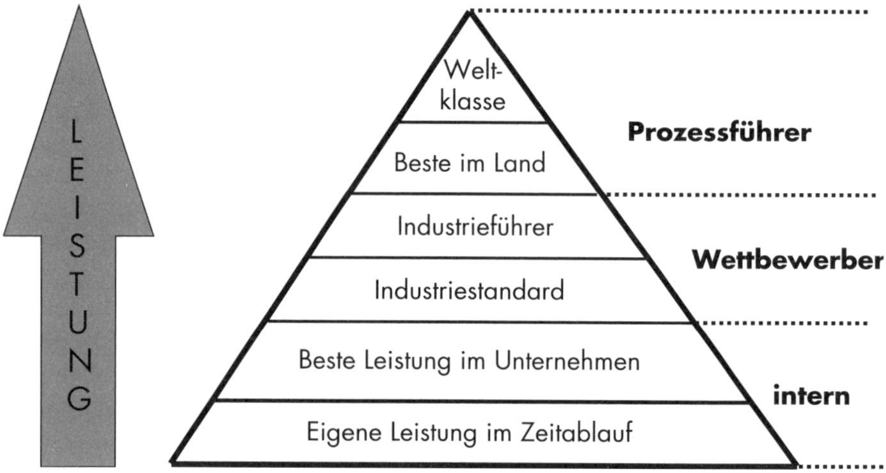

Abb. 18: Benchmarking: Ein Vergleich macht sicher

Leitfaden für ein Benchmarking

Erste Phase: die Planung
- Auswahl der zu vergleichenden Geschäftsfunktionen oder -prozesse
- Formulieren von Zielen und Thesen
- Identifikation der zu vergleichenden Leistungskennzahlen
- Auswahl des oder der Vergleichsunternehmen

Zweite Phase: die Analyse
- Leistungsermittlung im eigenen Unternehmen durch ein Benchmarking-Team
- Leistungsermittlung im Vergleichsunternehmen durch Auswertung von Sekundärinformationen aus Datenbanken und Zeitungen, Interviews mit Dritten wie Industriebeobachtern, Händlern und Kunden, direkte Gespräche mit dem Vergleichsunternehmen, durchführen wechselseitiger Benchmarkbesuche
- Festlegen der Leistungslücken und deren Ursachen
- Identifizieren möglicher Verbesserungspotenziale und -maßnahmen

Dritte Phase: die Umsetzung
Detaillierte Hinweise zur Steuerung solcher Umsetzungsprozesse sind im gesonderten Kapitel dieses Buches über die Prinzipien des Veränderungsmanagements dargestellt.

Grenzen der Wettbewerbsperspektive

Branchenstruktur- oder Konkurrenzanalysen eignen sich gut, um das »Was« der Wettbewerbsfähigkeit zu erkennen. Es wird viel Mühe aufgewendet, Kosten, Qualität oder Kundenservice eingehend zu erforschen. Man wendet sich der Frage zu, was eine Firma oder eine Branche profitabler macht als andere.

Das Risiko liegt dabei in der gedankenlosen Imitation und in einer gewissen innerlichen Fixierung auf die Aktivitäten der Mitbewerber. Wenn diese Perspektive dominiert, verstellt sie den Blick auf die Einmaligkeit der eigenen Ressourcen und die Chance ihrer gezielten Weiterentwicklung. So wird der Nachzügler immer im Kielwasser des Branchenführers bleiben. Denn üblicherweise wirkt sich eine bestehende Branchenstruktur außer für den Branchenführer für alle anderen Beteiligten – vor allem für ambitionierte Neulinge – nachteilig aus.

Will man die Quelle für dauerhafte Wettbewerbsfähigkeit finden, genügt es daher nicht, die Entwicklung der Branche rückblickend zu verstehen. Ex-post-Erklärungen müssen durch Ex-ante-Fähigkeiten ergänzt werden (Hamel/Prahalad 1997, S. 407). Nur wer Vorstellungen darüber entwickelt, wie die Zukunft aussehen kann, eröffnet sich die Chance, Branchenregeln aktiv zu verändern und so an die Spitze vorzustoßen.

Die Konzentration der Aufmerksamkeit auf die Branche und ihre aktuelle Wettbewerbsdynamik birgt wie gesagt erhebliche, vielfach implizite Gefahren. Sie verführt dazu, das eigene Gefangensein in bereits eingespielte Wettbewerbsauseinandersetzungen zu übersehen. Strategien werden sich schon deshalb immer ähnlicher, weil Erfolgsmuster sklavisch imitiert werden. Dies lässt sich seit langem an den sich abwechselnden Moden zur Produktivitätssteigerung gut ablesen. »Ein ausschließlich auf operativer Exzellenz basierender Wettbewerb wirkt sich für alle zerstörerisch aus und führt zu zermürbenden Kriegen, die es den Unternehmen zunehmend unmöglich machen, langfristig in das eigene Geschäft zu investieren« (Porter 1997 bzw. 2008, S. 108). Durch viele Einflussfaktoren bedingt – unter anderem auch durch die Berater aus der klassischen Strategieindustrie – beschleunigt sich das Tempo der strategischen Konvergenz, ein Umstand, der jedem Unternehmen, das viel Energie in eine ständige Weiterentwicklung unterscheidungsfähiger Geschäftsmodelle steckt, erhebliche Wettbewerbsvorteile eröffnet (Hamel 2001 und 2007).

Der Blick auf den Kunden

Nach der Beschäftigung mit dem Wettbewerb ändern wir erneut unsere Flugrichtung, wobei unser Strategie-Helikopter zwar die Flughöhe hält, jedoch vom Mitbewerb zum Kunden schwenkt. In der folgenden Analyse stehen die aktuellen und die künftigen Bedürfnisse der Kunden im Mittelpunkt. Zu diesem Zweck verwenden wir das Grundkonzept von Aloys Gälweiler, der das Bedürfnis des Kunden, das er mit Hilfe eines Produkts oder einer Dienstleistung befriedigen will, und die in Frage kommenden Problemlösungstechniken nutzt, um Hinweise auf künftige Erfolgspotenziale zu bekommen. Wenn diese aus dem Grundbedürfnis abgeleiteten Chancen strategisch ausgebaut werden, entsteht die Basis für die Identität des Unternehmens und damit auch für langfristigen Erfolg.

Die Substitutionsanalyse nach Gälweiler

Das Bedürfnis des Kunden im Zentrum der Strategie

Gälweiler (1987, S. 31 f.) stellt das Problem des Kunden an die Spitze seiner allgemeinen Grundsystematik einer strategischen Planung. Die originären Bedürfnisse des Kunden sind für ihn durch eine besondere Dauerhaftigkeit gekennzeichnet. Das heißt, dass sie sich nicht schnell verändern oder gar verschwinden. Was sich dagegen sehr wohl ändert, sind die Techniken und Technologien, mit denen Unternehmen die Nachfrage beantworten. Ein Beispiel ist das Bedürfnis Jugendlicher, mobil zu sein. Dieses Bedürfnis ist vermutlich dauerhaft, wenngleich es auf viele Arten – etwa mit Fahrrad, Moped, Smart, Interrail oder Jugendreisen – befriedigt werden kann. Die Antwort ist offen und verändert sich mit der Zeit, je nach Mode, finanziellen Möglichkeiten, sozialen Rahmenbedingungen und anderen Einflussfaktoren.

Hier ortet Gälweiler den Kern der strategischen Steuerungsgrößen, um langfristig neue Erfolgspotenziale aufzubauen. Daher legt er großen Wert darauf, das Problem des Kunden genau zu analysieren. Je genauer es beschrieben wird, desto leichter lassen sich auch die derzeit am Markt befindlichen Lösungsansätze in ihren verschiedenen Lebensphasen beobachten.

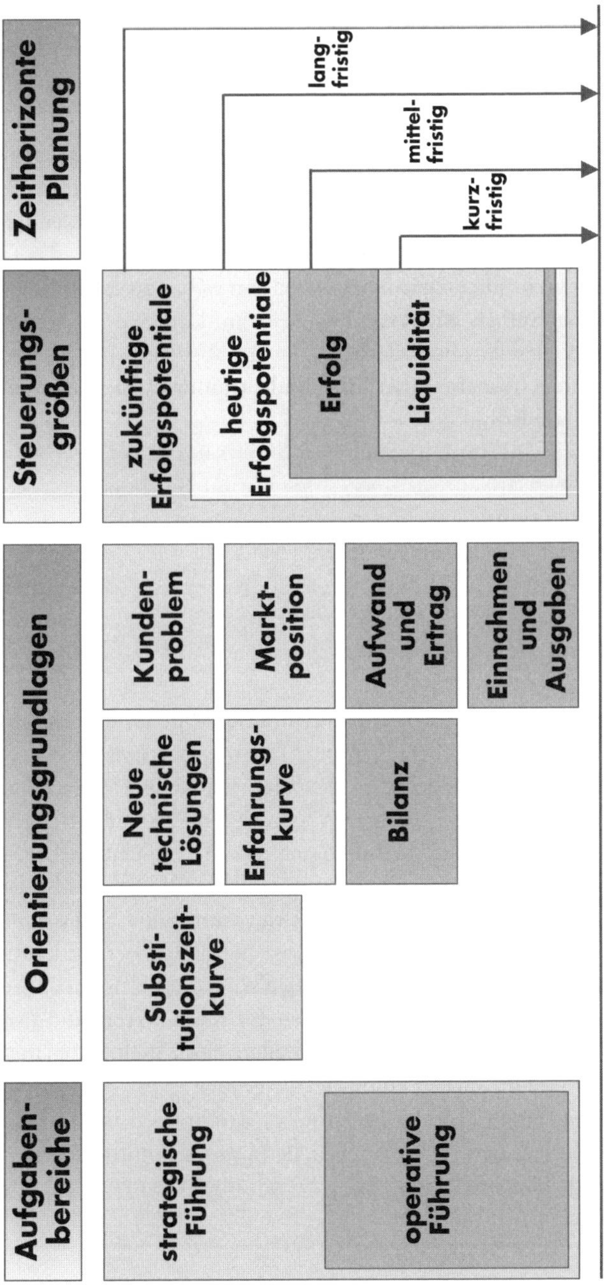

Abb. 19: Strategische Orientierungsgrundlagen nach Gälweiler

Checkliste zur Identifikation der Kundenprobleme

Mit Gälweilers (1987, S. 210 f.) Checkliste lassen sich auf verschiedenen Ebenen Hinweise auf die originären Probleme der Kunden gewinnen:

- **Welches Problem hat der Kunde? Wie lässt sich sein Bedürfnis definieren? In welcher ursprünglichen Ausprägung tritt es auf?**
  - Ist das Problem bei unterschiedlichen Nutzergruppen auch unterschiedlich ausgeprägt?
  - Ist das Problem ein dauerhaftes (»invariant«), oder tritt es nur temporär auf?
- **Welche Lösungsansätze bietet der Markt an?**
  - Welche Techniken sind bereits vorhanden?
  - Dominieren bestimmte Lösungsansätze bestimmte regionale oder kundengruppenspezifische Märkte?
- **Welche Lösungstechniken sind im Unternehmen bereits vorhanden?**
  - Wie sehen bei uns die relativen Sortimentsbreiten und Sortimentsschwerpunkte aus? Und wie bei unseren wichtigsten Konkurrenten?
  - Wie werden die Märkte, die für unsere Lösungsansätze relevant sind, im Verhältnis zum Gesamtmarkt vermutlich wachsen? Wie entwickeln sich die Märkte für Lösungsansätze, über die wir nicht verfügen?
  - Welche Konsequenzen sollten diese Entwicklungen auf unsere Sortimentspolitik haben?
- **Worin könnten potenzielle neue Lösungstechniken und -technologien bestehen?**
  - Sind Lösungstechniken oder -technologien absehbar, mit denen das Problem des Kunden besser und billiger gelöst werden kann – bei uns, bei der Konkurrenz, in anderen Branchen, im Ausland?
  - Wann könnten derartig neue Lösungsansätze auf den Markt kommen? Und welche Konsequenzen hätte das für unsere derzeitigen Produkte und unsere bestehenden Fertigungskapazitäten?
- **Welche Tendenzen zeichnen sich in der Forschung ab?**
  - Was haben wir vor? Welche Forschungsvorhaben der Konkurrenz sind uns bekannt? Was machen Forschungsinstitute und andere Branchen im In- und Ausland, das für uns relevant werden könnte?
  - Wie wahrscheinlich ist diesen Forschungsvorhaben Erfolg beschieden? Und welche Bedeutung könnten die Ergebnisse für den Markt bekommen?
  - Welche Auswirkungen könnten erfolgreiche Forschungsaktivitäten auf die Verteidigung und den Ausbau bestehender Marktanteile haben?

Wie hoch ist das Substitutionsrisiko?

Die Analyse der Anwenderprobleme bringt eine fundierte Einschätzung darüber, welche neuen technischen Ansätze die bestehenden Lösungen möglicherweise mittel- und langfristig substituieren könnten. Damit wird auch klar, welche Chancen und Risiken sich aus der Substitution bestehender Lösungstechniken ergeben können. Ein Analysefokus, der zwar bei der Porterschen Branchenanalyse vorkommt, dort allerdings nur einer von mehreren Aspekten ist und nicht den Stellenwert einnimmt wie bei Gälweiler.

Die Analyse des Kundennutzens

Die Vorteile, die Produkte und Dienstleistungen einem Kunden bringen, werden im folgenden Schritt der strategischen Arbeit zum zentralen Maßstab unternehmerischen Handelns. Strategien, Strukturen und Prozesse sind so auszurichten, dass das Unternehmen bessere Produkt- und Servicequalitäten bieten kann als die Konkurrenz. Unter Qualität sind jene Produkt- und Servicemerkmale zu verstehen, die der Kunde wahrnimmt und die für ihn kaufentscheidend sind.

Um den Nutzen des Kunden analysieren zu können, muss man ihn zunächst messen und systematisch überwachen. Das Werkzeug dazu, das unter anderem vom Managementzentrum St. Gallen häufig eingesetzt wird, ist die »Qualitätseinschätzung aus Kundensicht«. Dieses Instrument stellt die »relative Qualität« eines Produkts oder einer Dienstleistung in den Vordergrund.

Dabei entscheidet nicht die absolute Qualität eines Produkts, sondern immer die Qualität der gesamten Marktleistung. Dies umfasst einerseits Produkt- und Dienstleistungsmerkmale wie spezielle technische Spezifikationen, Materialeigenschaften und Ähnliches; andererseits stehen auch die mit einem Produkt oder einer Dienstleistung verbundenen Servicemerkmale wie Verfügbarkeit, Liefertreue, Zuverlässigkeit und andere Servicemerkmale, die für Kaufentscheidungen immer wichtiger werden, im Zentrum der Analyse.

Leitfaden zur Analyse der relativen Qualität

Schritt 1: Festlegung der Kaufkriterien

Versetzen Sie sich in die Lage eines typischen Kunden des ausgewählten strategischen Geschäftsfeldes oder des Teilmarktes: Was sind dessen wichtigste Kriterien, um die Produkte oder Dienstleistungen Ihres Unternehmens zu beurteilen? Beziehen Sie vorerst den Preis nicht in Ihre Überlegungen ein, sondern beschränken Sie sich auf die Merkmale Ihrer Produkte und Dienstleistungen sowie auf ergänzende dienstleistungsbezogene Servicemerkmale. Produktbezogene Merkmale sind Bedienungskomfort, Zuverlässigkeit, technische Funktionen, Schnelligkeit, Design, Präzision und ähnliches mehr; dienstleistungsbezogene Merkmale sind etwa Beratung, Wartung, Lieferzeit, Schulungsleistungen und Ersatzteildienst. Ordnen Sie die identifizierten Kaufkriterien in die beiden Kategorien »Produktmerkmale« und »Ergänzende Dienstleistungen/Service« des nach Schritt 5 zu findenden Formulars »Erhebung der relevanten Qualität aus Kundensicht«.

Schritt 2: Gewichten Sie die Kaufmotive Ihrer Kunden

Im zweiten Analyseschritt werden diese Motive gewichtet, wobei die Summe aller Kriterien sämtliche Kaufmotive abbilden sollte. In dieser Phase kann es nützlich sein, die eigene Einschätzung durch eine Marktforschung zu ergänzen und abzusichern. Häufig kann man aber auch auf bestehende Daten des Unternehmens zurückgreifen.

Schritt 3: Ermitteln Sie die eigene Qualität

Nun untersuchen Sie, inwieweit Ihr Unternehmen die einzelnen Qualitätskriterien erfüllen kann. Als Bewertungsskala empfehlen wir das folgende Beurteilungsschema:

10 exzellent, in keiner Weise verbesserungsfähig
9 ausgezeichnet
8 sehr gut
7 gut
6 ganz gut
5 zufriedenstellend
4 halbwegs zufriedenstellend
3 schwach
2 sehr schwach
1 ungenügend, indiskutabel
0 nicht vorhanden

Schritt 4: Bestimmen und bewerten Sie Ihre Konkurrenten
Legen Sie die vier wichtigsten Konkurrenzunternehmen fest und tragen Sie diese entsprechend ihrer Marktposition in die Zeilen A bis G ein. Manchmal kann es sinnvoll sein, zukünftige oder (noch) branchenfremde Konkurrenten in die Bewertung einzubeziehen. Nutzen Sie auch bei dieser Bewertung die Ergebnisse von Marktforschungen. Liegen keine Ergebnisse vor, kann eine Bewertung durch Gruppendiskussionen oder durch Befragung der hausinternen Kenner der Konkurrenz erfolgen. Achten Sie auf »blinde Flecken« und erhalten Sie sich dabei auch ein gerütteltes Maß an Selbstkritik.

Folgende Frage bringt Sie jedenfalls auf die Fährte: Wie erfüllt der jeweilige Konkurrent das Merkmal »besser oder schlechter als wir selbst»? Vergeben Sie die entsprechenden Punkte, die die Differenz zwischen den Konkurrenten sichtbar macht. Dies ist durchaus zielführend, wenn deutliche Unterschiede zwischen den Wettbewerbern sichtbar werden. Runden Sie den Analyseschritt nach Möglichkeit dadurch ab, dass Sie die entsprechenden Marktanteile der Konkurrenten in die Tabelle eintragen.

Schritt 5: Diskutieren Sie die strategischen Konsequenzen
Aus den Ergebnissen dieser Analyse lassen sich verschiedenen Chancen und Risiken gut herausarbeiten:

- Gibt es Kaufmotive, die dem Kunden wichtig sind, die wir jedoch kaum abdecken können? In diesen Bereichen sollten wir große Anstrengungen unternehmen, um uns zu verbessern.
- Gibt es Kaufmotive, die dem Kunden nicht sehr wichtig sind und die wir in hervorragendem Maße abdecken? Dies sind Kandidaten für Kostenreduktionen.
- Gibt es Kaufmotive, die dem Kunden nicht besonders wichtig sind und bei denen uns der Mitbewerber voraus ist? Dies ist ein Aktionsfeld, das in der Regel nicht mit der ersten Priorität bearbeitet werden muss.
- Gibt es bei einzelnen Kaufkriterien die Möglichkeit, sich auch unter Berücksichtigung der damit verbundenen Kosten vom Mitbewerber deutlich abzuheben? Hier könnte eine Differenzierungsstrategie greifen.

Erhebung der relativen Qualität aus Kundensicht

SGF		**Erstelldatum**	
Marktsegment		**Erhebungsjahr**	
Beurteilt aus Sicht		**Formular**	

Qualitätsmerkmale aus Kundensicht (für die Kaufentscheidung nicht preisbezogen)		**Gewichtung** Wichtigkeit für Kunden	**Bewertung 0–10**							
			Wir	**Konkurrenten**						
Produktbezogene Merkmale				A	B	C	D	E	F	G
1.										
2.										
3.										
4.										
5.										
6.										
7.										
8.										
9-										
10.										
Summe										

Dienstleistungsbezogene Merkmale			Wir	A	B	C	D	E	F	G
11.										
12.										
13.										
14.										
15.										
16.										
17.										
18.										
19.										
20.										
Summe										

						Summe MA			
Marktanteil in %									
Relativer Preis (Index)	100								

Gewichtete Kaufentscheidung	
Qualität	
Preis	
Summe	

Anzahl der Konkurrenten	
A	
B	
C	
D	
E	
F	
G	

Abb. 20: Formular für eine Qualitätsanalyse

Bang & Olufsen

Bang & Olufsen (B&O) ist ein dänischer Unterhaltungselektronik-Hersteller mit einer klaren Positionierung im Hochpreissegment. Das zentrale Differenzierungskriterium gegenüber dem Wettbewerb ist das exklusive Design der B&O-Produkte wie Stereoanlagen, Fernsehgeräte oder Telefone. Der Durchschnittskunde besitzt B&O-Anlagen im Wert von 4000 €, die Spannbreite reicht aber bis 50 000 € hinauf.

Die Kunden entscheiden sich im Wesentlichen aufgrund des Designs für B&O. Aber auch die Funktionalität und die technischen Eigenschaften spielen eine Rolle. Die Kundenanalyse zeigt, dass nicht Unterhaltungselektronik im eigentlichen Sinne gekauft wird, sondern vielmehr ein in Unterhaltungselektronik verpacktes Lebensgefühl. Es geht um den Erlebniswert.

Das Wissen um diesen Sachverhalt hat weitreichende Konsequenzen darauf, wie B&O den Wettbewerb führt. Konkurrenz sind für B&O nicht allein andere Hersteller aus der Unterhaltungselektronik. Thomas Kristensen, Geschäftsführer der deutschen Niederlassung, formuliert dies so: »Wenn ein Konsument eine gewisse Geldsumme zur Verfügung hat, kann er ein teures Sofa kaufen, ein Schmuckstück erstehen, eine Reise machen oder sich ein Gerät unserer Marke zulegen.«

Um den Erlebniswert herum baut B&O die Beziehung zum Kunden auf. Das schlägt sich nicht nur im Design, sondern auch in der Funktionalität nieder. So wird etwa die Öffnung eines Geräts regelrecht zelebriert: »Nähern Sie sich den Glastüren, und sie öffnen sich wie von Geisterhand, während ein sanftes Licht das Innenfeld erfüllt«, heißt es in einer Unternehmensbroschüre.

Auch die Vertriebsstrategie ist auf die Kundenbedürfnisse abgestimmt. Der Einkauf soll ebenfalls ein Erlebnis sein. Dazu wird zunehmend auf reine B&O-Geschäfte gesetzt, in denen die Exklusivität durch ausgefeilte Produktpräsentationen unterstrichen wird, die zuvor mit Hilfe von Computersimulationen geplant wurden.

(Quelle: Süddeutsche Zeitung, 21./ 22. August 1999, S. 22; zusammengefasst von Alexander Nicolai, Universität Oldenburg)

Der Blick in die Zukunft

Und wieder schwenkt unser Strategie-Helikopter um. Will man die Quelle für dauerhafte Wettbewerbsfähigkeit entdecken, genügt es nicht, die Entwicklung des Unternehmens und der Branche rückblickend möglichst präzise zu verstehen. Erst die Entwicklung konkreter Zukunftsvorstellungen eröffnet die Perspektive für künftige Chancen. Zwei Verfahren erscheinen uns besonders geeignet, das Unternehmen aus der Perspektive seiner Zukunft zu betrachten: die Szenario-Methode und das Konzept des Branchenvorausblicks.

Beide Verfahren sind gute Hilfsmittel, um die für die Strategieentwicklung wichtigste Perspektive einzunehmen. Wenn es einem Strategieteam gelingt, ein Bild einer erstrebenswerten Zukunft zu entwickeln, muss man »nur« noch den Weg entdecken, der aus der Gegenwart in diese Zukunft führt.

Die Szenario-Methode

Diese Methode wurde von Herman Kahn in den 1950er-Jahren im Zusammenhang mit militärstrategischen Studien entwickelt. Die Ölkrise 1973 verdeutlichte einer breiteren Öffentlichkeit, dass die Umweltsysteme von Unternehmen zunehmend unberechenbar werden. In diesem Zusammenhang gewann die Szenario-Methode als Instrument, alternative Zukunftsentwicklungen vorweg durchzuspielen, auch in ökonomischem Kontext an Bedeutung. Einer der Pioniere dieser Herangehensweise war bei Shell zweifelsohne Arie de Geus (1988 und 1998). Auf seinen Erfahrungen aufbauend wurde dieses Verfahren in den letzten zwei Jahrzehnten insbesondere von Eckard Minx und seinem Team bei Daimler weiterentwickelt (ders. 1995).

Was sind Szenarien?

Die Szenario-Technik ist ein Verfahren, mit dessen Hilfe die Auswirkungen möglicher Veränderungen wichtiger Faktoren systematisch durchgespielt werden. Szenarien sind Bilder und Modelle über mögliche und wahrscheinliche Zukünfte, die sowohl emotional als auch intellektuell entwickelt und dadurch besser verstanden werden können. Im Gegensatz zu Prognosen versucht die Szenario-Methode nicht, durch eine möglichst genaue Extrapolation der vorhandenen Informationen das eine, richtige Bild der Zukunft zu zeichnen. Vielmehr geht es um die bewusste Beschreibung mehrerer alternativer Zukunftsbilder (Szenarien).

Durch diese breite Perspektive alternativer Zukunftsszenarien kann das Management mögliche Konsequenzen frühzeitig analysieren. Dadurch wird das Denken in Szenarien zu einem bewussten Versuch, sich der prinzipiellen Unberechenbarkeit der Zukunft zu stellen, Trends und Entwicklungen zu erkennen und die Konsequenzen für das Unternehmen schon im Vorhinein zu durchdenken.

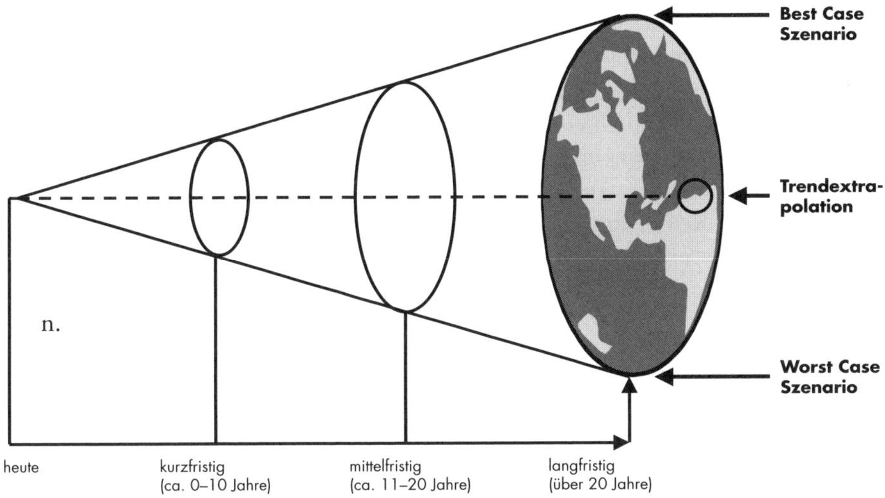

Abb. 21: Grundmodell der Szenario-Technik

Die Abbildung zeigt die Grundlogik von Szenarien. Der sich öffnende Trichter entsteht durch den abnehmenden Einfluss der Gegenwart. Je weiter man sich in die Zukunft hineindenkt, desto größer wird das Feld möglicher Entwicklungen. Auf der Schnittfläche des Trichters lassen sich alternative Zukunftsprojektionen darstellen. Das verdeutlicht, dass das Spektrum möglicher Zukunftsbilder nicht durch ein einziges Szenario, sondern nur durch mehrere Szenarien abgebildet werden kann. Uns erscheint es sinnvoll, insgesamt drei bis fünf Szenarien zu entwickeln.

Grundsätzlich lassen sich drei Grundtypen von Szenarien unterscheiden:

- ein positives Extremszenario (best case), das die günstigste Zukunftsmöglichkeit sichtbar macht,
- ein negatives Extremszenario (worst case), in dem der schlechteste Entwicklungsverlauf verdeutlicht wird,
- ein Zukunftsbild, das eine Kombination der wahrscheinlichsten Entwicklungen versucht.

Entwicklungsschritte der Szenario-Analyse

Szenarien werden nach einem strengen Phasenschema entwickelt (vgl. Reibnitz 1981, Götze 1991).

Phase 1: Aufgaben- und Problemanalyse
Ausgangspunkt jedes Szenarios ist ein gesellschaftliches oder unternehmensrelevantes Problem, das heißt ein Sachverhalt, den eine größere Anzahl von Organisationsmitgliedern ändern möchte und zu dem unterschiedliche wissenschaftliche und/oder organisationsinterne Lösungsansätze angeboten werden (Kontroversität). Das Problemfeld muss sachlich – etwa durch Marktentwicklung oder Technologie –, zeitlich und räumlich eingegrenzt werden.

Phase 2: Einflussanalyse und Deskriptorenbestimmung
In der Folge werden alle Einflussbereiche identifiziert, die auf das Untersuchungsfeld unmittelbar einwirken. Sie werden durch die Bestimmung von Einflussfaktoren für jeden Bereich weiter ausdifferenziert. Damit man die Entwicklungsdynamik der Faktoren beschreiben kann, sind sogenannte Deskriptoren oder »Kenngrößen« zu bestimmen. Dabei sind quantitative und qualitative Deskriptoren möglich:

- Ein quantitativer Deskriptor ist etwa die Anzahl der PKW pro 1000 Einwohner (Autodichte), das Wechselkursverhältnis Euro zu US-Dollar und ähnliches mehr.
- Ein qualitativer Deskriptor ist etwa die Einstellung der Bevölkerung zum Auto, die Einstellung zur Gemeinschaftswährung und ähnliche Werthaltungen.

Phase 3: Trendprojektionen und Faktorenbündelung
Für jeden Einflussfaktor sind zunächst kurz-, mittel- und langfristige Trends zu identifizieren. Fassen Sie die Faktoren, die sich gegenseitig stützen und verstärken, in zwei Bündeln zusammen: in ein Bündel, das positive Entwicklungen bedingt, und ein zweites, das negative unterstützt. Die Beziehungen der Einflussfaktoren untereinander oder die Wirkung von Störereignissen lassen sich durch eine Cross-Impact-Analyse untersuchen.

Phase 4: Entwicklung und Interpretation der Szenarien
Diese Phase ist der Höhepunkt der Szenario-Technik, weil nunmehr aus den gewonnenen Umweltanalysen ausführliche Szenarien, das heißt ganzheitliche »Zukunftsbilder« erstellt werden, die in anschaulicher Weise mögliche Entwicklungen und ihre Konsequenzen sichtbar machen. Jetzt sollten alle in den vorangegangenen Phasen entwickelten Einflussfaktoren, Deskriptoren sowie Trendprojektionen in die Analyse einbezogen werden und in stimmigen Extremszenarien münden. Wie könnte die bestmögliche Zukunft aussehen? Wie die schlechtmöglichste? Unter Umständen

können Sie die Szenarien noch mit einer dritten Variante, einem Trendszenario, anreichern. Jedenfalls sollten Sie die identifizierten Möglichkeiten allen Teilnehmern am Strategieprozess möglichst lebensnah vorstellen, um Energie für die folgende Arbeit zu mobilisieren.

Phase 5: Maßnahmen und Handlungsmöglichkeiten
In dieser abschließenden Phase werden mögliche Konsequenzen aus den entwickelten Szenarien abgeleitet und Gestaltungsstrategien erarbeitet, die dazu dienen, gewünschte Entwicklungen zu unterstützen und zu verstärken sowie unerwünschten Entwicklungen entgegenzusteuern oder sie zumindest abzuschwächen. Zum Schluss sollte ein konkreter Maßnahmenkatalog entstehen, der die Weichen in eine erwünschte Zukunft stellt, wobei diese Maßnahmen vom Unternehmen gesondert zu erarbeiten sind und nicht von selbst aus der Analyse auftauchen. Schließlich handelt es sich bei der Szenario-Analyse um eine Meta-Problemlösungstechnik, die lediglich einen Rahmen vorgibt, den es vom Unternehmen inhaltlich auszufüllen gilt.

Was das Szenario-Verfahren leistet

Das Einsatzgebiet der Szenario-Analyse ist breit: Sie hilft, Entwicklungen der weiteren und der näheren Umwelt zu erkennen, spezielle Problembereiche zu identifizieren und die Bedeutung externer Einflussfaktoren zu berücksichtigen. Durch die Szenarien entstehen alternative Bilder, mit deren Hilfe sich komplexe und mit Unsicherheiten behaftete mögliche Probleme bearbeiten lassen. Sie fördern das Denken in Alternativen. Dieses »Denken auf Vorrat« erleichtert es, auf unvorhergesehene Ereignisse schnell zu reagieren.

Das Verfahren verändert aber auch die Beteiligten. Die Methode verschafft ihnen ein umfassenderes und differenzierteres Bild der möglicherweise anstehenden Probleme und zwingt sie zu einer systematischen Überprüfung der eigenen Sicht der Dinge. So unterstützt das Verfahren eine systemorientierte Betrachtungsweise der relevanten Faktoren und deren Wechselbeziehungen.

Die Methode ist ein hervorragendes Gerüst zur Diskussion und zur interdisziplinären Kommunikation in einem Unternehmen. Daher ist die Wirksamkeit dieser Methode nur dann voll gegeben, wenn die Entscheidungsträger selbst an der Entwicklung der Szenarien beteiligt sind.

Auf den Szenarien aufbauend können die möglichen Chancen und Risikofelder des Unternehmens oder des Bereiches genauer benannt werden. So entstehen Einschätzungen, die in die Entwicklung strategischer Optionen einfließen können.

Bei der späteren Bewertung der erarbeiteten Strategieoptionen ist der eine Aspekt besonders wichtig: die Überprüfung, ob und inwieweit die strategischen Optionen die unterschiedlichen Szenarien berücksichtigen. Manche Optionen sind durchaus geeignet, eine Antwort auf mehrere oder sogar auf alle entwickelten Szenarien zu geben. In diesem Fall sprechen wir von robusten Strategien.

Der Industrievorausblick nach Hamel/Prahalad

Einen weiteren Zugang zur Zukunft des Unternehmens entwickelten Hamel und Prahalad (1997) mit ihrem »Industrievorausblick«. Diese Perspektive ermöglicht es, das Unternehmen radikal in neuem Licht zu sehen. Im Wesentlichen geht es darum, dass die Führungskräfte eines Unternehmens gemeinsam ein Bild von der Zukunft der Branche entwickeln. Der Trick besteht für Hamel und Prahalad darin, die Zukunft zu sehen, bevor es sie überhaupt gibt. Ist das Bild einmal klar, lässt sich auch der Weg von der Gegenwart in die Zukunft leichter finden.

Ein Bild vom Kunden der Zukunft

Um eine Vorstellung über die eigene Zukunft zu gewinnen, sollte man sich zunächst einmal Gedanken über die Zukunft der Kunden machen:

- Vor welchen Herausforderungen stehen unsere Kunden in fünf bis zehn Jahren?
- Welche Bedürfnisse werden unsere Kunden dann haben?
- Mit welchen Techniken oder Technologien werden sie ihre Probleme lösen?
- Wo und wie werden sie einkaufen?
- Was werden sie tun, was sie heute noch nicht tun?

Auf den Antworten lässt sich eine Analyse der Kunden aufbauen, die wiederum in unsere strategischen Optionen einfließt. Schließlich hängen unsere Vorstellungen über unsere Zukunft eng mit unseren Erwartungen zusammen, wie es unseren Kunden künftig gehen wird und wie sich unsere Beziehung zu ihnen entwickeln könnte:

- Welchen Nutzen wollen wir unseren Kunden in fünf, zehn oder 15 Jahren bieten?
- Welche neuen Kompetenzen müssen wir uns aneignen, um diese Leistungen auch tatsächlich erbringen zu können?
- Wie müssen wir unsere Beziehung zu unseren Kunden in den kommenden Jahren gestalten?

Hamel und Prahalad verwenden den Begriff »Industrievorausblick« anstelle des Begriffs »Vision«. Der von ihnen geforderte Vorausblick beruht auf tiefen Einsichten in die Entwicklungstrends der Kunden, der Technologien, der Bevölkerungsstruktur, der Gesetzgebung und der Lebensgewohnheiten der Menschen – Einsichten, die genutzt werden können, die Spielregeln der Branche umzuschreiben und einen neuen Wettbewerbsraum zu erschließen.

Wer nicht selbst in den Branchenvorausblick investiert, wird sich früher oder später mit weitblickenderen Konkurrenten konfrontiert sehen. Der Wettbewerb um die künftige Marktführerschaft wird zuerst in einer Auseinandersetzung um die intellektuelle Führung ausgetragen. Damit der Vorausblick den umfassenden Aufbau von Fähigkeiten wirksam leiten kann, muss das ganze Unternehmen über diesen Industrievorausblick verfügen und nicht nur »die Typen aus der Forschung oder aus dem Marketing«.

Der Weg zum Industrievorausblick

Damit der Blick in die Zukunft der Branche klar und fokussiert erfolgt, empfehlen Hamel und Prahalad (1997, S. 138 ff.) folgende Schritte:

Schritt 1: Rücken Sie Ihr Kernkompetenz-Portfolio in den Mittelpunkt Ihrer Betrachtungen

Manager neigen dazu, die Zukunft durch die enge Brille ihres Geschäftsfeldes und seiner Märkte zu betrachten. Will ein Unternehmen im Wettlauf um die Zukunft erfolgreich sein, muss es seinen Horizont wesentlich erweitern. Denn wer nur auf den aktuellen Markt schaut, begibt sich in die Gefahr, sein eigenes Schicksal mit dem des Marktes unauflösbar zu verknüpfen. Märkte werden gesättigt, Kompetenzen hingegen entwickeln sich weiter. Das heißt, dass Sie Ihr Geschäft mehr als Portfolio von Kernkompetenzen denn als ein Portfolio von Geschäftsfeldern betrachten sollten. Ihre Aufmerksamkeit sollte daher weniger dem spezifischen Produktmarkt gelten, sondern stärker den Kernkompetenzen, mit deren Hilfe Sie die Probleme Ihrer Kunden lösen.

Die entsprechenden Leitfragen lauten daher:

- Welchen Kundennutzen stiften wir heute?
- Welchen Nutzen können wir unseren Kunden künftig verschaffen?
- Über welche Kernkompetenzen verfügen wir heute?
- Welche Kernkompetenzen müssen wir heute aufbauen, um künftig erfolgreich zu sein?

Das Konzept der Kernkompetenzen und konkrete Hinweise zur Entdeckung dieser »Wurzeln des geschäftlichen Erfolges« werden in einem späteren Kapitel detailliert vorgestellt.

Schritt 2: Konzentrieren Sie sich auf funktionsbezogene Zusammenhänge

Um sich den Industrievorausblick nicht zu verstellen, sollte man sich nicht nur von der Geschäftsfeldbetrachtung lösen, sondern auch von einer traditionellen Produkt- und Dienstleistungsbetrachtung. Der Fokus liegt vielmehr auf jenen Funktionen, die den Produkten und Dienstleistungen zugrunde liegen.

Hamel und Prahalad erläutern diesen Wechsel der Perspektive am Beispiel der Funktionen eines Flipcharts:

Worin besteht die Funktion einer Unterrichtstafel oder eines Flipcharts? Darin, einer kleinen Gruppe von Personen zur gleichen Zeit Informationen zu vermitteln. Aber es ist schwierig, die auf einer Tafel oder Flipchart dargestellte Information zu transportieren. Beide können nicht in einen Kopierer gelegt oder in eine Aktentasche gesteckt werden. Was ist die Lösung für dieses Problem? Wenn man das Produkt funktionsbezogen betrachtet, ist die naheliegende Antwort eine elektronische Tafel mit eingebautem Scanner und Kopiersystem. Doch es waren nicht die Hersteller von Tafeln, die auf diese Idee kamen, sondern die japanische Firma Oki (Hamel/Prahalad 1997, S. 143).

Wenn auch dieses neue Produkt heute noch nicht wirklich ausgereift ist, erscheint es nicht unwahrscheinlich, dass die elektronische Tafel mittelfristig die traditionelle Tafel in allen Schulen und Weiterbildungseinrichtungen ablösen könnte.

Aus der Verknüpfung von Kernkompetenzen und funktionsbezogenem Denken lassen sich neue Wege in noch unerschlossene Wettbewerbsräume finden.

Die Leitfragen dazu lauten:

- Was macht den Unterschied zwischen guten und weniger guten Produkten/ Dienstleistungen aus?
- Auf welchen Funktionen beruht dieser Unterschied?
- Wie lautet das dahinterliegende Problem?
- Wäre dieses Problem mit anderen Produkten und Dienstleistungen besser zu lösen?
- Welche Funktionen müssen wir in Zukunft früher und besser beherrschen als alle anderen?

Schritt 3: Stellen Sie das gewohnte Preis-Leistungsverhältnis radikal in Frage

Ein weiterer Ansatzpunkt, Branchenselbstverständlichkeiten zu hinterfragen, ist die Lösung von branchenüblichen Vorstellungen über das Preis-Leistungsverhältnis. Eine drastische Preissenkung kann beispielsweise über Nacht einen Massenmarkt schaffen. So geschehen bei Mobiltelefonen, Personalcomputern und Wegwerf-Kleinbildkameras. Erst durch außergewöhnlich ehrgeizige Ziele werden Techniker gezwungen, das Produkt neu zu begreifen. So setzte sich Honda mit dem NSX ein ehrgeiziges Preisziel, das radikal unter den Marktusancen des Ferraris lag, um von diesem Punkt ausgehend einen Sportwagen völlig neu zu erfinden.

Die Leitfragen zu diesem Bereich lauten:

- Wie würde sich unser Markt ändern, wenn wir die im Wesentlichen gleiche Funktion um die Hälfte billiger als derzeit anböten?
- Wie müsste man unser Produkt oder unsere Dienstleistung neu erfinden, damit wir bei diesen Verkaufspreisen noch profitabler als heute sein könnten?

Schritt 4: Erforschen Sie Trends
Das Bemühen um einen Industrievorausblick erfordert Neugierde. Denn die für die Gestaltung der Zukunft maßgeblichen Kräfte und Einflussfaktoren liegen meist außerhalb des gewohnten Gesichtskreises der Branche. Führungskräfte müssen sich mit Fragen beschäftigen, die weit über ihren Fachbereich und ihre Herkunftsexpertise hinausgehen. Um ein Verständnis über die Zukunft des Verlagswesens zu gewinnen, müssen Verlagsmanager beispielsweise ihre traditionelle Branche verlassen und sich mit computergestützten Informationssystemen beschäftigen.

Doch auch dabei kommt es auf die richtigen Instrumente an. Um relevante Diskontinuitäten als erster zu entdecken, ist das »Weitwinkelobjektiv« möglicherweise besser geeignet als die »Kristallkugel«. Die Suche nach Diskontinuitäten erfordert eine beträchtliche intellektuelle Anstrengung des Managements. Halb- oder eintägige Planungsmeetings, in denen Zukunftsfragen »abgehandelt« werden, sind völlig ungeeignet, um ein grundlegendes Verständnis für die künftige Branchenlogik zu entwickeln. Der nötige Vorausblick entsteht eben nicht durch »Vorstoßen«, »Revidieren« oder »Entscheiden«, sondern durch »Erforschen« und »Lernen«. Der damit verbundene Zeitaufwand wird nicht in Stunden und Tagen, sondern in Wochen und Monaten gemessen.

Mit den folgenden Leitfragen setzen Sie das erforderliche Weitwinkelobjektiv richtig ein:

- Sind in Ihrer Branche bereits Kräfte und Faktoren am Werk, die einen tiefgreifenden Wandel der Branchenstruktur bewirken könnten?
- Inwieweit wird dieser Trend unsere Kunden beeinflussen?
- Welche Auswirkungen könnte dieser Trend auf die Technologieentwicklung haben?
- Wie könnte er sich auf unsere gegenwärtige Ertragssituation auswirken?
- Welche Dynamik hat dieser Trend?
- Wer ist dabei, diesen Trend zu nutzen? Wer löste ihn aus? Wer sitzt am Lenkrad, wer ist Passagier, und wer bleibt zurück?
- Welche neuen Produkte und Dienstleistungen könnten aufgrund dieses Trends entstehen, welche verschwinden?

Schritt 5: Lernen Sie aus Analogien
Branchen entwickeln sich oft sehr unterschiedlich. Während die einen weniger innovativ sind, tut sich in anderen ständig etwas Neues. In wenig dynamischen Branchen empfiehlt es sich, die Entwicklungen in hoch innovativen Branchen genau zu studieren und nach möglichen Analogien im eigenen Geschäft zu suchen. Führungskräfte, die aufmerksam die Entwicklungen in anderen Branchen beobachten und nach nützlichen Impulsen suchen, können daraus einen Vorsprung im Rennen um den eigenen Branchenvorausblick gewinnen.

Mögliche Leitfragen, um analoge Entwicklungen in anderen Branchen zu nutzen, lauten:

- Welche Herausforderungen würden auf uns zukommen, wenn auch in unserem Markt all jene Veränderungen auftreten würden?
- Welche Herausforderungen in anderen Leitindustrien wie beispielsweise in der Automobilproduktion, in der Computerbranche, in der Telekommunikation, im Medienbereich, im E-Business wären für uns eine besondere und nicht leicht zu bewältigende Herausforderung?

Schritt 6: Auch der Kunde weiß nicht immer alles

Ein Unternehmen, das die Regeln seiner Branche bestimmen will, muss über eine reine Orientierung am Kunden hinausgehen. Denn auch Kunden zeichnen sich durch einen notorischen Mangel an Vorausblick aus. Wer von uns verlangte vor zehn oder 15 Jahren nach Mobiltelefonen, CD-Playern, MTV oder tragbaren Satellitenempfangsgeräten?

Akio Morita von Sony formulierte dies in einem Interview für Fortune so:

> Unser Plan ist es, die Verbraucher zu neuen Produkten zu führen, anstatt sie zu fragen, welche Art von Produkten sie wollen. Die Verbraucher wissen nicht, was möglich ist; wir hingegen wissen es. Anstatt also in großem Stil Marktforschung zu betreiben, modifizieren wir unsere Vorstellung von einem Produkt und seinem Verwendungszweck und versuchen, einen Markt dafür zu schaffen, indem wir die Verbraucher erziehen und mit ihnen sprechen (Schlender 1992).

Orientiert sich ein Unternehmen nur an den artikulierten Bedürfnissen seiner Kunden, riskiert es, den Anschluss zu verlieren. Um auch jene Bedürfnisse zu identifizieren, die bislang noch nicht artikuliert wurden, bieten sich die folgenden Leitfragen an:

- Wer sind unsere anspruchsvollsten Kunden?
- Was werden diese Kunden an den Produkten von morgen schätzen?
- Wie können wir unseren Konkurrenten bei der Schaffung dieses zukünftigen Kundennutzens zuvorkommen?

Alle Schritte auf dem Weg zu einem Industrievorausblick können in der kleinen Tabelle auf S. 180 dokumentiert werden.

Überprüfen Sie Ihre Einstellung

Neben den beschriebenen Analyseschritten sind nach Hamel und Prahalad besondere innere Haltungen wichtig, um für die Entwicklung eines Industrievorausblicks offen zu sein.

Dumme Fragen machen kluge Antworten notwendig

»Von den Kindern lernen« bedeutet, nicht zu akzeptieren, dass etwas »eben so ist«. Wer nicht mehr fragt: »Könnte es nicht anders sein?«, ist schwerlich in der Lage, in die Zukunft zu sehen. Gelegentlich irritiert eine dumme Frage verfestigte Ansichten so produktiv, dass sich eine ungewöhnliche Perspektive erschließt.

> Die dreijährige Tochter von Dr. Edward Land sah, wie ihr Vater ein Foto machte, und fragte, ob sie das Bild jetzt gleich sehen könne. Diese unschuldige Frage regte Land an, sich an der Entwicklung der Sofortbildkamera zu versuchen. Jahre später, Land war längst bei Polaroid, vertrat er die Auffassung, daß wir in Wirklichkeit keine neuen Produkte erfinden ..., die besten sind bereits da, allerdings unsichtbar, und warten darauf, entdeckt zu werden! (Hamel/Prahalad 1997, S. 148).

Dumme Fragen machen kluge Antworten erforderlich. Die Frage der berühmten MIT-Untersuchung »Warum können wir nicht mit der Produktivität der japanischen Autohersteller mithalten?« und deren Versuche, Antworten zu finden, löste eine Innovationswelle bei amerikanischen und deutschen Autoproduzenten aus.

Wenn es um die Schaffung der Zukunft geht, kann ein einziger Naiver mit offenen Augen mehr entdecken als zehn Szenarioplaner – was den Wert dieses Instruments allerdings nicht herabsetzen soll.

Ungewohnte Objektive zum Suchen verwenden

Künftige Entwicklungen sind eng verwobene Veränderungen der Technologie, der Lebensgewohnheiten, der Gesetzgebung, der Bevölkerungsentwicklung und vieler anderer Faktoren. Will man die Zukunft erkennen, so ist nicht nur ein weiteres Objektiv, sondern vielmehr eine Vielzahl an Objektiven nützlich. Jede Einheit – sei es ein Geschäftsfeld, eine Berufsgruppe, ein Kulturkreis – hat jeweils ihre beschränkte Sichtweise. Unternehmen mit einem außergewöhnlichen Vorausblick sind häufig solche, denen es gelingt, einen interfunktionalen, interprofessionellen und internationalen Austausch zustande zu bringen.

Die Methode des Dialogs (Senge 1997) ist eine Form, sich mit unterschiedlichen Grundannahmen einer Organisation auseinanderzusetzen. Eine andere Form, um die eigenen Sichtweisen zu spiegeln, ist die Einrichtung eines »Junior Board«. Dort sind Potenzialträger des Unternehmens eingeladen, parallel zum Management die strategische Situation des Unternehmens zu hinterfragen. Jungen Mitarbeitern fällt es meist leichter, bestehende Denkmuster und liebgewonnene Traditionen in Frage zu stellen. Zudem können Personen, die im Unterschied zum Linienmanagement noch keine »Aktien im Spiel« haben, historisch entwickelte Praktiken und Sichtweisen unbefangener betrachten.

Leitfragen auf dem Weg zu einem Industrievorausblick	Erste Ansätze eines Industrievorausblicks für unser Unternehmen
Schritt 1: **Kernkompetenzfokus statt eines eingeengten Marktblicks**	
Schritt 2: **Funktionsbezogenes Denken statt eingeschränkter Produktbetrachtung**	
Schritt 3: **Das gewohnte Preis-Leistungsverhältnis radikal in Frage stellen**	
Schritt 4: **Trends erforschen**	
Schritt 5: **Aus Analogien lernen**	
Schritt 6: **Auch der Kunde weiß nicht immer alles**	

Chancen und Bedrohungen,
die sich aus dem Industrievorausblick für unser Unternehmen ergeben:

Abb. 22: Formular zur Dokumentation des Industrievorausblicks

Querdenken

Der gelungene Industrievorausblick beruht nicht unbedingt darauf, dass man der bessere Prognostiker ist, sondern dass man weniger engstirnig denkt. Nicolas Hayek beispielsweise war ein Querdenker. Er glaubte daran, dass man nicht nur in Asien billige Uhren produzieren kann. Was er mit dem Erfolg der Swatch-Uhrenlinie eindrucksvoll bewies.

Ein Blick auf Binnenverhältnisse und Ressourcen

Alle bisherigen Analyseschritte haben sich mit den Einflussfaktoren von »außen« beschäftigt, mit dem weiteren gesellschaftlichen und ökonomischen Umfeld, mit dem Wettbewerb und mit den Kunden. Nun verlässt unser Strategie-Helikopter erneut seine Flughöhe und nähert sich dem zu untersuchenden Unternehmen und den Binnenverhältnissen darin. Welche Ressourcen stehen zur Verfügung, um die in den bisherigen Analyseschritten entdeckten Chancen auch tatsächlich zu nutzen? Für diese Binnenanalyse empfehlen wir die Instrumente der Stärken-Schwächenanalyse und das Kernkompetenzmodell von Hamel und Prahalad.

Die Stärken-Schwächenanalyse

Dieser Schritt bildet den Übergang von der Außen- zur Innenperspektive: Welche Ressourcen stehen dem Unternehmen überhaupt zur Verfügung, um die theoretisch denkbaren strategischen Optionen tatsächlich umzusetzen? Ziel ist es, den Sinn alternativer Strategien anhand spezifischer Stärken und Schwächen auszuloten. Die Positionierung des Unternehmens ist niemals absolut. Sie ist eine Beschreibung der relativen Wettbewerbsposition, die in Beziehung zu den möglichen Chancen und Risiken und in Bezug auf mögliche Konkurrenten zu sehen ist (zur allseits beliebten SWOT-Analyse vgl. auch Johnson/Scholes 2002, S. 132 f. bzw. 183 f.).

Leitfaden für eine Stärken-Schwächenanalyse

Schritt 1: Analysieren Sie die kritischen Erfolgsfaktoren, die den Erfolg des Unternehmens in einer Branche bestimmen
Bei diesem ersten Schritt kann das folgende Gliederungsschema (hier wurden Aspekte von Pümpin 1980, Bea/Haas 1997, Porter 1983/1999a, Hinterhuber 1992, Kreikebaum 1993, eingearbeitet) helfen, die beiden folgenden Fragen zu beantworten: In welchen Bereichen muss sich ein Unternehmen in unserer Branche gut rüsten, um erfolgreich zu sein? Und was sind die »kriegsentscheidenden« internen Aspekte, die für das Überleben in dieser Branche entscheidend sind?

- **Das Produkt**
  Produktqualität, Dienstleistungsqualität, Ruf der Produkte, Breite und Tiefe des Produktprogramms, Altersaufbau der Produkte, Entwicklung neuer Produkte, Modellpflege, Produktdesign, Preisgestaltung, Synergien zwischen den Produkten
- **Die Produktion**
  Leistungsstand und technologisches Niveau der Fertigungsanlagen, Flexibilität und Kapazitäten der Anlagen, Fertigungstiefe, Kostenstruktur, Standort, Zugang zu Rohstoffen und Vorprodukten, Materialplanung, Grad der vertikalen Integration (»make or buy«), Qualität der Fertigungsplanung und Steuerung, Qualitätsstandards und -messung, Arbeitstechnik, Arbeitsplatzgestaltung, Entwicklung der Herstellungskosten
- **Die Logistik**
  Entwicklung der Logistik und deren Organisation, Bewirtschaftung von Einkaufsmaterial und -komponenten, Einkaufskosten, Lagerkosten, Lagerumschlagszahlen, gebundenes Kapital, Materialfluss, Lagersystem und -technik
- **Die Technologie – Forschung und Entwicklung**
  vorhandenes Know-how, Forschungs- und Entwicklungsaufwand, Patente und Lizenzen, Forschungseffizienz, Kooperations- und Kommunikationsmöglichkeiten mit dem relevanten Forschungsumfeld, Zugang zu externen Quellen
- **Absatz und Marketing**
  Absatzentwicklung, Marktbearbeitung – Verkauf/Außendienst, Verkaufsförderung, Werbung, Werbepräsenz, Öffentlichkeitsarbeit, Markenpolitik, Markenstärke, Image – Sortimentspolitik, relative Qualität, Preispolitik, Marktforschung, Absatzplanung und Marktinformationen
- **Vertrieb und Distribution**
  Qualität der Vertriebskanäle, Schlagkraft der Vertriebsorganisation, Kundendienst, Kundentreue, Lagerbewirtschaftung, Lieferbereitschaft und -fähigkeit, Organisation der Auftragsabwicklung, Entwicklung von Kundendienst, Service, Reparaturen

- **Die Mitarbeiter**
  vorhandene Qualifikation/Professionalität/Fachkompetenz, Altersstruktur, Ausbildungsstand, Gehaltspolitik und -struktur, Identifikation und Motivation, Lernbereitschaft, Veränderungsbereitschaft, Fluktuationsrate, Betriebsklima, Betriebstreue, Attraktivität am Arbeitsmarkt
- **Die Organisation**
  Funktionalität der Hierarchieebenen, Ausmaß der Dezentralisierung, Anpassungsfähigkeit der Organisation, Ablauforganisation, Flexibilität, Schnelligkeit und Produktivität der Abläufe und Prozesse, Projektmanagement, Job Rotation, Übereinstimmung organisatorischer Strukturen mit der Strategie
- **Das Management**
  Führungsqualitäten des Managements, Gestaltungswille und -fähigkeit, Teamfähigkeit, vertikale und horizontale Kooperationsbereitschaft des Führungsteams, Altersstruktur und Ausbildungsstand des Managements, Leistungsbereitschaft der Führungskräfte, Qualität der Entscheidungen, Umsetzungsstärke und Resultatorientierung, Zweckmäßigkeit der Führungsinstrumente und Performancebeobachtung (zu letzterem vgl. neuerdings Vaupel 2008)
- **Führungskräfte**
  Managementpotenzial, Qualität der Führungskräfte, Nachwuchsförderung, Entwicklungsprogramme, Laufbahnplanung, Incentivierungssysteme
- **Informationssysteme**
  Qualität des operativen und strategischen Führungsinformationen – Controlling, Frühwarnsysteme, formelle und informelle Informationssysteme – Wissensmanagement, Speicherung und Ablage von Informationen, Zugang zu strategisch relevanten Informationen
- **Die Unternehmenskultur**
  Gemeinsame Werte, Klarheit über die Unternehmenszwecke, Führungsstil, »Wir-Gefühl«
- **Die Finanzstruktur**
  Eigenkapitalausstattung und Verschuldungsgrad, kurz- und mittelfristige Liquidität, liquidierbare Finanzierungsreserven, Gesamtrentabilität, Cashflow, Zugang zu externen finanziellen Mitteln, finanzielle Ressourcen verbundener Unternehmen, Gewinnverwendung, Kompetenz des Finanzmanagements, Eigentumsverhältnisse und die damit zusammenhängende Leistungsfähigkeit der Corporte Governance
- **Die finanzielle Unternehmensentwicklung**
  Umsatz- und Ertragsentwicklung, Rentabilität, Personalkosten, Flexibilisierungsmöglichkeit des Fixkostenblocks, Entwicklung der eigenen Marktanteile, Stellung der Unternehmung innerhalb der Branche, Beteiligungs- und Akquisitionspotenzial

Ergebnis dieses ersten Schritts ist eine Liste jener »kritischen internen Faktoren«, die über den Erfolg oder Misserfolg eines Unternehmens in der beobachteten Branche bestimmen.

Die kritischen unternehmensinternen Faktoren in unserer Branche

Abb. 23: Formular zur Dokumentation der kritischen unternehmensinternen Erfolgsfaktoren

Schritt 2: Entwickeln Sie ein Stärken- und Schwächenprofil
Vor dem Hintergrund der erarbeiteten internen »kritischen Branchenfaktoren« müssen die Stärken und Schwächen des eigenen Unternehmens identifiziert und bewertet werden. Wobei Sie sich nicht nur auf eigene Einschätzungen verlassen, sondern auch Schlüsselkunden fragen oder die Meinung der Branche berücksichtigen sollten.

Hauptstärken	**Hauptschwächen**

Abb. 24: Formular zur Dokumentation der wichtigsten Stärken und Schwächen des eigenen Unternehmens

Schritt 3: Vergleichen Sie Ihre Stärken und Schwächen mit denen der wesentlichen Mitbewerber

Bei einer Positionierung des eigenen Unternehmens besteht erfahrungsgemäß die Gefahr, dass sich die Führungskräfte ihre bereits vorhandenen Bilder gegenseitig bestätigen. Daher sollte sie stets im Bezug zur Performance der wichtigsten Mitbewerber sowie zu den in den Vorschritten herausgearbeiteten Chancen und Risiken vorgenommen werden. Erst durch diese Differenzierung wird aus einer operativen Stärken-Schwächenanalyse ein Instrument zur strategischen Betrachtung des Unternehmens.

Dieser Vergleich wird zur leichteren Kommunikation gern auch grafisch dargestellt:

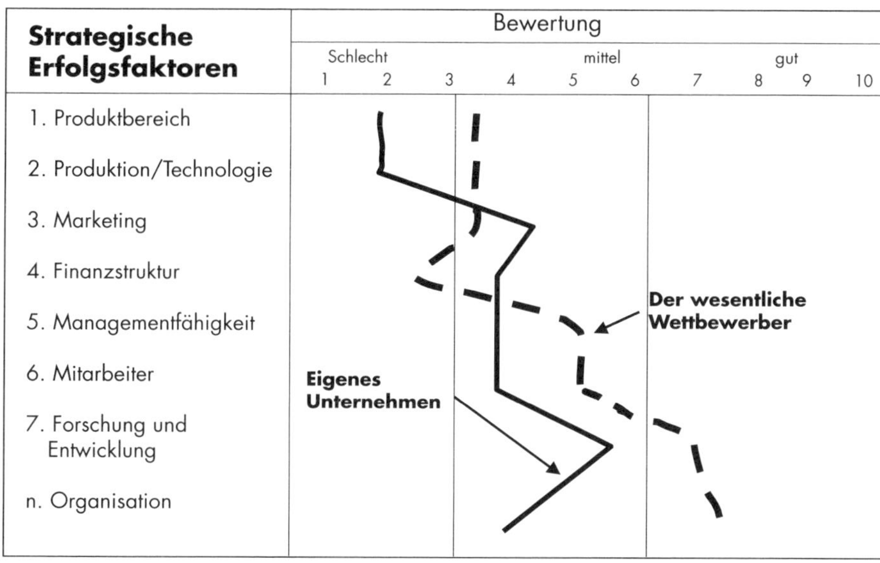

Abb. 25: Positionierung anhand eines Stärken-Schwächenprofils

Schritt 4: Ziehen Sie strategische Konsequenzen aus der Stärken-Schwächenbetrachtung

Aus allen drei Zwischenschritten lassen sich wichtige Schlussfolgerungen ableiten:

- Wo ist das Unternehmen oder die untersuchte Organisationseinheit bereits gut gerüstet, um bestehende Chancen nutzen zu können?
- In welchen Bereichen muss kurz- oder mittelfristig gehandelt werden, um Chancen wahrnehmen zu können?
- Welche Rahmenbedingungen sind kaum zu verändern und beeinflussen daher die strategischen Möglichkeiten des Unternehmens?

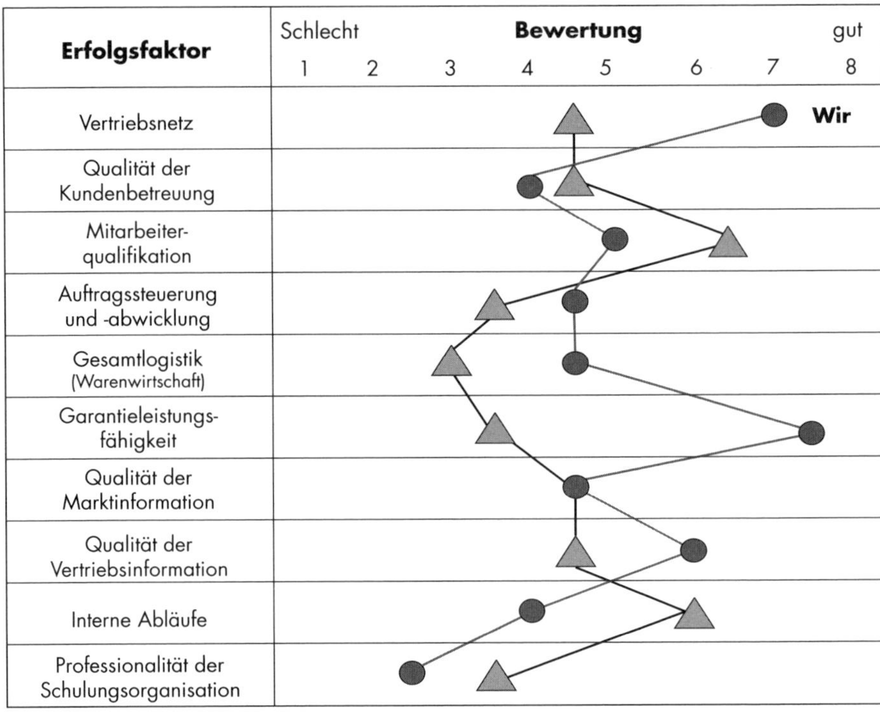

Abb. 26: Beispielhafter Stärken-Schwächen-Vergleich einer Vertriebsorganisation in der Automobilindustrie

Die Schlüsselfunktion der Kernkompetenzen

Kernkompetenzen bauen »Brücken in die Zukunft« …

Unternehmen, die langfristig erfolgreich sein wollen, müssen interne Fähigkeiten aufbauen, die einen überdurchschnittlichen Beitrag zum zukünftigen Kundennutzen leisten können. Die Auseinandersetzung mit den eigenen Kernkompetenzen erlaubt es dem Unternehmen, sich auf ein plausibles Konzept künftiger unternehmerischer Aktivitäten festzulegen, das auf der Basis vorhandener Fähigkeiten beruht. Für Hamel und Prahalad (1990 und 1997) sind Kernkompetenzen »Brücken in die Zukunft«. Die Betonung der Kernkompetenzen ist das Ergebnis einer längeren kritischen Auseinandersetzung mit der einseitigen Ausrichtung des strategischen Managements an den unternehmensexternen Markt- und Branchengegebenheiten, dem sogenannten »market based view«. Diesem wird seit dem Ende der 1980er-Jahre des vorigen Jahrhunderts die enorme strategische Relevanz der in einem Unternehmen im Laufe seiner Lerngeschichte aufgebauten internen Ressourcen und Leistungspotenziale gegenüber gestellt (Barney 1991 sowie mit einer kritischen Zwischenbilanz ders. u. a. 2001). Diesem Schwenk nach Innen korrespondiert der »resource based view«, dem auch die hier vorgestellte Kernkompetenzbetrachtung zuzuordnen ist (zuerst Wernerfelt 1984, ausführlicher dazu auch Johnson/Scholes 2002, S. 156 ff).

Ein kritischer Blick auf die wesentlichen Kompetenzen eines Unternehmens unterstützt die Führungskräfte bei der Suche nach jenen Bedürfnissen der Kunden, die sich aus den vorhandenen Möglichkeiten auch in der Zukunft befriedigen lassen. Das Unternehmen zieht damit sein Beobachtungsraster so eng, dass es auch zufällig sich bietende Marktchancen gezielter nutzen kann. Es gibt dem Zufall eine Chance, ohne der Gefahr des »Sich-Verzettelns« zu erliegen.

... und zeigen den Weg in bislang unerschlossene Wettbewerbsräume

Es geht darum, die unternehmenseigenen Kompetenzen mit einer fundierten Vorstellung über jene Probleme zu verknüpfen, die künftig für die Kunden eine zentrale Rolle spielen werden. Welche Bedürfnisse werden mittel- und langfristig einen zentralen Engpass darstellen? Welche Fähigkeiten muss man schon jetzt aufbauen, um später auf die entstehende Nachfrage antworten zu können? Die Antworten auf derartige Fragen unterstützen ein Unternehmen dabei, seine Kräfte auf den Aufbau von Erfolgspotenzialen zu konzentrieren – gerade weil es in diesem Rennen um künftige Führungspositionen um mehrere Jahre also um einen längerfristigen Zeithorizont geht.

Was sind Kernkompetenzen?

»Eine Kernkompetenz ist ein Bündel von Fähigkeiten und Technologien, das es einem Unternehmen ermöglicht, seinen Kunden einen bestimmten Nutzen anzubieten« (Hamel/Prahalad 1997, S. 306). Bei Sony besteht dieser Kundennutzen beispielsweise im »Taschenformat« der angebotenen Walkman, CD-Player und Fernsehgeräte. Die dazugehörende Kernkompetenz ist die Fähigkeit zur Miniaturisierung.

Eine Kernkompetenz besteht nicht aus einer bestimmten Einzelfähigkeit oder einer einzelnen Technologie, sondern aus einem Bündel von Basisfähigkeiten.

Ein Beispiel: Die Kernkompetenz eines Logistikunternehmens kann in der Paketbeförderung und Zustellung liegen. Diese Leistung beruht wiederum auf verschiedenen Basisfähigkeiten wie der Beherrschung der Balkencodetechnologie, der drahtlosen Kommunikation, des Netzwerk-Managements, einer besonderen Form der EDV-Steuerung und ähnlichem mehr (ein gutes Beispiel dafür ist die Hermes Logistik Gruppe).

Nennt ein Unternehmen 40–50 »Kompetenzen«, so handelt es sich dabei in der Regel um Basisfähigkeiten, die sich zu 5–10 Kernkompetenzen zusammenfassen lassen. Die Unterscheidung zwischen einer bestimmten Fähigkeit und einer Kernkompetenz ist allerdings nicht immer leicht zu treffen. Manchmal hilft die Differenzierung in Metakompetenzen wie Logistik, in Kernkompetenzen wie Netzwerkmanagement und in Basisfähigkeiten wie Balkencodierung oder EDV-Steuerung.

Hamel und Prahalad betrachten ein diversifiziertes Unternehmen als großen Baum. Der Stamm und die wichtigsten Äste sind die Kernprodukte, die kleineren Zweige die Geschäftseinheiten. Die Blätter, Blüten und Früchte sind die Endprodukte. Das Wurzelsystem, das für Nahrung, Halt und Stabilität sorgt, sind die Kernkompetenzen. Man kann die eigenen Stärken aber auch die der Konkurrenten übersehen, indem man nur ihre Endprodukte betrachtet, so wie einem die Stärke eines Baums entgehen kann, wenn man nur seine Blätter sieht. Das Bild von den Wurzeln deutet darauf hin, dass Kernkompetenzen in aller Regel nicht einfach sichtbar auf der Hand liegen. Sie entziehen sich dem oberflächlichen Blick des Betrachters. Sie sind deshalb nur durch einen sorgfältig angeleiteten Prozess des »Ausgrabens« erschließbar. In diesem Sinne sprechen wir bei Kernkompetenzen von »intangible assets« (zu deren strategischer Bedeutung vgl. auch Clarke/Clegg 2000, S. 342 ff.).

Jede Unternehmensspitze, die es verabsäumt, sich um die Kernkompetenzen ihres Verantwortungsbereiches zu kümmern, setzt die Zukunft des Unternehmens aufs Spiel. Denn beim Wettbewerb um die Zukunft geht es weniger um einzelne Produkte und Dienstleistungen, sondern mehr um einen Wettbewerb, der darauf abzielt, rechtzeitig für künftig relevant werdende Kundenprobleme ausreichend ausgereifte Kernkompetenzen zur Verfügung zu haben.

Kernkompetenzen entstehen dann, wenn sich ein Unternehmen darauf konzentriert, ein ganzes Bündel von Problemlösungen für den Kunden entstehen und wachsen zu lassen. Sie entstehen nicht, wenn sich das Unternehmen ausschließlich auf eine spezielle Chance, die der Produktmarkt gerade bietet, beschränkt.

Was zeichnet Kernkompetenzen aus?

- **ein messbarer Nutzen für den Kunden**
  Kernkompetenzen sind jene spezifischen Fähigkeiten, jenes charakteristische Können, das es einer Firma ermöglicht, ihren Kunden einen wesentlichen Nutzen anzubieten. Eine Kernkompetenz muss einen überdurchschnittlichen Beitrag zum vom Kunden wahrgenommenen Wert leisten. Sie muss für den Kunden erkennbar sein und von ihm verstanden werden. Letztlich entscheidet der Kunde, ob die wahrgenommenen Vorteile für ihn einen wichtigen Wert darstellen.

- Ob es sich bei einer speziellen Fähigkeit um eine Kernkompetenz handelt, lässt sich mit der Unterscheidung in »Kernnutzen« und »Sekundärnutzen« präzisieren. So ist für Honda beispielsweise das Know-how im Motorenbereich eine Kernkompetenz. Die Art und Weise, wie der Verkauf erfolgt und wie die Beziehungen zum Kunden gestaltet sind, wird dagegen als Sekundärfähigkeit gesehen. Sie sind für den Kunden nicht der entscheidende Vorteil, den er sich vom Kauf eines Honda verspricht.
- **ein besonderes Prozesswissen**
  Produktionsbezogene Fähigkeiten und Kompetenzen bzw. das Beherrschen anderer wettbewerbsrelevanter Leistungsprozesse (wie z. B. die ganze Supply Chain) können Kernkompetenzen eines Unternehmens sein, die dem Unternehmen nennenswerte Kostenvorteile bringen, auch wenn diese nicht an den Kunden weitergegeben werden.
- **der deutliche Unterschied zum Mitbewerber**
  Um als Kernkompetenz zu gelten, muss das Leistungsvermögen der betreffenden Firma in relevanten Dimensionen deutlich höher als das anderer Mitbewerber sein. In jeder Branche sind gewisse Fähigkeiten und Fertigkeiten Voraussetzung, um überhaupt am Wettbewerb teilnehmen zu können. Hamel und Prahalad nennen diese Voraussetzung »Mindesteinsatz«.
  So gehört es zum Mindesteinsatz der Beraterbranche, gut ausgebildete und kompetente Mitarbeiter im Unternehmen zu haben. Obwohl kaum ein Beratungsunternehmen ohne solche Mitarbeiter mittelfristig überleben wird, ist dies kein differenzierendes Merkmal zwischen Beratungsunternehmen auf einem gewissen Kompetenzniveau. Es geht um den Unterschied zwischen »notwendigen« und »differenzierenden« Kompetenzen. Wettbewerbsrelevant sind jene Fähigkeiten, die im Wettbewerb tatsächlich einen Unterschied ausmachen und nicht so rasch kopiert werden können. Sie bieten einen Imitationsschutz.
- **die Ausbaufähigkeit**
  Die Konzentration auf Kernkompetenzen ersetzt die produktbezogene durch eine fähigkeitsbezogene Betrachtung. Diese Perspektive provoziert geradezu die Frage, für welche Probleme von Kunden sich die vorhandenen Potenziale noch nutzen lassen. Strategisch besonders bedeutsam sind jene Kernkompetenzen, die man für neue Problemlösungen und Produktideen leicht einsetzen kann und die sich durch diese Mehrfachnutzung automatisch weiterentwickeln. Eine Kernkompetenz hat also vor allem dann Substanz, wenn sie eine Grundlage für die Entwicklung ganz neuer Produkte und Dienstleistungen bildet. Ein eindrucksvolles Beispiel für diesen Aspekt der Ausbaufähigkeit bildet die Firma Gore, vielen bekannt durch ihre Goretex-Produkte, der es gelungen ist, aus ihrer ursprünglichen Kerntechnologie heraus in völlig fremden Gebieten ganz neue Geschäftsmöglichkeiten zu erschließen (etwa in industrieller Anwendungen oder in der Medizintechnik).

- Gemeinsam erworbenes, oft unausgesprochen vorhandenes Wissen (Kernkompetenzen) bildet, letztlich den speziellen »Fingerabdruck« einer Firma. Die Kernkompetenzen sind durch gemeinschaftliche, selten bewusst geplante Lernprozesse entstanden und entwickeln sich auf diesem Wege auch weiter. Erhebliche Teile davon sind »implizites Lösungswissen«. Dieses steht den betroffenen Leistungsträgern und Organisationseinheiten zur Verfügung, ohne dass es sofort und unmittelbar benennbar wäre. Das macht es oft so schwer, diese Potenziale zu identifizieren. Sie liegen eben wie Wurzeln unter der Erde, während die aktuellen Produkte und Dienstleistungen die Früchte dieser Wettbewerbsfähigkeit darstellen. Einen etwas anderen, aber durchaus vergleichbaren Kriterienkatalog bietet Barney (1991, S. 105) mit seinem »VRIO-Modell« an. Seine Kriterien sind: Value im Sinne von Kundennutzen, Rareness im Sinne von Einzigartigkeit, Imperfect Imitability im Sinne von schwer imitierbar und Organizational Specifity im Sinne von nur in diesem individuellen Unternehmenskontext verwendbar (Müller-Stewens/Lechner 2005 haben darauf aufbauend ihre spezifischen Prüfkriterien für Kernkompetenzen entwickelt).

Was sind keine Kernkompetenzen?

Um das Verständnis für Kernkompetenzen zu schärfen, hilft es zu verstehen, was Kernkompetenzen nicht sind:

- **keine »Aktivposten« in der Bilanz**
  Eine Marke, eine Produktionsstätte, ein Patent oder ein bestimmter Vertriebsweg sind »Assets« und keine Kernkompetenzen. Die Fähigkeit, diese Dinge zu managen, kann allerdings sehr wohl eine Kernkompetenz darstellen.
- **keine reinen Wettbewerbsvorteile**
  Ein bestimmter Lizenzvertrag, die Produktion in Niedriglohnländern, die Herstellung eines Burgunders in Burgund sind Beispiele für Wettbewerbsvorteile. Diese Unterscheidung ist deshalb wichtig, weil ein Unternehmen sonst allzu leicht versucht ist, sich auf einem bestimmten Vorteil auszuruhen, und den Aufbau echter Kernkompetenzen zu vernachlässigen. Hamel und Prahalad unterscheiden zwischen dem »Vermächtnis der Vergangenheit« wie Marken, bestimmten Produkten, einer guten Vertriebsinfrastruktur, Patenten oder einer stabilen Finanzstruktur und »Kompetenzen«, die notwendig sind, um in der Zukunft davon profitieren zu können.
- **nichts weiter als eine vertikale Integration**
  Das Kernkompetenzkonzept verlangt nicht, dass das Unternehmen alles, was es verkauft, auch selbst herstellen muss. Allerdings sollten jene Kompetenzen, die ein Unternehmen unverwechselbar machen, nicht ausgelagert werden. So lässt Nike zwar in Niedriglohnländern produzieren, aber die Kompetenzen in

den Bereichen Design, Produktentwicklung, Athletenbetreuung und Marketing werden wohlweislich nicht outgesourct.

Die Auswirkungen auf die Strategie

Kernkompetenzen sind vor dem Hintergrund sämtlicher Geschäftsbereiche zu entwickeln

Kernkompetenzen umfassen ganze Produktgruppen oder Geschäftsbereiche eines Unternehmens. So hat sich die Bandbreite der Sony-Produkte über die Jahre dynamisch verändert, aber die Kernkompetenz der Miniaturisierung beeinflusst seit Jahrzehnten die Politik des Unternehmens. In der Geschäftsfeldorientierung vieler Unternehmen liegt jedoch die Gefahr, nur die eigenen Produkt-Marktkombinationen im Visier zu haben. Die Identifikation von und die Investition in Kernkompetenzen sollten daher mit dem Blick aufs Ganze erfolgen. Zudem erfordert der Aufbau von Kernkompetenzen ein Maß an Investitionen, Risikobereitschaft und Beharrlichkeit, die einzelne Geschäftseinheiten oft überfordert. Gerade in organisch gewachsenen, diversifizierten Unternehmen sind häufig Kernkompetenzen anzutreffen, deren Charakter geschäftsfeldübergreifend einzuschätzen ist. Genau dieser wichtige Zusammenhang ist es, der vielfach in der strategischen Analyse übersehen wird.

Kernkompetenzen beeinflussen den Erfolg des gesamten Unternehmens

Der Erfolg oder Misserfolg im Wettbewerb um die Kompetenzführerschaft hat nicht nur Auswirkungen auf einzelne Produkte oder Dienstleistungen. Durch die oben beschriebene Verflechtung wirkt er sich nachhaltig auf das Potenzial des ganzen Unternehmens aus – sehr viel nachhaltiger als etwa der Erfolg oder Misserfolg eines Produkts. Wenn beispielsweise Motorola seine Kompetenzführerschaft in der drahtlosen Kommunikation verlöre, hätte dies dramatische Auswirkungen auf ein breites Spektrum von Geschäftszweigen, etwa auf Pager, Zellulartelefone, Duplex-Mobilfunkgeräte und ähnliches mehr (Hamel/Prahalad 1997, S. 306). Nokia ist im Unterschied dazu gerade dabei, seine Fähigkeiten als Mobilfunkhersteller mit großer Anstrengung auf multimediale Anwendungen weiterzuentwickeln (dazu Doz/Kosonen 2008, S. 20 ff.).

Kernkompetenzen sind langfristige Investitionen

Da der Aufbau einer Führungsposition in einem wichtigen Kernkompetenzbereich in Jahren gemessen wird, ist es für die langfristige Überlebensfähigkeit zentral, schon heute künftig benötigte Kernkompetenzen aufzubauen. Fehlt diese Perspektive, werden vermutlich Andere auf den Märkten der Zukunft erfolgreicher sein.

Da sich Kompetenz mehr durch kumulatives Lernen aufbaut als durch große Erfindungssprünge, ist es schwierig, diese Entwicklung »im Zeitraffer« nachzuholen, obwohl die Produktzyklen immer kürzer werden; »im Rennen um die Führerschaft bei Kernkompetenzen wird immer noch in Jahren und nicht in Monaten gemessen« (Hamel/Prahalad 1997, S. 306). Und dieses Rennen geht immer dem um Produktführerschaft voraus. In der öffentlichen Diskussion wird gern übersehen, dass der dauerhaften Vorreiterrolle eines Unternehmens in aller Regel ein nachhaltiger, jahrelanger Aufbauprozess vorausgegangen ist. Diese Aufbauarbeit erfolgt in aller Stille, von außen unbemerkt. Das Unspektakuläre daran verführt dazu, die absolut erfolgskritische Dimension dieses Aspekts der Unternehmensentwicklung zu übersehen (vgl. Collins 2001, S. 211 f.). Die Firma Intel bietet in diesem Zusammenhang ein besonders eindrucksvolles Beispiel (dazu Burgelman/Grove 2007).

Leitfaden zur Suche nach den Kernkompetenzen

Ziel des folgenden Suchprozesses ist es, bestimmte Fähigkeiten zu identifizieren, denen die Firma ihren derzeitigen Erfolg verdankt (andere Herangehensweisen zur Identifikation von Kernkompetenzen finden sich bei Rose 2000 oder bei Thomsen 2001). Im Grunde lautet die Frage: »Was war letztlich für unser bisheriges Überleben als Unternehmen Ausschlag gebend?«

Die folgenden Leitfragen sind als Anregung gedacht und nicht als Checkliste, die Punkt für Punkt durchgearbeitet werden muss. Lassen Sie sich von den Fragen inspirieren, lassen Sie Unpassendes weg und erfinden Sie neue Suchfelder und Fragen.

Bewährt hat sich dabei folgendes Vorgehen:

Fragenfeld 1: die Erfolge der Vergangenheit (»gestern«):
Welche Leistungen/Produkte, Dienstleistungen und Projekte können wir in der Retrospektive der letzten Jahre als besonders erfolgreich bezeichnen?

- Was waren die erfolgreichsten Produkte der letzten Jahre?
- Welche geschäftlichen Aktivitäten (Geschäftsfelder) haben sich besonders erfolgreich entwickelt?
- Welche Faktoren waren aus unserer Sicht für diesen Erfolg letztlich Ausschlag gebend?

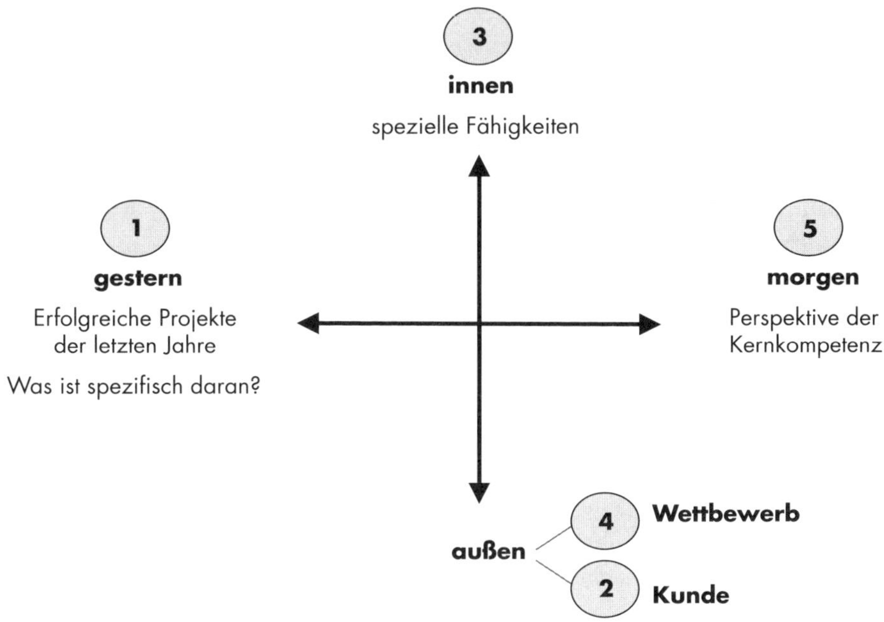

Abb. 27: Die Suche nach Kernkompetenzen

- Wie und von welcher Seite sind diese Projekte und erfolgreichen geschäftlichen Aktivitäten initiiert worden?
- Gab es maßgebliche Innovationen in den vergangenen Jahren?
- Was hat diese zustande kommen lassen?
- Für welche Probleme von Kunden haben wir in jüngster Zeit besonders gute Lösungen gefunden? Warum?
- Wie war das vor fünf, vor zehn Jahren? Was hat sich seither verändert?
- Wodurch sind diese Veränderungen eingetreten?

Die Analyse der ausgewählten »Erfolgsstories« dient dazu, zugrunde liegende Muster im Umgang mit den jeweiligen Herausforderungen zu entdecken. Welches Leistungsvermögen lässt sich in mehreren »Stories« beobachten? Diese Suche nach wiederkehrenden Mustern, die sich in Erfolgsprojekten zeigen, weist die beste Spur, um Lernkompetenzen beschreibbar zu machen.

Die Ergebnisse der Analyse der Vergangenheit sollten Sie im Formular der Abbildung 28 für die weitere Arbeit dokumentieren.

Fragenfeld 2: der besondere Nutzen (»Kunde«)
Worin besteht gerade bei den erfolgreichen Produkten und Leistungen der letzten Zeit der besondere Nutzen für unsere Kunden?

- Wie würde der Kunde den wesentlichen Nutzen unseres Produkts oder unserer Dienstleistung beschreiben? Was sind »Wertkomponenten« für ihn?
- Warum ist der Kunde eventuell bereit, für ein bestimmtes Produkt von uns mehr zu bezahlen als für eines der Konkurrenz?
- Welcher Nutzen ist dem Kunden am wichtigsten?
- Gibt es diesbezüglich auf der Seite des Kunden unterschiedliche Einschätzungen – etwa bei den politischen Entscheidungsträgern, den Sachbearbeitern, den Mitarbeitern?

Fragenfeld 3: die Geschäftsprozesse (»innen«)
Welchen Beitrag leisten die einzelnen Prozesse zum beschriebenen Kundennutzen? Bei der Beantwortung dieses Fragenkomplexes ist eine Differenzierung in die folgenden Prozesskategorien zweckmäßig:

- der Prozess der Auftragsabwicklung und der Leistungserstellung
- der Prozess der Kundenbindung – Akquisition, Kundenansprache, Service, After Sales-Aktivitäten, Reklamationsbearbeitung und ähnliches mehr
- Materialwirtschaft – Einkauf, interne Logistik, Beherrschen der Supply Chain
- der Prozess der Entwicklung neuer Produkte und Dienstleistungen
- die wichtigsten Managementprozesse, etwa strategische Ausrichtung, Ressourcenausstattung, Organisationsentwicklung, Personalmanagement, Controlling, Marketing, Marktbeobachtung und Marktunterstützung, Prozesse der Markensteuerung
- Supportprozesse wie Finanz- und Rechnungswesen, EDV, …
- Prozesse der Technologie- und Verfahrensentwicklung

Fragenfeld 4: das Verhältnis zu den wichtigsten Mitbewerbern (»Wettbewerb«)
Worin unterscheiden wir uns von Mitbewerbern? Wo sind Ähnlichkeiten?

- Wie beschreiben unsere Kunden den Unterschied zwischen uns und unseren Mitbewerbern?
- Was meinen diese, dass wir besser/anders sind als andere Anbieter am Markt?
- Wie würden die Mitbewerber selbst die Differenz beschreiben? Was ist unsere Sicht dazu?
- Wo ist unser Kompetenzniveau deutlich höher als das anderer Mitbewerber?
- Was versucht man von uns zu kopieren? Gibt es etwas, worum uns wichtige Mitbewerber besonders beneiden?

Fragenfeld 5: die Ausbaufähigkeit unserer Kernkompetenzen (»morgen«)
Eine Kernkompetenz hat dann Substanz, wenn sie eine Grundlage für die Entwicklung neuer Produkte für vielleicht erst entstehende Kundenbedürfnisse bietet.

- Haben die bisher angedachten Kernkompetenzen das Potenzial für neue Produkte und Dienstleistungen, oder sind sie nur in einem isolierten Geschäftsbereich einsetzbar? Gibt es für so einen innovativen Ausbau Beispiele in der Vergangenheit?
- Welche Kernkompetenzen werden in unserem Geschäft voraussichtlich in den nächsten Jahren eine Voraussetzung für den Erfolg bilden?

Fragenfeld 6: der Gegencheck durch »die produktive Kraft der Negation«
Wenn Sie Ihre vier bis fünf wichtigsten Kernkompetenzen herausgearbeitet haben, können Sie mit einem Blick auf die wichtigsten Misserfolge Ihres Unternehmens in der jüngsten Vergangenheit einen einfachen Gegencheck machen. Die Kernidee hinter dieser »Flopstudie« ist eine gedankliche Konzentration auf die größten Nachteile im Vergleich zur Konkurrenz. Dabei können die folgenden Fragen hilfreich sein:

- Welche Aufträge, an denen wir sehr interessiert waren, haben wir nicht bekommen? Was war dafür ausschlaggebend?
- Was waren die schmerzlichsten Flops der vergangenen Jahre? Worauf waren diese zurückzuführen?
- Was hindert potenzielle Kunden am meisten daran, unsere Leistungen nachzufragen?
- Wie können wir es anstellen, um unser Unternehmen ganz sicher zu ruinieren

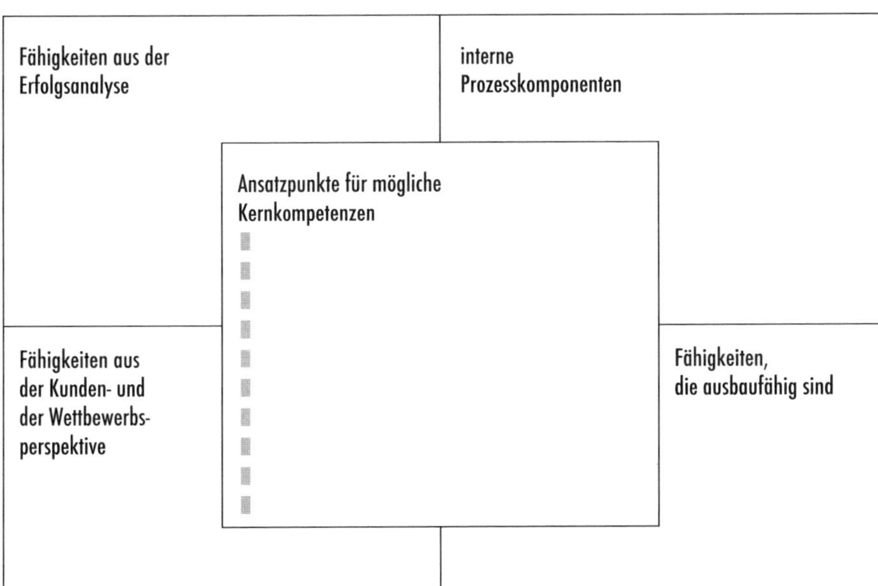

Abb. 28: Formular zur Dokumentation der Kernkompetenzanalyse

Bewerten Sie die identifizierten Kernkompetenzen

Im nächsten Schritt gehören die identifizierten Kernkompetenzen auf den Prüfstand. Sind Sie mit dem Ergebnis Ihrer Suche zufrieden oder sollte eine weitere »Forschungsrunde« – etwa in anderer Zusammensetzung – stattfinden?

Prüfkriterien für die identifizierten Kernkompetenzen	erfüllt	nicht erfüllt
Stiftung eines benennbaren Kundennutzens: ▪ Entsteht durch die Kernkompetenz ein nennenswerter Beitrag zu dem vom Kunden wahrgenommenen Wert? ▪ Entsteht für den Kunden ein »Kernnutzen« oder nur ein »Sekundärnutzen«? ▪ Ist der Kunde bereit, für diesen Vorteil mehr zu bezahlen als bei der Konkurrenz? **Abheben vom Wettbewerb:** ▪ Ist bei der Kernkompetenz unser Kompetenzniveau tatsächlich deutlich höher als beim Mitbewerber? ▪ Handelt es sich wirklich um einen »differenzierenden« Unterschied oder vielleicht nur um einen »branchennotwendigen Mindesteinsatz«? ▪ Werden wir von unseren Mitbewerbern um diese Kompetenz wirklich beneidet? **Zukunftsfähigkeit** ▪ Bietet diese Kernkompetenz die Grundlage für den Eintritt in neue Produktmärkte oder Dienstleistungsfelder? ▪ Ist sie nicht schon zu einer Basisfähigkeit mutiert, über die mehrere verfügen? **Negativkriterien für die Kernkompetenzen** ▪ Ist die Kernkompetenz eher ein »Aktivposten«, eher Ding als Fähigkeit? ▪ Handelt es sich vielleicht um einen Wettbewerbsvorteil, um ein »Vermächtnis der Vergangenheit«?		

Abb. 29: Prüfkriterien für Ihre Kernkompetenzen

Die zentralen Ergebnisse der Analysen

Ein Unternehmen ohne klare Vorstellungen über seine wesentlichen Chancen und Risiken ist in seiner Existenz gefährdet. Daher werden im ersten Schritt des Analyseprozesses die relevanten Chancen und Bedrohungen des Unternehmens identifiziert und eine gemeinsame Sicht über die damit verbundenen strategischen Herausforderungen hergestellt. Daneben stehen die wichtigsten Kernkompetenzen des Unternehmens im Vordergrund dieser Phase.
Es empfiehlt sich, die Ergebnisse der kritischen Bestandsaufnahme in folgendem Formular zusammenfassend zu dokumentieren:

Chancen	**Risikopotenziale**
Hauptstärken	**Hauptschwächen des Unternehmens**
Das Kernkompetenzfundament des Unternehmens	

Abb. 30: Formular zur Zusammenfassung der Ergebnisse der Analysephase

DIE
ZUKUNFT
ERFINDEN

Auf der Grundlage einer gemeinsamen Sicht der strategischen Ausgangslage können Sie nun darangehen, ein attraktives neues Bild der Zukunft Ihres Unternehmens zu entwickeln. Je radikaler und konsequenter Sie in der vorhergegangenen Analysephase Ihre gewohnten Sichtweisen und Denkmuster in Frage gestellt haben, desto mehr Freiheit haben Sie nun, strategische Alternativen zu entwerfen. Sie können die anstehende Phase dann als gelungen betrachten, wenn es Ihnen gelingt, verschiedene strategische Optionen für das Unternehmen zu entwickeln. Achten Sie vor allem darauf, dass Sie nicht der Gefahr erliegen, lediglich die vorhandenen »Lieblingsideen« in der Tradition der inkrementalen Strategiespielart zu bündeln und im Nachhinein zu einer Strategie zu erklären. Damit werden lediglich die Erfolgsmuster der Vergangenheit fortgeschrieben.

Es ist für eine Organisation nicht ganz leicht, sich von den Erfahrungen und den Erfolgsrezepten der Vergangenheit zu lösen und vollkommen neue Optionen in Betracht zu ziehen. Neue Bilder aus bekannten Informationen und dem Wissen der Vergangenheit entstehen zu lassen ist für viele Menschen schwierig. Die Herausforderung dieses Schrittes besteht daher darin, »nicht durch den Rückspiegel in die Zukunft zu schauen« (Hamel/Prahalad 1997), sondern die innovativen Chancen dieser Phase zu nutzen.

Die strategischen Alternativen

Das Neue beginnt mit der Vorstellung, dass es auch anders sein könnte

Im folgenden Schritt geht es darum, deutlich unterscheidbare Alternativen zu entwickeln. Dabei entsteht zunächst ein logisches Problem: Es müssen Optionen entstehen, die plausibel weil realisierbar sind und sich dennoch deutlich voneinander abheben. Wenn dies gelingt, dann genügt bereits der Gedanke an die verschiedenen Optionen, um einen Veränderungsdruck auf die bisherige Situation auszulösen.

Eine Distanzierung vom Bestehenden beginnt mit der Vorstellung, dass es auch anders sein könnte. Die »Erlaubnis«, in Alternativen zu denken, stößt einen Loslösungsprozess von alten Denkmustern und Zukunftsbildern an und bedingt eine »Schärfung der strategischen Sensibilität«, wie dies durch eine sorgfältige Analyse der strategischen Ausgangslage ermöglicht werden soll (Doz/Kosonen 2008, S. 55 ff). Die gegenwärtige Situation des Unternehmens relativiert sich, sie ist nur eine der denkbaren Möglichkeiten, die auch durch andere abgelöst werden könnte. Erscheinen diese Alternativen dann auch noch attraktiv, ist der emotionale Abschied von Bisherigem fast schon geglückt. Kreative Bearbeitungsformen wie die Arbeit mit

Bildern, Kreativitätstechniken, Rollenspiele oder Organisationsaufstellungen können diesen Entwicklungsprozess unterstützen.

In Optionen denken

Der Gedanke, bewusst eine andere Art der Unternehmensidentität anzustreben, ist der fundamentale Schritt der Strategieentwicklung. Wenn dieses innere Öffnen für neue Optionen nicht gelingt, werden die bisherigen Praktiken fast zwangsläufig fortgesetzt. Ohne diese Öffnung ist die Strategiearbeit im besten Fall ein aufwendiges Instrument zur innerbetrieblichen Kommunikation über künftige strategische Erfordernisse. Dies mag durchaus eine nützliche Maßnahme sein, um das Management oder Teile der Mitarbeiter in die Umsetzung strategischer Entscheidungen einzubinden. Neue Zukunftsimpulse oder Innovationen sind auf diesem Weg allerdings nicht zu erwarten.

Die Zukunftsentwürfe bündeln

Die Suche nach Alternativen wird abgeschlossen, indem die verschiedenen Optionen zu unterschiedlichen, in sich schlüssigen Zukunftsbildern gebündelt werden. Dabei geht es um die Antwort auf die grundsätzlichste Frage jeder unternehmerischen Tätigkeit: »In welcher Art von Geschäft bewegen wir uns eigentlich?« Bei dieser Frage tauchen wichtige Identitätsmerkmale auf:

- Was ist der Grund für unsere Existenz? Für welche aktuellen und künftigen Bedürfnisse und Problemstellungen unserer Kunden fühlen wir uns zuständig?
- Wer sind unsere Kunden? Wer hat das Bedürfnis, auf das wir als Unternehmen mit unseren Leistungen eine Antwort geben möchten? Wer sind mögliche bestehende und neue Zielgruppen für uns?
- Mit welchen Produkten und Technologien beschäftigen wir uns? Wie werden die Bedürfnisse unserer Kunden von uns befriedigt? Mit welchem Qualitätsniveau? Mit welchem Servicelevel?

Im Einzelnen setzen sich die strategischen Bilder unserer möglichen Zukunft aus folgenden Elementen zusammen:

Der künftige Existenzgrund
Für welche Probleme unserer Kunden fühlen wir uns eigentlich zuständig? Welches künftige Kundenproblem wollen wir vorrangig lösen, und welchen Existenzgrund hat daher unser Unternehmen? Wofür wollen wir also als Unternehmen in Zukunft stehen? Um welche unterschiedlichen Kundenprobleme könnten wir uns alternativ kümmern? Auf der Basis dieser alternativen Kundenprobleme oder -bedürfnisse lassen sich unterschiedliche Identitäten beschreiben. Ein Beispiel verdeutlicht die

tiefgreifenden Auswirkungen, die solche unterschiedliche Festlegungen auf die vorrangig zu bearbeitenden Kundenprobleme haben können:

Ein Autobauer ist mit unterschiedlichen Bedürfnissen konfrontiert: Mobilität, Prestige, vereinzelt auch mit ökologischen Motiven. Wer sich als Problemlöser für Fragen der individuellen Mobilität versteht, wird sein Konzept anders ausrichten als ein anderer, der kollektive Mobilitätsprobleme lösen will, und wieder anders als einer, der Prestigebedürfnisse befriedigen will, oder einer, der Energieverbrauch und ökologische Gesichtspunkte im Individualverkehr berücksichtigt.

Für ein Beratungsunternehmen ist es ein wesentlicher Unterschied, ob es sich vorrangig um die Bewältigung der Globalisierungsprobleme oder um die Modernisierungszwänge im Zusammenhang mit der EU-Osterweiterung kümmern möchte. Im ersten Fall werden Dienstleistungen wie Post-Merger-Integration oder die Bewältigung von permanenten Veränderungsprozessen für größere internationale Unternehmen den Kern seines Angebots bilden. Im zweiten Fall stehen vermutlich Geschäftsprozessoptimierungen und Rationalisierungsberatungen für kleinere und mittelständische national tätige Unternehmen im Vordergrund.

Die Produkt-Marktkombination

Mit welchen Produkten wenden wir uns eigentlich an welche Zielgruppen? Aus den alternativen Identitätsentwürfen, die sich um künftige Kundenprobleme bewegen, lassen sich in der Regel sehr unterschiedliche Produkt-Marktkombinationen ableiten. Dazu ein Beispiel: Das Bedürfnis, »Durst zu löschen«, tritt bei verschiedenen Kundengruppen auf: etwa bei Kindern, bei Sportlern oder bei Urlaubern. Dieses Bedürfnis lässt sich durch sehr unterschiedliche Produkte lösen: mit Mineralwasser oder Limonaden, mit Iso-Getränken, mit Weizenbier oder mit Skiwasser.

Die folgenden Leitfragen können die Formulierung der Produkt-Marktkombinationen präzisieren:

- Wie und wodurch schaffen wir es, unsere Kunden zufriedenzustellen?
- Was konkret bieten wir ihnen an?
- Durch welche Leistungen oder Leistungspakete stiften wir den vermuteten Kundennutzen?
- Wie sieht dabei das Verhältnis von »notwendigen« und »differenzierenden« Leistungsanteilen aus?
- Welche Rolle spielen spezifische Zusatzleistungen (added value), Produktqualität, Preis, Schnelligkeit, Servicebereitschaft und ähnliches mehr?

Fragen zur Klärung der Zielgruppen:

- Für wen erbringen wir speziell unsere Leistungen?
- Welche Kundensegmente bedienen wir?
- Lassen sich spezifische Zielgruppen unterscheiden?
- Was kennzeichnet diese Zielgruppen?

- Welchen Typus von Kunden sprechen wir an?
- Wodurch unterscheiden wir uns von unseren wichtigsten Mitbewerbern?
- Wissen wir etwas über deren Kundenstruktur und die zugrunde liegenden Präferenzen?
- Welche räumlichen Markthorizonte decken wir ab?
- In welchen Weltregionen sind wir mit welcher Intensität tätig und warum?
- Mit Hilfe welcher Vertriebsstruktur bearbeiten wir diese Märkte?

Die in dieser Phase gewonnenen Entwürfe einer künftigen Identität müssen noch nicht in allen Details konkretisiert sein. Dennoch sollten die strategischen Alternativen so weit ins Detail gehen, dass die Entscheidungsträger darüber entscheiden können, wenn es um die endgültige strategische Positionierung geht.

Theoretische Impulse für die Suche nach strategischen Alternativen

Der kreative Suchprozess lässt sich durch Impulse aus verschiedenen strategischen Konzeptionen anregen. Zuviel Modellgläubigkeit schadet aber auch in diesem Fall: »Don't ignore what the model says! But don't believe what the model says!« – »Ignorieren Sie nicht, was die Modelle aussagen! Glauben Sie aber auch nicht alles!« (McNamee 1985, S. 208) ist mit Sicherheit das beste Motto.

Die Literatur enthält verschiedene Modelle zu möglichen strategischen Entwicklungsrichtungen. Diese Modelle wurden teils aus der Praxis abgeleitet, teils wurden sie von Wissenschaftlern entwickelt. Daher überschneiden sich diese Ansätze manchmal und sind nicht immer eindeutig zu klassifizieren. Wir haben uns beim Systematisieren von der Frage leiten lassen, welches Kernproblem die verschiedenen Modelle behandeln:

- Marktanteil (Wachstumsstrategien)
- Wettbewerbsvorteile (Wettbewerbsstrategien)
- interne Ressourcen (Kernkompetenzstrategien)
- Risikoausgleich (Portfolio-Modell) und
- Rentabilität (PIMS-Strategien).

Der Blick auf den Marktanteil

Der erste Strategietyp betrachtet den Marktanteil und konzentriert sich somit auf das Wachstum des Unternehmens oder das seiner Geschäftseinheiten. Die Legitimation der Wachstumsstrategie wird oft mit dem »Effekt der Erfahrungskurve« untermauert. Die Erfahrungskurve wurde Ende der 1960er-Jahre durch die Boston Consulting Group (BCG) konzipiert und populär gemacht (Henderson 1974, Hax/Majluf 1991, S. 137 ff.).

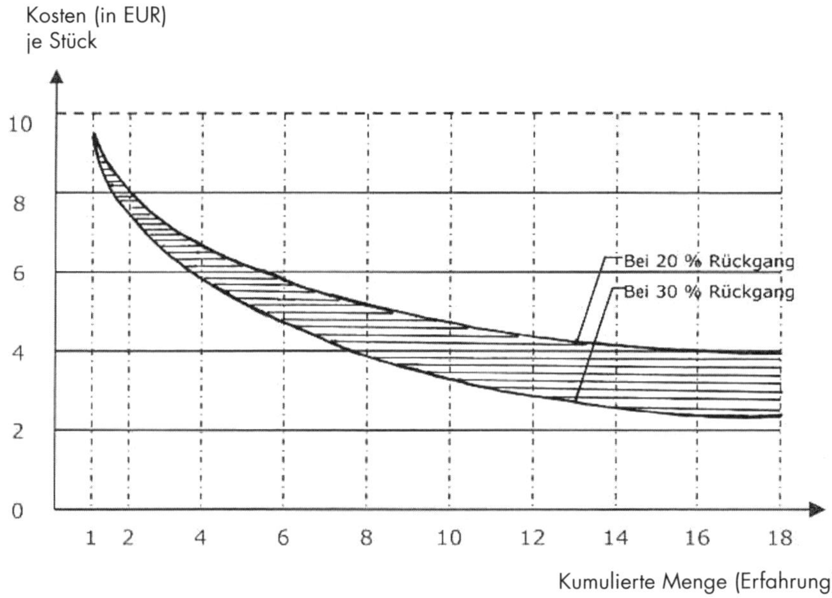

Abb. 31: Der »Boston-Effekt« der Erfahrungskurve

Die Kernergebnisse der empirischen Untersuchungen der BCG besagen, dass die Entwicklung der Kosten abhängig von der kumulierten produzierten Menge ist. Eine Verdoppelung der kumulierten Menge führt zu einem Einsparungspotenzial zwischen 20 und 30 Prozent. Dieser Lerneffekt entsteht durch mehr Geschicklichkeit bei sich wiederholenden Tätigkeiten, durch mögliche Spezialisierungen und Arbeitsteilung, durch permanente Verbesserungen und ganz allgemein durch Betriebsgrößenvorteile und kumuliertes Know-how.

Ein überproportionales Wachstum führt somit zu größeren Marktanteilen und damit zur Möglichkeit, den Effekt der Erfahrungskurve zu nutzen. Dieses von den Vertretern des »Boston-Effekts« geforderte Wachstum kann ein Unternehmen durch unterschiedliche Strategien anstreben.

Die Produkt-Marktstrategien nach Ansoff

Die bekanntesten Empfehlungen für strategisches Wachstum sind die von Ansoff (1965) entwickelten Produkt-Marktstrategien, die in der »Ansoff-Matrix« zusammengefasst werden. Nach Ansoff lässt sich das Wachstum eines Unternehmens durch Marktdurchdringung, Produktentwicklung, Marktentwicklung und Diversifikation erreichen.

	Bestehender Markt	**Neuer Markt**
Alte Produkte	**Marktdurchdringung** Wahrscheinlichkeit des Erfolgs: 50 %	**Marktentwicklung** Wahrscheinlichkeit des Erfolgs: 33 %
Neue Produkte	**Produktentwicklung** Wahrscheinlichkeit des Erfolgs: 25 %	**Diversifikation** Wahrscheinlichkeit des Erfolgs: 5 %

Abb. 32: Produkt-Marktkombinationen (Ansoff-Matrix)

Strategien zur Marktdurchdringung
Die Grundidee der Strategie einer Marktdurchdringung besteht darin, durch eine intensivere Bearbeitung der Heimmärkte und durch permanente kleinere Verbesserungen der Produkte und Dienstleistungen Marktanteile zu gewinnen. Dieses Ziel lässt sich dadurch erreichen, dass

- bestehende Kunden das Produkt oder die Dienstleistung stärker nutzen;
- neue Kunden von der Konkurrenz abgeworben werden;
- Kunden gewonnen werden, die das Produkt bisher nicht verwendet haben.

Um diese Ziele umzusetzen, kann man

- die Marktbearbeitung intensivieren, etwa durch offensive Kundenbindungsprogramme, Intensivierung des Vertriebs, der Werbung oder der PR-Arbeit;
- die Verwendung der Produkte bei bestehenden Kunden intensivieren, etwa durch Produktmodifikationen, Beschleunigung des Ersatzbedarfs, wie ihn Modezyklen auslösen, Veränderung der Verkaufseinheiten wie der Umstellung von Einliter- auf Halbliter-Flaschen;
- neue Kunden in den Kernmärkten gewinnen, etwa durch Preissenkungen;

- neue Kundenschichten gewinnen, etwa durch Testaktionen, Einstiegsprodukte, neue bisher vernachlässigte Absatzkanäle, wie es heute beispielsweise die online-bezogenen Vertriebsaktivitäten nahelegen;
- die bestehenden Produkte/Leistungen überarbeiten, um sie attraktiver zu gestalten;
- Konkurrenzprodukte imitieren;
- Kosten- und Preissenkungen anstreben – häufig durch Wertanalysen und Verfahrensoptimierungen;
- bisherige Problem- oder Systemlösungen (Unbundling) splitten, um die einzelnen Elemente separat anzubieten.

Strategien zur Marktentwicklung

Im Kern der Strategie der Marktentwicklung geht es darum, bestehende Produkte auf neuen Märkten zu plazieren. Drei verschiedene strategische Ansatzpunkte könnten dabei ins Auge gefasst werden:

- die Erschließung neuer geografischer Märkte,
- die Erschließung von Zusatzmärkten durch Erweiterung der Produkteignung,
- die Erschließung neuer Teilmärkte oder Abnehmerschichten.

Strategien zur Produktentwicklung

Strategien zur Produktentwicklung basieren auf neuen Produkten oder Dienstleistungen, die ein Unternehmen auf bekannten Märkten plaziert; ein Beispiel ist der Ersatz der Schallplatte durch die CD. Verkürzte Produktlebenszyklen, gesättigte Märkte, austauschbare Produkte, der Zwang zur Differenzierung von der Konkurrenz und neue Möglichkeiten durch technologische Innovationen haben diesem strategischen Ansatz zu einem noch vor wenigen Jahren unvermuteten Aufschwung verholfen. Auf der Basis der Produktentwicklung versuchen Unternehmen

- mit echten Innovationen die bisherigen Produkte/Leistungen weiterzuentwickeln oder mittels Forschung oder Kundenumfragen neue Lösungen zu konzipieren;
- mit neuen Produktlinien das bisherige Sortiment zu ergänzen – dabei kann es sich um Produkte handeln, die im Markt bereits angeboten werden, oder um vollständig neue Produkte;
- mit Problem- und Systemlösungen Gesamtpakete anzubieten, die entweder komplexe Bedürfnisse befriedigen, für die es bislang nur Teillösungen gab, oder aber den Kunden »rundherum« versorgen.

Strategien zur Diversifikation

Die folgenden strategischen Ansätze zielen darauf ab, mit neuen Produkten in neuen Märkten erfolgreich zu sein.

- Mit einer horizontalen Diversifikation wird die Produktpalette um Produkte der gleichen Stufe erweitert, etwa wenn ein Autohändler sein Sortiment um zusätzliche Marken ergänzt; damit werden vorhandene Kernkompetenzen in anderen Bereichen genutzt (Hamel/Prahalad 1997).

- Eine vertikale Diversifikationsstrategie konzentriert sich dagegen auf die Erweiterung der Wertschöpfungsstufen. Im Autohandel könnte eine vertikale Diversifikationsstrategie beispielsweise bedeuten, sich mit der Finanzierung von Autokäufen zu beschäftigen oder die Entsorgung gebrauchter Autos professionell zu übernehmen.
- Eine laterale Diversifikation stößt in Bereiche vor, die in keinem Zusammenhang mit dem bisherigen Geschäft stehen; um beim Beispiel des Autohändlers zu bleiben, hieße das, zum Autoverkauf auch den Verkauf von Fernsehgeräten aufzunehmen.

Chancen und Risiken der Wachstumsstrategien

Die Ansoff-Matrix stimulierte die Strategiediskussion insbesondere durch zwei zusätzliche Aspekte, die von Hinterhuber (1992) in die Strategiediskussion eingebracht wurden:

- die Erfolgsaussichten: Strategien zur Marktdurchdringung werden zu 50 Prozent von Erfolg gekrönt. Für die Produktentwicklung erhoben die Wissenschaftler eine Erfolgsquote von 33 Prozent und für die Marktentwicklung von 25 Prozent. Das Risiko des Scheiterns ist beim Typus der Diversifikationsstrategie mit 95 Prozent, also einer Erfolgsquote von 5 Prozent, am größten.
- den Investitionsbedarf: Die unterschiedlichen Erfolgsaussichten der vier Strategietypen werden durch den Ressourceneinsatz, der zu ihrer Realisierung notwendig ist, noch verschärft. So erfordert eine Marktentwicklungsstrategie den vierfachen, eine Produktentwicklungsstrategie den siebenfachen und eine Diversifizierungsstrategie den 14fachen Kapitaleinsatz einer Marktdurchdringungsstrategie.

Der vermeintlich naheliegende Schluss – Marktwachstum ausschließlich durch eine optimale Marktdurchdringung zu realisieren – greift allerdings zu kurz. In gesättigten Märkten oder mit Produkten in der Reifephase wird diese Strategie keine großen Effekte erzielen. Wer mittelfristig über ein ausgeglichenes Leistungsportfolio in allen Lebensphasen des Produktzyklus verfügen will, muss auch in die Entwicklung neuer Produkte und den Aufbau neuer Märkte investieren.

Um das Risiko der Diversifikation zu begrenzen, lassen sich einige »Sicherheitsnetze« einziehen:

- Die Lizenz: Mit einer Lizenz kauft ein Unternehmen die Entwicklung eines bereits bewährten Produkts und übernimmt Herstellung und Vertrieb.
- Der Entwicklungsauftrag an Dritte: Mit einem Entwicklungsauftrag kauft das Unternehmen die Entwicklung eines neuen Produkts und übernimmt Herstellung und Vertrieb.

- Die Aufnahme von Handelsware: Mit der Aufnahme von Handelsware erweitert ein Unternehmen seine Produktpalette durch Integrieren eines fremden Produkts in die eigene Absatzorganisation.
- Die Kooperation mit anderen Unternehmen: Bei einer Kooperation teilen sich Unternehmen die Risiken für Entwicklung, Herstellung und Vertrieb.
- Der Beteiligungserwerb: Mit einem Beteiligungserwerb kauft das Unternehmen bereits bewährtes Know-how, das es für die Erweiterung der eigenen Produktpalette oder für die Bearbeitung eines bislang unbekannten Marktes benötigt.

Ausweitungsstrategien von Chris Zook (Profit from the Core)

Eine weitere Landkarte zur Identifikation von strategischen Wachstumspfaden haben Chris Zook und James Allen entwickelt (vgl. dies. 2001). Ihre empirische Untersuchung von 181 unterschiedlichen Wachstumsstrategien unterschiedlichster Firmen zwischen 1995 und 1997 hat die ernüchternden Ergebnisse älterer Untersuchungen (u.a. von Hinterhuber oder PIMS) eindrucksvoll bestätigt. 75 Prozent der untersuchten Wachstumsinitiativen missglückten. Was zeichnete daher die wenigen Unternehmen aus, die nachhaltiges profitables Wachstum anstießen?
Sie entwickelten konsequent ihr starkes Kerngeschäft in verwandte Märkte hinein, in denen sie eine führende Position einnehmen konnten. Zook und Allen leiteten daraus eine Formel ab, die hilft, neues Wachstum und Gewinne aus dem Kerngeschäft heraus zu befördern. Sie zeichnen eine Landkarte von sechs erfolgversprechenden Wachstumspfaden, die erfolgreich wachsende Firmen wählten.

Ausweitung entlang der Wertschöpfungskette
Eine Denkrichtung ist die Vorwärtsintegration, bei der Wertschöpfungselemente selbst entwickelt oder zugekauft werden, die das Unternehmen an den Endkunden heranführen: Die ursprüngliche, ausschließlich als Filmhersteller tätige Firma *Kodak* erweiterte sich in den Großhandelsmarkt für Photoausarbeitungen durch Gründung einer amerikanischen Tochtergesellschaft namens Qualex. *Reuters* hingegen investierte in viele Unternehmen, die sich mit der Informationsaufbereitung und -lieferung im Internet beschäftigten, um ihre Endkunden selbst zu betreuen. Am anderen Ende der Wertschöpfungskette versuchen Unternehmen mit der Rückwärtsintegration Wachstum über eine Erweiterung der Wertschöpfungskette zu generieren. So verwirklichte *Marriott* eine Rückwärtsintegration, in dem es *United Healthserve* kaufte – einen bedeutenden Dienstleister in den USA für Reinigung, Reparatur und Wäscheservice. Im Kapitel über die Variationen der Wertschöpfungskette sind weitere Ansatzpunkte dieser besonders anspruchsvollen Strategieansätze beschrieben.

Entwicklung neuer Geschäfte
Ein weiterer Typus eines *adjacency moves* (Ausweitungsstrategien) ist die Entwicklung neuer Geschäfte aus dem Kern heraus. Kaufe oder gründe neue Geschäfte, um in schnell wachsenden Märkten (wie der Biotechnologie, des Informationsgeschäfts etc.) zu attackieren und zu wachsen, lautet die Maxime dieses Ausweitungspfades. So erweiterte *Disney* mit großem Erfolg sein Geschäft aus seinem Kerngeschäft der Cartoonproduktion heraus, indem er durch eine Expansion in Vergnügungsparks in das Freizeitgeschäft einstieg. *Yahoo!* hingegen entwickelte sein Geschäftsmodell von einer ursprünglich reinen Suchmaschine heraus zu einem mächtigen Internetportal für neue Geschäfte.

Wachstum durch neue Produkte und Dienstleistungen
Mit der Entwicklung neuer Produkte kann ein Unternehmen einerseits in neue Marktsegmente eindringen und sich andererseits einen größeren Marktanteil im Kernkundensegment sichern. Unterstützende Dienstleistungen können dazu beitragen, die Stammprodukte abzusichern und Wachstum zu befördern. Einige bekannte Beispiele dieses Wachstumstyps: *Amazon* weitete sein Produktangebot von Büchern auf Elektronik für Endverbraucher bis hin zu Elektrowerkzeugen und Gartenmöbeln aus. Mit *Sprite* erweiterte *Coca Cola* seine Produktlinie erfolgreich und *Montblanc* sein Produktspektrum von ursprünglich Schreibzubehör um Schmuck und Uhren. Manche Tageszeitungen sind dazu übergegangen, Gratiszeitungen zu gründen, um den gesamten Anzeigenmarkt für das jeweilige Medienhaus abzusichern.

Neue Vertriebskanäle
Schließlich ermöglicht die Variation der Vertriebskanäle ein Wachstumspotenzial. Der Vertrieb über das Internet oder das Webmarketing sind Beispiele für diese Denkrichtung. Weitere Beispiele für die Ausweitung des Vertriebskanals: Die Finanzdienstleistungsgruppe *AXA* wuchs durch einen neuen Vertriebskanal: Die klassische Maklerstruktur wurde durch das »bankassurance-Geschäft« erweitert – eine Vermittlung von Versicherungen durch eine Bank über deren Internetkanäle. *Timberland* und viele andere Markenartikelhersteller erreichen zusätzliche Kunden über die Outlet Stores. Der Otto-Versand forciert seine Onlineaktivitäten sowie den Stationärhandel, um das Schrumpfen des klassischen Versandhandels zu kompensieren. Diese neuen Vertriebswege erzwingen allerdings oft auch eine Veränderung des Produkts oder der Marke.

Neue Regionen
Ein sehr oft gewählter Wachstumspfad ist die Neudefinition der geografischen Strategie – sowohl lokal als auch international, um ein höheres Marktpotenzial zu mobilisieren. Die Globalisierung bietet hier ein reichhaltiges Anschauungsmaterial, so etwa bei *Vodafone*, das von Großbritannien nach Kontinentaleuropa, in die USA und nach Japan expandierte. Oder *Starbucks*, das über Franchisemodelle sowohl in China als auch im Mutterland der Kaffeehäuser, in Österreich, erfolgreich agiert.

Neue Kundensegmente
Veränderte Kundenwünsche sind oft Anlass für ein Unternehmen, sich um neue Kundensegmente zu kümmern. Außerdem bietet sich manchmal auch die Ausweitung in Kundensegmente an, die vom eigenen Unternehmen bisher wenig beachtet wurden. So waren Erwachsene die ursprüngliche Zielgruppe von *GAP* und sie wurde auf Kinder ausgedehnt. *eBay* dagegen erweiterte sein online-Angebot über private Nutzer hinaus auf Firmenkunden. Durch diese Ausweitungsstrategie (*adjacency move*) auf neue Kundensegmente kann eine Modifizierung bewährter Produkte oder Technologien notwendig werden.

Neue interne Kompetenzen
Der letzte Entwicklungspfad entspricht dem, was Hamel und Prahalad empfehlen; Aufstieg in eine herausragende Position durch neue Kernkompetenzen. Hier wird Wachstum durch ein neues noch ganz unbekanntes Geschäft, das um die eigene Kernkompetenz herum gebaut ist, angestoßen. Der Softwaregigant *Microsoft* kaufte mit FrontPage die Kompetenz für das Design von Homepages hinzu. Zook und Allen halten diese Kompetenzentwicklung für eine besonders schwierige Ausweitungsbewegung, wenn eine Firma nachhaltig wachsen will.

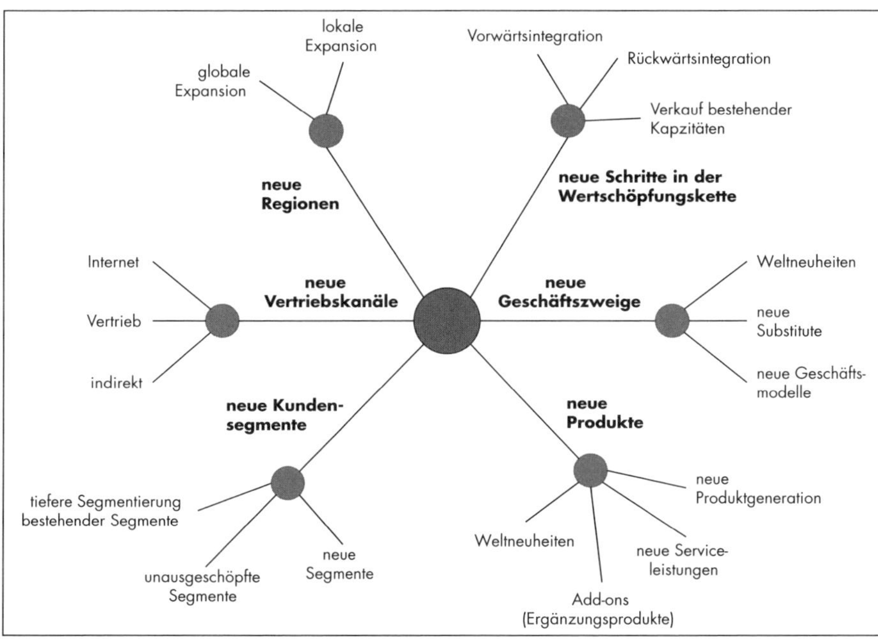

Abb. 33: Landkarte möglicher Ausweitungsstrategien

Regeln für profit from the core
Dieser Wachstumsansatz bewegt sich in einem eigentlich nicht auflösbaren Dilemma: Einerseits darf durch das Wachstum außerhalb des ursprünglichen Kerns der Erfolgskern nicht gefährdet werden, andererseits muss eine Firma angrenzende Ausweitungsmöglichkeiten offensiv nutzen, um deutlich und nachhaltig zu wachsen. In bester amerikanischer Tradition sollen vier Regeln helfen, diesen Spannungsbogen zu handhaben:

1. Gefährde nie dein Kerngeschäft.
2. Riskiere den Ausweitungsschritt nur dann, wenn du erwarten kannst, im neuen Feld zu den Top-3-Spielern zu zählen.
3. Verfolge jeweils nur eine Ausweitungsmöglichkeit zur gleichen Zeit.
4. Verändere nur eine Variable, um die Stabilität bei laufendem Motor sicherzustellen und um die Effekte der Veränderung exakt beobachtbar und zuordenbar zu machen.

Der Blick auf die Wettbewerbsvorteile

Operiert man in seinem eigenen strategischen Denken eher mit einer Wettbewerbsorientierung, dann steht vielfach folgende Grundannahme im Zentrum: Die Position eines Unternehmens innerhalb einer Branche beeinflusst in erster Linie seine Rentabilität. Befindet es sich in einer günstigen Ausgangslage, kann es auch in einer nicht sonderlich attraktiven Branche hohe Erträge erzielen.

Viele kleine und mittlere Unternehmen fokussieren auf einzelne ausgewählte Segmente, während ihre größeren Konkurrenten zumeist versuchen, den Markt großflächiger zu bedienen. Porter (1986, S. 80 f.) hat diesen Zusammenhang in seiner berühmten »U-Kurve« dargestellt. Erfolgreich sind demzufolge kleinere Unternehmen, die sich konsequent auf eine spezifische Marktnische beschränken, und Unternehmen mit einem hohen Marktanteil, die mit einer exzellenten Kostenstruktur die gesamte Branche zu bedienen versuchen (Dieses Denkkonzept haben Meffert/Klein 2007 konsequent für ihre Analyse der Erfolgsmuster mittelständischer Unternehmen angewandt). Folgende Marktpositionen führen tendenziell zu einer überdurchschnittlichen Branchenrentabilität:

- Der Kostenführer – Mit dem relativ größten Marktanteil verdankt der Kostenführer seine überdurchschnittliche Rentabilität den Größenvorteilen, den sogenannten Economies of Scale. Seine Marktmacht, die Fähigkeit zu Gegengeschäften, zu Lobbying ermöglichen es ihm, diese attraktive Marktposition zu verteidigen.
- Der Spezialist – Dieser Unternehmenstyp verdankt seine Attraktivität einer aus Kundensicht hohen Qualität, die bis zur Einzigartigkeit reichen kann. Sein

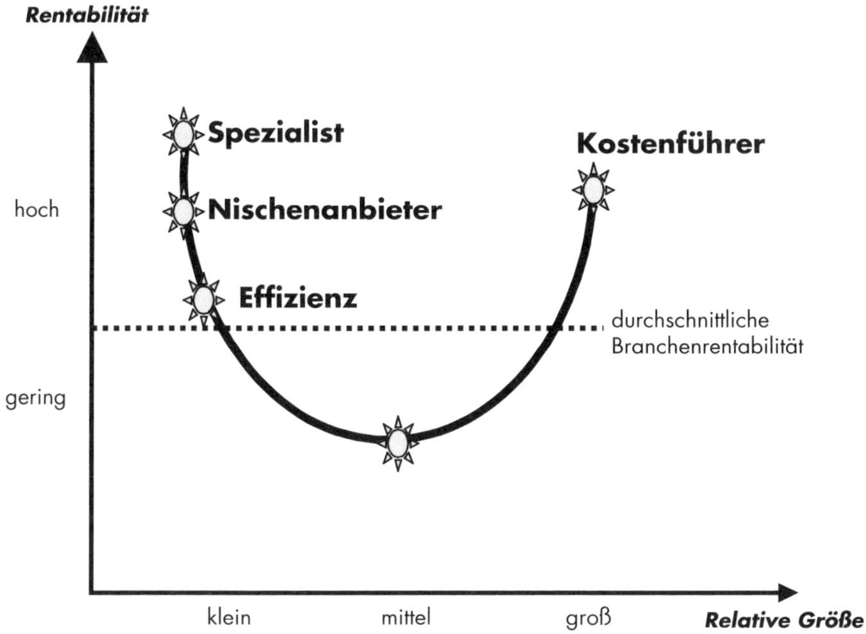

Abb. 34: Porters U-Kurve

Ziel ist, sich durch eine bessere Leistungsposition zu differenzieren und von seinen Mitbewerbern abzuheben. Im Idealfall ist der Spezialist als Qualitätsführer einzigartig, unverwechselbar und somit äußerst schwer substituierbar. Dank seiner Spezialistenposition ist er in der Lage, einen beträchtlich höheren Preis als andere am Markt durchzusetzen.

- Der Nischenanbieter – Er konzentriert sich auf kleine Märkte, die für große Wettbewerber zu wenig attraktiv sind, und versucht, eine führende Marktposition oder gar ein Teilmonopol aufzubauen. Dank hoher Preise ist er in diesen Nischen in der Lage, überdurchschnittliche Renditen zu erwirtschaften.
- Der effiziente Kleine – Er ist im gleichen Markt wie seine großen, mächtigen Mitbewerber tätig. Da er jedoch dank seiner extremen Effizienz nur geringe Komplexitätskosten und dank seiner schlanken Strukturen und Prozesse eine hohe Produktivität erzielt, ist seine Ertragssituation meist überdurchschnittlich.
- Die anderen im »Tal der Tränen« – Der mittelgroße unprofilierte Rest ist in einer prekären Marktposition gelandet, die man manchmal auch als das strategische »Tal der Tränen« bezeichnet. Für das Unternehmen heißt das, sich mit einer geringen Rentabilität und mittelgroßen Marktanteilen zu begnügen.

Vor dem Hintergrund des Zusammenhangs der »U-Kurve« vertritt Michael Porter (1986) die Meinung, dass es im Kern nur zwei Grundtypen von Wettbewerbsvorteilen gibt, über die ein Unternehmen verfügen kann: niedrigere Kosten oder deutliche Unterschiede zur Konkurrenz. Beide Vorteile entstehen dadurch, dass ein Unternehmen besser als seine Konkurrenten in der Lage ist, die fünf Kräfte des Wettbewerbs auszunutzen und zu beeinflussen. Auf dieser Grundlogik basieren die bekannten Porterschen Strategietypen (1983):

- Kostenführerschaft
- Differenzierung
- Konzentration auf Schwerpunkte.

Kostenführerschaft und die Differenzierung streben den Wettbewerbsvorteil in der ganzen Branche an, während die Konzentration einen Wettbewerbsvorteil in einem kleinen Segment der Branche im Auge hat. Wenn man dem Gedanken von Porter folgt, muss sich ein Unternehmen für einen dieser drei Wege, die alle zu ein und demselben Ziel führen, nämlich dem Aufbau eines nachhaltigen Wettbewerbsvorteils, entscheiden und beharrlich die einmal gewählte Grundausrichtung weiter verfolgen. Wer dagegen versucht, alles – und das wohlmöglich auch noch gleichzeitig – zu verfolgen, bleibt dagegen in aller Regel in der Mittelmäßigkeit stecken und realisiert mitunter sogar unterdurchschnittliche Erträge.

	Wettbewerbsvorteile durch	
	niedrigere Kosten	***Differenzierungen***
Branchenwelt	**Kostenführerschaft**	**Differenzierung**
Beschränkung auf ein Segment	**Konzentration auf Schwerpunkte**	

Abb. 35: Wettbewerbsstrategien nach Porter (1986, S. 38)

Die Strategie der Kostenführerschaft

Die Strategie der Kostenführerschaft verfolgt das Ziel, der kostengünstigste Anbieter der ganzen Branche zu werden. Kostenführer sind in der Regel für Standardprodukte und weniger für Luxuslösungen bekannt. Wer dieser Strategie folgt, muss alle Quellen möglicher Kostenvorteile aufspüren und erschließen, wobei deren Ursprung sehr vielschichtig sein kann: größenbedingte Kostendegression (Erfahrungskurveneffekt), unternehmenseigener Technologievorsprung, Zugang zu Rohstoffen oder zu »Schätzen der Vergangenheit« (Hamel/Prahalad 1997) und weitere derartige Faktoren.

Kostenführerschaft bei Massenkonsumgütern wie etwa der Produktion von Fernsehgeräten erfordert eine wirtschaftliche Betriebsgröße, kosteneffiziente Abläufe, einen hohen Automatisierungsgrad und ein weltweites Absatzgebiet, damit sich die Entwicklungskosten amortisieren. Kostenführerschaft im Dienstleistungssektor bedingt hingegen extrem niedrige Gemeinkosten, Zugang zu billigen Arbeitskräften und ein effizientes Ausbildungssystem, um eine starke Fluktuation der Mitarbeiter abfedern zu können. In der Regel ist nur ein Unternehmen in der Branche Kostenführer. Verfolgen mehrere Unternehmen diese Strategie konsequent, kommt es zu einer erbitterten Rivalität, die gravierende Auswirkungen auf die Rentabilität der gesamten Branche haben kann.

Die Strategie der Differenzierung

Wer eine Strategie der Differenzierung verfolgt, strebt an, in einem oder einigen Punkten einmalig zu sein. Dafür ist es wichtig, Merkmale herauszuarbeiten, die für den Kauf entscheidend sind und sich deutlich von vergleichbaren Merkmalen des Mitbewerbs abheben. Diese tatsächliche oder zumindest in den Augen des Kunden vorhandene Einmaligkeit sichert ein höheres Preisniveau und beschert dem Unternehmen in der Regel auch höhere Renditen.

Derartige Besonderheiten lassen sich durch sehr unterschiedliche Faktoren erreichen. Um die jeweils für das eigene Unternehmen besten Differenzierungsmerkmale identifizieren zu können, hilft der im Kapitel »Die strategische Analyse« vorgeschlagene genaue Blick auf die Spielregeln der Branche und auf die kritischen internen Faktoren. Merkmale des Produkts selbst wie Langlebigkeit, Design und Benutzerfreundlichkeit oder Erfolgsfaktoren des Unternehmens wie der Kundendienst, das hervorragende Händlernetz, prompte Ersatzteillieferungen und ähnliche Faktoren mehr sind gut geeignet, um sich von Mitbewerbern erfolgreich abzuheben.

Im Unterschied zur Kostenführerschaft kann dieser Strategietyp auch von mehreren Unternehmen der Branche eingesetzt werden, ohne dass ein Preiskrieg ausbricht – vorausgesetzt, es gibt mehr als ein differenzierendes Merkmal. Darüber hinaus darf ein Unternehmen, das auf Differenzierung setzt, seine Kostenstruktur nicht aus den Augen verlieren. Sonst hebt es sich unter Umständen zwar vom Konkurrenten ab, zahlt dafür aber einen so hohen Preis, dass das Rentabilitätspotenzial nicht schlagend wird.

»Formule 1« bricht mit den Regeln der Hotelbranche (Dyas 2000)

Die meisten Unternehmen sind darauf ausgerichtet, sich an den Konkurrenten ihrer Branche zu orientieren. Dies birgt die Gefahr, dass sich die Strategien in einer Branche immer mehr angleichen. Ein starker Wettbewerb zu Lasten der Gewinne der Branche ist nicht selten die fatale Folge.

Die französische Hotelkette Accor ist ein Beispiel dafür, wie die Branchenlogik überwunden und das Geschäft neu definiert werden kann.

Mitte der 1980er-Jahre war der französische Markt für Ein- und Zwei-Sterne-Hotels gesättigt. Dennoch war es das strategische Ziel von Accor, in diesen Markt einzutreten und sich dabei wesentlich von den bisherigen Marktteilnehmern zu unterscheiden. Am Beginn stand die Grundfrage, auf welche Dienstleistungen Hotelkunden dieser Kategorie besonderen Wert legen und auf welche sie durchaus verzichten würden.

So entstand das Konzept der Ein-Stern-Kette »Formule 1«. Auf teure Restaurants, repräsentative Eingangshallen und auf aufwendige Architektur wurde verzichtet. Auch bei der Rezeptionspräsenz wurden Personalkosten gespart. Die Zimmer waren klein und nur mit dem Wichtigsten ausgestattet: einem Bett und einigen Ablageflächen, keinem Schreibtisch, keinem Schrank und auch keiner Büroeinrichtung.

Statt dessen wurde in die besten Matratzen investiert, auf einen hohen Hygienestandard sowie auf eine hervorragende Isolation zwischen den einzelnen Zimmern Wert gelegt. Trotz bestmöglichem Lärmschutz wurde durch Einsparungen bei der Gebäude- und Zimmergestaltung eine günstige Kostenstruktur erreicht. So liegt der Zimmerpreis von »Formule 1« weit unter dem eines Zwei-Sterne-Hotels, aber nur geringfügig über einem Ein-Stern-Hotel.

Der Erfolg blieb nicht aus: Der Marktanteil von »Formule 1« ist größer als die Summe der Anteile seiner nächsten fünf Konkurrenten. Accor hatte sich von der üblichen Branchenlogik der Hotelarchitektur und -organisation gelöst und für den Kunden in einigen zentralen Punkten einen Mehrwert geschaffen. Das Bedürfnis nach Ruhe und Schlafkomfort steht dabei im Mittelpunkt. Andere in der Branche übliche Faktoren werden nur reduziert angeboten und andere ganz weggelassen.

Die Wertkurve zeigt die Differenzierungsstrategie von Accor: Die Branchenerfolgsfaktoren Verpflegungsmöglichkeiten und Zimmergröße sind reduziert, die Faktoren Bettqualität, Hygiene und Ruhe deutlich über den Branchenstandard angehoben.

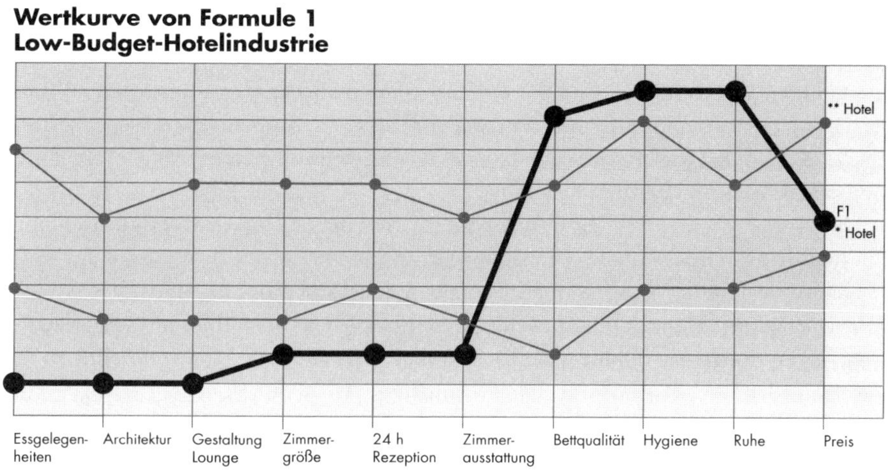

Abb. 36: Wertkurve der Hotelkette »Formule 1«

Die Konzentration auf Schwerpunkte

Der dritte Portersche Strategietyp unterscheidet sich von den beiden vorherigen Typen darin, dass er nicht auf die gesamte Branche, sondern bewusst auf ein enges Segment abzielt. Mit einem maßgeschneiderten Angebot, das besser ist als jedes breitere Angebot am Markt, soll eine abgrenzbare Zielgruppe erreicht werden.

Diese Strategie ist dann erfolgreich, wenn es tatsächlich gelingt, mit einem spezialisierten Angebot die Bedürfnisse einer bestimmten Kundengruppe besser zu erfüllen, als es branchenweite Anbieter mit ihren Leistungen können. Ein hochspezialisiertes Beratungsunternehmen für Tourismus im alpinen Raum wird vermutlich die Beratungsbedürfnisse eines kleinen Hoteliers besser bedienen als ein weltweit agierender Consulter. Auch die Konzentrationsstrategie ist innerhalb einer Branche für mehrere Unternehmen möglich, vorausgesetzt natürlich, dass mehrere unterschiedliche Segmente abgegrenzt werden können – und dass sie sich auch bei kritischer Betrachtung deutlich vom Gesamtmarkt unterscheiden lassen.

Grenzen des Porterschen Konzepts der Wettbewerbsstrategien

Porters Arbeiten zur Wettbewerbsstrategie nehmen eine Schlüsselstelle in der Strategiediskussion ein. Er war der erste, der ökonomische Theorien der Industrieökonomie auf die Fragen der Strategie übertrug. Zunächst ging es um das Ausfindigmachen (»Wettbewerbsstrategie«, 1983), dann um das Erreichen (»Wettbewerbsvorteil«, 1986) und schließlich um das kreative Erschaffen einer Wettbewerbsposition »Nationale Wettbewerbsvorteile« (1991).

Erfolgreiche Strategen zeichnen sich vor allem dadurch aus, schnell und effizient Marktunvollkommenheiten zu erkennen und diese auszunutzen. Die Essenz ihrer Überlegungen besteht darin, das Unternehmen so zu positionieren, dass es die Kräfte des Wettbewerbs bestmöglich nutzt oder sich vor ihnen schützt. Hier ist Porters Analyseraster der fünf Wettbewerbskräfte eine wertvolle Strukturierungshilfe.

Angesichts seines enormen Verbreitungsgrades liegt in Porters Beitrag zur Strategiedebatte aber auch ein ähnlich zerstörerischer Effekt wie bei der im Anschluss beschriebenen Erfolgsfaktorenforschung. Je stärker Porters Rahmen die Unternehmenspraxis befruchtet, desto unwahrscheinlicher ist es, dass gewinnträchtige Bereiche längere Zeit unentdeckt bleiben. Ähnliche Strategien führen aber weniger zum individuellen Erfolg eines Unternehmens als vielmehr zu sinkender Rentabilität der gesamten Branche. »Im Kern muß Strategie darin bestehen, Dinge anders zu machen, als es die Konkurrenten tun« (Simon 1995).

Die interessante Frage, wie ein Unternehmen in die Position eines Vorreiters gelangen und durch einen Bruch mit der Branchenlogik aktiv einen Wettbewerbsvorteil aufbauen kann, bleibt letztlich offen (Nicolai 2000, S. 119).

In seinen späteren Werken wendet sich Porter (1997 bzw. 2008) mit Verweisen auf Schumpeter der Dimension des »Unternehmerischen« zu. Paradox empfiehlt er dem Unternehmen die Andersartigkeit, die sich im Vorteil des Vorreiters manifestiert. Porter-Kritiker Mintzberg (1990) weist auf diesen inneren Widerspruch hin: Zum einen sollten Entscheidungsträger sorgfältig analysieren und sich an den drei Grundstrategien orientieren und anderseits schnell und unerwartet reagieren. Durchaus – so findet nicht nur Mintzberg – ein Widerspruch in sich.

Die Grundgedanken Porters sind in den letzten Jahren vielfach aufgegriffen und weiterentwickelt worden. So stehen die Überlegungen von Treacy und Wiersema (1997) sowie von Kim und Mauborgne (2005) für zwei Strategiekonzepte, die die aktuelle strategische Diskussion besonders stimulierten.

Strategien zur Marktführerschaft

Treacy und Wiersema (1997) entwickeln in ihrem Bestseller *The discipline of market leader* ein Konzept zur Marktführerschaft.

Die Empfehlung in ihrem Strategieansatz geht dahin, in mindestens einem Bereich einen überragenden Kundennutzen zu generieren, entweder durch ein optimiertes Preis/Leistungsverhältnis für ein Produkt oder das beste und innovativste Produkt oder die beste individuelle Problemlösung. Da Marktführer nach Treacy und Wiersema akzeptieren müssen, nicht in allen Dimensionen gleichzeitig führend zu sein, haben sie die Konsequenzen aus einer Entscheidung für eine der drei Positionierungsmöglichkeiten exzellent ausgearbeitet.

Operative Exzellenz

Operativ exzellente Unternehmen bieten ihre Produkte zu einem niedrigen Preis in einer einfachen und stabilen Form sowie zu einer akzeptablen Qualität an. Sie bemühen sich um dauerhafte und zuverlässige Produkte. Das Motto dieses Strategietyps lautet daher: »Sie bekommen jederzeit und überall ein Produkt in gleichbleibender Qualität zu einem niedrigen Preis«. Autos von Toyota sind bekannt für ihre Zuverlässigkeit und sie sind in den Wiederverkaufsrankings ihrer Kategorie seit Jahren führend.

Dieser Unternehmenstyp agiert üblicherweise in einem Massenmarkt. Dafür ist Standardisierung der Erfolgsschlüssel. Dies führt zu effizienten Prozessen im ganzen unternehmensinternen Leistungsgeschehen. Die konsequente Standardisierung ist eine exzellente Voraussetzung für die Nutzung von Skaleneffekten. Ein einheitliches Prozessverständnis wird dafür weltweit durchgesetzt. Das Toyota-Produktionssystem ist für diese Art von Arbeitsorganisation zum häufig kopierten Vorbild geworden. Dieser Unternehmenstyp ist für Wachstum gut gerüstet, weil er einer steigenden Marktnachfrage schnell und kosteneffizient nachkommen kann.

Effizienz ist auf allen Ebenen selbstverständliche Grundhaltung. Operativ exzellente Unternehmen verfügen meist über hoch automatisierte und zentral gesteuerte EDV-Lösungen. Beispielsweise verwenden Hertz-Angestellte selbstverständlich weltweit dieselben Systeme zur Bearbeitung von Kundenaufträgen.

Dell Computer, *FedEx* oder *McDonald's* messen und dokumentieren leidenschaftlich jeden Schritt ihrer Prozesse. Sie häufen Tonnen von verwendbaren Daten an, die sie für ihre Optimierungsentscheidungen nutzen. Sie verwenden State-of-the-Art-IT-Systeme und forcieren eine standardisierte Massenproduktion so weit wie möglich.

Die Produkte sind in der Regel nicht die innovativsten und nicht mit den allerneuesten technisch möglichen Merkmalen ausgestattet. Der Strategietyp ist andererseits durch ein begrenztes Produktangebot und wenig Varianten geprägt. Versuchen Sie einmal bei McDonald's einen Big Mac mit einem einheimischen Senf zu bestellen!

Die Führung ist straff organisiert. Die Mitarbeiter kennen ihre Vorschriften genau und ordnen sich den Abläufen unter. Dennoch sind solche Unternehmen auf ihre Teamatmosphäre stolz. Externe Kooperationspartner und Zulieferer verstehen sich vielfach als Teil des Unternehmens.

Produkt- und Innovationsführer

Produktführer bieten über Jahre die State-of-the-Art-Technologie oder die innovativsten Leistungen in der jeweiligen Branche. Ihr Motto lautet: »Sie erhalten bei uns das beste und neueste Produkt auf dem Markt«. Solche Unternehmen sind kreativ und müssen ihre Produktinnovationen schnell vermarkten. Kunden eines Produktführers kaufen mehr als ein Produkt. Sie kaufen einen Lebensstil. Ein *Harley-Davidson*-Fahrer kann Ihnen dazu Auskunft geben. Da Produktführer die besten Produkte und Topleistungen bieten, sind ihre Kunden auch bereit, dafür einen Spitzenpreis zu bezahlen. Diese Unternehmen sind durch sehr anpassungsfähige und flexible Strukturen und durch stark ausgeprägte Entwicklungsprozesse geprägt. Ihre Geschäftspolitik und ihre Kernprozesse engen ihre Mitarbeiter nicht ein – im Gegenteil: Sie ermöglichen Freiräume. *Sony* legt zum Beispiel bei seinen Mitarbeitern auf Kreativität, Vielseitigkeit, aber auch auf Bescheidenheit besonderen Wert. Mitarbeiter, die bei einem Produktführer arbeiten, schätzen eine Atmosphäre, wo sie Freiräume für die Lösung schwieriger Aufgaben bekommen. Entsprechend hoch sind sie mit den Produkten der eigenen Firma identifiziert. Produktführer sorgen dafür, dass die besten Leute in der Entwicklung arbeiten und ihre Produktportfolios geraten deshalb nicht selten etwas zu breit und zu verspielt.

Innovationsführer sind allerdings weniger an den konkreten Kundenerwartungen orientiert. Sie sind vielmehr beseelt von einer meist technologisch orientierten Vision. »Das Beste oder nichts«, hieß es früher bei *Mercedes-Benz*. Ihre Produkte entwickeln sich permanent weiter, um die Produktführerschaft gegenüber den Mitbewerbern aufrechtzuerhalten. Das Rennen um diese Führerschaft ist bei den großen deutschen Automobilbauern im Prämiumsegment (Daimler, Audi, BMW) wunderbar beobachtbar. Gerade bei diesen Unternehmen ist gut zu sehen, in welche unlösbaren Widersprüche sie sich verwickeln, wenn sie plötzlich meinen, ganz auf Operational Excellence setzen zu müssen.

Produktführer wie *Intel* ruhen sich nicht auf ihren Lorbeeren aus. Sie sind von einem dauerhaften Innovationsgeist beseelt und daher bemüht, dass ihre Produkte nie veralten und von anderen Anbietern überholt werden (wie das Intel über Jahrzehnte hindurch gelingt, beschreiben eindrucksvoll Burgelman/Grove 2007).

Kundenpartnerschaft

Kundenpartnerschaftliche Unternehmen wissen, dass ihre Kunden weniger ein Produkt als eine Problemlösung suchen (*Customer Intimacy*). Solche Unternehmen haben eine breitere Perspektive als eine rein produktbezogene Problemsicht. Sie bieten vielfältige Dienstleistungen für die Probleme ihrer Kunden an – beispielsweise Schulung von Anwendern, Wartungsarbeiten und Beratung.

IBM gehörte zu den ersten IT-Unternehmen, das seine Kundenpartnerschaft perfektionierte. Da seine Produkte weder die billigsten noch die innovativsten waren, baute IBM in den letzten Jahren seine Reputation als Berater und Serviceanbieter aus (zu dieser weitreichenden Transformation der geschäftspolitischen Identität von IBM vgl. ausführlich Doz/Kosonen 2008).

Solche Unternehmen steigern sich nicht im Verkauf von Produkten, sondern in ihrer Fähigkeit zu einer maßgeschneiderten Lösung des umfassenderen Kundenproblems. Der Außendienst ist in diesen Unternehmen gut für diese Kundenpartnerschaft ausgestattet. Dieser Strategietyp leistet für seine besonderen Kunden gern die berühmte »Extrameile«. Der Kunde bekommt hier mehr, als er sich erwartet. Dauerhafte Kundenbeziehung steht hier im Vordergrund, Kundentreue ist das wertvollste Gut des Unternehmens. Der Erfolgsschlüssel ist die konsequente Ausrichtung auf die individuellen Kundenwünsche. Die Problemlösungen entwickelt die Firma gemeinsam mit dem Kunden. Sie bietet Individuallösungen, die auf soliden und erprobten Produkten und Leistungen basieren.

Die Mitarbeiter sind hoch qualifiziert. Sie brauchen großen Sachverstand, um die besonderen Bedürfnisse der Kunden individuell zu bearbeiten und zu lösen. Deshalb sind die Mitarbeiter dieses Strategietyps auch mit weitgehender Entscheidungsbefugnis ausgestattet.

Das Unternehmen mit ausgeprägter Kundenpartnerschaft ist nicht das innovativste. Die Produkte verfügen selten über die allerneuesten Merkmale. Aber als rascher Nachahmer ist das Produkt- und Leistungsportfolio meist konkurrenzfähig.

Das Produktionsgeschehen ist auf höchste Flexibilität getrimmt. Auf konsequente Standardisierung wird zu Gunsten kundenindividueller Lösungen zumeist verzichtet, ein Umstand der immer mit hohen Produktivitätseinbußen verbunden ist.

Die Kernbotschaft der beiden Autoren besteht letztlich darin, dass jedes Unternehmen sich gezwungen sieht, sich in irgendeiner Form zwischen diesen drei Positionierungsmöglichkeiten zu entscheiden. Die gewählte Priorität besitzt weitreichende Folgen für die Strukturen und Prozesse in allen Unternehmensbereichen. Der Versuch, alle drei Ausrichtungen gleichgewichtig zu verwirklichen stürzt jedes Unternehmen in unlösbare Widersprüche, deren alltägliche Bearbeitung ungeheure, letztlich unproduktive Energien bindet. Deswegen ist die prioritäre Festlegung auf eine dominante Ausrichtung unerlässlich, was allerdings nicht bedeutet, dass die beiden anderen dadurch ganz zu vernachlässigen sind. Es braucht da immer eine wettbewerbsadäquate Balance. Aber zu meinen, man könnte in allen drei Dimensionen zu den Besten zählen, ist eine fatale Illusion. Michael Porter meint deshalb zurecht: »Trade-off-Situationen hinsichtlich der Positionierung sind im Wettbewerb allgegenwärtig und es ist wesentlich für die Strategie, hier ein Wahl zu treffen. Dies fokussiert Unternehmen auf die Dinge, die es anbieten will und es hält Konkurrenten davon ab, bestimmte Geschäftspraktiken zu übernehmen oder sich neu zu positionieren, weil sie damit ihre eigenen Strategien untergraben und den Wert ihrer Tätigkeiten mindern würden« (ders. 2008, S. 115).

»Blue Ocean« Strategien

Die beiden INSEAD-Professoren Chan Kim und Renée Mauborgne haben an der Tradition von Michael Porter angeknüpft und mit den »Blue Ocean-Strategien« die Grundidee der Wettbewerbsstrategie neu belebt (ders. 2005).

Dieses neuere Modell unterstellt zwei unterschiedlichen Arten von Märkten: Stellen Sie sich das große Marktuniversum als geteiltes Reich zweier Ozeane vor. Der eine, der rote Ozean repräsentiert die Branchen, die es heute schon gibt. Für sie gelten die allseits bekannten Regeln des Wettbewerbs und der Wettbewerbsstrategie. Jedes Unternehmen muss in diesem Ozean fischen – aber das wird immer schwieriger. Doch dann gibt es da auch noch den blauen Ozean: Das sind die Branchen und Märkte, die es noch nicht gibt – Zukunftsmusik, aber eine höchst profitable. Blaue Ozeane sind schlichtweg neue Märkte. Man könnte genauso gut sagen: unentdecktes Land oder das unendliche Weltall der Produktinnovationen. Wie man es auch nennt, die beiden Autoren zeigen anschaulich, wie es gelingt, »dorthin zu gehen, wo kein Unternehmen zuvor gewesen ist«.

Wichtigste Instrumente sind dabei die radikale Veränderung, die Schaffung neuer Nutzenpotenziale und die Zurücknahme von Produkteigenschaften, die sowieso keiner braucht.

Die Regeln, die der Red-Ocean- und der Blue-Ocean-Strategie zugrunde liegen, unterscheiden sich erheblich:

Red-Ocean-Strategie	**Blue-Ocean-Strategie**
▪ Konkurrieren Sie auf vorhandenen Märkten mit den Wettbewerbern ▪ Setzen Sie sich gegenüber Ihrer Konkurrenz durch ▪ Nutzen Sie die bestehende Nachfrage ▪ Finden Sie einen Kompromiss zwischen Kosten und Kundennutzen ▪ Entscheiden Sie sich mit Porter für Differenzierung oder für niedrige Kosten.	▪ Schaffen Sie einen noch nicht besetzten Markt ▪ Erreichen Sie, dass die Konkurrenz unwichtig wird ▪ Erzeugen Sie eine neue Nachfrage ▪ Machen Sie Kompromisse zwischen Kosten und Kundennutzen überflüssig ▪ Richten Sie Ihre Unternehmensaktivitäten an der Entscheidung für Differenzierung und niedrige Kosten aus.

Abb. 37: Blue Ocean-Strategien nach Chan Kim u. Renée Mauborgne

Strategische Bewegung (strategic move)

Etliche Branchen, die heute längst etabliert sind, gab es vor 100 Jahren noch nicht einmal in den kühnsten Träumen der innovativsten Unternehmer. Handys, Videorecorder, Investmentfonds – unvorstellbar. Und jetzt denken Sie von heute aus 100 oder auch nur 20 Jahre in die Zukunft. Sie werden es erleben: Vor uns liegen gigantische blaue Ozeane, die nur noch nicht vermessen wurden. Es geht nicht um Unternehmen, auch nicht um Branchen, sondern einzig und allein um »strategische Bewegungen«. Damit sind alle Entscheidungen von Unternehmenslenkern gemeint, die in ihrer Gesamtheit neue Märkte erschaffen haben.

Nutzeninnovation

Was zeichnet Strategien aus, die einen blauen Ozean anvisieren? Sie bieten eine Nutzeninnovation. Die klassische, von Porter geprägte Wettbewerbsstrategie, verlangt eine Entscheidung: Willst du dich differenzieren und deinen Kunden einen größeren Nutzen bieten – oder willst du Kostenführer werden? Strategien zur Eroberung blauer Ozeane ermöglichen und fordern aber beides zugleich: höheren Nutzen für den Kunden und geringere Kosten für Sie. Ersterer entsteht dadurch, dass Sie dem Kunden Angebote machen, die es in der gesamten Branche bislang nicht gibt. Dem Kostendruck wird dadurch entgangen, dass der Konkurrenz bewusst ausgewichen wird, statt sich in den üblichen Verteilungskämpfen am Markt zu tummeln.

Cirque du Soleil als Beispiel für die Entdeckung eines blauen Ozeans

Die lange gültigen Spielregeln der Zirkusbranche zur Begegnung der sinkenden Nachfrage lauteten: Verpflichten Sie mehr und noch bekanntere Clowns und bieten Sie mehr und spektakulärere Tiernummern als die anderen Zirkusunternehmen. Dadurch stiegen für alle die Kosten, aber das Zirkuserlebnis veränderte sich dadurch nicht grundlegend. Das Ergebnis dieses »Benchmarkansatzes« waren höhere Kosten, eine weiter sinkende Gesamtnachfrage, aber keine höheren Erträge.

Der Cirque du Soleil allerdings folgte nicht dieser Logik, sondern definierte das Spiel neu: Viele Zirkuselemente, die für Spaß und Unterhaltung notwendig erschienen, wurden verändert. Der Cirque du Soleil verzichtete auf kostspielige Tiernummern und veränderte seine Künstlerengagements. Er verzichtete auf teure Stars und auf die bekannte Zeltatmosphäre.

Der dauerhafte Reiz eines Zirkus lässt sich auf drei Faktoren reduzieren: die Clowns, das Zelt und die klassischen akrobatischen Vorführungen. Also blieb der Cirque bei den Clowns, veränderte aber ihre Art von Humor. Statt reinen Slapsticks stand nun raffinierter Witz im Mittelpunkt. Das Unternehmen legte auch großen

Wert auf die Ausstattung des Zelts, gab ihm ein glanzvolles Äußeres und sorgte für einen besonders hohen Zuschauerkomfort: Kein Sägemehlstaub, keine harten Bänke. Auch Akrobaten traten nach wie vor weiter auf, aber ihre artistischen Beiträge wurden reduziert, und die Vorführungen erhielten mehr eleganten und künstlerischen Flair. Insgesamt reduzierte der Cirque einige traditionelle und kostspielige Zirkusangebote auf das Wesentliche und brachte neue Elemente aus der Theaterwelt ein. Er bot nun den Zuschauern den Spaß und die Aufregung eines Zirkus, aber auch das intellektuelle Niveau und den künstlerischen Reichtum eines Theaters.

Mit all diesen Neuerungen hat der Cirque eine außerordentlich anspruchsvolle Unterhaltung geschaffen und zusätzlich die Zielgruppe der zahlungskräftigen Erwachsenen erreicht. Der Cirque bietet sowohl vom Zirkus als auch vom Theater das Beste.

Aus den roten Ozeanen des Theaters und des Zirkus heraus hat der Cirque du Soleil den blauen Ozean eines noch nicht vorhandenen Marktsegments geschaffen.

Der Blick auf die internen Ressourcen

Die nächste strategische Schule widmet sich dem Aufbau von Kernkompetenzen. Mit diesem Ansatz sollen die wertvollsten Ressourcen eines Unternehmens, die Kernkompetenzen, gezielt entwickelt werden. Voraussetzung dafür sind die in der Analysephase definierten Kernkompetenzen, auf die nun in der strategischen Arbeit aufgesetzt wird.

Hamel und Prahalad (1997, S. 341 f.) haben eine Matrix für den gezielten Aufbau von Kompetenzen entwickelt. Diese Matrix, die zwischen bestehenden und neuen Kompetenzen sowie zwischen bestehenden und neuen Produktmärkten unterscheidet, zeigt vier verschiedene Basisstrategien, die in der nachfolgenden Abb. 38 zusammengefasst sind.

Lücken füllen

Werden vorhandene Kernkompetenzen in bestehenden Märkten optimiert eingesetzt, füllt das Unternehmen strategisch betrachtet Lücken. Seine Aktionen führen es in die Tiefe, denn es bewegt sich mit den gleichen Möglichkeiten auf den gleichen Märkten, allerdings mit dem Fokus, die vorhandenen Chancen besser zu nutzen. Die Frage, die es sich in diesem Zusammenhang stellen sollte, lautet: Wie können wir unsere Kernkompetenzen auf den bestehenden Märkten stärker entwickeln und besser ausschöpfen?

Hamel und Prahalad verdeutlichen dies anhand des Beispiels von General Electric. Dem Unternehmen gelang es, die Kompetenzen bei der Stromerzeugung und der Herstellung von Flugzeugmotoren für beide Bereiche zu erschließen, indem das Know-how wechselweise »importiert« wurde.

	Bestehender Markt	Neuer Markt
Bestehende Kernkompetenzen	**Lücken füllen** Wie können wir unsere Kernkompetenzen auf den bestehenden Märkten stärker entwickeln und besser ausschöpfen?	**weiße Flecken** Welche neuen Produkte oder Dienstleistungen könnten wir schaffen, wenn wir unsere derzeitigen Kernkompetenzen neu einsetzen oder anders kombinieren?
Neue Kernkompetenzen	**herausragende Position** Welche neuen Kernkompetenzen müssen wir heute aufbauen, um auch in fünf bis zehn Jahren von unseren Kunden als führender Hersteller oder Dienstleister betrachtet zu werden?	**Mega-Chancen** Welche neuen Kompetenzen müssten wir aufbauen, um an den spannenden Märkten der Zukunft teilnehmen zu können?

Abb. 38: Die vier Basisstrategien nach Hamel/Prahalad

Herausragende Positionen schaffen
In diesem Ansatz geht es darum, auf einem bestehenden Markt mit neuen Kernkompetenzen eine exklusive Position aufzubauen. Um dies zu erreichen, muss sich ein Unternehmen die Frage stellen: »Welche neuen Kernkompetenzen müssen wir heute aufbauen, um auch in fünf bis zehn Jahren von unseren Kunden als führender Hersteller oder Dienstleister betrachtet zu werden?«

Diese mögliche Perspektive auf die Kernkompetenzen illustrieren Hamel und Prahalad mit dem Aufbau der Consultingkompetenz durch IBM. Da Kunden nicht nur Computer- und Softwareprodukte, sondern vor allem die Lösung komplexer Geschäftsprobleme benötigen, stärkt diese Erweiterung der Kompetenz die Position von IBM auf ihren angestammten Märkten.

Aus diesem Blickwinkel sollte sich ein Unternehmen übrigens auch mit der Frage beschäftigen, welche künftigen Kompetenzen die heutigen ersetzen könnten, etwa wenn letztere obsolet oder zum »Mindesteinsatz« geworden sind. Diesen Gedanke vertritt auch Gälweiler (1987), indem er die Frage nach Substitutionsmöglichkeiten für bestehende Lösungstechniken und -technologien in den Vordergrund seiner strategischen Steuerungssystematik stellt.

Weiße Flecken erschließen

Als weiße Flecken bezeichnen Hamel und Prahalad jene Chancen, die bisher vom Unternehmen übersehen oder vernachlässigt wurden. Bei diesem Ansatz geht es um Chancen, die durch die Ausweitung bestehender Kernkompetenzen auf neue Märkte entstehen. Die diesbezügliche Frage lautet: »Welche neuen Produkte oder Dienstleistungen könnten wir schaffen, wenn wir unsere derzeitigen Kernkompetenzen neu einsetzen oder anders kombinieren?«

Der Walkman von Sony ist ein Beispiel für die erfolgreiche Nutzung eines solchen weißen Flecks: Durch die Kombination der vorhandenen Kompetenzen im Bereich der Kassettenrecorder und der Kopfhörer entstand ein neues Produkt.

Mega-Chancen entdecken

Bei der Suche nach Mega-Chancen kann sich ein Unternehmen weder auf bestehende Märkte noch auf besondere Erfahrungen stützen. Erscheinen ihm die Perspektiven dennoch außerordentlich attraktiv, wird es sich ungeachtet der großen Risiken entscheiden, derartige Mega-Chancen aufzugreifen. In diesem Zusammenhang lautet die Frage: Welche neuen Kompetenzen müssten wir aufbauen, um an den spannenden Märkten der Zukunft teilnehmen zu können?

Ein berühmtes Beispiel dafür ist Nokia, ein Mischkonzern, der ursprünglich Gummistiefel, Zahnpastatuben und das Gehäuse für Batterien herstellte, bevor er sich entschloss, ins Handy-Geschäft einzusteigen. Im Normalfall wird die Mega-Chance jedoch auf dem Weg gezielter kleinerer Akquisitionen oder Partnerschaften erschlossen, um zu den erforderlichen und zunächst noch nicht vorhandenen Kompetenzen zu kommen. Gerade das Beispiel Nokia zeigt, dass solche ungewöhnlichen Veränderungen möglich sind, wenn rechtzeitig und mit aller Kraft in den Kompetenzaufbau für einen erst entstehenden Markt investiert wird. Jetzt ist Nokia gerade dabei, rund um das Handy multimediale Nutzungsmöglichkeiten zu entwickeln und damit ein weiteres Mal angestammte Grenzen der eigenen geschäftspolitischen Identität zu sprengen.

Die Umsetzungsschwächen der ressourcenorientierten Ansätze

Während sich die marktorientierte Sicht Porters auf unternehmensexterne Faktoren konzentriert, betont der ressourcenorientierte Ansatz – zu denen das Kernkompetenzkonzept zu zählen ist – einseitig die Bedeutung interner Faktoren. Der Erfolg von Unternehmen wird dann in erster Linie auf die Unterschiede in der Ausstattung mit intern aufgebauten Ressourcen zurückgeführt. Daher ist bei dieser Herangehensweise die Frage nach der Entdeckung, der Nutzung und dem Schutz von internen Ressourcen von besonderer Bedeutung. Die Attraktivität dieses Ansatzes resultiert nicht zuletzt daraus, dass er dem Unternehmen einen erheblichen Spielraum – im Sinne von Unternehmertum – als aktiver Wettbewerbsgestalter zuschreibt.

Aus der Perspektive des wissenschaftlich argumentierenden Ökonomen sind theoretische Schwächen bei der Umsetzung dieser Ansätze nicht zu übersehen. Nicolai (2000) bemängelt etwa, dass ein überzeugender wissenschaftlicher »Lackmus-Test«, mit dem Kernkompetenzen identifiziert werden können, nicht vorliege. »Bisweilen werden Kernkompetenzen mit dem Ungeheuer von Loch Ness verglichen, von dem jeder redet, das indes noch niemand gesehen hat.«

Der Blick auf die Besten

In einer vielbeachteten Studie beschäftigte sich Jim Collins 2001 ebenfalls mit der Frage, was ein Spitzenunternehmen ausmacht. Dabei wurden 28 börsennotierte US-amerikanische Unternehmen untersucht. Zur Hälfte waren es durchschnittliche Performer. Unternehmen, die insgesamt 30 Jahre lang keine über- und unterdurchschnittliche Aktienrendite erzielten, bildeten eine Kontrollgruppe. Die interessanten Unternehmen waren solche, die nach den ersten 15 Jahren einen deutlichen Anstieg des Aktienwertes im Vergleich zum gesamten Aktienmarkt erzielten und dieses weit überdurchschnittliche Niveau auch für weitere 15 Jahre aufrechterhielten. Diese Unternehmen bezeichnet Jim Collins als Take-off-Unternehmen. Darunter waren etwa die Elektronikhandelskette *Circuit City*, *Gillette* und *Kimberly-Clark*, *Philip Morris* und die Drogeriekette *Walgreens*. Die Take-off-Unternehmen übertrafen nach dem Durchbruch den allgemeinen Aktienmarkt um das 6,9fache, während das Vorzeigeunternehmen *General Electric* den Aktienmarkt »nur« um den Faktor 2,8 übertraf.

Aus diesen Take-off-Unternehmen und der Untersuchung der Vergleichsgruppe ließen sich bestimmte Erfolgsfaktoren herausarbeiten: Jeder konsequent und kontinuierlich praktizierte Erfolgsfaktor erzeugte einen Schwung in einem Unternehmen, der eines Tages zum dauerhaften Durchbruch in die Spitzengruppe führte. Collins wählt hier die Analogie des Schwungrades. Die treibenden Kräfte des Erfolgsschwungrades waren die Aspekte

- disziplinierte Menschen,
- diszipliniertes Denken und
- diszipliniertes Handeln.

Disziplinierte Menschen

Der Unternehmenserfolg erfordert Disziplin sowohl von den Führungskräften als auch von den Mitarbeitern.

- Level-5-Führungsqualitäten: Alle Take-off-Unternehmen verfügten zur Zeit ihres Durchbruchs an der Spitze über eine Führungsfigur, die Collins als Level-5-Leader bezeichnet. Diese Level-5-Führungskräfte verfügen über eine paradox erscheinende Mischung aus persönlicher Bescheidenheit bei gleichzeitig großer professioneller Durchsetzungskraft. Die Vergleichsunternehmen verfügten in der Regel über Level-4-Manager, die effektiv die Umsetzung von Strategien vorantreiben und ihre Mitarbeiter motivieren können. Allerdings fehlt Level-4-Managern der konsequente und selbstlose Einsatz für das Unternehmenswohl bei weitgehender Zurücknahme des eigenen Egos. Level-5-Führungskräfte dagegen zeichnen sich durch einen persönlich bescheidenen Lebensstil bei gleichzeitig fanatischem Einsatz für das Unternehmen aus.
- »Erst wer, dann was«: Take-off-Unternehmen beschäftigten sich zuerst mit der Frage nach den richtigen Führungskräften und Mitarbeitern, bevor sie Strategien für die Zukunft entwarfen. Erst als die richtigen Leute auf den richtigen Positionen saßen, begann man die Diskussion über die künftige strategische Unternehmensrichtung. Ein Prinzip, das in gängigen Strategiekonzepten kaum beachtet wird.

Diszipliniertes Denken

Neben der richtigen Führungsmannschaft und Belegschaft hat Jim Collins ein spezifisches Denkmuster ausgemacht:

- Der Realität ins Auge blicken, ohne den Mut zu verlieren: Am Beginn stand eine schonungslose und realistische Einschätzung der eigenen Lage und der äußeren Marktchancen, also ein Denkprozess, der dem ersten Schritt der »strategischen Schleife« entspricht. Aber diese Analyse war mit dem unerschütterlichen Glauben verbunden, dass ein durchschlagender Unternehmenserfolg im Bereich des Möglichen lag.
- Das Igel-Prinzip: Die weniger erfolgreichen Unternehmen agierten oft wie schlaue Füchse. Sie sprangen von einer Strategie zur anderen und versuchten, ihre Konkurrenz auf den unterschiedlichsten Wegen anzugreifen. Die Take-off-Unternehmen hingegen igelten sich ein und hielten konsequent an ihren Zielen fest, wie sie aus der Beantwortung der drei folgenden Fragen hervorgingen:
  - Worin können wir die Besten werden? Nur weil etwas zum Kerngeschäft zählt, nur weil man es über Jahre oder Jahrzehnte getan hat, bedeutet das noch nicht, dass man darin auch der Beste werden kann. Unter Umständen liegen die besten Chancen ganz woanders.

Was ist unser wirtschaftlicher Motor? Ohne stabilen wirtschaftlichen Ertrag kann kein außerordentliches Unternehmenswachstum eingeleitet werden. Die Suche nach dem wirtschaftlichen Motor treibt gleichzeitig auch das Schwungrad an. Ein Handelsunternehmen fand zum Beispiel zu einer besseren Renditestrategie, als nicht mehr der Gewinn pro Filiale, sondern der Profit pro Kundenbesuch zur Messlatte erhoben wurde.

- Was ist unsere wahre Leidenschaft? Die Take-off-Unternehmen konzentrierten sich konsequent auf bestimmte Geschäftsbereiche, für die sich das Management und die Mitarbeiter nachhaltig begeistern konnten.

Eine unternehmerische Spitzenposition erfordert auf alle diese Fragen eine plausible Antwort. Sie können nicht an die Spitze kommen, wenn Ihrem Unternehmen die notwendigen Fähigkeiten abgehen. Ohne finanzielle Mittel kann man auch die besten Fähigkeiten nicht erfolgreich entwickeln. Und wenn den Mitarbeitern die Begeisterung fehlt, nützen auch Fähigkeiten und Geld nicht wesentlich. Wie ein Igel nutzten die Take-off-Unternehmen die konsequente Verteidigung ihrer drei richtigen Antworten, um den Angriffen der anderen Füchse zu begegnen und sie als Antriebskraft für eine zielgerichtete Entwicklung des eigenen Unternehmens zu nutzen.

Diszipliniertes Handeln

Nachdem man die richtigen Leute in die richtigen Positionen gebracht und eine klare Vorstellung davon hat, wie man zum Spitzenerfolg gelangen will, erfolgte die konsequente Umsetzung des Konzeptes.

- Kultur der Disziplin: Es gelang den Take-off-Unternehmen, eine Unternehmenskultur aufzubauen, die von diszipliniertem Denken und Handeln geprägt war. Dadurch wurden intensive Kontrollen und bürokratische Systeme überflüssig. Statt dessen hatten die Manager und Mitarbeiter große Handlungsfreiräume, solange sie sich der Verantwortung stellten und sich an die Unternehmensprinzipien und -ziele hielten.
- Technologie als Beschleunigungsfaktor: Während bei den Vergleichsunternehmen immer wieder technologische Neuerungen als Erfolgsmittel eingesetzt wurden, war für keines der Take-off-Unternehmen die technologische Neuerung der entscheidende Anstoß zur Erreichung einer Spitzenposition. Technik und Technologie allein war nie Auslöser für die Transformation zu einem Spitzenunternehmen. Aber sie beschleunigten den Weg zur Spitze.

Das Prinzip des Schwungrads

Sämtliche Take-off-Unternehmen integrierten die drei Prinzipien sehr konsequent über einen längeren Zeitraum in die alltäglichen Abläufe. In dieser Phase wurde das Schwungrad des Erfolgs angeschoben. Es gab keine lautstark verkündeten Programme, keine großen Restrukturierungsmaßnahmen und keine Motivationsprojekte. Man brachte das Unternehmen einfach langsam und allmählich in Schwung. Erst nach einiger Zeit kam dann der dauerhafte Aufstieg in die Spitzengruppe, was von außen oft als plötzliches und spektakuläres Ereignis gewertet wurde. In Wirklichkeit war dieser Erfolg das Ergebnis einer kontinuierlichen Anstrengung, der in den besagten Unternehmen unterschiedlich lange dauerte. Wie lange es auch dauern mag: Sie müssen Ihrer Organisation die notwendige Zeit für den Aufstieg zum nachhaltigen Erfolg einräumen, postuliert Jim Collins. Seine Untersuchung belegt einmal mehr, dass ein nachhaltiger Unternehmenserfolg auf einer ganz sorgfältig integrierten Unternehmensentwicklung fußt. Die strategische Ausrichtung, das dazu passende Organisationsdesign wie auch die entsprechende Führungskonzeption und eine feinfühlige Personalpolitik stehen zu einander in einem stimmigen wechselseitig stimulierenden Verhältnis. Das geduldige Dranbleiben an dieser Stimmigkeit über einen längeren Zeitraum eröffnet jedem Unternehmen jene Gelegenheiten zum Aufbau stabiler »organizational capabilities«, ohne die eine außergewöhnliche Performance auf Dauer nicht zu haben ist.

Der Blick auf den Risikoausgleich

Die Portfolio-Analyse ist für viele die strategische Methode schlechthin. Die Gründe für diese hohe Bekanntheit liegen darin, dass sie die Analyse der Chancen und Bedrohungen aus der Außenwelt mit den Stärken und Schwächen des Unternehmens bezogen auf seine unterschiedlichen Geschäfte kombiniert. Ein weiterer Grund für die Beliebtheit der Portfoliokonzepte liegt in den Normstrategien begründet, die aus den verschiedenen Positionen des Portfolios ableitbar sind. Aus jeder Position des Ist-Portfolios folgen Empfehlungen für strategische Konsequenzen. Nicht zuletzt dürfte die Komplexitätsreduktion durch die optische Auflösung zur Popularität dieser Methodik beigetragen haben.

Die Portfolio-Analyse geht auf die Portfeuille-Theorie des Nobelpreisträgers von 1990, H. M. Markowitz, zurück, der sich mit der optimalen Veranlagung eines Wertpapierportfolios beschäftigte. Er formulierte aber bereits 1952 die Grundsätze eines optimalen Portfolios, die im Kern auch für die Auswahl von strategischen Optionen gelten:

- Kombiniere eine Gruppe von Vermögenswerten so, dass bei einem gegebenen Risiko der erwartete Gesamtgewinn aus dem Portefeuille maximiert wird.
- Kombiniere eine Gruppe von Vermögenswerten so, dass für eine gegebene Gewinnrate das Risiko des Portefeuilles minimiert wird.

Das darauf aufbauende Portfoliomodell ist sowohl ein Instrument der Analyse als auch ein Instrument zur Entwicklung von Strategien, das sich mit der Auswahl und der Bewertung von strategischen Optionen beschäftigt. Insofern könnte dieses Konzept auch im Kapitel »Die strategische Analyse« oder im folgenden Unterkapitel »Die strategische Entscheidung« vorgestellt werden.

Der Vorteil der Portfolioanalyse liegt – wie bei manch anderen Instrumenten auch – unseres Erachtens weniger im exakten Ergebnis sondern stärker im strategischen Diskussionsprozess. Die Portfolio-Analyse zwingt zur Offenlegung der unterschiedlichen Informationen und Annahmen über das Geschäft und animiert so zu wertvollen und kreativen Diskussionen in einem Strategieteam.

Die Matrix der Boston Consulting Group

Die Übertragung der Gedanken der Finanzmodelle auf den Anwendungsbereich der strategischen Planung wurde Ende der 1960er-Jahre von der Boston Consulting Group (BCG) geleistet (Henderson 1973). Im Wesentlichen besteht der BCG-Ansatz darin, das Unternehmen als ein Portfolio von Geschäftseinheiten darzustellen. Jede dieser Geschäftseinheiten leistet einen Beitrag zum Wachstum und zur Rentabilität des Unternehmens. Durch die Aufteilung in unabhängige Geschäftseinheiten kann die strategische Situation differenzierter analysiert werden.

In der Marktwachstum-Marktanteil-Matrix wird die Umwelt durch ein einziges Merkmal charakterisiert, nämlich das Marktwachstum. Alle umweltrelevanten Erfolgsfaktoren werden in dieser einzigen Dimension abgebildet. Die unternehmensinterne Situation findet ebenfalls in einem einzigen Merkmal, dem relativen Marktanteil, der relativen Wettbewerbsposition ihren Niederschlag.

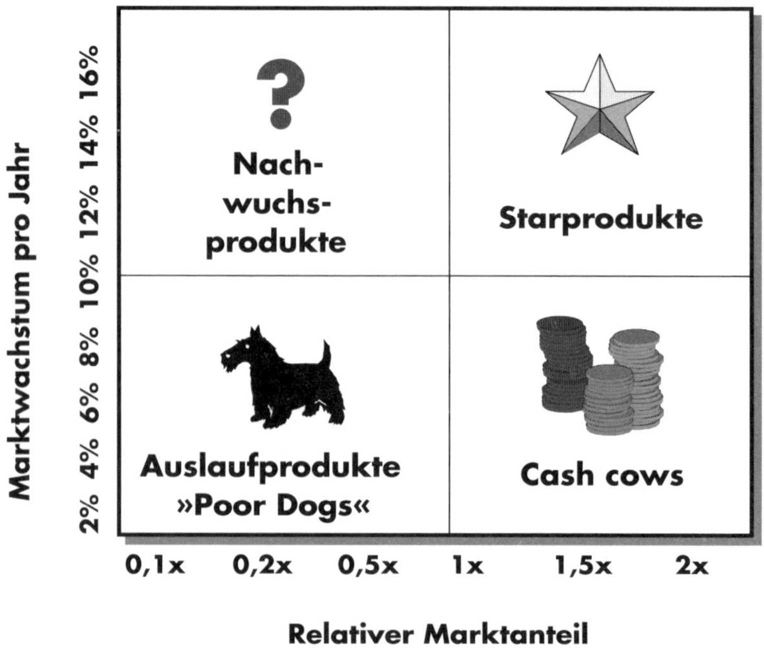

Abb. 39: Das Marktwachstum-Marktanteil-Portfolio

Das Grundmodell

Die einzelnen untersuchten Geschäftsfelder oder Produkte werden in diesem Portfolio entsprechend dem Wachstum des relevanten Marktes und ihres Marktanteils positioniert. Das Marktwachstum wird in diesem ursprünglichen Grundmodell stark vereinfacht mit dem Umsatzwachstum der untersuchten Geschäftseinheit pro Jahr gleichgesetzt. Der relative Marktanteil wird im Verhältnis zum größten Mitbewerber ausgedrückt. Die Ziffer 1 in der Abbildung bedeutet, dass der eigene Marktanteil etwa gleich groß wie der des größten Wettbewerbers ist. Marktanteile im Bereich 1 bis 1,5 sind besonders bedeutsam, weil hier die kritische Phase des potenziellen Verlusts der Marktposition beginnt. Ab 1,5 ist der eigene Marktanteil mindestens 50 Prozent höher als jener des stärksten Mitbewerbers. An diesem Punkt beginnt nach den Untersuchungen der Boston Consulting Group jener Bereich, in dem nachhaltig Cashflow erwirtschaftet werden kann (Hax/Majluf 1991; Bea/Haas 1997; Elbling/Kreuzer 1994).

Die Produkte oder Geschäftseinheiten werden entsprechend der obigen Logik in eines der vier Felder der Matrix eingeordnet, wobei die Größe des Kreises ein Indikator für Umsatz oder Ertrag bildet.

- Nachwuchsprodukte (»Question Marks«) sind Produkt-Marktkombinationen, die einen geringen Anteil an einem sehr schnell wachsenden Markt haben. Hier stellt sich die Frage, wie der Marktanteil gesteigert werden kann, um aus dem »Baby« einen »Star« zu entwickeln.
- Starprodukte (»Stars«) befinden sich in einem wachsenden Markt und haben einen besonders hohen Marktanteil. Gemeinsam mit den Nachwuchsprodukten bilden sie die Hoffnungsträger des Unternehmens.
- Cashflow produzierende Produkte (»Cash Cows«) sorgen wegen ihres hohen Marktanteils und des damit einhergehenden Erfahrungskosteneffekts und der reduzierten Investitionen für den erforderlichen Mittelzufluss für Investitionen in andere Produkte und Geschäftsfelder.
- Auslaufprodukte (»Poor Dogs«) erzielen kaum mehr Überschüsse, weil sie sich mit einem geringen Marktanteil in einem unattraktiven Markt bewegen.

Jedem Feld der Matrix lässt sich eine Normstrategie zuordnen: eine Offensivstrategie für Nachwuchsprodukte, eine Investitionsstrategie für Stars, eine Abschöpfungsstrategie für Cash-Produkte und eine Deinvestitionsstrategie für die Auslaufprodukte. Das Portfolio ist dann im Gleichgewicht, wenn ausreichend Cashflow produzierende Produkte (»Cash Cows«) vorhanden sind, so dass die kapitalbedürftigen Nachwuchs- und Starprodukte ausreichend finanziert werden können.

Drei wesentliche strategische Erkenntnisse lassen sich aus der BCG-Matrix ableiten:

- Sie bietet einen einfachen Überblick über den Zustand des geschäftspolitischen Gesamtportfolios des Unternehmens.
- Durch die Einteilung der Geschäftsfelder in die vier Quadranten ist gut sichtbar, wo Cashflow erwirtschaftet wird und wo Kapitalbedarf vorhanden ist. Die Matrix bietet daher eine Grundlage für die Ausbalancierung von Mittelherkunft und -verwendung.
- Letztlich liefert die Positionierung der einzelnen Felder handfeste Hinweise auf mögliche Strategien der einzelnen Geschäftsfelder.

Normstrategien der BCG-Matrix

Ihre besondere Attraktivität bezieht die BCG-Matrix aus den sogenannten Normstrategien, aus denen sich klare Handlungsanweisungen ableiten lassen. Sie können aber auch als Entscheidungshilfen für den Auswahlprozess im folgenden Schritt des Strategieprozesses dienen. Die aus der BCG-Matrix abzuleitende Kernstrategie empfiehlt, Kapital von sehr rentablen Geschäftseinheiten, die nur ein beschränktes Wachstumspotenzial besitzen, zu jenen Geschäftseinheiten zu transferieren, die ein fundiertes künftiges Wachstum erwarten lassen. Diese Grundregel führt zu einem integrierten Portfoliomanagement, bei dem das Ganze mehr als die Summe seiner Einzelteile ist. Damit dies auch erreicht werden kann, sorgt eine weitgehend zentralisierte Ressourcenverteilung dafür, dass sich hinsichtlich der Kapitalfreisetzung und des Kapitalbedarfs ein ausgeglichenes Portfolio ergibt.

Bezüglich der Marktanteilsstrategie formuliert die BCG-Matrix für jedes Feld vier grundlegende strategische Stoßrichtungen:

- für »Question Marks«: den Marktanteil steigern
- für »Stars«: den Marktanteil halten
- für »Cash Cows«: Gewinne abschöpfen
- für »Poor Dogs«: Rückzug oder Liquidation

Die Weiterentwicklung zur McKinsey-Matrix

Das Marktattraktivität-Wettbewerbsvorteil-Portfolio (»McKinsey-Matrix«) wurde von dem Beratungsunternehmen McKinsey Anfang der 1970er-Jahre für General Electric entwickelt. Sie stellt eine Weiterentwicklung der BCG-Matrix (Marktwachstum-Marktanteil-Portfolio) dar.

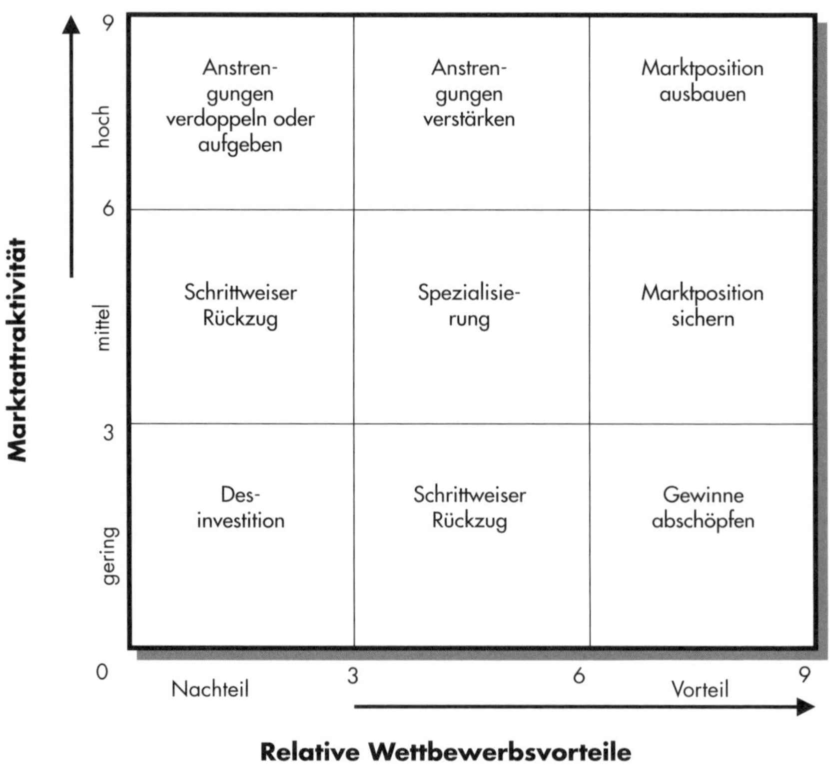

Abb. 40: Normstrategien aus der McKinsey-Matrix

Die beiden Dimensionen der McKinsey-Matrix, Marktattraktivität und relativer Wettbewerbsvorteil, werden durch eine Vielzahl unterschiedlich gewichteter Faktoren umfassender als das BCG-Vorgängermodell beschrieben und zu einem das jeweilige strategische Geschäftsfeld charakterisierenden Gesamtwert zusammengezogen. War bei der BCG-Matrix der Cashflow die zentrale Zielgröße des Unternehmenserfolges, so ersetzt die McKinsey-Matrix den Cashflow durch den Return on Investment (RoI).

Für die Bestimmung der Attraktivität des Marktes und der relativen Wettbewerbsvorteile werden Faktoren herangezogen, denen die PIMS-Studie einen signifikanten Einfluss auf die Gesamtkapitalrentabilität (RoI) zuschreibt.

Während das Ursprungsmodell mit vier Feldern auskam, basiert das McKinsey-Portfoliomodell auf neun Feldern. Dadurch werden differenziertere strategische Diskussionen gefördert.

Normstrategien zur McKinsey-Matrix

Auch die McKinsey-Matrix ist durch ihre Normstrategien in der Praxis sehr beliebt. Sie wird gerne zur Diskussion der Investitionsprioritäten in den verschiedenen Geschäftsfeldern verwendet. In diesem Sinne ist sie durchaus als Leitfaden zur Ressourcenverteilung zu verstehen. Die Grundsatzempfehlungen lauten:

- Lenken Sie die Ressourcen des Gesamtunternehmens auf jene Geschäfte, die über eine höhere Marktattraktivität und eine gute Wettbewerbsposition verfügen.
- Ziehen Sie dort Ressourcen ab, wo diese Bedingungen nicht gegeben sind, bzw. auf Sicht nicht herstellbar sind.
- Agieren Sie in Zwischenpositionen selektiv.

Neben dieser Grundsatzempfehlung werden für jedes Feld der McKinsey-Matrix konkretere Handlungsempfehlungen angeboten (siehe Abb. 40).

Leitfaden für das Portfoliomanagement

Schritt 1: Definition der kritischen Faktoren

Im ersten Schritt werden im Strategieteam Faktoren definiert, welche die Marktattraktivität und die Wettbewerbsvorteile beschreiben. Dabei werden zunächst jene herangezogen, denen die PIMS-Studie einen signifikanten Einfluss auf die Gesamtkapitalrentabilität (RoI) zuschreibt. Diese Faktoren sind teilweise in die beiden folgenden Bewertungsfragebögen der Marktattraktivität und der Wettbewerbsvorteile eingebaut. Darüber hinaus können unternehmens- oder branchenspezifische Faktoren von Bedeutung sein, die in die Bewertung einfließen. Dabei sollten insbesondere die Erkenntnisse über die Branchenstrukturanalyse nach Porter und die kritischen Erfolgsfaktoren aus der Stärken-Schwächen-Analyse als Bewertungsfaktoren berücksichtigt werden.

Nr.	Kriterien (Beobachtungsbereiche)	Einschätzung der Marktattraktivität	Attraktivität des Marktes								
			hoch			neutral			niedrig		
			1	2	3	4	5	6	7	8	9
1	Marktvolumen										
2	Marktwachstum										
3	Ertragspotenzial										
4	Innovationspotenzial										
5	Konkurrenzverhalten										
6	Konjunkturanfälligkeit										
7	Substitutionsgefahr										
8	Kundenverhalten										
9	Beschaffungssicherheit										
10	Staatliche Einflüsse										
	GESAMTBEURTEILUNG		1	2	3	4	5	6	7	8	9

Abb. 41: Formular zur Analyse der Attraktivität eines Geschäftsfeldes

Schritt 2: Bewertung der Marktattraktivität

Durch eine Quantifizierung wird nun versucht, die jeweilige Bedeutung eines Geschäftsfeldes anhand der zuvor identifizierten Bewertungsfaktoren zu gewichten, indem sie in einer neunteiligen Skala von »extrem unattraktiv« über »neutral« bis »extrem attraktiv« gereiht werden. Vorerst wird die Einschätzung der aktuellen Ist-Situation vorgenommen. Ergebnis dieses Rankings ist ein aggregierter Wert zwischen 1 und 9, der eine Einordnung des jeweiligen strategischen Geschäftsfeldes in das Portfolio ermöglicht, wobei die Beobachtungsbereiche untereinander nochmals gewichtet werden können.

Das Formular Abb. 41 zur Einschätzung der Marktattraktivität soll den Bewertungsvorgang verdeutlichen.

Schritt 3: Beurteilung der Wettbewerbsvorteile

Die internen Faktoren werden in der Regel im Bezug auf den führenden Wettbewerber der Branche bewertet. Dadurch ist die Einschätzung der Wettbewerbsposition in der Regel eindeutiger als die der Marktattraktivität. Die Positionierung erfolgt anhand einer Skala von »erhebliche Wettbewerbsnachteile« über »gleiche Wettbewerbsstärke« bis zu »erhebliche Wettbewerbsvorteile«. Bei der Bewertung orientiert man sich wiederum am Status quo.

Nr.	Kriterien (Beobachtungsbereiche)	Anmerkungen zu Stärken/Schwächen in den untersuchten Bereichen	Vergleich zum Mitbewerber								
			schlechter			gleich			besser		
			1	2	3	4	5	6	7	8	9
1	Relativer Marktanteil										
2	Investitionsintensität										
3	Wertschöpfung										
4	Qualität										
5	Kostenstruktur/-vorteil										
6	Fachkompetenz										
7	Marketing Know-how										
8	Finanzielle Potenz										
9	Standort, and. Vorteile										
10	Managementeffizienz										
	GESAMTBEURTEILUNG		1	2	3	4	5	6	7	8	9

Abb. 42: Formular zur Analyse der Wettbewerbsposition

Die Summe der Einschätzungen wird zu einer Gesamtbeurteilung, die zwischen 1 bis 9 liegen kann, aggregiert. Dabei lässt sich auch eine unterschiedliche Gewichtung der Beobachtungsbereiche berücksichtigen.

Schritt 4: Positionierung der Geschäftsfelder in der Matrix

Nach den geschilderten Vorschritten ist es verhältnismäßig einfach, die analysierten Geschäftseinheiten entsprechend ihrer derzeitigen Position in eine der neun Zellen der Matrix zu positionieren. Ähnlich wie bei der BCG-Matrix lässt sich durch die Größe der Kreise der Umsatz, der Ertrag oder eine andere sinnvolle Vergleichsgröße darstellen.

Schritt 5: Zukunftsprognose

Aufbauend auf Schritt 2 der Bewertung der Marktattraktivität wird vom Strategieteam die künftige Attraktivität der Branche eingeschätzt. Ziel dieser Dynamisierung des Portfolios ist es, künftige Trends zu erörtern und deren Auswirkungen auf die Branche vorwegzunehmen. Dazu wird die wahrscheinliche Entwicklung und Gewichtung der gemeinsam definierten Faktoren der Marktattraktivität erörtert. Die Einschätzung der nicht immer eindeutigen Trends kann auch dazu führen, alternative Szenarien durchzuspielen. Die im Kapitel »Die strategische Analyse« beschriebene Szenariomethode kann an dieser Stelle gut eingesetzt werden.

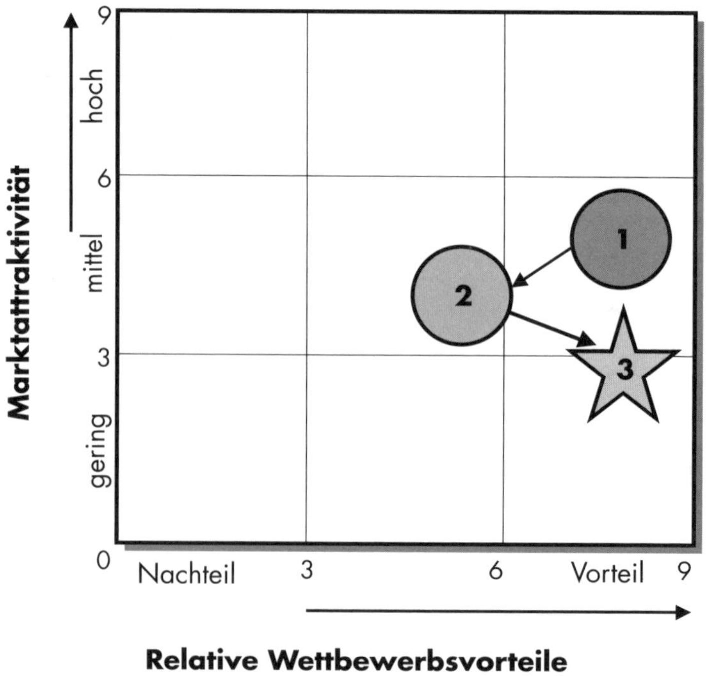

Abb. 43: Die Positionierung der Geschäftsfelder in der Matrix:
1 = derzeitige Position, 2 = Position bei unveränderter Geschäftspolitik,
3 = Zielposition

Ziel dieser Zukunftsprognose ist es, zu einer gemeinsamen Einschätzung zu kommen, ob sich die Marktattraktivität innerhalb der nächsten drei bis fünf Jahre verbessert, gleich bleibt oder verschlechtert. Diese Einschätzung lässt sich mit einem Pfeil in der Matrix dokumentieren.

Schritt 6: Was passiert, wenn nichts passiert?
W. E. Rothschild (1976), der Stratege von General Electric, schlägt vor, für jede Geschäftseinheit jene künftige Position zu bestimmen, die sich bei gleichbleibender Strategie und unverändertem Einsatz von Ressourcen ergeben würde. In der Abbildung 43 entspricht die »Nummer 1« der derzeitigen Position, die »Nummer 2« der Position bei unveränderter Politik, »Nummer 3« ist die Zielposition, die es mit einer künftigen Strategie anzustreben gilt.

Schritt 7: das Soll-Portfolio und die Formulierung der Grundstrategie
Als Konsequenz werden die Zielpositionen der einzelnen Geschäftsfelder festgelegt. Welche strategischen und operativen Anstrengungen erforderlich sind, um sie zu erreichen, werden im Anschluss an dieses Positionierungsverfahren festgehalten.

Technologie-Portfolios
Die Grundidee der beschriebenen Portfoliokonzepte beruht auf der Annahme, dass ein Zusammenhang zwischen dem Unternehmenserfolg und der zum Einsatz kommenden Produkt-Markt-Strategien besteht. Die rasante Dynamik der technologischen Entwicklungen in vielen Bereichen macht jedoch die geringe Berücksichtigung der technologischen Veränderungen in diesen Konzepten schmerzlich sichtbar.

Seit Anfang der 1980er-Jahre wurde die Portfoliomethode in Richtung einer stärkeren Berücksichtigung der Technologiestrategien weiterentwickelt (Sommerlatte/Deschamps 1985; Pfeiffer/Dögl 1986).

Charakteristisch für die Technologieportfolios ist die Gegenüberstellung der technologischen Chancen und Risiken mit den intern beeinflussbaren Parametern wie technologischen Stärken und Schwächen, die zu zwei Dimensionen einer Portfolio-Matrix verdichtet werden. Mit diesen Analyseinstrumenten werden Handlungsempfehlungen für Forschungs- und Entwicklungsaktivitäten abgeleitet.

Ketzerische Anmerkungen zu den Portfolio-Modellen

Mintzberg (1999, S. 113) spottet, dass solche Modelle genau auf Berater zugeschnitten seien. »Mit solchen Konzepten können sich die Consultingfirmen, ohne das Unternehmen besonders gut zu kennen, ins Geschehen stürzen und beginnen, die Daten zu analysieren. Sie können mit mehreren generischen Strategien auf einem Flipchart jonglieren, einen Bericht schreiben, eine Rechnung schicken und sich verabschieden.«

Oder wie Seeger (1984) anmerkte, kann sich das, was wie ein »Star« aussieht, bald als schwarzes Loch erweisen, während ein »armer Hund« zum besten Freund eines Unternehmens werden kann. Und »Kühe« bringen neben dem altbekannten Produkt Milch auch Produktinnovationen (kleine Kälber) – beides allerdings nur dann, wenn ihnen der Bauer von Zeit zu Zeit eine kleine Romanze mit einem Stier gönnt.

Geht man mit den Modellen der Portfolioanalyse kreativ um und nutzt sie als Impulsgeber und nicht als pseudomathematische Zwangsjacke, können sie den strategischen Managementprozess durchaus befruchten. Sie leisten einen wichtigen Beitrag zur Strategiearbeit, wenn man sich den strategischen Blick nicht auf triviale Optionen einschränken lässt, sondern sie nutzt, um den Blickwinkel kreativ zu erweitern. Wichtig ist gerade bei der Portfoliomethode, die zugrunde liegenden Annahmen über die unterstellten Wirkungszusammenhänge nicht aus den Augen zu verlieren. Hier werden Kausalitäten konstruiert, die für ein bestimmtes Unternehmen in seiner spezifischen wirtschaftlichen Umgebung zutreffen mögen, möglicherweise aber auch gar nicht. Das naive Vertrauen in die Weisheit des zugrundegelegten Algorithmus kann hier letztlich zum zentralen Problem werden.

Ein Blick auf die Gesamtrentabilität

Die empirische Erforschung von Erfolgsfaktoren ist ein weiterer Ansatz, strategische Empfehlungen abzuleiten (»Content-Forschung«). Nach dem Vorbild der Naturwissenschaften sollen generell gültige Erfolgsgesetze identifiziert werden, wobei es darum geht, jene Größen zu isolieren, die einen starken Einfluss auf den Unternehmenserfolg haben.

Anfang der 1960er-Jahre wurde bei General Electric ein Forschungsvorhaben gestartet, mit dem die verschiedenen Bestimmungsgrößen des Gewinns empirisch erforscht werden sollten. Dabei wurden Antworten auf folgende Fragen gesucht:

- Welche Faktoren wirken auf den RoI (Return on Investment) und auf den Cashflow?
- Wie beeinflussen unterschiedliche Strategien die Rentabilität des Unternehmens?
- Was kann das Management tun, um Ertragspotenziale aufzubauen?

So entstand das PIMS-Programm (Profit Impact of Market Strategy), das mittels Regressionsanalysen den jeweiligen Einfluss verschiedenster Parameter auf den RoI isoliert. Dieses Programm wird vom SPI, dem Strategic Planning Institute in Cambridge, Massachusetts, fortgeführt. Inzwischen sind die Daten mehrerer tausend strategischer Geschäftseinheiten erfasst.

Die Abbildung zeigt die Haupteinflussgrößen auf den RoI, die die PIMS-Studien ergaben:

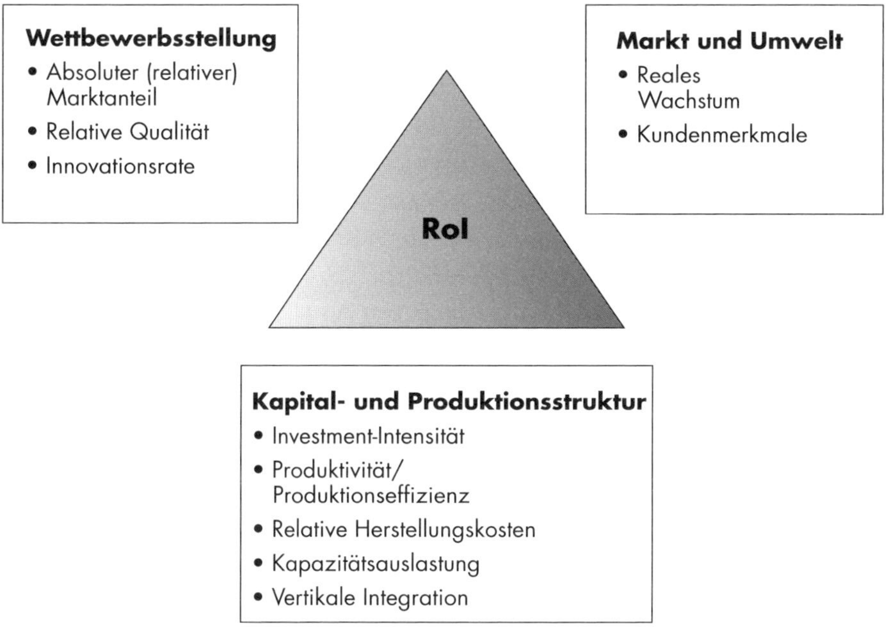

Abb. 44: Die Erfolgsfaktoren der PIMS-Studie (Buzzell/Gale 1989)

Strategische Empfehlungen der PIMS-Studie

Die markantesten Zusammenhänge dieser Studien geben auch interessante Anregungen für die Entwicklung von strategischen Alternativen (PIMS Datenbank Stand 1995):

Absolute Qualität
Auf lange Sicht ist der wichtigste Einzelfaktor, der den Erfolg einer Geschäftseinheit bestimmt, die Qualität ihrer Produkte und Dienstleistungen im Vergleich zu ihren Konkurrenten. Überlegene Qualität ermöglicht kurzfristige Gewinne über Premiumpreise. Langfristig ist Qualität die beste Basis für Wachstum.

Hohe Marktanteile
Ein hoher Marktanteil führt zu einer signifikant höheren Rentabilität. Der Hauptvorteil eines starken Marktanteils liegt – wie es das Konzept der Erfahrungskurve nahelegt – im Größenvorteil (Economies of Scale).

Vorsichtige Investitionen
Eine hohe Investment-Intensität (definiert als Investment/Wertschöpfung) hat von allen untersuchten Faktoren den größten negativen Einfluss auf die Rentabilität. PIMS fordert allerdings nicht die Vermeidung von Investitionen, sondern verweist darauf, dass Umsatz und Wertschöpfung in stärkerem Ausmaß steigen sollten, damit die Investitionen gerechtfertigt sind.

Hohe Produktivität
Eine hohe Produktivität (im Sinne der Wertschöpfung pro Mitarbeiter) hat empirisch einen positiven Einfluss auf die Rentabilität des Unternehmens. Sie hilft auch den negativen Auswirkungen anderer Faktoren – wie etwa der Investment-Intensität – entgegenzuwirken.

Gezielte Innovationspolitik
Sowohl zu geringe Forschungs- und Entwicklungsaktivitäten als auch eine ungezügelte Forschungsoffensive sind ungünstig für die Unternehmensrentabilität. Die Innovationsrate hat nur bis zu einem bestimmten Punkt einen positiven Einfluss auf die Rentabilität; etwa 5–10 Prozent des Umsatzes sollte nach PIMS mit Produkten erzielt werden, die nicht älter als drei Jahre sind.

Ein Werkzeug zur Beurteilung der PIMS-Erfolgspotenziale

Das folgende Instrument kann dazu verwendet werden, die von PIMS als besonders wichtig identifizierten strategischen Schlüsselfaktoren für das eigene Unternehmen mit den jeweiligen Branchenwerten zu vergleichen. Auf dieser Basis lassen sich gut unterschiedliche strategische Alternativen entwickeln und diskutieren.

Die Grenzen der empirischen Erforschung von Erfolgsfaktoren

Bei der empirischen Analyse der Erfolgsfaktoren besteht die Gefahr, dass »statistische Artefakte« produziert werden, in dem Einflüsse von bedeutenden Drittvariablen außer Acht gelassen werden. Das Problem der kausalen Missdeutung wird gern mit Jevons' »Theorie der Sonnenflecken« ironisch verdeutlicht: »Jevons hat Ende des letzten Jahrhunderts festgestellt, dass mit der Zunahme von Sonnenflecken die Varianz des ökonomischen Wachstums zu 82 Prozent erklärt werden kann. Natürlich war die Untersuchung kein Beweis für einen kausalen Zusammenhang, sondern sie spiegelte lediglich die Tatsache wider, dass beide akkumulierten Faktoren mit der Zeit zunehmen« (Nicolai 2000, S. 27).

PIMS-Kernfaktoren	Jahr	ungünstig	Ausprägung	günstig
I. Wettbewerbsstellung				
Absoluter Marktanteil		Niedrig		Hoch
Relativer Marktanteil		Niedrig		Hoch
Relative Qualität		Niedrig		Hoch
Innovationsrate		Niedrig/hoch		Mittel
II. Markt und Umwelt				
Reales Marktwachstum		Niedrig		Hoch
Kundenmerkmale		Viele		Wenige
III. Kapital- und Produktionsstruktur				
Investmentintensität		Hoch		Niedrig
Produktivität		Niedrig		Hoch
Relative Herstellkosten		Hoch		Niedrig
Kapazitätsauslastung		Niedrig		Hoch

Abb. 45: Beurteilung der heutigen PIMS-Erfolgspotenziale

Checkliste für mögliche strategische Alternativen

Um das Brainstorming für mögliche Alternativen zu unterstützen, kann die folgende Checkliste dienen. Da es für die Kreativität meist nicht besonders förderlich ist, sich innerhalb eines kreativen Suchprozesses auch noch mit verschiedenen theoretischen Modellen zu beschäftigen, haben wir unterschiedliche Modelle zu dieser Liste verdichtet. Die Strategieempfehlungen der vorgestellten Konzepte sind in diese Übersicht eingeflossen und durch weitere ausgewählte Ansätze ergänzt worden.

Basisstrategien

Marktdurchdringungsstrategien

- **Kernkompetenzentwicklung**
  - bestehende Kernkompetenzen ausschöpfen oder besser nutzen (»Lücken füllen«)
- **Intensivierung der Produktverwendung bei bestehenden Kunden**
  - Verbesserung des Produkts (»face lifting«)

  - breitere Anwendungspalette
  - Beschleunigung des Ersatzbedarfs (definierte Lebensdauer für einzelne Komponenten, Modezyklen)
  - Verstärkung der Werbung/Verkaufsförderung
  - bessere Nutzung bestehender Distributionskanäle
  - Veränderung der Verkaufseinheiten (etwa Ein- oder Halbliter-Flasche)
  - Relaunch der bestehenden Produkte/Leistungen (»Cola light«)
  - Gewinnung neuer Kunden durch Abwerbung von der Konkurrenz
- **Verbesserung des Produkts durch Zusatznutzen**
  - konkurrenzfähige Preispolitik
  - Beeinflussung der Ausschreibungen/Pflichtenhefte
  - neue Absatzkanäle
  - Direktvertrieb
  - Imitation der Konkurrenzprodukte (»early follower«)
- **Gewinnung von Neukunden, die dieses Produkt bisher noch nicht verwendet haben**
  - Referenzprodukte
  - Einstiegsprodukte
  - Degustation
  - temporäres Überlassen des Produktes (Beta-Versionen)
  - alternative Vertriebsformen (E-commerce, Versandhandel, Werksverkauf)

Marktentwicklung

- **Kernkompetenzperspektive**
  - Ausweitung bestehender Kernkompetenzen auf neue Märkte (»weiße Flecken«)
- **zusätzliche geografische Märkte**
  - regionale Ausdehnung
  - nationale Ausdehnung
  - internationale Ausdehnung
  - konzentrische Gebietserweiterung
  - inselförmige Ausdehnung
  - Eindringen in Zusatzmärkte
- **Funktionserweiterung bestehender Produkte**
  - Schaffung neuer Anwendungsbereiche
  - Ermöglichung neuer Einsatzfelder
- **Erschließung neuer Teilmärkte**
  - Schaffung differenzierter, abnehmerspezifischer Produkte (Beispiel Mobiltelefone für Kinder)
  - Nutzung abnehmerspezifischer Absatzwege
  - Werbung in abnehmerbezogenen Medien (psychologische Produktdifferenzierung)

Produktentwicklung

- **Kernkompetenzperspektive**
  - Aufbau neuer zukunftsträchtiger Kernkompetenzen (»herausragende Position«)
- **echte Innovationen**
  - neue Produkte und neue Produktlinien (Windows 2000)
  - Systemlösungen
  - Me-too-Produkte (No-name-PC)

Diversifizierungsstrategien

- **horizontale Diversifikation**
  - Erweiterung des Produktprogramms um verwandte Produkte (Erweiterung des Produktprogramms eines Autogroßhändlers um eine weitere Marke)
- **vertikale Diversifikation**
  - Vorwärtsintegration (Finanzierungsdienstleistungen durch Autohändler)
  - Rückwärtsintegration
- **laterale Diversifikation**
  - kein sachlicher Zusammenhang mit dem bisherigen Geschäft

Teilstrategien

Teilstrategien bauen auf Basisstrategien auf und vertiefen oder ergänzen die jeweilige Basisstrategie.

Qualitätsstrategie (Marktstimulierung)

- Hochpreispolitik (Mercedes Maibach)
- Aufbau von echten Wettbewerbsvorteilen (USP)
- Markenpolitik (Coca-Cola)
- Aufbau und Nutzung von Image (Nike)
- Strategie des bewussten »Nicht-Preiswettbewerbs«

Preisstrategie (Marktstimulierung)

- Kostenführerschaft
- aggressive Niedrigpreispolitik (Media Markt)
- Standardlösung mit wenigen Varianten
- Konzentration auf die Zielgruppe der Preiskäufer (Aldi bzw. Hofer)
- Target Pricing (Zielpreis aufgrund Marktpositionierung) verbunden mit Target Costing – Smart Car)
- Rabattpolitik (Mengen-, Treuerabatte, Rückvergütung)

Vermarktung von eigenem Know-how

- Lizenzvergabe
- Franchisingsysteme
- Patentierung
- Know-how Transfer
- Dienstleistungen (Beratung, Engineering, Labornutzung)

Strategische Allianzen auf der Ebene des Gesamtunternehmens

- kooperative Werbung (American Express und Toys'R'Us)
- Entwicklungspartnerschaft (Biotechnologie)
- gemeinsamer Vertrieb (Nissan und VW in den jeweiligen Heimmärkten)
- Technologietransfer (IBM und Apple)
- Fertigungspartnerschaften (Ford und Mazda, Montagefließband)
- Ressourcenerschließung (gemeinsame Erschließung von Bodenschätzen)
- Partnerschaft zwischen Regierung und Industrie (Krebsforschung)
- gegenseitige Lizenzvergabe (in der Pharmaindustrie)

Kooperationen in Teilbereichen

- Distributionsgemeinschaft (Logistik, Lager, Ersatzteile)
- gemeinsame Kreditorganisation
- Gemeinschaftswerbung (Fremdenverkehr)
- Einkaufsgemeinschaften (Intersport)
- Marktforschungspool
- Messekooperationen

Nach Innen gerichtete Strategieansätze

- Effizienzsteigerungsprogramme
- Einstellen von Tätigkeiten
- Kostensenkungsprogramme
- Restrukturierung der Abläufe und Geschäftsprozesse
- Restrukturierung der Aufbauorganisation
- Schulungsmaßnahmen

Ausstiegsstrategien

- Reduktion der Produktvarianten
- Sortimentsbereinigung
- selektive Bearbeitung von Kundensegmenten (ABC-Analyse)
- Verkauf
- Lizenzvergabe
- Stillegung
- Management Buy Out

Strategieempfehlungen auf Basis der Portfolio-Analyse

Die ursprünglichen neun Normstrategien wurden von A. T. Kearny und der Royal Shell Dutch Company zu folgendem, nicht immer in sich stimmigen Empfehlungsbündel geschnürt (Hax/Majluf), das jedoch ein plausibles Set an Möglichkeiten ergibt:

Anstrengungen verdoppeln oder aufgeben
- Akquisitionen erwägen
- Nischen suchen
- spezialisieren

Anstrengungen verstärken
- Schwächen systematisch abbauen
- Stärken ausbauen
- Marktführerschaft eventuell in einzelnen Segmenten anstreben

Marktposition ausbauen
- auf weiteres Wachstum setzen
- Marktführerschaft anstreben
- Investitionen nicht vernachlässigen

Marktposition sichern
- Wachstumssegmente identifizieren
- stark investieren
- Position an anderer Stelle halten; Wachstumssegmente identifizieren
- Position an anderer Stelle halten

Schrittweiser Rückzug
- spezialisieren
- Nischen suchen
- Produktlinien stutzen
- Investitionen nur noch selektiv tätigen
- Markaustritt oder Veräußerung erwägen

Spezialisierung und Fokussierung
- Wachstumssegmente identifizieren
- selektiv investieren
- verwalten
- spezialisieren

Gewinne abschöpfen
- Gesamtposition halten
- Kapital freisetzen
- Cash-flow realisieren
- investieren, um Position zu halten

Deinvestition
- mit der Nachsicht des Marktführers, der Konkurrenz und des Aufsichtsrats rechnen
- Zeit des Marktaustritts festlegen und veräußern
- liquidieren

Die Entscheidung für eine bestimmte strategische Ausrichtung des Unternehmens

Die bisherigen Prozessschritte von der Umfeldanalyse, der Erzeugung tragfähiger Zukunftsbilder über die Kernkompetenzanalyse bis hin zur Kreation möglicher Optionen haben das Feld für die eigentliche Entscheidungsfindung aufbereitet. Aller Erfahrung nach haben diese einzelnen Schritte bei den am Prozess Beteiligten bereits unterschiedliche Vorstellungen davon entstehen lassen, in welche Richtung sich das Unternehmen künftig weiterentwickeln sollte. Jetzt geht es darum, diesen in den Köpfen der beteiligten Entscheidungsträger bereits gefüllten Speicher gemeinsam zu öffnen und die einzelnen Vorstellungen dem Kommunikationsgeschehen im Team auszusetzen; das heißt, die besondere Intelligenz einer solchen Gruppe zu nutzen, um ungewöhnliche Kombinationen des bislang Gedachten zustande zu bringen.

Wenn es in den vorangegangenen Prozessschritten gelungen ist, das in einem solchen Strategieentwicklungsteam vorhandene Konfliktpotenzial konstruktiv zu nutzen, so dass sich eine trag- und arbeitsfähige Basis entwickeln konnte, dann wird die jetzt anstehende Entscheidungsfindung tatsächlich zu einem gemeinsamen unternehmerischen Schöpfungsakt, aus dem ein erhebliches Energiepotenzial für die weitere Unternehmensentwicklung entsteht. Voraussetzung für diesen Schubkrafteffekt ist dieses schwer beschreibbare Gefühl der Stimmigkeit, das sich bei allen an solchen bedeutsamen Entscheidungsprozessen Beteiligten einstellt, wenn das gemeinsam errungene inhaltliche Ergebnis als für das Unternehmen passend empfunden wird und wenn der Prozess selbst bei all seiner unvermeidlichen Konfliktträchtigkeit keine offenen Wunden, keine nachhaltigen Verletzungen hinterlassen hat.

Drei unterschiedliche Entscheidungsmaterien

Das Resultat dieses Prozessschrittes beinhaltet im Wesentlichen drei unterschiedliche Entscheidungsmaterien.

Die Neudefinition des Unternehmenszwecks, die eigentliche Positionierungsarbeit

Zum einen geht es um die Bestätigung, Veränderung oder gegebenenfalls auch um die Neudefinition des eigenen Existenzgrundes für die Zukunft. Weswegen gibt es uns als Firma? Wofür stehen wir? Welche Kundenprobleme lösen wir, für welche Zielgruppen in welchen Märkten? Diese Festlegung ist eine Antwort auf den Umstand, dass wir gelernt haben, den Sinn und Zweck einer Organisation nicht als etwas von Außen Vorgegebenes anzusehen, das sich der Disposition der Organisation entzieht, sondern als eine in der Zwischenzeit gerade für Unternehmen zur Daueraufgabe gewordene Fragestellung, für die angesichts sich überraschend ändernder Überlebungsbedingungen immer wieder von Neuem eine Lösung gefunden werden muss (Luhmann 2000).

Diese Sichtweise korrespondiert auch mit Forschungen, die Organisationen als soziale Systeme begreifen, die ihre Umwelt permanent nach Möglichkeiten abtasten, die für die eigene Sinnerzeugung genutzt werden können (Weick 1995). Insofern fungiert Strategieentwicklung als jener Ort in Unternehmen, an dem diese Wiedereinführung des Zwecks einer Organisation in diese selbst ihren Platz haben kann. Sie bezeichnet jenen periodisch zur Verfügung stehenden Spezialprozess, der die Auseinandersetzung mit dem Sinn und Zweck der eigenen Existenz als Unternehmen unter der Perspektive von Zukunft geradezu provoziert, der gegebenenfalls gemeinschaftlich neuen Sinn stiftet und alten Sinn eben alt aussehen lässt.

Das Beispiel der MTU soll die Konsequenzen einer Entscheidung über den Unternehmenszweck an einem konkreten Beispiel illustrieren. Der Identitätsentwurf der MTU München (AeroEngines) wird davon abhängen, ob sich das Unternehmen als Hersteller primär von Triebwerkskomponenten oder als Maintenance-Partner (Wartung) versteht. Im ersten Fall steht das Kundenbedürfnis der Flugzeughersteller nach möglichst neuen und technisch ausgereiften Triebwerken im Vordergrund. Im Fall des Wartungsexperten wird das Kundenbedürfnis nach einem möglichst langlebigen und kostengünstigen Flugbetrieb im Vordergrund stehen. Keine Frage, dass eine derartige Festlegung über den zentralen Unternehmenszweck weitreichende Konsequenzen auf das jeweilige strategische Produkt- und Dienstleistungsprogramm hat.

Die Festlegung der Unternehmensziele

Neben der Neudefinition des Unternehmenszwecks geht es in dieser Phase der strategischen Festlegungen auch darum, verbindliche Aussagen zu einigen Basiszielen der künftigen Unternehmensentwicklung zu generieren. Wo wollen wir in ... Jahren mit dem Unternehmen angekommen sein? Woran erkennen wir, dass wir dieses Ziel erreicht haben, etwa an der Umsatzentwicklung, an Ertragszielen, Marktanteilen, Wachstumszielen? Wie an anderer Stelle schon vielfach betont, dient dieses Fixieren der wesentlichen Unternehmensziele in erster Linie dazu, die Entwicklungen auf dem Weg zur Zielerreichung überhaupt erst beobachtbar zu machen. Ohne solche markanten Festlegungen ist jede Art von Zielerreichung gleichgültig. Erst mit Zielen wird ein Unternehmen von seinem selbsterzeugten Zukunftsbild her steuerbar.

Über die möglichen inhaltlichen Dimensionen der Unternehmensziele herrscht auch in der betriebswirtschaftlichen Forschung kein Konsens. Daher hilft vielleicht ein Blick in die Unternehmenspraxis. Al-Laham (1997) hat in einer umfangreichen empirischen Studie zahlreiche Strategieprozesse in deutschen Unternehmen untersucht. Seine Analyse zeigt vier unterscheidbare Dimensionen von Unternehmenszielen:

Wirtschaftliche Ziele
Den untersuchten deutschen Unternehmen waren Gewinn und Rendite die wichtigsten Zielgrößen. Diese auch in anderen Untersuchungen festgestellte Dominanz ist in der unternehmerischen Praxis weit verbreitet.

- »Ziel unseres Unternehmens ist es, eine Kapitalrendite von zwölf Prozent in allen Geschäftsbereichen zu erreichen« (Schrempp, 1996).
- »Unsere Strategie ist auf das Ziel ausgerichtet, eine Gesamtkapitalrendite vor Ertragssteuern und Fremdkapitalzinsen von mindestens zehn Prozent im Durchschnitt eines Konjunkturzyklus zu erreichen« (BASF-Geschäftsbericht 1995).

Die Sicherung der Wettbewerbsfähigkeit
Markt- und Wettbewerbsziele werden in der anglo-amerikanischen Literatur, die von den Ergebnissen der PIMS-Forschung stark geprägt ist, besonders hervorgehoben. Ziele wie die Zufriedenheit der Kunden, Wettbewerbsfähigkeit, Erhöhung der Marktanteile sowie Qualitätsziele wurden von Al-Laham als weiteres Zielbündel identifiziert. Gegenüber der Gewinndominanz sind die Markt- und Wettbewerbsziele empirisch allerdings weniger bedeutend. Derartige Ziele können so oder ähnlich formuliert sein:

- Unsere Marktführerschaft soll verteidigt werden.
- Unser Marktanteil soll im EU-Binnenmarkt mindestens 50 Prozent betragen.
- Unsere heimischen Absatzmärkte sollen um die Märkte der ehemaligen Donaumonarchie erweitert werden.
- Mit unseren Produkten sind wir in unseren jeweiligen Märkten Qualitätsführer.

Substanzziele
Die dritte Gruppe bilden Ziele wie Kostendegression, Sicherung der Kapitalstruktur und Erhöhung des Aktionärswertes (Shareholder-Value). Diese Ziele richten sich auf den Erhalt und den Ausbau des Unternehmens.

- Wir streben in unserer Branche die Kostenführerschaft an.
- Unser Unternehmen soll als unabhängiges Familienunternehmen erhalten bleiben.
- Der Shareholder-Value soll jährlich um … gesteigert werden.

Gesellschaftliche Ziele
Weniger wichtig erweisen sich in der Unternehmenspraxis soziale Überlegungen wie der Erhalt von Arbeitsplätzen oder ökologische Ziele wie die Umweltverträglichkeit der Produkte und Prozesse. Gleichwohl ist zu vermuten, dass solche Ziele im Sinne einer wohlverstandenen »corporate social responsibility« in Zukunft an Bedeutung gewinnen werden.

Die Konzeption einer Prozessarchitektur für die Umsetzung

Neben dem Unternehmenszweck und den Unternehmenszielen beinhaltet dieser Entscheidungsschritt auch einige zentrale Festlegungen über die einzuschlagenden Wege, die heute oder in naher Zukunft eingeschlagen werden müssen, um die längerfristig angestrebte Identitätsentwicklung realistischerweise überhaupt in Gang zu bringen. Dabei kann es sich um Schritte zum Kernkompetenzaus- und -aufbau handeln, um spezifische Schwerpunkte in der Produktentwicklung oder Konzepte zur Weiterentwicklung der Kooperationsnetze mit anderen Unternehmen. Es können aber auch Überlegungen zu einer strategieunterstützenden Akquisitionspolitik sein, zur Verbesserung und Ausweitung der Vertriebswege, zur Stärkung der Markenentwicklung und ähnliches mehr. Insgesamt geht es bei dieser Entscheidungsdimension darum, eine Prozessarchitektur zu bauen, die dafür sorgt, dass die einzelnen strategieinduzierten Maßnahmen in ihrem wechselseitigen Zusammenwirken eine sich selbstverstärkende Gesamtdynamik in die angestrebte Richtung erzeugt (ganz im Sinne des Schwungradeffekts von Jim Collins (ders. 2001, S. 211). Ohne eine klug gebaute ganzheitlich komponierte, strategierealisierende Prozessarchitektur, die das Unternehmen in seinem gegenwärtigen Zustand abholt und in wohldosierten, aufeinander aufbauenden Veränderungsschritten in die angestrebte Zukunft führt, besteht immer die Gefahr, dass man sich strategisch Großartiges vornimmt, der mächtige Fluss des operativen Geschehens das Unternehmen letztendlich aber doch in eine ganz andere Richtung treibt (für so einen kohärenten Gesamtprozess plädieren neuerdings auch Kaplan/Norton 2008).

Zum Entscheidungsbegriff

Erst alle drei Aspekte – Zwecksetzung, Unternehmensziele und Prozessarchitektur für die Umsetzung – machen aus unserer Sicht das aus, was die Entscheidung über eine strategische Repositionierung eines Unternehmens beinhalten sollte.

In der Praxis fängt die Verwirrung häufig jedoch bereits beim Begriff »Strategie« an. So sehr das Wort »Strategie« in fast allen unternehmensinternen Diskursen an Prominenz gewonnen hat, so inflationär und in sich widersprüchlich erfolgt seine Verwendung. Vielfach wird darunter nur die Festlegung bestimmter Maßnahmenpakete verstanden. Die anderen Dimensionen werden vorausgesetzt oder bleiben schlicht im Dunkeln. Deshalb ist das Hervorbringen einer gemeinsam gesprochenen Sprache im Zusammenhang mit Strategieentwicklung und das Aushandeln des Bedeutungshorizonts der verwendeten Begriffe selbst eine nicht zu unterschätzende Führungsleistung, die letztlich keinem Unternehmen erspart bleibt, wenn es sich gezielt auf periodische Prozesse zur Sicherung der eigenen Zukunftsfähigkeit einlässt.

Wie wir gesehen haben, ist das gemeinsame Verständnis eine der Voraussetzungen dafür, dass sich ein Unternehmen überhaupt Beobachtungs- und Artikulationsmöglichkeiten für Ungewöhnliches schafft. Erst diese institutionalisierte Sensibilität für Unerwartetes verschafft einem Unternehmen die Möglichkeit, zufällig sich ergebende Chancen im Sinne der festgelegten Strategie aufzugreifen oder die Strategie selbst im Lichte neuerer Entwicklungen zu überprüfen. Was heißt »sich entscheiden«, wenn es um die eigene Zukunft als Unternehmen geht? Ähnlich wie bei dem Begriff »Strategie« unterstellen wir im alltäglichen Sprachgebrauch üblicherweise, dass allen klar ist, was wir meinen, wenn von Entscheidungen die Rede ist. Erfolgt diese Unterstellung zu Recht? Was tun Topmanager, wenn sie aufgefordert sind, strategische Entscheidungen zu fällen?

Das klassische rationale Entscheidungsverständnis

Die Antwort des strategischen Managements in seiner klassischen Ausprägung lautet: Sie wählen zwischen unterschiedlichen Optionen jene aus, die die Erfüllung des vorgegebenen Unternehmenszwecks am konsequentesten unterstützt. Die zugrunde liegende Rationalitätsprämisse besagt, eine genaue Kenntnis der Umweltgegebenheiten biete bei gegebener Zwecksetzung eine ausreichende Grundlage, um daraus richtige Entscheidungen für die Zukunft abzuleiten. Rationales Entscheiden in Strategiefragen ist in dieser Lesart letztlich nichts anderes als ein komplexer, an logischen Prinzipien orientierter Rechenvorgang. Die Wissenschaft hat dafür die entsprechenden Denkkonzepte geliefert. Wer sie adäquat einzusetzen versteht, kann in seinen Entscheidungen nicht fehlgehen.

Historisch ist der Siegeszug dieser Denktradition gut nachvollziehbar. Mit der Entfaltung des Kapitalmarktes – schwerpunktmäßig zunächst in den USA – kam es mehr und mehr zu einer Ausdifferenzierung der Manager- und Eigentümerfunktion in der Verantwortung für Unternehmen. An die Spitze von Unternehmen gelangten angestellte Spitzenmanager. Als ihr kontrollierendes Gegenüber etablierten sich Aufsichtsräte als Vertreter der vielfach zersplitterten Eigentümerinteressen, die ihrerseits mehr und mehr in die Investorenrolle schlüpften.

Dieser historisch interessante Ausdifferenzierungsprozess unterschiedlicher Rollen an der Spitze von Unternehmen (innerhalb und als kontrollierendes Vis-à-vis) ließ einen neuartigen Erklärungsbedarf auf seiten der angestellten Manager entstehen: einen Rechtfertigungs- und Begründungsdruck, dem sich normalerweise Unternehmer, bei denen Eigentümer- und Managerrolle in einer Hand liegen, nicht ausgesetzt fühlten. Diese managergeführten Unternehmen mussten sich in die Lage versetzen, ihre strategischen Weichenstellungen für Außenstehende logisch nachvollziehbar erklären zu können. Diesem Bedürfnis nach einem rationalen Deutungsangebot für das, was das Topmanagement tut, kamen die Konzepte der expertenorientierten Strategiemodelle geradezu idealtypisch nach.

Die Renaissance der unternehmerischen Entscheidung

Eine wichtige Konsequenz besaß diese auf Manager zugeschnittene »Verwissenschaftlichung« strategischer Unternehmensführung. Sie eliminierte die unternehmerische Dimension dieses Tuns oder brachte diese zumindest nach außen hin zum Verschwinden. Denn mit dem Unternehmerischen hatte die am Rationalitätsdogma orientierte Wissenschaft seit jeher ihre liebe Not. Diese Seite fügte sich schlecht dem üblichen Nutzenkalkül, dem Zweck/Mittel-Schema, den Annahmen vollständiger Information, dem Streben nach sicherem Wissen in der Entscheidungsfindung und ähnlichem mehr.

Unternehmerische Kreativität bedeutet, Chancen zu wittern, wo es andere gerade nicht tun. Diese Art von Fähigkeit löst eingespielte Muster etablierter Ordnungen auf. Sie operiert gezielt mit Überraschungen, weil es ihr gelingt, bislang Vertrautes in einem ganz neuen Licht erscheinen zu lassen. Mit diesem »Riecher« für bislang systematisch negierte Bedürfnisse und deren Befriedigungsmöglichkeiten entstehen marktfähige Konstellationen und ein Problemlösungsrepertoire, aus dem früher nicht vorstellbare Geschäftschancen erwachsen können. »In einer wichtigen Hinsicht ist derjenige, der unternehmerisch beobachtet, die Inkarnation dessen, der das Prinzip der Analyse, der Auflösung von Zusammenhängen und ihrer Wiederzusammensetzung verstanden hat« (Baecker 1998a, S. 90).

Mit dem Unternehmerischen kommt das Unberechenbare, das Unkalkulierbare ins Spiel, das genau im Sinn Schumpeters aus dem Unterlaufen etablierter Strukturen des Wirtschaftens oft unter Inkaufnahme erheblicher persönlicher Risiken Neues entstehen lässt (Schumpeter 1928, zum Selbstverständnis des Schumpeter'schen Unternehmers vgl. auch Bröckling 2007). Genau dies meint Dirk Baecker (1998a, S. 87), wenn er festhält: »Unternehmer sind die Störenfriede der Gesellschaft«. Sie passen nicht in die jeweils dominanten Denkgewohnheiten und sind vielfach gerade deshalb erfolgreich. Gary Hamel (2000 und 2007) postuliert mit großer Leidenschaft dieses Grundprinzip zur Leitidee des strategischen Denkens für die Zukunft.

Die Eigendynamik des Wirtschaftssystems mit seinen Konsequenzen für die Überlebenschancen von Unternehmen hat das Denken über strategisches Management wieder an einen Punkt geführt, an dem das Unternehmerische als Basisressource der Strategiefindung neuerlich zu entdecken ist. Eine solche Wiedereinführung des Unternehmerischen ins Zentrum der Strategiefindung von Unternehmen bedeutet aber – wie leicht ersichtlich – eine Abkehr vom klassischen Entscheidungsverständnis und seinen unverrückbaren Rationalitätsprämissen.

Ein organisationstheoretischer Paradigmenwechsel

In der organisationstheoretischen Literatur ist dieser Paradigmenwechsel im Verhältnis von Organisation und Rationalität seit längerem in Gang. Vor allem bei jenen Forschern, die sich empirisch mit dem tatsächlichen Geschehen in Organisationen auseinandersetzten, nährte er die Skepsis an der durchgängigen Rationalitätsorientierung organisationalen Handelns (vgl. Olson 1965).

Dabei wurde jeweils aus ganz unterschiedlichen theoretischen Blickwinkeln zutage gefördert, dass das beobachtbare Kommunikationsgeschehen in Organisationen durch ganz unterschiedliche Interessenlagen der Akteure und damit durch eine Vielfalt von Logiken gesteuert wird, die nur an der Oberfläche der Selbstbeschreibungen rationalen Begründungszusammenhängen folgen. Damit kamen einige Grundpfeiler der klassischen Theorien von Organisationen, auf denen ja auch die expertenorientierten Konzepte der Strategieentwicklung fußen, ins Wanken. Sie hatten vielfach angenommen, dass sowohl in der Wirtschaft als auch in der Politik die Organisationen durch jeweils ganz bestimmte Sektoren ihrer Umwelt beherrscht werden – etwa durch eine politisch konsolidierte Herrschaft in Form von Regierungen oder durch das Gewinninteresse der Eigentümer. Diese Konstruktion eines instrumentellen Verhältnisses von Organisation in Relation zu einer externen, zwecksetzenden und beherrschenden Instanz liefert die Grundvoraussetzung für die systematische Suche nach rationalen Steuerungsprinzipien organisationalen Geschehens gerade auch in der Bewältigung einer ungewissen Zukunft.

Zum systemtheoretischen Entscheidungsverständnis

Eine systemtheoretische Analyse der gesellschaftlichen Funktionssysteme wie etwa der Wirtschaft, der Politik, des Gesundheitssystems oder der Wissenschaft und ihres Verhältnisses zu Organisationen lehrt uns allerdings, Organisationen einen wesentlich höheren Grad an Eigenständigkeit zu attestieren, sie nicht als Instrumente für einen organisationsexternen Willen zu konzipieren, sondern als autonome soziale Systeme, die ihr jeweiliges Umfeld aktiv nach Gelegenheiten und Chancen absuchen, um ihr künftiges Überleben zu sichern (grundlegend für diese gesellschaftstheoretische Fundierung die beiden Bände von Luhmann 1997). Die gesellschaftliche Evolution hat ein Komplexitätsniveau entstehen lassen, das uns ständig mit schwer lösbaren Situationen, mit erheblichen Risiken und Unwägbarkeiten versorgt. Zur Bearbeitung genau dieser Form von Unsicherheit entstehen und verändern sich Organisationen. Sie nutzen ungelöste Problemstellungen ihres gesellschaftlichen Umfeldes, um mit organisationstypischen Mitteln – sprich Entscheidungen – Lösungen dafür anzubieten (ausführlicher zu diesem Organisationsverständnis Luhmann 2000 sowie Wimmer 2009).

Entscheidungen sind also jene Kommunikationsereignisse, in denen unsichere, das heißt zunächst nicht entscheidbare Situationen so umgewandelt werden, dass weitere Entscheidungen an die durch die vorangegangene Entscheidung situativ erzeugte Sicherheit anknüpfen können. Mit der sich wiederholenden Verkettung von Entscheidungen wandeln Organisationen Unsicherheit in Sicherheit um. Sie bieten Problemlösungen an, deren Zustandekommen ohne diesen organisationsförmigen Prozess der Absorption von Unsicherheit nicht denkbar wäre. Mit anderen Worten: »Organisationen sind soziale Systeme, die auf Entscheidungen spezialisiert sind, die eigentlich nicht entscheidbar sind«, wie Heinz von Foerster die zugrunde liegende Paradoxie treffend zugespitzt hat (Foerster 1981, S. 39). Man kann sich so, aber auch anders festlegen. Für beides gibt es gute Gründe. Das eingebaute Risiko ist nicht zu vermeiden. Denn man weiß immer erst im Nachhinein, was letztlich besser gewesen wäre. Organisationen sind, wenn man so will, »Kompensationseinrichtungen« dafür, dass Entscheidungen in dem genannten Sinne »unmöglich« sind. »Sie sind unmöglich, weil jede Entscheidung, um eine Entscheidung sein zu können, ein Element der Willkür enthält, und damit alle Gründe auf ihrer Seite hat, abgelehnt zu werden« (Baecker 2000b, S. 11).

Organisationen entwickeln die unterschiedlichsten Mechanismen wie beispielsweise bewährte Routinen, um dieses Moment der Willkür nicht sichtbar werden zu lassen. Es ist nur zu verständlich, dass dieses Moment dort, wo es um die künftige Existenz des Unternehmens geht, besonders bedrohlich wirkt. Die klassischen Verfahren der strategischen Planung stellen einen beeindruckenden Argumentationsaufwand zur Verfügung, um diese unvermeidliche Seite der Willkür, die in jeder strategischen Entscheidung enthalten ist, zu verdecken. Ihre Rationalitätsprämissen schaffen die willkommene Suggestion, strategische Entscheidungen könnten das Ergebnis logischer Schlussfolgerungen sein.

Dass es hier im Kern um die Übernahme von Risiken für im Moment nicht wirklich Kalkulierbares geht, gesteht man dem Eigentümer in seiner Unternehmerfunktion an der Spitze seiner Organisation zu. Vom Manager wird sichtlich anderes erwartet. Er muss seine Entscheidungen so begründungsfest machen und absichern, dass er sich auch im Falle des Misserfolgs nichts vorzuwerfen hat. Dieser Druck begünstigt Entscheidungsverfahren, die die Sicherheit vermitteln, im Moment des Entscheidens an alle denkmöglichen Eventualitäten gedacht und sie einer professionellen Würdigung unterzogen zu haben. Damit wird jedoch gerade das eliminiert, was den Kern des Unternehmerischen ausmacht. Vor allem in strategisch relevanten Entscheidungslagen bleiben damit gerade die relevanten Dimensionen ausgeklammert.

Nichtwissen als Ressource

An dieser Stelle sollte man sich noch einmal daran erinnern, dass die Umwelt von Unternehmen viel zu komplex ist, als dass man davon ausgehen könnte, ihre Eigendynamik in allen Facetten erfassen zu können. Man kann und muss sich über das eigene Handeln als Unternehmen Vorstellungen machen. Aber es bleiben letztlich Eigenkonstruktionen, die nicht mit der Realität verwechselt werden sollten. Zudem haben die vielen überraschenden Brüche und Marktveränderungen des letzten Jahrzehnts unausweichlich vor Augen geführt, dass die Zukunft keine verlässlichen Prognosen mehr zulässt. Sie ist und bleibt ungewiss. Orientierungen über relevante Entwicklungen in der Umwelt wie auch über die Zukunft müssen auf dem gemeinsamen Nenner des Nichtwissens gewonnen werden.

Diese Dimensionen, zu deren Bearbeitung Strategieentwicklung ja da ist, führen jedoch zu einer erheblichen Verstärkung der organisationsinternen Unsicherheit.

Dies erklärt das Phänomen, dass seit einiger Zeit der Ruf nach unternehmerischer Verantwortung wieder vernehmbar wird. Die Suche nach entsprechenden Begabungen ist nichts anderes als ein Symptom dafür, dass Unternehmen einen gezielten, offenen Umgang mit jener Unsicherheit benötigen, deren Bewältigung sie eigentlich ihre Existenz verdanken. Dies setzt aber ein anderes Verhältnis des Managements zur Dimension des Nichtwissens voraus.

Im »Nicht-genau-abschätzen-Können«, wie sich bestimmte Marktverhältnisse entwickeln werden, liegt sowohl das Risiko als auch die Chance unternehmerischer Verantwortung. Komplexe Entscheidungslagen, wie sie bei Strategiefragen immer vorliegen, stimulieren ganz unwillkürlich den Bedarf nach mehr Wissen. Je mehr Wissen im Prozess entsteht, um so mehr wird aber auch sichtbar, was man alles nicht wissen kann und welche Risiken übernommen werden müssen. Wäre dies nicht der Fall, müsste in unserem Verständnis gar nicht entschieden werden.

»Entscheidungen sind nur möglich, weil die Zukunft unbestimmt, also auch unbekannt ist. Und eben das macht das aus, was man üblicherweise Verantwortung nennt« (Luhmann 2000, S. 207). Damit wird klar, was dieser vielstrapazierte Begriff in seinem Kern impliziert. In ihm steckt eine wichtige Botschaft, die bei tragfähigen Strategieentscheidungen implizit transportiert wird: Hier waren Entscheidungsträger am Werk, die das Risiko, das sie dem Unternehmen zumuten, in einem ungeschminkten Austausch erkannt haben und trotzdem bereit waren, auch persönlich dafür einzustehen, weil sie die Zukunftschancen eben so attraktiv fanden und die Risiken als beherrschbar einschätzen. Genau diese durch und durch emotional getönte Botschaft ist es, die diese besondere Qualität strategischer Weichenstellungen ausmacht und die damit verbundene Verantwortungsübernahme zum Ausdruck bringt.

Unternehmerisch operierende Entscheidungsträger oder Entscheiderteams handeln in dem festen Vertrauen, schon zu wissen, was zu tun ist, wenn auf dem Weg zur Realisierung der Strategie das eine oder andere Unvorhergesehene passiert. Das Aufregende daran ist, dass dieses Vertrauen ansteckend wirkt. Es löst seinerseits Vertrauen aus, dass hier sicher mit Unsicherheit umgegangen wird. Das Nichtwissen verliert seinen bedrohlichen Charakter, weil es zur unternehmerisch ausbeutbaren Ressource wird.

In diesem unternehmerischen Selbstvertrauen, das wie gesagt nicht unbedingt nur einzelnen Personen zugeschrieben werden muss, sondern auch die Qualität eines Teams, eines ganzen Entscheidungszusammenhangs darstellen kann, steckt eine Art schwer beschreibbaren Wissens im Umgang mit Nichtwissen, das zu der angesprochenen Übernahme von Verantwortung ermutigt. Diese Sonderform des Wissens, bislang ein blinder Fleck des strategischen Managements, benötigt für die Weiterentwicklung der Strategiefähigkeit von Unternehmen eine ganz besondere Pflege. Es muss in eine gemeinschaftliche Auseinandersetzung um die zentralen Zukunftsfragen eines Unternehmens eingebettet sein, um ihm den erforderlichen disziplinierenden Rahmen zu geben (zur Funktion von Teams in der Bearbeitung von Nichtwissen vgl. Wimmer 2006).

Die Besonderheit strategischer Entscheidungen: ihre Funktion als Entscheidungsprämissen

Wir wollen in der Spezifikation des Stellenwertes von Strategieentscheidungen für Organisationen noch einen Schritt weiter gehen. Erinnern wir uns an die Grundthese, dass Organisationen ihren gesellschaftlichen Sinn darin finden, an sich Unentscheidbares entscheidbar zu machen. Die moderne Gesellschaft mit ihrer spezifischen Differenzierungsform produziert ständig hochbrisante Problemlagen, die nur durch hochspezialisierte, komplexe Organisationen einer sinnvollen Bearbeitung zugeführt werden können. Mit ihren Organisationen stellt die moderne Gesellschaft einen Typus sozialer Systeme zur Verfügung, der darauf spezialisiert ist, mit den eingebauten Widersprüchen und Zielkonflikten einen lösungsorientierten Umgang zu finden; auch wenn die Gesellschaft mit vielen dieser Lösungen und Leistungsangebote letztendlich todunglücklich sein kann. Insofern bleibt Max Webers Einsicht erhalten, »dass Organisationen zum unausweichlichen Schicksal der modernen Gesellschaft geworden sind.« Nur die Begründung ändert sich. Und entsprechend geht es in Organisationen nicht so sehr um Instrumentierung eines als extern vorausgesetzten Willens und entsprechender Interessen, sondern das Problem ist, wie man mit der Organisationsunsicherheit zurechtkommt, die in den gesellschaftlich ausdifferenzierten Funktionssystemen laufend reproduziert wird« (Luhmann 2000, S. 221).

Wie an anderer Stelle bereits näher ausgeführt, liegt die besondere Fähigkeit von Organisationen bei der Bearbeitung gesellschaftlich erzeugter Unsicherheit darin, dass sie sich selbst auf einen bestimmten inhaltlichen Zweck, einen präzisierten Teilausschnitt aus der ungeheuren Fülle möglicher Problemstellungen fokussiert und durch die Festlegung einer anstrebenswerten Zukunft die eigene Gegenwart aus dieser Perspektive gestaltbar macht.

Das Umdrehen der ansonsten vorgegebenen Asymmetrie der Zeithorizonte verhilft Organisationen dazu, sich wieder Entscheidungsspielräume genau dort zu verschaffen, wo sie prima vista nicht mehr vermutet werden. Dafür verschafft Strategieentwicklung den erforderlichen inhaltlichen Rahmen.

»Die Prämisse von Organisation ist das Unbekanntsein der Zukunft und der Erfolg von Organisationen liegt in der Behandlung dieser Ungewissheit: ihrer Steigerung, ihrer Spezifikation und der Reduktion ihrer Kosten« (Luhmann 2000, S. 10). Mit dieser Funktionsbestimmung kommen Organisationen allerdings nur dann gut zu Rande, wenn sie in der Lage sind, die angesprochene inhaltliche Fokussierung zustande zu bringen, über den Zeitverlauf zu halten und wenn erforderlich auch zu revidieren. Gelingt dies nicht, besteht die Gefahr, dass im alltäglichen Prozessieren der Leistungsprozesse ungelöste Grundsatzfragen immer mitbehandelt werden müssen. Niklas Luhmann nennt diese Art von Rahmensetzung »Entscheidungsprämissen« (Luhmann 2000, S. 225 ff.). Ihre Funktion besteht darin, das alltägliche Geschehen in Organisationen zu entlasten. Nicht jede Unsicherheit muss immer von neuem durchgearbeitet werden. »Mit Prämisse soll gesagt sein, dass es sich um Voraussetzungen handelt, die bei ihrer Verwendung nicht mehr geprüft werden« (Luhmann 2000, S. 222). Das Verhältnis dieser Entscheidungsebenen zueinander (Prämissen in Relation zum operativen Alltagsgeschehen) lässt sich am besten mit dem Begriff der »losen Koppelung« kennzeichnen. Damit soll zum Ausdruck gebracht werden, dass strategische Rahmensetzungen keineswegs in der Lage sind, das operative Geschehen im Alltag exakt zu definieren und inhaltlich zu präjudizieren.

Wenn es um Strategieimplementierung geht, dann begegnet man häufig dem Missverständnis, es ginge um ein bloßes Umsetzungsproblem. Man müsste eigentlich nur dafür sorgen, dass gemacht wird, worauf man sich in der Strategie bereits verständigt hat. Diese Denkweise verkennt das subtile Zusammenspiel zwischen den genannten Entscheidungsebenen. Prämissen und operative Entscheidungen stehen zueinander »in einem zirkulären Verhältnis wechselseitiger Bewährung, und nur das, was sich bewährt, wird im Gedächtnis des Systems festgehalten, um als Voraussetzung zu dienen für weiteres Lernen« (Luhmann 2000, S. 267). Wenn wir also von strategischen Entscheidungen als inhaltlich sachliche Prämisse eines Unternehmens sprechen, die den Rahmen dessen abgibt, worauf man sich programmatisch verständigt hat, dann ist es wichtig zu betonen, dass diese Prämisse nur eine Strategie ist, wenn sie im alltäglichen Entscheidungsgeschehen tatsächlich als solche genutzt wird, sei es bestätigend, sei es einen bewussten Kontrapunkt setzend. Kommt es zu dieser Art von Nutzung nicht, weil die strategischen Festlegungen im Alltag schlicht ignoriert werden, dann kann man diagnostisch mit einiger Sicherheit davon ausgehen, dass es weiterwirkende implizite Prämissen gibt und dass die »offizielle« Strategieentwicklung eine andere (verdeckte) Funktion erfüllt hat.

Real genutzte Entscheidungsprämissen schaffen die Voraussetzung, die organisationsinternen Entscheidungsprozesse unter zwei Gesichtspunkten selbst zu kontrollieren: zum einen auf der Ebene des operativen Geschehens und seines konkreten Beitrags zur Realisierung der angestrebten Zukunftsvorstellungen – Wie erfolgreich sind wir unterwegs? In welchen Punkten gibt es relevante Zielabweichungen? –, zum andern aber auch auf der Ebene der Prämissen selbst, die dahingehend überprüft werden können, ob an ihnen angesichts geänderter Verhältnisse – sei es im Inneren oder im relevanten Umfeld – noch festgehalten werden kann. In diesem Sinne stattet sich ein Unternehmen mit Hilfe real genutzter Strategien und einem dazu passenden Managementprozess mit einem Steuerungspotenzial aus, das es gerade für hoch unruhige Überlebensbedingungen antwortfähig macht.

Typische Entscheidungsfehler in komplexen Situationen

Wir wollen diese Überlegungen zur strategischen Entscheidungsfindung durch Hinweise auf langjährige Forschungen abrunden, die sich um ein tieferes Verständnis des menschlichen Umgangs mit hoher Komplexität bemühen. Der Bamberger Psychologe Dietrich Dörner beschreibt in seinem Buch »Die Logik des Misslingens« (Dörner 1989) in anschaulicher Weise eine Reihe interessanter Phänomene des menschlichen Umgangs mit komplexen Entscheidungssituationen. Dabei benennt er häufig zu beobachtende menschliche Bewältigungsmechanismen und »Fehler«, die uns gerade auch im Zusammenhang mit Strategieentwicklungsprozessen besonders bemerkenswert erscheinen.

Keine geklärten Ziele
Entscheidungen werden oft getroffen, ohne dass man sich ausreichend und konkret darüber verständigt, wohin die Reise gehen soll und welche Probleme bei dieser Reise auftauchen könnten. Unzureichend konkrete Ziele (»Wir wollen die Firma retten«), widersprüchliche und nicht ausbalancierte Ziele (»Marketinginvestitionen bei gleichzeitigen Kosteneinsparungen«) und die fehlende Berücksichtigung der Folgeprobleme führen oft dazu, dass die Entscheidungsträger sehr unterschiedliche Bilder über den gewünschten Zustand im Kopf haben. So ist es nicht verwunderlich, dass angesichts dieser unterschiedlichen impliziten und nicht kommunizierten Grundannahmen widersprüchliche Lösungswege ausgewählt werden.

Entscheiden ohne ausreichende Situationsanalyse
Taucht ein Problem auf, sind wir zumeist mit raschen Lösungen bei der Hand. Durch schnelles Handeln – nicht selten Kurzschlusshandlungen – versucht man, unangenehme und unübersichtliche Situationen zu bewältigen, ohne sich von dem Problem ein differenziertes Bild zu verschaffen. Dörner beschreibt die weitverbreitete Tendenz zur Informationsabwehr: Nur bestätigende Informationen werden wahrgenommen, nicht zum Selbstbild passende Irritationen werden gerne ausgeblendet. Auf diese Weise schützen Funktionsträger ihr »Kompetenzempfinden«, ihr für ihr Selbstwertgefühl so bedeutsame Selbstwahrnehmung: »Ich habe alles im Griff«.

Eine fundierte Situationsanalyse wird darüber hinaus durch die menschliche Tendenz zum Reduktionismus eingeschränkt: Alle beobachtbaren Phänomene werden auf eine Ursache oder auf ein Modell zurückgeführt. »Analogia praecox« nennt Dörner (1989) das Phänomen, dass wir Menschen Informationen mit Vorliebe um bestehende Vorurteile und um frühere Erfahrungen herum strukturieren.

Nichtverarbeitung von Überraschungen
Wir neigen aus vermeintlichen Sicherheitsgründen sehr rasch und gern dazu, eine einmal gewonnene Situationssicht zu verteidigen und an den daraus ableitbaren Entscheidungen festzuhalten. Überraschende Gesichtspunkte werden in einem Strategieprozess meist nicht als willkommene neue Aspekte gewürdigt, sondern vielmehr als Störung einer mühsam gewonnenen Perspektive empfunden, die man daher besser ignoriert (zu diesem Umgang mit Unerwartetem auch die wegweisende Studie von Weick/Sutcliffe 2001).

Flucht in Detailentscheidungen
Hohe Komplexität verursacht häufig Orientierungslosigkeit. Daher sind all jene Detailprobleme und -entscheidungen willkommen, bei denen man sich irgendwie

auskennt oder bei denen man durch exakte Berechnungen Sicherheit gewinnen kann. Der Blick für den Gesamtzusammenhang geht dabei nicht selten verloren.

Nichtberücksichtigung der Fern- und Nebenwirkungen von Entscheidungen
»Wir Menschen sind Gegenwartswesen«, meint Dörner (1989). Obwohl der betriebliche Alltag durch vielfältige »Zeitgestalten« geprägt ist, ist unsere Vorstellung von nichtlinearen Zeitzusammenhängen unzureichend entwickelt. Leichter fällt uns die Extrapolation des Vergangenen in die Zukunft. Der zeitliche Zusammenhang von vielfach vernetzten Systemen, das Wachstum der einen Dimension, der Niedergang der anderen, Beschleunigungseffekte und Bremswirkungen sind äußerst schwer in einer Entscheidungsfindung angemessenen in den Blick zu bekommen. Dieses mangelnde menschliche Vorstellungsvermögen bezogen auf längerfristige Entwicklungsverläufe und die ihnen zugrunde liegende Eigendynamik wiegt natürlich im Zusammenhang mit der hier diskutierten Führungsdimension besonders schwer.

Unzureichende Selbstreflexion
»Augen zu und durch« lautet eine häufige Devise bei Unternehmensentscheidungen. Die Wirkungen interessieren die Entscheidungsträger nach getroffener Entscheidung nicht mehr wirklich. Eine fatale Tendenz gerade in Krisen, sich durch die Misserfolge des eigenen Handelns nicht irritieren zu lassen und sich dadurch auch der Chance einer Kurskorrektur zu begeben. »Ballistisches Handeln« nennt Dörner prägnant diesen besonders bei Topführungskräften ausgeprägten Entscheidungsfehler (Dörner 1989).

Der Plausibilitätscheck

Strategische Fehlentscheidungen haben weitreichende Konsequenzen. Eine praktische Form, mit der unvermeidbaren Unsicherheit umzugehen, besteht darin, gemeinsam fundierte Prüfparameter für den Entscheidungsprozess festzulegen. Das dadurch erhobene Wissen schafft etwas mehr Sicherheit bei der Einschätzung der Alternativen. Im Sinne des oben ausgeführten Entscheidungsverständnisses geht es dabei nicht darum, den strategischen Auswahlprozess rational zu trivialisieren. Ein solcher Plausibilitätscheck zeigt lediglich Beobachtungsdimensionen auf, mit denen die unterschiedliche Plausibilität und Attraktivität der verschiedenen Optionen und Identitätsentwürfe kritisch hinterfragt werden kann.

Obwohl es keine allgemein gültigen Kriterien zur Beurteilung alternativer Geschäftskonzepte gibt, halten wir die folgenden Plausibilitätsdimensionen für nützlich, weil sie wichtige Aspekte thematisieren:

Das Fundament der Kernkompetenzen
Diese Beobachtungsdimension konzentriert sich auf die internen Fähigkeiten des Unternehmens. Die entscheidende Frage in diesem Zusammenhang lautet: In welchem Ausmaße ist das Unternehmen oder die Geschäftseinheit für die Umsetzung der unterschiedlichen Optionen gerüstet

- **hinsichtlich bestehender Kernkompetenzen?**
  - In welchem Ausmaß beruhen die möglichen Alternativen auf einem Fundament aus bestehenden Kernkompetenzen, den Wurzeln des bisherigen Geschäftserfolges?
  - Wie anschlussfähig sind diese Optionen an die bestehenden Kernkompetenzen des Unternehmens?
  - Ermöglicht die Alternative eine bessere Nutzung oder Ausschöpfung unserer Kernkompetenzen?
  - Werden bestehende Kernkompetenzen in kreativer Weise neu eingesetzt oder anders als bisher kombiniert?
- **hinsichtlich möglicher neuer Kernkompetenzen?**
  - Müssen entsprechende Fähigkeitsbündel erst aufgebaut werden?
  - Helfen uns diese neuen Kernkompetenzen, unsere Exklusivposition in unseren derzeitigen Märkten zu schützen oder auszubauen?

Die Chancen und Bedrohungen, die zentralen strategischen Herausforderungen
Ein wesentlicher Aspekt der strategischen Analyse besteht in der Suche nach jenen künftigen Entwicklungen, bei denen sich dem Unternehmen Chancen eröffnen oder in denen besondere Risikopotenziale verborgen liegen. An dieser Stelle ist für eine strategische Bewertung der Alternativen zu hinterfragen, in welchem Verhältnis sie zu Chancen und Risiken stehen

- **gemessen an den Kernherausforderungen und Zukunftstrends?**
  - Basieren die entwickelten Optionen auf den in der Analysephase identifizierten Chancen?
  - Wurden die wichtigsten Risikofaktoren bei der Entwicklung der Optionen bedacht und gibt es Antwortstrategien?

Die Attraktivität der Alternativen
Neben rationalen Kriterien spielen bei einer Auswahl zwischen Alternativen implizit nahezu immer persönliche Vorlieben eine Rolle. Daher halten wir es für empfehlenswert, diese unausgesprochenen Präferenzen auszusprechen. Manchmal wird erst dadurch verständlich, warum manche Mitglieder des Strategieteams für eine konkrete strategische Option mit Leidenschaft eintreten und andere eher sachlich bewerten können. Hamel und Prahalad nennen diese Attraktion »strategic intent«: einen anspornenden Traum, der dieser Strategie Dynamik verleiht, etwas für das es

sich lohnt, sich anzustrengen und sich zu engagieren. Fragen, die die Attraktivität der verschiedenen Alternativen sichtbar machen, lauten etwa:

- Ist eine der zur Auswahl stehenden Optionen für einzelne Schlüsselspieler eine besondere Herausforderung? Gibt sie einen besonderen persönlichen »Kick«?
- Wie attraktiv sind die hinter der Option stehenden Produkte und Dienstleistungen für die Entscheidungsträger?
- Welche persönlichen Veränderungen wären bei den zur Auswahl stehenden Optionen für einzelne Personen verbunden?

Der Risikoausgleich

Für Pümpin (1980) besteht ein wichtiger strategischer Grundsatz im Risikoausgleich zwischen den Teilaspekten einer Geschäftsstrategie. Auch in der Grundlogik der Portfolioanalyse findet sich dieser Risikoausgleich in Form eines balancierten Verhältnisses zwischen der Entstehung und Verwendung der Ressourcen.

Aus dieser Perspektive stellen sich die folgenden Fragen:

- Wie hoch ist die Wahrscheinlichkeit, dass die unterschiedlichen Geschäftskonzepte erfolgreich greifen?
- Wie unterscheiden sich die Optionen in ihrem Gewinnpotenzial und in ihrem Verlustpotenzial?
- Ist das Set der vorgesehenen Strategien bezüglich des Risikos ausgeglichen?

Die betriebswirtschaftlichen Entscheidungsparameter

Bei der Entwicklung einer Strategie sind fast immer übergeordnete Interessen zu berücksichtigen. Geschäftseinheiten müssen Vorgaben des Gesamtunternehmens in ihre Überlegungen einbauen, das Gesamtunternehmen hat seinerseits Rücksicht auf die Interessen des Eigentümers zu nehmen. Diese Vorgaben und Interessen lassen sich in aller Regel betriebswirtschaftlich abbilden, etwa durch bestimmte Zielrenditen, Gesamtkapitalrentabilität, Return on Capital Employed (ROCE), Marktanteilsvorgaben und ähnlichen Kennziffern mehr.

Parameter dieser Art können sich zu K.o.-Kriterien entwickeln. Legt der Eigentümer beispielsweise eine Mindestrendite fest, scheiden alle Optionen aus, die diesem Kriterium nicht entsprechen. Wir haben weiter oben bereits betont, wie problematisch solche Vorgaben sein können, wenn sie nicht aus einer eingehenden Prüfung der »realwirtschaftlichen« Verhältnisse entspringen. Angesichts der langfristigen Entwicklungsperspektiven kann man sich in solchen Fällen nur in Rücksprache mit dem Eigentümer entschließen, bewusst einzelne Kriterien nicht zu erfüllen.

Die folgenden Fragen helfen, die betriebswirtschaftlichen Entscheidungsparameter zu identifizieren:

- Welche Ertragskraft benötigt das Unternehmen, um die künftigen Investitionsbedarfe wie auch die Eigentümererwartungen seriös finanzieren zu können?

- Inwieweit ist die ins Auge gefasste strategische Festlegung geeignet, die angestrebten betriebswirtschaftlichen – aber auch die nichtbetriebswirtschaftlichen – Zielgrößen zu erreichen?

Die Umsetzung
Jede geplante Veränderung stößt auf eingespielte Verhaltensmuster. Bei der Bewertung der Alternativen ist es sinnvoll, sich über die wahrscheinliche Resonanz bei den Mitarbeitern Gedanken zu machen:

- Welche Option ist mit der bestehenden Kultur gut verträglich und wo sind Widerstände und größere Irritationen zu erwarten?
- Bei welchen Alternativen muss sich das Unternehmen am meisten bewegen?
- Welche Option lässt sich voraussichtlich leicht und wenig anfällig gegen Störungen umsetzen?
- Wo sind welche Folgeprobleme zu erwarten?

Neben diesem »Plausibilitätscheck« lässt sich in der betriebswirtschaftlichen Literatur eine größere Zahl von Entscheidungstechniken finden (Bea/Haas 1997, S. 17), die versprechen, das unvermeidliche Entscheidungsdilemma rational aufzulösen. Leitfragen und Hilfsmittel sollten jedoch nicht den Blick dafür verstellen, dass nicht immer rationale, sondern häufig auch ganz andere Kommunikationsebenen wie Macht, Einfluss oder der Zugang zu Ressourcen den Entscheidungsprozess beeinflussen. In der Phase der Bewertung ist es daher besonders wichtig, die bisherigen strategischen Entscheidungsmuster sichtbar zu machen. Das beugt der Gefahr vor, dass ein aufwendiges alibimäßiges Entscheidungsspiel betrieben wird, das in der Unternehmenspraxis später unterlaufen wird.

Die normativen Prämissen

Wenn sich ein Managementteam mit den verschiedenen möglichen Geschäftskonzepten und strategischen Optionen intensiv auseinandersetzt, ist es wahrscheinlich, dass eine solide Basis für die normativen Festlegungen geschaffen wird. Die letztlich identifizierte künftige Unternehmensidentität benennt den Rahmen, in dem sich mögliche Unternehmens- und Geschäftsfeldstrategien zu bewegen haben. Dieser Rahmen vermittelt wie Leitplanken die Orientierung für die künftige Unternehmensentwicklung.

In diesem Schritt der Gestaltungsphase werden die ausgewählten Optionen zu Grundstrategien verfeinert, in denen Produkt/Marktkombinationen und Zielgruppen festgelegt und operative »Meilensteine« zur Strategieimplementierung definiert werden. Ein solcher Verfeinerungsschritt zu einer Grundstrategie ist ein absolutes Muss. Er ist das wesentliche Bindeglied zwischen dem Heute und dem Morgen, er verknüpft die kurzfristigen mit den langfristigen Zeithorizonten. Dieser Schritt zeigt der Organisation, welche Kompetenzen sie in Vorwegnahme der Zukunft bereits heute entwickeln muss, welche neuen Vertriebswege sie schon heute aufbauen sollte und welche Entwicklungsprioritäten sie bereits jetzt verfolgen sollte, um in der künftigen Wettbewerbsauseinandersetzung erfolgreich bestehen zu können.

Das Formulieren der Grundstrategien

In der Grundstrategie werden die strategischen Stoßrichtungen und die Schlüsselmaßnahmen genau definiert: Was sind unsere strategischen Ziele und wie wollen wir sie künftig erreichen? Diese Arbeit erfolgt sowohl auf der Ebene des gesamten Unternehmens als auch auf den Ebenen der einzelnen Geschäftsfelder. Die entsprechenden Ergebnisse sind die Gesamtstrategie und die Geschäftsfeldstrategien.

Nach unserer Erfahrung empfiehlt es sich, die Gesamtstrategie zunächst nur provisorisch zu formulieren, bevor man sich mit einer detaillierten Analyse und der Erarbeitung der Strategien auf der Geschäftsfeldebene beschäftigt. Legen Sie sich dagegen jetzt bereits fest und verabschieden eine definitive Gesamtstrategie, so schränken Sie die Kreativität und das Engagement bei der Arbeit an den Geschäftsfeldstrategien durch ein enges strategisches Korsett unnötig ein.

Zudem halten wir Strategieentwicklung für einen rekursiven Prozess, der erst durch einige Schleifen konkretisiert werden kann. Erkenntnisse aus der Detailanalyse der Geschäftsfelder und der dort entwickelte Optionen können die Gesamtstrategie befruchten und verändern. Die intensivste Arbeit erfolgt auf der Ebene der strategischen Geschäftsfelder. Denn der Wettbewerb findet auf konkreten Märkten mit spezifischen Produkten und gegenüber bestimmten Konkurrenten statt.

Die besondere Rolle der unternehmensweiten Kernkompetenzen

Neben der Gesamtstrategie und den speziellen Geschäftsfeldstrategien müssen auch für die Entwicklung der Kernkompetenzen Strategien festgelegt werden (Schwaninger 1994, S. 98 f.). Unternehmensübergreifende Kernkompetenzen bedürfen langfristiger Investitionen, die durch die nach Autonomie strebenden Geschäftsfelder nicht zufriedenstellend getätigt werden können. Hamel und Prahalad (1997) illustrieren an einigen drastischen Beispielen das Risiko, das durch eine ausschließlich dezentrale Geschäftsfeldorientierung entsteht. Ein Beispiel ist der Computerspezialist IBM, der ursprünglich vorhandene Kompetenzen im Zusammenhang mit dem Betriebssystem MS DOS, das den Aufstieg von Microsoft begründete, verlor.

So ist auch an dieser Stelle des Managementprozesses sorgfältiges Austarieren notwendig: Einerseits geht es darum, die Dynamik marktnaher kleiner »Unternehmen im Unternehmen« zu fördern. Andererseits dürfen die Kernfähigkeiten des Gesamtunternehmens nicht vernachlässigt werden.

Maßnahmen planen

Jeder wirksame Strategieentwicklungsprozess verknappt die Ressourcen in der Gegenwart zugunsten einer anstrebenswerten Zukunft. Diese Verknappung ist wohl zu dosieren. Überspannt man den Bogen, verflüchtigt sich das Gefühl der Machbarkeit. Die Organisation setzt lethargisch das Gewohnte fort, die Strategie bleibt auf der Strecke. Verzichtet man auf ehrgeizige Ziele, werden viele potenzielle Energien nicht mobilisiert. Wirklich neues »Vermögen« in seinem vielfachen Wortsinn entsteht erst durch den Dehnungseffekt, der mit attraktiven Zukunftsperspektiven verbunden ist. Auch in diesem Arbeitsschritt muss man also nochmals sorgfältig abwägen, in welchem Ausmaß die Organisation gefordert werden kann. Die zentralen Fragen lauten:

- In welchem Ausmaß werden die Ressourcen durch die neue strategische Ausrichtung belastet? Welches sind die kritischen und limitierenden Ressourcen?
- Welche zusätzlichen Ressourcen sind für die Umsetzung der Strategie erforderlich?
- Wie müssen die vorhandenen Ressourcen gebündelt oder neu verteilt werden, um die für die Strategieumsetzung erforderlichen Kompetenzen zu entwickeln?

Aus den Grundstrategien werden Maßnahmenpakete geschnürt, die beispielsweise Reorganisationskonzepte, Investitionen, Marketingaktivitäten, Initiativen zum Personalmanagement und zur Personalentwicklung, spezifische Investitionen ins Wissensmanagement und ähnliches mehr enthalten können.

Ein Leitfaden für die Formulierung einer Grundstrategie

Die verschiedensten Aspekte der Gestaltungsphase werden in einer Grundstrategie verfeinert und konkretisiert. In der Praxis bewährt es sich, zu den im Leitfaden empfohlenen Punkten möglichst konkret messbare Festlegungen zu treffen. Dadurch kann die Grundstrategie die erwünschte Orientierungsfunktion leisten.

Die Grundstrategie

Die Grundstrategie legt die Hauptstoßrichtung des Unternehmens oder des Geschäftsfeldes fest. Sie wird durch die folgenden vier Elemente gekennzeichnet:

- Konsequenzen aus der Portfolio-Einschätzung

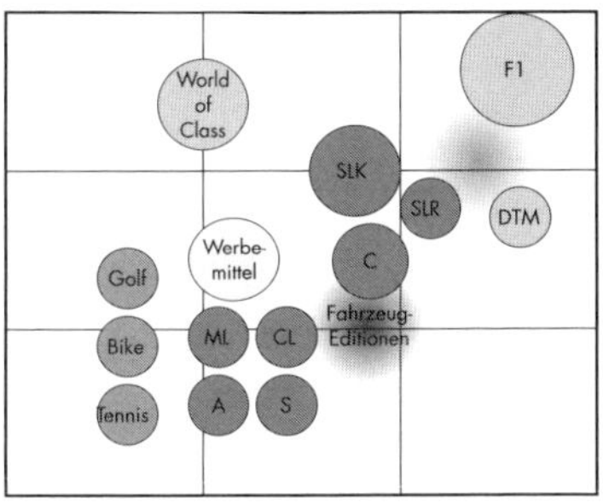

Durch eine Darstellung des Ist-Portfolios und des angestrebten Soll-Portolios fließen die Einschätzungen und die Konsequenzen aus der Portfolioanalyse in die Grundstrategie ein. Die Konsequenzen aus unserer Portfolio-Diskussion lauten:

. . . .

. . . .

. . . .

- verbale Grundstrategie
  An dieser Stelle formulieren Sie maximal fünf bis sieben Hauptstoßrichtungen für das Unternehmen oder für das Geschäftsfeld; etwa Ausbau unserer Marktführung bei ...; Spezialisierung auf ...; absolute Qualitätsstrategie bei ...; Marktausweitung nach ...; Erschließung folgender neuer Kundengruppen ...; neue Produkte

  . . . .

  . . . .

- strategische Ziele
  An strategischen Zielen lässt sich messen, ob die oben formulierten Grundstrategien erreicht wurden; etwa durch Festlegung von Umsatzzielen, Ertragszielen, Kostenzielen, Marktanteilen und ähnlichen Zielen mehr

  . . . .

  . . . .

- Kernkompetenzperspektiven
  Welche unternehmensübergreifenden Kernkompetenzen sollen vertieft, neu aufgebaut oder in anderen Feldern genutzt werden?

  . . . .

  . . . .

Schlüsselmaßnahmen

Im Folgenden geht es darum, den Weg zum strategischen Ziel zu beschreiben. Was sind die wichtigsten Stellhebel, um die Veränderungen einzuleiten? Welche

Maßnahmen, etwa im Marketing, im Vertrieb, in der Forschung und Entwicklung, in der Produktion, der Fertigung, der Logistik, in der Verwaltung, der EDV, der Technologie und bei den Mitarbeitern, der Organisation und der Führung sind notwendig?

....

....

Das Fundament der Strategie

Dokumentieren Sie schließlich auch das Fundament der Analysephase. Dadurch können Sie künftig leichter nachvollziehen, von welchen Grundannahmen Sie sich leiten ließen. Halten Sie daher fest:

- Auf welchen Grundannahmen basiert unsere Grundstrategie?
- Von welchen Chancen und Risiken gehen wir aus?
- Welche Kernkompetenzen und Stärken/Schwächen haben wir festgestellt?
- Was waren die letztlich nicht ausgewählten Alternativstrategien?

....

....

Das Leitbild als normatives Orientierungsinstrument

Manchmal kann es sinnvoll sein, die Grundstrategien mit der Formulierung eines Leitbildes abzurunden. Es bringt die Strategie »auf den Punkt«, indem es Orientierungssignale nach Innen zu den Mitarbeitern und nach Außen zu Kunden und Partnern sendet.

Die innere Logik eines Leitbildes

Das Leitbild ist ein Steuerungsinstrument zur strategischen Ausrichtung und Positionierung eines Unternehmens. Es dient als Orientierungsradar für die Kommunikation mit den Mitarbeitern und nach Außen zu den wichtigsten Umweltsystemen wie den Kunden, den Lieferanten oder anderen Partnern.

Das Leitbild fasst die Entwicklung der Strategie auf einer normativen Ebene zusammen (Bleicher 1999), indem es die zentralen Aussagen zur Identität, die sich aus der strategischen Option ableiten lassen, festhält. Als Ergebnis einer solchen Suche nach der eigenen Identität präzisiert das Leitbild eine Reihe von Entscheidungsprämissen, die dem Orientierungsprozess eines Unternehmens die Richtung geben.

Ähnlich wie der strategische Managementprozess ist auch die Arbeit am Leitbild eines Unternehmens ein gemeinsames Unterfangen, das sich vom operativen

Alltagsgeschäft abhebt. Aus unserer Sicht ist das Unternehmensleitbild im Rahmen eines Strategieprozesses daher ein optionales Instrument, um die Diskussionsergebnisse zu konkretisieren. Um das Leitbild aber tatsächlich im Alltag der Organisation mit Leben zu füllen, ist es wichtig, ein Umsetzungspaket zu schnüren, das für die Mitarbeiter erkennbar zum Leitbild passt.

Checkliste für die Inhalte des Unternehmensleitbildes

Für Ulrich (1987) soll ein Leitbild Mitarbeitern und Partnern des Unternehmens auf folgende Fragen Antworten geben:

- Welche Bedürfnisse befriedigen wir mit unseren Marktleistungen (Produkten, Dienstleistungen)?
- Welchen grundlegenden Anforderungen haben unsere Marktleistungen zu entsprechen (Qualität, Preis, Neuheit)?
- Welche geografische Reichweite soll unser Unternehmen haben (lokal, national, international)?
- Welche Marktstellung wollen wir erreichen?
- Welche Grundsätze bestimmen unser Verhalten gegenüber unseren Marktpartnern (Kunden, Lieferanten, Konkurrenten)?
- Welches ist unsere technologische Leitvorstellung?
- Welche grundsätzlichen Zielvorstellungen haben wir bezüglich Gewinnerzielung und Gewinnverwendung?
- Welche grundsätzliche Haltung nehmen wir gegenüber dem Staat ein?
- Wie sind wir eingestellt in Bezug auf wesentliche gesellschaftliche Anliegen (Umweltschutz, Gesundheitspflege, Armutsbekämpfung, Kunstförderung und ähnliches mehr)?
- Welchem wirtschaftlichen Handlungsprinzip folgen wir?
- Wie stellen wir uns grundsätzlich zu Anliegen der Mitarbeiter (Entlohnung, persönliche Entwicklung, Mitbestimmung, finanzielle Mitbeteiligung und ähnliches mehr)?
- Welche wesentlichen Grundsätze der Mitarbeiterführung gelten in unserem Unternehmen?

Risiken der Leitbildarbeit

Aufgrund unserer mehrjährigen Erfahrung mit Leitbildprozessen sehen wir sowohl den potenziellen Nutzen als auch die Grenzen dieses Instruments. Manchmal bleibt von einem Leitbild nicht mehr als ein von den Mitarbeitern ironisch kommentiertes Stück Hochglanzpapier, oft schlummert es verborgen in Schreibtischschubladen, nachdem seine Entstehung die Organisation viel Energie gekostet hat. Aus unserer Sicht liegt dies an den besonderen Risiken eines Leitbildentwicklungsprozesses. Diese gilt es zu kennen, um die Chancen dieses Steuerungsinstruments auch wirklich zu nutzen.

Die folgenden Beobachtungen sollen mögliche Risikofaktoren exemplarisch aufzeigen:

Unklare Ziele
Das Leitbild ist ein »Gefäß« für relativ offene Veränderungen in einer Organisation. Die unterschiedlichen Erwartungen im Zusammenhang mit einem geplanten Leitbild, die von der Angst vor Rationalisierung bis hin zu unrealistischen und dadurch nicht erfüllbaren Hoffnungen reichen, machen es erforderlich, schon zu Beginn Ziele und Konsequenzen sorgfältig zu klären und deutlich zu kommunizieren.

Unbequemes wird ausgeblendet
Die Diskussion über die Leitwerte einer Organisation birgt neben positiven Aspekten auch das Risiko, den wirklich relevanten und daher manchmal umstrittenen Fragen aus dem Wege zu gehen. Gerade in partizipativ angelegten Leitbildprojekten stellt sich oft irgendwann die Notwendigkeit, sich auf den kleinsten gemeinsamen Nenner zu einigen oder die strategischen Schlüsselentscheidungen der Führung zu überlassen.

Verlorene Bodenhaftung
Leitbildprojekte sind ständig in Gefahr, die »Bodenhaftung«, den Bezug zur Realität zu verlieren. Daher ist eine frühe Koppelung mit der Umsetzungsebene wichtig.

Das Verhalten der Führungskräfte prägt in hohem Maße die Kultur eines Unternehmens (Schein 1995). Gerade bei der Erarbeitung eines Leitbildes nehmen die Führungskräfte eine Schlüsselrolle ein. Dabei wirkt die Delegation der Leitbildentwicklung an eine beliebig zusammengesetzte Projektgruppe genauso fatal wie eine einsame Entscheidung der Führungsspitze. Vielmehr geht es darum, die Mitarbeiter in diesen Entwicklungsprozess einzubeziehen und eine gesicherte, aber nachvollziehbare endgültige Entscheidung durch die Führung anzustreben.

Erst an der Umsetzung misst sich der tatsächliche Erfolg eines Leitbildes. »Der Weg ist das Ziel« mag zwar eine notwendige Bedingung für ein gelungenes Leitbild sein, hinreichend ist sie nicht. Daher benötigt ein Leitbild ein begleitendes Controllingsystem, das die Fortschritte auf dem Weg zur angestrebten Zukunft misst. In den USA, wo stärker als im europäischen Kulturkreis wertorientiert geführt wird, wurde in den letzten Jahren ein strategisches Controllingsystem entwickelt, das die Umsetzung von Strategien und Leitbildern ganzheitlich unterstützt. Die »Balanced Scorecard« erscheint uns als ein innovatives strategisches Controllinginstrument, das die Umsetzung von Leitwerten in die Realität der Organisation wirksam unterstützen kann.

Die Entwicklung eines Leitbildes am Beispiel der Bausparkasse Wüstenrot

Wüstenrot ist ein renommiertes österreichisches Spezialinstitut für Bausparen und Versicherungen. Die verschärften Wettbewerbsbedingungen machen aber auch vor traditionsreichen Unternehmen nicht halt: Eine ungünstige Zinsspannenentwicklung, das Auftreten von Substitutionsprodukten wie Fremdwährungskredite, ein generell härterer Wettbewerb und eine Neuordnung der Branche durch Fusionen sind einige Merkmale der aktuellen Veränderungen in der Landschaft der Finanzdienstleister.

Unter diesen verschärften Wettbewerbsbedingungen erwies sich das Fehlen eines gemeinsam getragenen Leitbildes zunehmend als Defizit. Das Unternehmen konnte auf keine expliziten mittel- und langfristigen Ziele zurückgreifen. Und die Art und Weise, wie bei Wüstenrot Führung wahrgenommen wurde, war Ausdruck des jeweiligen individuellen Führungsverständnisses. Die beobachtbare Praxis reichte von »Laisser-faire« bis »autoritär«. Ein vergemeinschaftetes Führungsverständnis und strategische Ausrichtungen fehlten.

In dieser Phase stand ein Führungswechsel an. Der designierte Generaldirektor sah in einem Leitbild das geeignete Steuerungsinstrument, die längerfristige Ausrichtung des Unternehmens gezielt zu beeinflussen. Gleichzeitig stand für Wüstenrot als Pionier des Bausparens das 75jährige Bestandsjubiläum an. Ein guter Grund zu feiern und gleichzeitig die Zukunft des Unternehmens im breiteren Führungskreis neu zu thematisieren und zu formulieren.

Der Weg zum Leitbild

Die Entwicklung des Wüstenrot-Leitbildes folgte einer Top-Down-Vorgehensweise. »Ein Leitbild ist eine unternehmerische Leistung und in den Grundzügen vom Vorstand zu formulieren und zu kommunizieren«; so lautete der Auftrag für die Leitbildentwicklung. Die wichtigsten Meilensteine des Entwicklungsprozesses sind in der Abbildung Seite 273 sichtbar.

Das so entstandene Wüstenrot-Leitbild ist heute ein Wegweiser für den ganzen Konzern. Es ist eine Einladung an die Mitarbeiter, über das Unternehmen nachzudenken und sich aktiv an der Weiterentwicklung des Unternehmens zu beteiligen.

Auszüge aus dem Leitbild:

Strategische Positionierung im Wüstenrot-Leitbild

Wüstenrot ist in der heimischen Landschaft der Finanzdienstleister eine starke Marke. Sie besticht durch Bekanntheit, hohe Imagewerte wie Zuverlässigkeit, Stabilität und Beratungskompetenz. Wir blicken stolz zurück, wohl wissend, dass man sich auf den Erfolgen der Vergangenheit nicht ausruhen darf.

Unsere Unternehmensgruppe wird dann erfolgreich, wenn es uns gelingt, möglichst viele Kunden mit unseren kreativen Produkten zu gewinnen und sie so gut zu beraten, zu betreuen und zu servicieren, dass sie bei uns bleiben.

Um unsere zukünftige Wettbewerbsfähigkeit zu sichern, müssen wir diese Herausforderung annehmen, Spitzenleistungen anstreben, zeitgerecht agieren und nicht nur Trends erkennen, sondern durchaus auch Trendsetter sein. Dafür haben wir folgendes Orientierungskonzept formuliert:

- Die Bausparkasse Wüstenrot entwickelt sich zu einem Spezialinstitut rund um das Thema »Wohnen«.
- Die Wüstenrot Versicherung entwickelt sich in Richtung Universalversicherer.
- Die Wüstenrot-Gruppe baut entsprechend der Anlagetrends ihre Produktpalette zur individuellen Vermögensbildung aus.
- Wüstenrot entwickelt sich zu einer internationalen Unternehmensgruppe.
- Wüstenrot stärkt sein Beratungsnetzwerk durch Erhöhung der Präsenz, Steigerung der Kompetenz und Vertiefung der Kundenbeziehungen.
- Wüstenrot profiliert sich weiter als attraktiver Arbeitgeber.
- Wüstenrot stellt seine unternehmerische Unabhängigkeit langfristig sicher.

Die Leitwerte

Besonders intensiv behandelt das Leitbild die Frage »Nach welchen Werten wollen wir künftig agieren?«

Die erfolgreiche Weiterentwicklung unseres Unternehmens wird wesentlich von unserem eigenen Verhalten abhängen. Um alle unsere Aktivitäten auf den Erfolg unseres Unternehmens zu konzentrieren, brauchen wir eine konsequente Ausrichtung unseres Tuns. Den großen Rahmen schaffen wir mit der Festlegung eines Wertekatalogs.

Unsere fünf zentralen Werte:

- Partnerschaftlich miteinander umgehen
- Wirtschaftlich handeln
- Ziele setzen, engagiert arbeiten
- Service verbessern, Kunden beeindrucken
- Änderungsbereitschaft zeigen, flexibel sein

Jeder dieser Werte wird im Leitbild anhand von Alltagssituationen genauer beschrieben, um den Mitarbeitern und Führungskräften eine Orientierung für das Alltagsverhalten zu geben. Das Leitbild endet mit einem Appell: Für das Können gibt es nur einen Beweis: das Tun! (Marie von Ebner-Eschenbach).

Leitbildentwicklung	Dezember 1999	Auftrag zur Leitbildentwicklung für die Bausparkasse Wüstenrot durch den designierten Generaldirektor. Ein fünfköpfiges Projektteam bildet sich. Das Team übernimmt die Rolle des Beraters und Prozessbegleiters für den Auftraggeber. Ein externer Berater supervidiert die Experten des Projektteams.
	Februar–April 2000	Der Auftraggeber verfasst ein erstes Positionspapier mit den Grundüberlegungen zu einem künftigen Leitbild. Im Projektteam werden Struktur und Inhalte weiterentwickelt und verdichtet. Parallel werden die spätere Kommunikation und die Umsetzung geplant.
	Mai 2000	»Rüttelstrecke«: Die Führungskräfte des Hauses diskutieren in mehreren Veranstaltungen das Grob-Leitbild und entwickeln es inhaltlich weiter.
	Juli 2000	Der Auftrag wird erweitert: Vom Leitbild einer Bausparkasse zu einem Konzernleitbild. Die Wüstenrot-Versicherung, ein Schwester-Unternehmen, wird zusätzlich zur Bausparkasse in die Leitbildentwicklung eingebunden.
	September 2000	Zum 75jährigen Jubiläum wird das Leitbild während des Wüstenrot-Kongresses rund 1000 Mitarbeitern vorgestellt. In Diskussionsforen wird die Bedeutung des Leitbildes für die Mitarbeiter erörtert. Gleichzeitig wird durch eine Mitarbeiterbefragung die Differenz zwischen Soll und Ist aus der Sicht der Mitarbeiter überprüft.
Sensibilisierung und Umsetzung	Herbst 2000	Mehrere Führungskräfte-Workshops finden zu den Themen Leitbild, Führungsgrundsätze und Mitarbeiterbefragung statt. Ziel ist die Sensibilisierung für Veränderungsvorhaben, die aus dem Leitbild abgeleitet werden.
	Februar 2001	Rückkopplung der Ergebnisse der Mitarbeiterbefragung und partizipative Ableitung von Veränderungsmaßnahmen (in mehreren Großgruppenveranstaltungen und dezentralen Betriebsversammlungen)
	Herbst 2001	Kritische Reflexion der bisher umgesetzten Veränderungsmaßnahmen – offene Diskussionen im Rahmen von Open Space-Veranstaltungen. Der Fokus liegt auf erlebten Unterschieden zwischen dem formulierten Anspruch und der gelebten Wirklichkeit.

Lernerfahrungen mit Leitbildentwicklungen

Die Entwicklung des Unternehmens wird von den Zielsetzungen des Leitbilds stark beeinflusst. Es können verschiedene Veränderungsprojekte, die sich sowohl auf den strategischen Orientierungsbereich als auch auf den Wertebereich beziehen, initiiert werden. Organisationsentwicklungsmaßnahmen auf Bereichs- und Abteilungsebene unterstützen die Implementierung des Leitbildes.

Wenn wir auf den Prozess der Leitbildentwicklung bei Wüstenrot zurückblicken, sind uns als interne Berater folgende Punkte klarer geworden:

- »Leitbild« ist kein eindeutiger Begriff. Die intensive Begriffsklärung im Projektteam (Inhalte, gewünschte Wirkungsweise, Entwicklungsschritte ...) zu Beginn des Prozesses verhindert später unnötige Schleifen.
- In der Konzeptionsphase eines Top-Down-Prozesses benötigt die Unternehmensleitung »kritische Systematisierer« und »Formulierungskünstler« als Sparringpartner. In der späteren Umsetzungsphase steht die intensive Auseinandersetzung im Vordergrund. Dabei kommt es auf die Unternehmensspitze an, ob dem Leitbild Glaubwürdigkeit zukommt.
- Auf die mittleren Führungskräfte kommt eine intensive Promotorentätigkeit zu. Ohne das Engagement der Spitze entsteht nur wenig Veränderungsenergie. Wenig oder späte Einbindung von Führungskräften und Mitarbeitern setzt sich dem Vorwurf der »Scheinpartizipation« aus.
- In der Kommunikationsphase ist mit erheblichen Informations- und Marketingkosten zu rechnen.
- Leitbilder überzeugen und wirken nicht allein durch intelligente Konzeption und mobilisierende Inhalte. Leitbilder haben immer einen hohen Abstraktionsgrad. Daher ist eine permanente Übersetzung gefordert: Was heißt unser Leitbild für uns in unserer Arbeitssituation?

Nach unserer Einschätzung hat der Leitbildprozess dazu beigetragen, dass Wüstenrot als Gesamtorganisation im Laufe der letzten beiden Jahre einen wichtigen Schritt in Richtung »Lernende Organisation« getan hat. Veränderungen werden zunehmend mehr unter der Leitbildperspektive betrachtet. Die Verständigung über eine geplante, systematische und längerfristige Vorgehensweise löst das Denken »von Schritt zu Schritt« sukzessive ab.

(Quelle: Autoren dieses Erfahrungsberichtes sind Mag. Wieland und Mag. Ebner, die als Mitglieder der Stabsstelle für Unternehmensentwicklung der Bausparkasse Wüstenrot diesen Prozess begleitet haben.)

Daimler – Beispiel eines strategischen Managementprozesses

Bei Daimler ist der strategische Managementprozess derzeit ebenenübergreifend organisiert. In einem detailliert organisierten Rahmen entwickeln die vier obersten Hierarchieebenen die Strategien sowohl für die einzelnen Business Units als auch für den Gesamtkonzern Daimler: der Konzernvorstand, die einzelnen Divisionen (PKW, LKW etc.), die Geschäftseinheiten (»Business Units« BU) und auf gleicher hierarchischer Ebene die marktverantwortlichen Regionen (»Regional Center, RC«) sowie weitere dezentrale Einheiten wie etwa die verschiedenen Werke. Dabei stehen die ergebnisverantwortlichen BU/RC im Mittelpunkt; wo die Geschäfte gemacht werden, sollen auch die wesentlichen strategischen Vorschläge entstehen.

Inhaltlich wird dieser Prozess von internen Strategieexperten der verschiedenen Ebenen getragen, die teils für, teils gemeinsam mit den Linienmanagern die strategischen Überlegungen für die BU anstellen. An der Schlüsselstelle dieses Prozesses, der »Strategic Business Discussion« (SBD) mit dem Board of Management, sind jedoch die ergebnisverantwortlichen Manager selbst intensiv gefordert. Für ihren weiteren Karriereweg ist es maßgeblich, in welchem Ausmaß sie ihre strategischen Ziele in der vergangenen Periode erreichen konnten und welchen strategischen Beitrag sie für die künftige Konzernentwicklung beisteuern werden. Entsprechend wichtig ist ihnen die strategische Arbeit.

Dieser Managementprozess wird zeitlich durch besondere Veranstaltungen strukturiert, bei denen die Ergebnisse der permanenten Strategiearbeit zwischen den verschiedenen Entscheidungsebenen diskutiert, verzahnt und entschieden werden. Durch den zentral vorgegebenen Planungskalender ist genau vorgegeben, zu welchem Zeitpunkt welche strategischen Abstimmungen vorzunehmen sind.

Darüber hinaus sind auch die wichtigsten Fragestellungen fixiert, um ähnliche Standards zwischen den verschiedensten BU sicherzustellen. So werden die tatsächlichen Resultate früherer strategischer Festlegungen und Fortschritte bei strategischen Schlüsselmaßnahmen kritisch überprüft, die jeweils wichtigsten Herausforderungen erörtert und konkrete strategische Ziele festgelegt.

Die Ziele des Strategieprozesses

Grundsätzlich will Daimler mit dem strategischen Managementprozess einen Rahmen schaffen, in dem künftige Chancen und Risiken erörtert und strategische Entscheidungen getroffen werden. Innerhalb dieses Rahmens werden vor allem zwei Aspekte beleuchtet:

Die Diskussion der Wettbewerbsposition
Im Mittelpunkt dieser Diskussionen stehen die Business Units wie beispielsweise Mercedes Benz Pkw, Smart, Mercedes Benz Lkw, MB Vans sowie die Regional Center wie Japan, Australien, Südafrika, die regionale Marktverantwortung wahrnehmen. Die BU und das RC sind für ihre Gewinnentwicklung verantwortlich. Daher liegt der wichtigste Teil dieses Prozesses in der Auseinandersetzung mit den Erwartungen und Potenzialen der BU/RC. Die Ergebnisse dieser strategischen Diskussionen sind die Basis für die Vereinbarungen mit dem Board of Management (BoM).

Die Herstellung einer strategischen Gesamtschau über den Konzern
Der zweite Schwerpunkt dieses Prozesses gilt der Konzernebene. Durch die Summe der Perspektiven aller BU/RC entsteht ein Gesamtbild, so dass Fortschritte und Abweichungen auf dem Weg zum Konzernziel zeitnah beobachtet werden können und schnelle Reaktionen möglich sind. Besonderer Stellenwert kommt auf dieser Ebene dem Unternehmensportfolio, den Wachstumszielen, der Wertentwicklung der Aktie, der Liquiditätssteuerung, der globalen Personalpolitik und der Technologieorientierung des Konzerns zu.

Das Strategieteam

Grundsätzlich sind die BU/RC bei Daimler für die Strategieinhalte verantwortlich. Übergreifende Themen, die nicht sinnvoll durch sie gesteuert werden können, werden von der übergeordneten Division (PKW, Commercial Vehicles) oder von der Konzernspitze entschieden. Daher wird der strategische Managementprozess von den Strategieexperten des Konzerns sowie den Managern der jeweiligen Division und der jeweiligen BU/RC gemeinsam vorbereitet und betreut.

Die BU/RC-Strategen koordinieren den Planungsprozess nicht nur innerhalb ihrer Business Unit – etwa zwischen den Werken –, sondern auch mit ihrer Division und der Konzernzentrale. Die Divisionsstrategen bringen divisionsspezifische Aspekte ein und sind verantwortlich, dass der vorgegebene Rahmen der Division eingehalten wird. Die Konzernstrategen sorgen für die Konsolidierung aller Teilbereiche. Zusätzlich sind sie für das Gesamtprozessdesign, den Planungskalender und den zusammenfassenden Konzernstrategiereport zuständig. Konzern- und Divisionsstrategen sichern schließlich gemeinsam die adäquate Einbindung anderer Zentralfunktionen wie etwa die Informationstechnologie, die Personalentwicklung, Forschung und Entwicklung, das Controlling und andere Bereiche.

Die Zusammenarbeit über die Ebenen hinweg ist nicht immer einfach, weil unterschiedliche organisatorische Zugehörigkeiten und Loyalitäten bestehen. Daher ist eine offene und faire Kooperation zwischen den Stabsstellen für eine vertrauensvolle Zusammenarbeit essentiell. Konkret gelten folgende Spielregeln:

- Arbeitsergebnisse, die nach außen kommuniziert werden, bedürfen einer gemeinsamen Abstimmung.
- Unterschiedliche Sichtweisen innerhalb des Strategieteams sind zulässig. Bei gravierenden Differenzen halten die Konzern- oder die Divisionsstrategen diese Differenzen in einem schriftlichen Kommentar zur Präsentation der BU beim Board of Management (BoM) fest.
- Dieser Kommentar wird den BU/RC vor der Präsentation zur Verfügung gestellt.

Der strategische Managementprozess im Detail

Die gemeinsame Arbeit der internen Strategiestäbe

Die laufende Strategiearbeit des ebenenübergreifenden internen Strategieteams bildet das Fundament des gesamten Prozesses. Sie hält jene Dinge und Ereignisse am Laufen, die nicht explizit durch den engeren Planungskalender gefordert sind. In diesem Rahmen werden beispielsweise Marktanalysen durchgeführt, Erfolgsfaktoren oder Werttreiber identifiziert und deren Zusammenhänge analysiert, Markenentwicklungen beobachtet, Szenarien und Optionen durchgespielt, Meilensteine und Umsetzungsprojekte beobachtet, Personalentwicklung, Technologie- und Forschungsentwicklungen angestoßen und evaluiert und ähnliches mehr. Die wichtigsten Ergebnisse fließen in die Diskussionen mit dem Board of Management ein.

Um die Kooperation und den Informationsaustausch zwischen den Ebenen zu fördern, sind zwei strukturelle Organisationselemente vorgesehen:

Strategische Dialoge

Zweimal im Jahr finden Strategiedialoge statt, die vom zentralen Konzernstrategiestab koordiniert werden. An diesen Veranstaltungen nehmen jene Strategen der verschiedenen Ebenen und ausgewählten Zentralfunktionen teil, die die laufende Strategiearbeit tragen. Ziel dieser Dialoge ist eine gemeinsame Orientierung über die aktuellen strategischen Herausforderungen des Konzerns und ein Erfahrungsaustausch unter den Experten.

Im ersten Quartal des Planungsjahres findet ein erster Strategiedialog statt. Themen des gemeinsamen Jahresauftaktes sind üblicherweise der Planungskalender, aktuelle Vorüberlegungen zur Konzernrahmenstrategie, angestrebte Unternehmensziele, wesentliche Herausforderungen für den Gesamtkonzern sowie aktuelle externe Trends, die für mehrere Bereiche relevant erscheinen.

Anfang des dritten Quartals wird ein zweiter Strategiedialog anberaumt: Dort stehen die Ergebnisse der Konzernstrategie-Klausur und der »Corporate Strategy Report« auf der Tagesordnung. Die Entscheidungen fließen als Prämissen in die weitere Strategiearbeit ein und dienen dem laufenden strategischen Controlling als Basis.

Regelmäßige Treffen
Neben diesen Gesamtveranstaltungen finden das ganze Jahr hindurch regelmäßige Treffen zwischen den Strategen statt, bei denen divisionsspezifische, BU-spezifische oder regionenspezifische Fragen erörtert und abgestimmt werden.

Die gemeinsame Führungsleistung zwischen den Führungsebenen

Die »Strategic Business Discussion« (SBD) ist ein Kernelement der Steuerung von BU und RC bei DaimlerChrysler. Gemeinsam mit dem Konzernvorstand wird die strategisch-wirtschaftliche Position jeder strategischen Einheit detailliert erörtert. Im Unterschied zu den regelmäßigen »Operative Business Discussions« (OBD) liegt bei der SBD der Schwerpunkt auf der Markt- und Wettbewerbsposition und weniger auf der Erörterung von Controllingdaten. Die SBD dient dazu, die strategische Ausrichtung einer BU durch den Vorstand zu bestätigen oder Kurskorrekturen vorzunehmen.

Die SBD findet einmal im Jahr als Block – meist Ende Juni/Anfang Juli – für alle BU/RC des Konzerns statt. Die Ergebnisse dieses SBD-Prozesses bilden die Basis für das darauf folgende »Corporate Strategy Meeting«. Teilnehmer des SBD ist das Board of Management, das verantwortliche Management der Business Unit/Regional Center und der Leiter der Konzernstrategie.

Wesentliche Inhalte der strategischen Diskussionen

Aus den Diskussionen im Vorfeld wird ein »SBD-Proposal« zusammengefasst, das in der Folge als Basis für die Diskussion mit dem Vorstand dient. Es soll einen Gesamtüberblick über die BU-Strategie und einen kritischen Blick auf die wichtigsten Herausforderungen bieten. Um eine offene und zugleich zielführende Diskussion zu ermöglichen, ist eine strenge thematische Struktur vorgegeben. So dürfen die Präsentationsunterlagen nicht mehr als 20 Seiten – meist Folien – umfassen. Das SBD-Proposal wird gemeinsam vom divisionszuständigen Vorstandsmitglied und dem Leiter der BU/RC verantwortet und unterschrieben. Da das Inhaltsverzeichnis gleichzeitig einen guten Überblick über die thematischen Schwerpunkte der SBD gibt, stellen wir deren Inhalte in Abb. 46 detaillierter dar.

	Seiten	
Zusammenfassung für den Vorstand	1–2	25–30 Seiten
Markttrends und Wettbewerbsumfeld	2–3	
Kernherausforderungen • Status bzgl. der letztjährigen Zielerreichung • Ziele • Aktuelle Kernherausforderungen – BU/RC-spezifische Herausforderungen – Verlustbringer – Konzernherausforderungen	max. 15	
Schlüsselzahlen	2	
Empfehlungen an den Vorstand und Handlungsbedarf	1	
Funktionalstrategie • Human Resources • Technologie • Risikomanagement	5	

Abb. 46: Inhalte der strategischen Vorstandsdiskussion

Inhaltsübersicht der strategischen Diskussionen

Am Beginn steht ein kurzer Überblick über die wesentlichen Veränderungen gegenüber dem Vorjahr und den aktuellen Entscheidungsbedarf (Executive Summary).

Markttrend und Wettbewerbsumfeld
In diesem Teil wird der relevante Markt anhand aussagefähiger Orientierungsgrößen wie Marktvolumen, Markt- oder Produktanteil, regionaler Marktanteile und Erfolgsfaktoren der Branche dargestellt. Ein Basisszenario und eine kurze Beschreibung der möglichen Alternativen unterstützen die Diskussion über die erwartete Marktentwicklung.

Wesentliche Herausforderungen
Die wesentlichen Herausforderungen werden jeweils Mitte März in den gemeinsamen Strategieteams festgelegt. Sie beziehen sich auf die bisherigen Erfahrungen und

beschreiben die Lücke zwischen den angestrebten Zielen und der aktuellen Position der BU/RC sowie der Fähigkeit, diese Ziele tatsächlich zu erreichen. Wesentliche Herausforderungen weisen auf besondere Handlungsfelder hin und erfordern strategische Entscheidungen des BoM.

- Die Diskussion über die wesentlichen Herausforderungen der BU sollte bei den Zielen des Vorjahres ansetzen. Es wird erläutert, ob die Herausforderungen des vergangenen Jahres bewältigt werden konnten und ob man sich ihnen im laufenden Jahr erneut stellen muss.
- Die BU sollte ihre strategischen Ziele selbst vorschlagen. Dabei kann es um Wachstum, Rentabilität, Marktanteil, Portfolio-Entwicklung oder um interne Prozesse gehen. In diesem Zusammenhang sind auch bereichsübergreifende Ziele des Konzerns zu berücksichtigen.
- Die aktuellen Herausforderungen werden vom Strategieteam vorbereitet. Wenn das BU-Portfolio unprofitable Produkte oder Segmente enthält, sind solche Verlustbringer wahrscheinliche Kandidaten, als aktuelle strategische Herausforderungen behandelt zu werden. Bei der Auswahl und der Darstellung der zentralen Herausforderungen ist die BU grundsätzlich frei, wobei erwartet wird, dass die konzernweit vorgegebenen Themen wie Globalisierung, E-Business, Markenqualität und ähnliches mehr von der BU berücksichtigt werden.

Schlüsselkennzahlen

Für die strategische Steuerung ist es notwendig, dass die BUs identische Schlüsselkennzahlen einsetzen. Das einheitliche Reportingsystem umfasst das vergangene Jahr, die Erwartungen für das aktuell laufende Jahr und einen Ausblick auf eine Planungsperiode von zehn Jahren, wobei für die späteren Jahre ein quantifizierter Trend genügt. Die Einheitlichkeit dieser quantitativen Aufbereitung erlaubt eine schnelle Aggregation auf die Ebene des Gesamtkonzerns. Diese Datenstruktur entspricht der Struktur des operativen Controllings, so dass eine stringente Verbindung mit dem operativen Planungs- und Controllingsystem gegeben ist.

Empfehlungen der Business Unit

Die strategischen Diskussionsergebnisse münden in einen Empfehlungskatalog für Entscheidungen des BoM. Dieser Vorschlag umfasst

- eine vorgeschlagene Grundstrategie für die BU,
- die wesentlichen Herausforderungen für die jeweilige BU sowie
- messbare Ziele für die operative Planung.

Funktionalstrategien

Einige Themen wie Markenpolitik und Markenqualität sind ein Muss jeder strategischen Diskussion, andere stehen nur dann auf der Tagesordnung, wenn sie die vorab benannten wesentlichen Herausforderungen betreffen:

- **Personalpolitik**
  Seit kurzem ist die Personalpolitik als wichtiger Erfolgsfaktor ein zwingender Teil der Diskussion mit dem Vorstand. Dabei steht der Zusammenhang zwischen der BU-Strategie und den daraus sich ergebenden Herausforderungen für das Human Resource Management im Vordergrund. Diese Herausforderungen sind entweder limitierende Faktoren zur Erreichung der strategischen Ziele oder (sich ergebend) Konsequenzen aus der BU-Strategie.
  Im Anschluss an die SBD mit dem Management der BU evaluiert das BoM in Abwesenheit der Betroffenen das Managementpotenzial der BU. Personelle Konsequenzen auf dieser Ebene sind als Ausfluss der SBD nicht selten.
- **Technologie**
  Die Forschungsschwerpunkte und die Technologieplanung bilden einen weiteren integralen Teil des strategischen Planungsprozesses. Für die SBD werden ein Ist- und ein Soll-Technologie-Portfolio vorbereitet. Ferner wird der Innovations- und Technologieplan in Verbindung mit der Geschäftsentwicklung diskutiert.
- **Markenqualität**
  Auch dieser Punkt findet sich zwingend auf jeder SBD-Tagesordnung. Es wird der aktuelle Stand der Qualität der Produkte in den jeweiligen Märkten diskutiert, wenn verfügbar unter Berücksichtigung der Imagewerte der Marke. Schließlich werden in der Qualitätsstrategie die Haupthandlungsfelder bei Qualitätsplanung, Geschäftsprozessen und QM-Systemen festgelegt.
- **Risk Management**
  In einer eigenen »Risk Map« werden die materiellen Risiken dargestellt. Dabei werden sowohl die Wahrscheinlichkeit als auch das mögliche Potenzial beziffert, um dem BoM die Tragweite der anstehenden Entscheidungen bewusst zu machen.

Das »Corporate Strategy Meeting« als oberste Entscheidungsinstanz

Im folgenden »Corporate Strategy Meeting« wird der gesamte bisherige Planungsprozess der BU/RC auf der Ebene des Gesamtkonzerns zusammengefasst. Inhalt dieser Veranstaltung ist die strategische Ausrichtung des Konzerns: Tagesordnungspunkte sind das Unternehmensportfolio, die Grundzüge der Globalisierungsstrategie und die wesentlichen Herausforderungen für das Gesamtunternehmen. In Verbindung mit dieser Gesamtstrategie werden die Funktionalstrategien erörtert und festgelegt: Welche Schlüsselressourcen im Personalmanagement, im Technologiebereich, bei den Informationstechnologien und in Bezug auf die Liquidität müssen bereitgestellt oder entwickelt werden, um die strategischen Ziele erreichen zu können? Als Ergebnis dieser Veranstaltung wird im »Corporate Strategy Report« die Konzernstrategie zusammengefasst. Die hier festgelegten Entscheidungen fließen in die operative Planung der einzelnen BU/RC ein.

An dem Corporate Strategy Meeting nehmen neben dem BoM der Leiter der Konzernstrategie und – wenn erforderlich – Vertreter der Konzernplanungsabteilungen (Controlling, Human Resources, Forschung und Technologie) teil. Unmittelbar nach dieser Veranstaltung findet der zweite turnusmäßige Strategiedialog mit allen Strategen statt, um eine schnelle Umsetzung in das Tagesgeschäft aller BU und RC zu gewährleisten.

Um diesen hochkomplexen, globalen Steuerungsprozess geregelt ablaufen zu lassen, ist ein strenger Zeitrahmen erforderlich.

DER STRATEGISCHE UMBAU

Mit dem nun folgenden fünften Schritt des strategischen Managementprozesses beginnt die Umsetzungsphase. Nach Bewertung und Auswahl der strategischen Alternativen sind die Binnenstrukturen und -prozesse des Unternehmens so umzubauen, dass die strategischen Ziele auch erreicht werden können. Für diese Umsetzungsdimension ist es hilfreich, unterschiedliche Organisationsdesigns im Sinne von organisationalen Gestaltungsprinzipien vor Augen zu haben, um herausfinden zu können, welche Organisationslösung am ehesten das Unternehmen auf dem Weg in die angestrebte Zukunft unterstützen kann (zum Verhältnis von strategischer Positionierung und Organisationsdesign vgl. insbesondere Roberts 2004). Diesem Ziel dienen die nun folgenden Ausführungen.

Organisationsarchitekturen und deren besondere Führungsherausforderungen

Historisch sind unsere modernen Unternehmen in einer Welt entstanden, die von einer dominanten Organisationslogik geprägt war. Diese vorherrschende Logik war Jahrzehnte hindurch das auf Max Weber und Fredrick W. Taylor zurückgehende funktionale Gliederungsprinzip. Die Organisationskrise der 1980er-Jahre hat dramatisch verdeutlicht, dass die mit der klassischen Hierarchie verbundenen funktionale Organisation nur eine Möglichkeit zur Strukturierung von Unternehmen war. Der Siegeszug der Geschäftsfeldgliederung in den 1990er-Jahren zeigte eindrücklich den potenziellen Wertschöpfungsbeitrag der Organisationsarchitektur selbst (dazu eingehender Wimmer 2004, S. 103 ff.). Andere alternative Organisationsmodelle wie die Projekt- und Prozessorganisation (und weitere damit verbundene Mischformen) wurden von der wissenschaftlichen Organisationsforschung ausdifferenziert. Die Veränderung der Grundlogik des Organisationsdesigns selbst wurde zur Quelle von Wettbewerbsvorteilen (dazu Roberts 2004).

Die zunehmende Beschäftigung mit der Organisationsarchitektur hat eine zweite Seite, die unterbelichtet bzw. der individuellen Rollenbewältigung einzelner Führungskräfte überlassen wird. Wir meinen, das die jeweils sehr anspruchsvollen Führungsvoraussetzungen der unterschiedlichen Organisationslogiken sowohl in der betriebswirtschaftlichen Organisationstheorie als auch in der Unternehmenspraxis zu wenig beachtet werden – ja einen »blinden Fleck« bilden. Denn jede gewählte Grundarchitektur hat ganz bestimmte Implikationen für die Steuerungsherausforderungen des Unternehmens.

Für den Erfolg des Wirksamwerdens eines neuen Organisationsdesigns ist das Rollenverständnis und die Rollenausgestaltung seitens der Führungskräfte an der Spitze der Organisation erfolgskritisch. Doch meist wird auch nach einem Organisationsumbau das neue Stück mit denselben Schauspielern und deren gewohnten Verhaltensmustern und Rollenverständnis weitergespielt.

Selbst wenn ein neues Organisationsdesign die Leistungsfähigkeit eines Unternehmens verbessert, entsteht durch die Überbetonung eines Grundprinzips fast immer eine Disfunktionalität aus der Perspektive des Gesamtsystems (am Beispielsfall von Dezentralität versus Zentralität ist dies unmittelbar ersichtlich). Eine neue Organisationsarchitektur schafft daher immer auch eine besondere Herausforderung für die handelnden Führungskräfte zur Ausbalancierung von Systemwidersprüchen. Nur wenn die Führung des Unternehmens die unvermeidbaren disfunktionalen Folgen des Organsationsumbaus bewusst ausbalanciert, können die erwarteten Wettbewerbsvorteile des jeweiligen Organisationsdesigns auch tatsächlich realisiert werden.

In den folgenden Ausführungen werden die sehr unterschiedlichen inneren Grundlogiken der wichtigsten Organisationsmodelle kurz in Erinnerung gerufen. Auf dieser Basis erschließen sich die jeweils radikal unterschiedlichen Führungsherausforderungen an das Topmanagement und an die anderen Führungskräfte und Mitarbeiter eines Unternehmens.

Das Bauprinzip des funktionalen Organisationsdesigns

Die dominanten Organisationsformen der vorindustriellen Zeit waren handwerklich organisierte Meisterbetriebe. Eine Form, die für die Bewältigung von lokalen und regionalen Wirtschaftsanforderungen der damaligen Zeit genügte. Die technologische Revolution des industriellen Zeitalters verlangte nach neuen Organisationsformen, die die enorm gesteigerte Produktivität der Produktionsprozesse bewältigen konnte.

Die funktionale Struktur schuf Bedingungen, die die organisatorische Wachstumsbremse der vorindustriellen Zeit löste und durch Arbeitsteiligkeit und durch eine einfache Grundstruktur die Voraussetzungen für ein industrielles Mengenwachstum schuf (siehe dazu Max Weber, 1921).

Die innere Logik der funktionalen Organisationsarchitektur

Die wichtigsten Prinzipien dieser Gliederungslogik:

- **Funktionale Spezialisierung:** Das erste Grundprinzip besteht in einer organisatorischen Trennung der Funktionen. Gleichartige Funktionen werden sowohl für die Stellenbildung (ein Lackierer) als auch für die Abteilungsbildung (eine Lackiererei in einem Autowerk) zusammengefasst. Das Bauprinzip für die

Schaffung von organisatorischen Untereinheiten ist somit die Bündelung von Funktionen, die in ihrer Ähnlichkeit zusammenpassen und den Funktionsträgern eine Konzentration auf fachlich genau spezifizierte Tätigkeiten ermöglicht. Durch die vielfältige Wiederholung von ähnlich gelagerten Arbeitsprozessen entsteht ein sehr ausdifferenziertes spezifisches Expertenwissen, das in seiner Arbeitsteiligkeit die Leistungsfähigkeit der Gesamtorganisation ausmacht.

- Abstimmung durch Hierarchie: Die Hierarchie ist das dominante Beziehungsmuster in der funktionalen Organisation, »Befehl und Gehorsam« ist die Form zur Beeinflussung einer Organisation. Die vertikale Kommunikation »von oben nach unten« ist für die Steuerung ausreichend. Jeder Mitarbeiter erhält seine Weisungen nur von einem Vorgesetzten (Unitée de doctrine nach Fayol).
- Entscheidungszentralisation: Alle relevanten Entscheidungen sind an der Unternehmensspitze verortet, da nur hier das unternehmerische Gesamtoptimum bedacht werden kann (in einer Analogie zum »Feldherrnhügel« der Militärgeschichte). In diesem Organisationsverständnis sind an der Organisationsspitze die Fähigkeit und die Intelligenz zur Steuerung der Organisation in besonderem Ausmaße konzentriert.

Die besonderen Führungsherausforderungen der funktionalen Organisation

Bündelung des aus der funktionalen Arbeitsteilung herrührenden Abstimmungsbedarfes an der Unternehmensspitze

Der gewünschte Effekt der inhaltlichen Fokussierung produziert allerdings einen hohen Koordinations- und Abstimmungsbedarf an der Spitze. Denn im Zweifel bleibt der Experte in seinem Verantwortungsbereich ein Anwalt der eigenen Profession. Daher besteht die Gefahr, dass angesichts der vorherrschenden Spezialistenlogik die Abstimmung der unterschiedlichen Experten nicht ausreichend stattfindet, weil sich niemand für das Gesamtsystem verantwortlich fühlt.

Nachdem die funktionale Organisationslogik eine Abstimmung zwischen den funktionalen Einheiten in den mittleren Hierarchieebenen nicht vorsieht, fließen an der Spitze alle funktionsübergreifenden Koordinationsaufgaben zusammen. Dies produziert fast unvermeidlich eine »Überlast der Spitze«. Durch die Zunahme von funktionsübergreifenden Fragestellungen, kann die Koordination ganz unterschiedlicher Fachexpertisen allerdings zu einer Überlebensfrage werden. Für die Führung ergibt sich daraus die besondere Herausforderung, die unterschiedlichen Fragen und Interessen der funktionalen Subsystemen horizontal so zu verknüpfen, dass das Gesamtinteresse gewahrt bleibt.

Oft ist die Spitze in einer funktionalen Organisation als Leitungsgremium organisiert. Hier kommt dem Zusammenspiel der obersten Verantwortungsträger der einzelnen Funktionsbereiche eine besondere Bedeutung zu. Die Kooperationsfähigkeit an der Spitze der Organisation wird zum kritischen Faktor der Leistungs- und Wettbewerbsfähigkeit des Gesamtunternehmens.

Sorge um die Innovationsfähigkeit

Die Spezialisierung der einzelnen Funktionseinheiten fördert sowohl die Binnenorientierung als auch die selektive Wahrnehmung aus der jeweils eigenen funktionalen Perspektive. Die Außenorientierung ist zumeist an den Vertrieb oder allenfalls an das Marketing delegiert. Die tendenziell vorherrschende interne Bereichsorientierung (»Abteilungsmauern«) erschwert die Ausrichtung des Unternehmens auf den Markt und auf die Kunden. Die fehlende Marktnähe großer Teile der Organisation ist für Innovationen nicht förderlich, da Neues meist im Kontakt mit Kunden und durch Anregungen aus dem Markt entsteht.

Für Führung ergibt sich die besondere Verantwortung, die Kundenperspektive in alle Funktionen des Unternehmens zu integrieren. Die tendenziell operativ geschlossenen Subsysteme müssen durch die Führung systematisch mit Kunden- und Marktirritationen versorgt werden, um der Gefahr der Unterversorgung mit innovationsfördernden Umweltimpulsen gegenzusteuern (»Lack of Innovation«).

Sicherstellung der Flexibilität und Anpassungsfähigkeit

Durch die hierarchische Grundkonzeption und durch die geringe horizontale Durchlässigkeit ergeben sich lange Kommunikationswege («Dienstwege«). Ein langsamer Informationsfluss und gefilterte bzw. geschönte Informationen sind nicht selten die Folge. Ferner erfordert die hohe Zahl an Schnittstellen erhebliche Zeit bis zur Erreichung einer Gesamtentscheidung. Nicht zuletzt steht es um die strukturelle Anpassungsfähigkeit vor dem Hintergrund der mikropolitischen Absicherung von Interessenslagen und »claims« oft nicht zum Besten.

Fazit: Die funktionale Organisation ist für bürokratische Erstarrung ihrer Abläufe und Strukturen besonders anfällig.

Für Führung einer funktionalen Organisation stellt sich vor dem Hintergrund der Markterfordernisse nach schneller Reaktion und Anpassung die permanente Aufgabe, eine zu Erstarrung und Bürokratie neigende Grundarchitektur dauernd zu verflüssigen und in Bewegung zu halten.

Realisierung der Skaleneffekte

Ein besonderes Leistungsmerkmal der funktionalen Organisation ist ihr Potenzial für schnelles Wachstum. Dies gilt besonders bei Einproduktunternehmen (z. B. Coca Cola) oder bei Unternehmen mit einem relativ homogenen Produktprogramm (z. B. Waschmittel, Gebinde), wo eine schnelle Anpassung der Produktionsmenge möglich ist. Durch die effiziente Nutzung vorhandener Ressourcen (etwa durch Zusammenlegung und Konzentration homogener Handlungseinheiten) sind Größenvorteile (»economies of scale«) realisierbar. Letztlich ermöglicht diese Struktur Spezialisierungsvorteile, die aus der Abwicklung immer wieder ähnlicher Aufgabenstellungen resultieren (»Boston Effekt«).

Wie die empirischen Untersuchungen um den »Boston Effekt« (Hax und Majluf 1991) zeigen, ist die Realisierung dieser Effekte kein Selbstläufer. Vielmehr erfordert dies eine intensive und permanente Managementaufmerksamkeit, damit sich das theoretische Effizienzpotenzial auch tatsächlich in wirtschaftlichen Zahlen niederschlägt.

Eindämmung des Wachstums von Stabsfunktionen

Die funktionale Grundarchitektur kommt bei zunehmender Komplexität sehr schnell an ihre Grenzen. Sie wird mit Problemen konfrontiert, die mit einem einfachen vertikalen Instanzenzug nicht mehr ausreichend bewältigt werden können. Es entsteht ein Bedarf an Stabsstellen zur Unterstützung der Linie (siehe Müller/ Schreyögg 1982).

Letztlich entfacht der Prozess funktionaler Spezialisierung besonders in größeren Organisationen meist eine spezifische Eigendynamik: Spezialisten schaffen die Grundlage für neue Spezialisten. An der Spitze des Unternehmens entwickelt sich ein Kranz an unternehmensbezogenen Stäben, die die Unternehmensführungsaufgaben und neue innovativere Problemstellungen der Umwelt bearbeiteten. Die Stäbe an der Spitze versorgen die Unternehmensleitung mit Entscheidungsvorlagen. (Controlling, Strategie, PR, Rechtsabteilung, Assistenz der Geschäftsleitung, Organisation). Neben der Spitze bilden sich auch an der Produktionsbasis technische Stabsfunktionen (QS, Instandhaltung, Arbeitsvorbereitung etc.).

Nachdem in fast jedem funktional strukturierten Unternehmen Stabsfunktionen bestehen und die Zusammenarbeit zwischen Linie und Stäben oft konfliktbehaftet ist, bedarf diese Kooperationsbeziehung einer besonderen Aufmerksamkeit. Unter dem Gesichtspunkt des sorgfältigen Umgangs mit Ressourcen, gilt es für die Führung, auf eine angemessen schlanke Dimensionierung zu achten, da Stäbe häufig dazu neigen, kostenintensive Parallelstrukturen im Unternehmen aufzubauen. Ihre Wachstumsdynamik hat keine Begrenzung eingebaut.

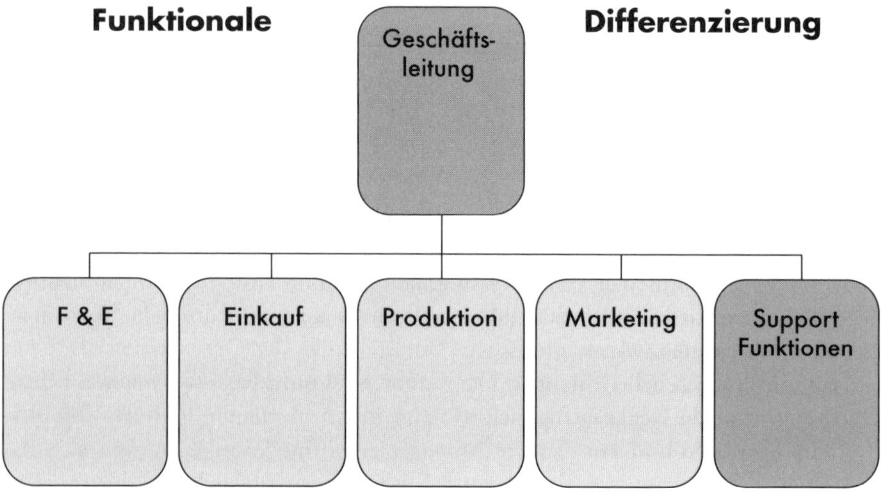

Abb. 47: Funktionsorientiertes Organisationsdesign

Das Bauprinzip der Selbstähnlichkeit

Die funktionale Organisationslogik weist einige gravierende Defizite auf: Schwerfälligkeit, geringe Komplexitätsbewältigung, »Überlast der Spitze« und die Kostenproblematik durch das explodierende Personalwachstum in den Stäben. Der Haupttreiber des Umbauprozesses in Richtung Geschäftsfeldgliederung ist allerdings die Forderung des Marktes, Kompetenz dort aufzubauen, wo dies unter Marktgesichtspunkten notwendig ist. Der Druck des Wettbewerbs und der Kunden nach höherer Anpassungsgeschwindigkeit führte in vielen Unternehmen zu einem organisatorischen Paradigmenwechsel, zu dem diametral anderen Organisationsdesign der Geschäftsfeldgliederung.

Die innere Logik der Geschäftsfeldgliederung

Die wichtigsten Grundprinzipien dieser Organisationsarchitektur:

- Orientierung am Kunden und an den Markterfordernissen: Die Geschäftsfeldorganisation versucht, die spezifische Marktsituation eines Unternehmens zum Leitprinzip der organisationsinternen Differenzierung zu machen. Dabei steht die Orientierung an den Kundenbedürfnissen und den Markterfordernissen im Zentrum der Organisationsarchitektur.
- Prinzip der Selbstähnlichkeit: Diesem Bauprinzip liegt die Leitidee zugrunde, die Subeinheiten des Systems nach denselben Prinzipien zu bauen, wie sie auch

für die Überlebensfähigkeit des Ganzen gelten. Die Teile haben die Funktionslogik des Ganzen eingebaut.
- Schaffung von eigenverantwortlichen Unternehmen im Unternehmen: Der Umbau in eine Geschäftsfeldorganisation zielt auf die Schaffung überschaubarer Einheiten, die ihre Aufgaben weitgehend eigenverantwortlich wahrnehmen. Eigenverantwortung bedeutet, dass solche »Unternehmen im Unternehmen« mit ausreichender Entscheidungskompetenz ausgestattet werden, um ihre Ertrags- und Kostenentwicklung selbst zu steuern. Mit dieser Dezentralisierung der unternehmerischen Verantwortung kommt es im Unternehmen automatisch zu Kunden/Lieferantenbeziehungen und damit zu marktförmigen Koordinationsmechanismen. Markt und Hierarchie stehen in der Organisation als Steuerungsprinzipien nebeneinander. Das Ganze wird nur fruchtbar, wenn es gelingt die prinzipielle Gegensätzlichkeit dieser Formen in ein produktives Verhältnis miteinander zu bringen.

Besondere Führungsherausforderungen von Unternehmen im Unternehmen

Sicherung der Gesamtgestalt

Die Architektur nach Geschäftsfeldern intendiert die Schaffung von »Unternehmen im Unternehmen«. Je mehr sich aber die Identität der einzelnen Geschäftsfelder entwickeln, umso schärfer werden die Identitätsprobleme des Gesamtsystems. Das Prinzip der »Fraktalität« stärkt unweigerlich die Zentrifugalkräfte einer Organisation, weil es die jeweilige Aufmerksamkeit auf das Erfolgreichmachen der Business-Units und Profit-Center konzentriert. Damit wird die interne Wettbewerbsdynamik unweigerlich verstärkt. Gesamthafte Problemlösungen werden zusehends schwieriger, weil sich kaum dauerhafte Energien für übergreifende Fragestellungen mobilisieren lassen.

Man kann diese Folgekosten wegen ihrer Unvermeidlichkeit als ein »systemisches Risiko« qualifizieren. Gemeint ist damit, dass unter den Bedingungen der Geschäftsfeldorganisation die Belange des Ganzen Gefahr laufen, im Verhältnis zu den Subeinheiten unterbelichtet zu bleiben. Der Gesamtzusammenhang des Unternehmens droht verloren zu gehen. In der Folge werden Gefährdungen produziert, die das Gesamtsystem bedrohen können (dazu Wimmer 2004, S. 122).

Vor diesem Hintergrund besteht eine der Kernherausforderungen von General Management einer Geschäftsfeldorganisation in der Steuerung von Kommunikationsprozessen zwischen autonomen, voneinander nicht hierarchisch abhängigen Einheiten und Funktionsträgern. Ziel solcher Kommunikationsprozesse ist es, unter Aufrechterhaltung der Autonomie Selbstbindung für das Ganze entstehen zu lassen. Man verständigt sich im Interesse des Ganzen auf eine Lösung, die Individualinteressen beschneiden können. Der tiefere Sinn solcher Integrationsleistungen ist es ja, dass die Verantwortlichen der Subeinheiten ihre individuellen Freiheitsgrade zugunsten der Leistungsfähigkeit des Gesamtsystems eingrenzen.

Von der hierarchischen zur Kontextsteuerung (Rahmensetzung)

Eine zentrale Führungsfunktion an der Spitze einer Geschäftsfeldorganisation besteht darin, die autonomen Einheiten so zu unterstützen, dass sie möglichst erfolgreich agieren können. Statt dem Eingreifen in operative Prozesse der Geschäftseinheiten steht die Rahmensetzung (»framing«) bzw. die Kontextsteuerung im Vordergrund. Steuerung erfolgt über Vereinbarungen (z. B. Zielvereinbarungen) zwischen Gesamtunternehmen und seinen Teilsystemen, die operative Ausgestaltung des Weges ist der Selbststeuerung der Geschäftsfelder überlassen. Führung bekommt so mehr eine Funktion der Rahmensetzung denn die Funktion, Einzelentscheidungen herbeizuführen. Nur wenn es bei den Aushandlungsprozessen zwischen den Subsystemen zu nichtlösbaren Konflikten kommen sollte, sorgen Eskalationsspielregeln dafür, dass die Unternehmensspitze das Gesamtsystem durch eine Letztentscheidung deblockiert.

Die Gesamtführung beobachtet die Einhaltung der Vereinbarungen und interveniert nur bei auffälligen Dysfunktionalitäten. Die Unternehmensspitze fungiert als eine Art Steuerungs- und Überwachungsfunktion. Ein funktionstüchtiges Steuerungs- und Kontrollsystem für die Unternehmensspitze hat sich daher als Voraussetzung jeder erfolgreichen Geschäftsfeldorganisation erwiesen. Um diese Gesamtsteuerung zu ermöglichen, verbleiben in aller Regel ganz bestimmte Supporteinheiten, die so etwas wie eine Klammerfunktion ausüben, wie etwa Finanzen und Controlling der Unternehmensspitze zugeordnet. Auf diese Art sollen die verfügbaren finanziellen Ressourcen nach Maßgabe der unternehmensstrategischen Ziele verteilt werden.

Horizontaler Aushandlungsprozess zwischen autonomen Einheiten

Mit dem Siegeszug der Geschäftsfeldorganisation hat der Markt in die Unternehmen selbst Einzug gehalten und die klassische Hierarchie einem grundlegenden Funktionswandel unterzogen. Die unternehmensinterne Koordination zwischen den Business Units folgt auf horizontaler Ebene weitgehend dem Grundgedanken von Kunden-Lieferantenbeziehungen. Die Hierarchie sorgt lediglich für funktionstüchtige Rahmenbedingungen und für faire Spielregeln, denen diese unternehmensinternen Austauschprozesse folgen können. Solche marktförmigen horizontalen Koordinationsmechanismen innerhalb eines Unternehmens erhöhen einerseits die interne Komplexität, andererseits passen sich interne Strukturen dadurch rasch an veränderte (interne wie externe) Markt- und Wettbewerbsverhältnisse an.

Die Geschäftsfeldorganisation ist allerdings strukturell in Gefahr, suboptimale Einzellösungen zu entwickeln: Die einzelnen Geschäftsfelder neigen dazu, im

Zweifel eigene Strukturen aufzubauen. Daher generiert dieses Organisationsdesign in der Tendenz Doppelstrukturen und damit einen »Sachkosten-Slack«. Darüber hinaus gefährdet die Vervielfältigung von Führungspositionen und neue Stellen für die Koordination der verschiedenen Geschäftsfelder die Effizienz des Gesamtunternehmens. Daher erfordert die Geschäftsfeldorganisation einen anspruchsvollen permanenten Aushandlungsprozess zwischen den Geschäftsfeldern hinsichtlich einer optimierten Ressourcenverteilung zwischen dezentralen Geschäftsfeldern und Serviceeinheiten und den Zentralstellen.

Fazit: Das Management der Grundparadoxie zwischen dezentraler Eigenverantwortung und zentraler Steuerung ist entscheidender Erfolgsfaktor dieses Organisationsdesigns.

Jedes Geschäftsfeld muss über die grundlegenden unternehmerischen Funktionen verfügen und so in der Lage sein, in voller Eigeninitiative und Selbstverantwortung sein Geschäft zu entwickeln. Gleichzeitig sind gewisse zentrale Funktionen des Gesamtunternehmens unbedingt erforderlich, um die Belange des Ganzen auch gegenüber den Geschäftsfeldern wahrnehmen zu können. Hier ist ein fundamentaler Gegensatz in die Organisation eingebaut, dessen sorgfältige Pflege die wesentlichste Erfolgsvoraussetzung solcher Strukturen darstellt. Im Management dieser Paradoxie liegt aber auch die entscheidende Herausforderung solcher Strukturlösungen (Wimmer 1995b sowie 2004, S. 117 ff.).

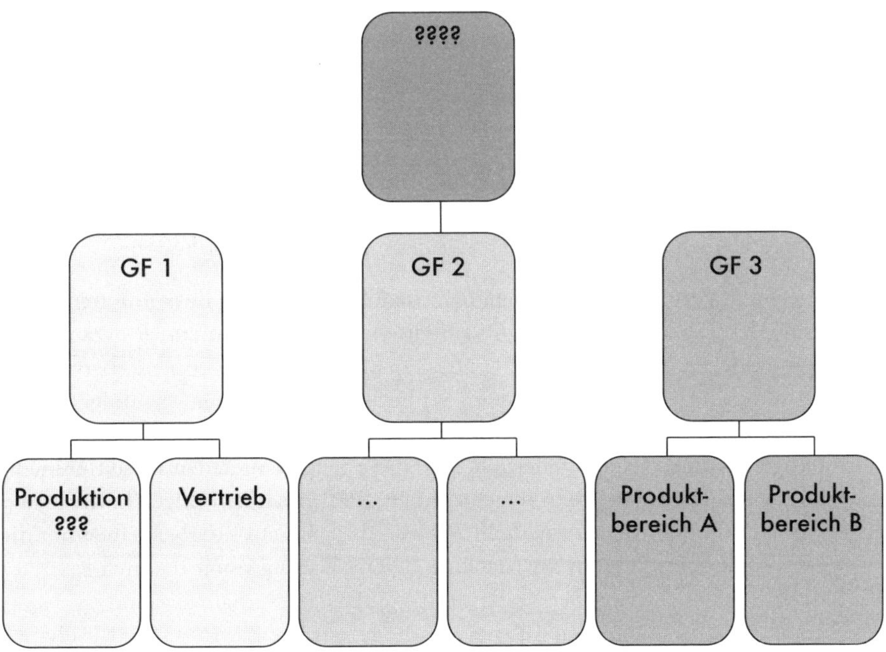

Abb. 48: Die Geschäftsfeldgliederung

Das Bauprinzip der Projektorganisation

Eine mögliche komplementäre Organisationsarchitektur stellt die Projektorganisation dar. Das Design dieses Organisationstyps bietet sich immer dann an, wenn das Geschäft einer Organisation letztlich nur in Form von Projekten abwickelbar ist. Eine Reihe von Branchen sind durch diesen Grundsachverhalt gekennzeichnet: Der Anlagenbau, die Bauwirtschaft, Unternehmen mit Einzelfertigung, Software-Entwicklungsunternehmen, Architektur- und Ingenieurbüros, Beratungsunternehmen oder Filmproduktionen sind Beispiele, wo die Prinzipien der Projektorganisation häufig anzutreffen sind. Wenn wir hier also von Projektorganisation sprechen, dann meinen wir nicht den Umstand, dass heute in jedem Unternehmen neben den Linienaufgaben zeitlich begrenzte Projekte eingerichtet werden, etwa zur Implementierung einer neuen IT-Lösung, für die es eine ganz bestimmte Projektorganisation und ein entsprechendes Projektmanagement braucht.

Die innere Logik der Verzeitlichung der Organisation

Die Grundlogik der Projektorganisation:

- Abwicklung des Kerngeschäfts in Projekten: Das Kerngeschäft eines Unternehmens (z. B. die Entwicklung einer Software) wird in Projekten abgewickelt. Der Großteil der Leistungserbringung wird von Projektteams erledigt. Dynamische und temporäre Projektkonfigurationen prägen diesen Organisationstyp. Projekte sind in diesem Sinne in sich gebaut wie »Unternehmen auf Zeit«. Entsprechend müssen sie mit den unternehmerischen Ressourcen und Kompetenzen ausgestattet werden, die es für die erfolgreiche Abwicklung solcher meist hochkomplexer Vorhaben bedarf.
- Eine Struktur auf Zeit: Die Projektorganisation unterscheidet sich von anderen Organisationsarchitekturen durch eine radikale Verzeitlichung. Während die Prozesse, in denen das Kerngeschäft in den anderen Organisationsdesigns erledigt wird, meist kein geplantes »Ablaufdatum« haben, sollten Projekte immer ein Anfang und ein Ende haben.
- Eine auf Kontinuität ausgerichtete Supportstruktur: Projektorientierte Unternehmen müssen natürlich auch Abteilungen und Führungsstrukturen im traditionellen Sinne ausdifferenzieren. Da diese jedoch nicht vorrangig für den Geschäftserfolg unmittelbar verantwortlich sind, nehmen sie nicht selten eine Support- und/oder Steuerungsfunktion ein (Bsp. Controlling und Rechnungswesen, Marketing, Personalentwicklung, Dienstleistungspool).

Führungsherausforderungen der Projektorganisation

Die strukturell angelegte Fragmentierung in den geschäftlichen Aktivitäten einer Projektorganisation erfordert ein Ausbalancieren der potenziell destruktiven Konsequenzen der Autonomie der Mitglieder dieses Organisationstyps durch Führung. Konkret stellen sich folgende Führungsherausforderungen:

Management des Zusammenhangs

In der reinen Projektorganisation steht das Arbeiten in Projekten im Vordergrund. Die intensivsten Kontakte bestehen unter den Mitgliedern der jeweiligen Projektteams. Die Zugehörigkeit zum Unternehmen ist dagegen eher virtuell und vergleichsweise locker.

Eine Kernführungsfunktion in einem projektorientierten Unternehmen besteht darin, die Zugehörigkeit zum Unternehmen, das »Wir-Gefühl«, die Arbeit an gemeinsamen Werten zu unterstützen. Die Herstellung von Bindung in einem Unternehmen, das stärker als in den anderen Organisationstypen auf der Expertise einzelner Projektexperten beruht, steht im Mittelpunkt der Führungsherausforderung. Denn ohne Gegenbalancierung läuft das Unternehmen Gefahr, in seine Einzelteile zerlegt zu werden, den inneren Zusammenhalt zu verlieren

Balancierung des Dilemmas zwischen Mitgliedschaft und Zeitlichkeit

Ein wesentliches Bauprinzip der Projektorganisation besteht in der radikalen Verzeitlichung. Jedes Projekt hat qua Definition auch ein Ende. Obwohl in der Praxis immer wieder das Phänomen der Fortführung von Projekten beobachtet werden kann, ist es die Aufgabe von Führung, Projekte im Interesse des sorgfältigen Ressourceneinsatzes auch wieder konsequent zu beenden. Das Tätigwerden in immer wieder neu zusammengesetzten Projektkonstellationen stellt an die Mitglieder einer solchen Organisation enorm hohe Anforderungen. Ein Gefühl der »Heimatlosigkeit« bei wichtigen Mitarbeitergruppen ist vielfach unvermeidlich. Hier besteht eine ganz spezifische Herausforderung an die Personalführung wie auch an den HR-Bereich.

Die Führungsherausforderung besteht vor dem Hintergrund betriebswirtschaftlicher Auslastungszwänge darin, zwischen zeitlicher Begrenzung einer Beschäftigung und dauerhafter Mitgliedschaft zu balancieren. Loyalität zum Unternehmen und dauerhafte Verfügbarkeit von Projektexpertise hängen von der Fähigkeit des Unternehmens ab, für eine kontinuierliche Projektauslastung für die Mitglieder Sorge zu tragen. Denn ohne einen kontinuierlichen Fluss an neuen Projekten wird die Attraktivität für qualifizierte Projektexperten und damit der Bestand des Projektunternehmens gefährdet. Daher besteht die besondere Herausforderung an die Führung eines projektorientierten Unternehmens auch darin, die »Projekt-Pipeline«

permanent zu befüllen und dadurch den Projektnachschub durch systematische und wirksame Vertriebsaktivitäten sicherzustellen.

Personalmanagement als Schlüsselfunktion

Eine der weiteren Herausforderungen der Projektorganisation liegt wie gesagt in der Gestaltung des Personalmanagements als gesamtunternehmerische Führungsaufgabe. Einerseits müssen die Kompetenzen im Unternehmen so vorgehalten werden, wie sie in den Projekten anlassbezogen benötigt werden. Anderseits kann angesichts der projekttypischen Auftragsschwankungen kein unbedingtes Mitgliedsversprechen gegeben werden. Vor diesem Hintergrund wird Recruting und Bindungsmanagement zu einer Schlüsselführungsfunktion.

Für die Gewinnung und die Bindung qualifizierter Projektexperten bedarf es eines neuen »deals« zwischen der Organisation und seinen Mitglieder. Eine Vereinbarung, die sowohl finanzielle als auch psychologische Prämissen und Versprechen beinhaltet.

- Das Unternehmen investiert in den Aufbau und den Erhalt von Kernkompetenzen, Strukturen und Prozesse, um Wert zu generieren.
- Das Mitglied investiert Zeit, Motivation und Anstrengungen, seine/ ihre Fähigkeiten und Kompetenzen zu entwickeln.

Diese gegenseitigen Verpflichtungen bilden ein Fundament für den Vertrag zwischen Projektunternehmen und seinen Mitgliedern.

Sicherstellung des Wissens für die Leistungsfähigkeit des Unternehmens

Entsprechend der Bedeutungszunahme des Dienstleistungssektors im Verhältnis zur klassischen Industrie hat die Ressource Wissen im Vergleich zu den herkömmlichen Produktionsfaktoren (Land, Arbeit und Kapital) enorm an Gewicht gewonnen. Nicht zu unrecht sprechen wir heute von einer Wissensgesellschaft, in der ein Wettbewerbsvorsprung von jenen erkämpft und ausgebaut wird, die in der Lage sind, einmalige Kernkompetenzen auszuprägen und ständig weiterzuentwickeln. Dies gilt inzwischen für nahezu alle Unternehmen, die in besonderer Weise auf die Ressource Wissen angewiesen sind.

In besonderem Ausmaße ist dies allerdings für projektorientierte Organisationen – wie eine Werbeagentur, ein Beratungsunternehmen, ein Forschungsinstitut, ein Architekturbüro etc. – zutreffend, deren zentraler »Rohstoff« das verfügbare personale wie organisationale Wissen ist. Für die Führung eines solchen wissensbasierten Unternehmens stellt sich hier die Herausforderung, verteiltes Wissen angepasst an die sich ändernden Problemlagen jeweils auf neue Weise zu bündeln und damit gleichzeitig neues Wissen zu generieren und im Unternehmen verfügbar zu halten. Damit ist die Lernfähigkeit und Lerngeschwindigkeit für diesen Organisationstyp im Besonderen zur Schlüsselgröße in den Wettbewerbsauseinandersetzungen geworden (Willke 1998).

Strategische Auseinandersetzung als kontinuierlicher Prozess

Die Virtualität des projektorientierten Unternehmens verlangt eine periodische Auseinandersetzung mit der Zukunft des Unternehmens als Ganzes. Ein Wesenselement der periodischen Strategieentwicklung ist das gekonnte Herstellen geeigneter Kommunikationsräume, um unterschiedliche strategische Grundannahmen erörtern und den strategischen Entwicklungsbedarf festlegen zu können. Dabei bringt man die relevanten Funktionsträger des projektorientierten Unternehmens zusammen, um an den für die Weiterentwicklung der Organisation lebenswichtigen Fragestellungen in regelmäßigen zeitlichen Abständen gemeinsam zu arbeiten und die erforderlichen Entscheidungen herbeizuführen.

Durch eine solche Auseinandersetzung entsteht ein gemeinsames Bild des Unternehmens jenseits der einzelnen Projektperspektive. Das Gefühl für die Gesamtaufgabe entsteht nicht von selbst und muss von der Führung durch geeignete Kommunikationsräume und -formen geschaffen und mit Leben erfüllt werden. Wie erwähnt kann die kontinuierliche Auseinandersetzung mit der Unternehmenszukunft die erforderliche Bindung zwischen den Mitgliedern einer tendenziell fragmentierten Projektorganisation erzeugen und dadurch zu einem besonderen Schlüsselfaktor für die Leistungsfähigkeit einer Projektorganisation werden.

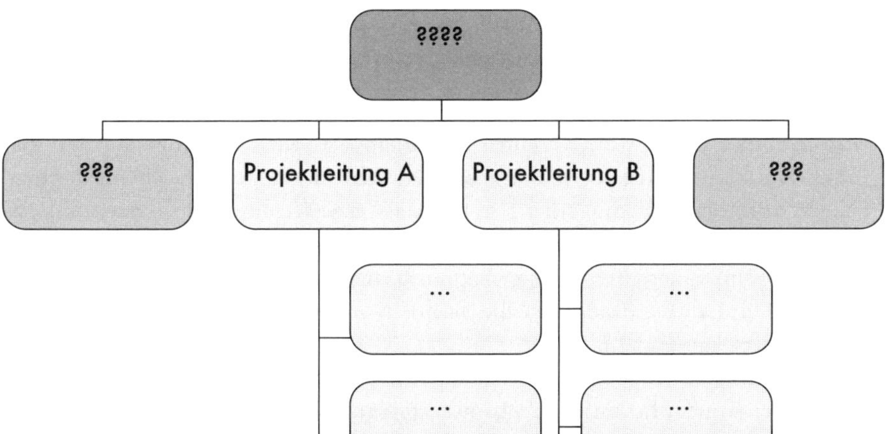

Abb. 49: Projektorientiertes Unternehmen

Das Bauprinzip der Prozessorganisation

Der Wettbewerb fordert inzwischen Lösungen, die mit herkömmlichen Optimierungen von Subeinheiten bzw. -Centern nicht mehr zu bewältigen sind. Der Optimierungsansatz ist angesichts der in manchen Branchen des Massenmarktes herrschenden Produktivitätszwänge nicht mehr weiter ausbeutbar. Das »Ende der Fahnenstange« scheint erreicht.

Es braucht andere Organisationsformen, die einen Sprung in der Ausschöpfung der Produktivitätsreserven versprechen, ohne dabei die gewohnte Qualität und die erforderliche Geschwindigkeit zu vernachlässigen.

Zur inneren Logik der Prozessorganisation

Die Prozessorganisation erscheint in manchen Branchen (zum Beispiel der Autoproduktion, der chemischen Industrie oder im Speditionsbereich) der »Königsweg« zur Realisierung solcher Quantensprünge. Er eignet sich überall dort, wo von der Eigenart des Geschäftes her, die Organisation um den Kernprozess vom Kundenauftrag bis hin zur Befriedigung des Kundenwunsches herum gebaut werden kann. Dann ist es möglich, das Organisationsdesign auf die sinnvolle Verkettung einzelner Prozessabschnitte zu fokussieren, um einen schnittstellenarmen Gesamtprozess zu sichern. Dieser Organisationstyp ist derzeit allerdings noch mehr auf den Blaupausen der Organisationsarchitekten denn in der Unternehmensrealität zu beobachten. Die Prozessorganisation versucht, die folgenden Prinzipien zu verwirklichen:

- Das Unternehmen ist um einen zentralen Kernprozess herum gebaut: Das Gesamtunternehmen wird so konstruiert, dass es in den Dienst einer optimalen Prozessbeherrschung tritt. Die optimale Bewältigung des Kernprozesses ist ein zentraler Bestandteil der Wettbewerbsfähigkeit eines Unternehmens. Alle anderen Prozesse stehen in einer Supportbeziehung zu diesem Kernprozess. Auf diese Weise wird es möglich, alle Energien im Unternehmen auf »operational excellence« zu bündeln.
- Standardisierte Problemlösungen: Im Mittelpunkt der Organisationsarchitektur steht der Kunde, für dessen Probleme standardisierte Lösungen angeboten werden. Entlang der Kernprozesskette werden saubere interne Kunden-Lieferanten-Beziehungen gebaut, die jeweils von einem Prozessowner gesteuert werden.
- Primat des Gesamtprozesses: Der Teilprozess, der in der fraktalen Logik oft als Center organisiert ist, tritt in den Dienst des Gesamtprozesses. Die einzelnen Prozessabschnitte stehen in einer dienenden Rolle zum Gesamtprozess. Konkret heißt dies, dass die ökonomische Optimierung einzelner Prozessabschnitte vor dem Hintergrund der Wirtschaftlichkeit des Gesamtprozesses zu sehen ist.

Die Führungsherausforderung in der Prozessorganisation

Wie jede Organisationslogik stellt die Prozessorganisation ganz spezifische Anforderungen an das Führungsgeschehen im Unternehmen. Letztlich zeigt die bisherige Erfahrung, dass die ganze Produktivkraft dieses Organisationsdesigns nur zum Tragen kommt, wenn sich die Führungsmannschaft als Ganzes konsequent in den Dienst dieser Logik stellt. Insofern ist dieses Design noch sehr viel mehr auf eine dazu passende, funktionstüchtige Führung angewiesen, als die anderen, bereits geschilderten Architekturen.

Balancierung zwischen den Prozessabschnitten und dem Kernprozess als Ganzes

Ab einer gewissen Komplexität des Kernprozesses ist die Prozessarchitektur vielfach in einzelne Prozessabschnitte unterteilt. Da in der Logik der Prozessorganisation die Optimierung des eigenen Prozess(abschnittes) angelegt ist, ist der Prozessorganisation die Gefahr inhärent, den jeweils eigenen Prozess(abschnitt) zu Lasten des Gesamtprozesses zu optimieren.

Für die Führung stellt sich in diesem Organisationstypus die besondere Herausforderung, die einzelnen Prozessabschnitte mit den Anforderungen der Gesamtorganisation auszubalancieren. Es kommt also darauf an, das Zusammenwirken der einzelnen Prozessteile möglichst optimal zu befördern. Angesichts der Komplexität des Kernprozesses gibt es im Unternehmen in aller Regel keine Stelle mehr, die den Gesamtprozess differenziert überblicken kann und aus einer Einzelverantwortung heraus steuern kann.

Daher empfiehlt es sich, die Abstimmung zwischen den Prozessabschnitten teamförmig zu organisieren, da nur im Zusammenwirken der Gesamtprozess verantwortlich überblickt und gepflegt werden kann. Nur bei der Gefahr der Selbstblockade ist eine Eskalation an die Unternehmensspitze sinnvoll. Das Gelingen einer teamförmigen Kooperation wird zum kritischen Erfolgsfaktor der Prozessorganisation.

Das Unerwartete managen

Der Führungszusammenhang ist in der Prozessorganisation allerdings strikter gekoppelt als in der fraktalen oder der Projektorganisation. Die besondere Führungsherausforderung besteht daher darin, der strikten Koppelung der optimalen Prozessbeherrschung Formen der losen Koppelung entgegen zu setzen. Denn ein strikt gekoppelter Kernprozess unterliegt dem Risiko, dass Störungen den gesamten Prozess lahm legen und dadurch enorme wirtschaftliche Schäden verursacht werden.

Karl Weick´s Forschungen zu den sogenannten High Reliability Organizations (HRO's) geben wertvolle Hinweise wie es gelingen kann, hochachtsame Routinen zu entwickeln, um solche Komplexe, immer wieder extrem störungsanfällige Prozesse managbar zu machen (Weick/Sutcliffe 2003).

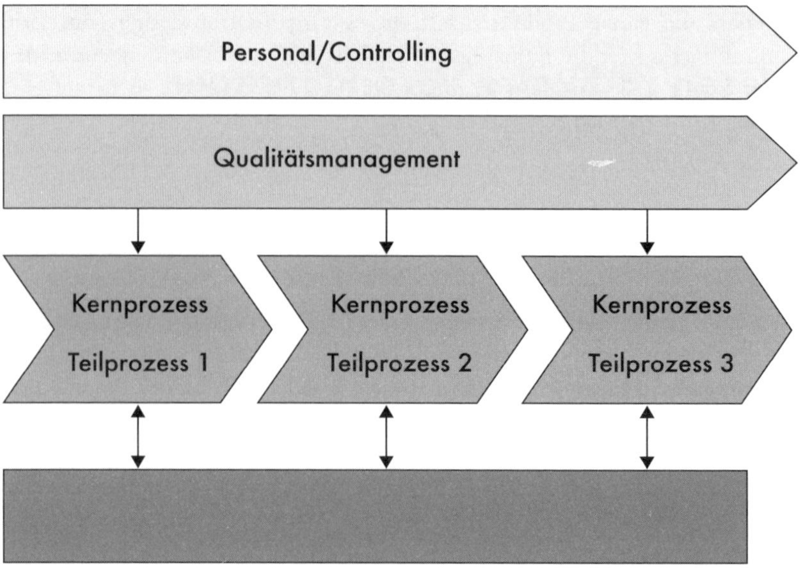

Abb. 50: Prozessorganisation

Resümee

Das optimale Organisationsdesign ist in den letzten Jahren zu einem wichtigen Ansatzpunkt für die Wettbewerbsfähigkeit eines Unternehmens geworden. Es gibt allerdings nicht das *one and only design*, das jedem Unternehmen zum Durchbruch verhilft. Zu unterschiedlich sind die Businessherausforderungen und die strategischen Fragestellungen, die damit beantwortet werden sollen. Die vorangegangenen Überlegungen zu ganz unterschiedlichen Möglichkeiten, Unternehmen in ihrem Organisationsdesign auf die Bewältigung stark differierender strategischer Herausforderungen auszurichten, sollten deshalb den Impuls geben, über die Kohärenz von Marktherausforderungen, strategischer Positionierung und dem zu wählenden Organisationsdesign sehr, sehr sorgfältig nachzudenken. Diese Sorgfalt wird angesichts der sich beschleunigenden Internationalisierung noch um einiges wichtiger. Die Funktionstüchtigkeit einer internationalisierten Organisation steht und fällt mit einem stimmigen Organisations- und Führungskonzept, das die vielfältigen Widersprüche zwischen regionalen Besonderheiten und der Logik von einheitlich zu steuernden Geschäftsfeldern und standardisierten Geschäftsprozessen bearbeitbar macht (dazu immer noch wegweisend Bartlett/Ghoshal 2002 sowie Ghemawat 2007).

Das Wesen radikaler Veränderungen

Obwohl Veränderungsprozesse in den vergangenen Jahren allgemeine Aufmerksamkeit genossen, verfügen wir sowohl aus der Perspektive des Managements als auch aus Beratersicht über relativ wenig gesichertes Wissen, auf das wir in der Praxis zurückgreifen können. So wurden zwar in der Denktradition der Organisationsentwicklung einige wichtige Grundprinzipien für das Vorgehen bei Veränderungsprojekten herausgearbeitet (Doppler/Lauterburg 2008 sowie Cummings/Worley 2001), aber die angewandte Sozialwissenschaft konnte die veränderte Situation, wie sie sich heute überwiegend in Organisationen unserer Gesellschaft darstellt, nicht angemessen aufarbeiten. In diesem Sinne schließen wir uns der These von John P. Kotter an, der angesichts des weiter anhaltenden Drucks auf die Wandlungsfähigkeit von Organisationen für verstärkte Forschungsaktivitäten auf diesem Gebiet plädiert. »Das Veränderungstempo wird sich noch steigern, und der Zwang zur Transformation für die Unternehmen während der nächsten Jahrzehnte wird deutlich größer werden. Wenn das der Fall ist, so gibt es nur eine einzige rationale Lösung. Wir müssen mehr über erfolgreiche Veränderungen lernen und dieses Wissen an eine ständig wachsende Gruppe von Menschen weitergeben« (Kotter 1997, S. 50).

Die folgenden Überlegungen sollen Hinweise zur Verfügung stellen, wie solche radikalen Umbauten von Strukturen und Prozessen beeinflusst werden können (vgl. dazu ausführlicher Wimmer 2004, S. 155 ff.).

Wer verändert? Und wer wird verändert?

Bevor man sich über die Möglichkeiten und Grenzen des Managements weitreichender Veränderungen in Organisationen den Kopf zerbricht, erscheint es sinnvoll, sich ein Verständnis darüber zu erarbeiten, was bei einem solchen Vorhaben eigentlich passiert. Was heißt es, eine Organisation zu transformieren? Lassen sich radikale Umbauprozesse wie die Zergliederung in weitgehend autonome Geschäftsfelder, eine Geschäftsprozessoptimierung oder eine Fusion überhaupt gezielt managen? Welches Verständnis von Organisationen und deren Veränderung ist letztlich angemessen?

In der Praxis ist häufig zu beobachten, wie mit einem ausgesprochen instrumentellen Organisationsverständnis an Veränderungsvorhaben herangegangen wird. Aus dieser Perspektive sind Organisationen ein Instrument in den Händen von Eigentümern, Topmanagern oder allgemein gesprochen allen Personen, die über den Unternehmenszweck verfügen können. Diese Funktionsträger benutzen die Organisation in ihrem Sinne als Mittel zum Zweck, und wenn dies nicht erwartungsgemäß gelingt, ist dieses Instrument dementsprechend neu auszurichten.

Das Problem der Organisationsgestaltung wird zu einer ingenieurmäßigen Aufgabe. Man behebt die festgestellten Funktionsmängel, indem man die Organisation nach einer Vorlage umbaut, wobei die Führungskräfte selbst natürlich kein Teil des zu behebenden Problems sind. Veränderung so gesehen heißt, ein vorwiegend technisches Problem in einer zugegebenermaßen immer komplizierter werdenden Maschinerie zu lösen. Wenn man das richtige Organisationsdesign gefunden und die passenden Stellhebel hat, muss man eigentlich nur den Widerstand der Betroffenen geschickt brechen und deren Zögern überwinden.

Aus der Sicht der »Trivialisierer« genügt es, sich eine perfekte Sollvorstellung zu erarbeiten und diese dann nach Plan umzusetzen. In diesem Sinne gibt es einen kleinen Kreis Veränderer, die selbst schon dort sind, wo der große Kreis der zu Verändernden erst hingebracht werden muss. Diese klare Asymmetrie gibt Sicherheit und Orientierung. Die während des Umsetzungsprozesses auftauchenden Hindernisse sind schlicht aus dem Weg zu räumen. Denn alles, was nicht ins Konzept passt, gilt als Störung und ist entsprechend zu behandeln.

Wenn Machtverhältnisse zum Gegenstand von Veränderungen werden

Obwohl dieses instrumentelle Organisationsverständnis nach wie vor weit verbreitet ist, war es immer schon eine unzulässige Vereinfachung. Solange die klassische Hierarchie außer Frage stand und die tägliche Führungspraxis mit den hierarchischen Prinzipien korrespondierte, störte dies nicht sonderlich (Wimmer 1992, S. 131–156). Mit den Versuchen der 1990er-Jahre, die Produktivität zu steigern, entstand ein Grad an Komplexität, mit dem diese instrumentelle Sicht vielfach an ihre Grenzen stieß. So wurden die etablierten Führungsstrukturen und die zugrunde liegenden historisch gewachsenen Machtverhältnisse selbst zum Gegenstand der Veränderung.

Dieses Phänomen ist bei den radikalen Transformationsversuchen der jüngsten Vergangenheit regelmäßig aufgetaucht, was der tiefere Grund dafür sein mag, dass die Suche nach einem neuen, nichttrivialen Verständnis von Organisationsveränderung nicht nur in der theoretischen Auseinandersetzung, sondern auch im professionellen Diskurs unter Praktikern zur Zeit stark an Bedeutung gewinnt.

Die Macht des historischen Eigensinns

Sobald eine Organisation auf eine gewisse identitätstiftende Geschichte zurückblicken kann, prägt sie unweigerlich eigensinnige soziale Muster aus, das heißt, sie entwickelt eingespielte Entscheidungsroutinen, die das Zusammenspiel im Inneren wie im Verhältnis nach Außen steuern. Es sind »in der Systemgeschichte aufgebaute Struktur- und Prozessmuster. Diese lassen sich verstehen als die kondensierten Traditionen, Lernerfahrungen und Selbstidentifikationen des Systems« (Willke 1997a, S. 7). Es sind genau diese kommunikativen Routinen und mehr oder weniger expliziten Regelwerke, die bislang das Überleben der Organisation gesichert haben.

Dies bedeutet nun aber keineswegs, wie ein weitverbreitetes Vorurteil meint, dass Organisationen starr und unbeweglich an den eingespielten Strukturen festhalten. Lebende Systeme – und damit auch Organisationen – ändern sich ohnehin laufend. Diese Dynamik ist, wenn auch nicht immer auf den ersten Blick erkennbar, stets ein Teil der unentrinnbaren Tendenz von Organisationen, für die Fortsetzungen jener eingespielten Erfolgsmuster und Normalprozeduren zu sorgen, die sich in der Vergangenheit bewährt haben. Allerdings bindet diese »dynamische Stabilität« einen Großteil der zur Verfügung stehenden Energie (Luhmann 2000). Ohne Rücksicht auf die Möglichkeiten und Grenzen dieses historisch aufgebauten Eigensinns scheitern Veränderungsimpulse, oder sie zerstören die Überlebensfähigkeit der Organisation.

Jeder Eingriff, der eingespielte Strukturen und Prozesse verändern soll, trifft unweigerlich auf die fest etablierte Eigendynamik eines kaum durchschaubaren, hochkomplexen Organisationsgeschehens, ein Umstand, der die Wirkung solcher Eingriffe unberechenbar macht. Veränderungskonzepte, die das nicht mitberücksichtigen, sondern von Gestaltungsfreiheit ausgehen, erzeugen häufig genau jene Reaktionen, über die sich diese naiven Reformer im Nachhinein dann beschweren: völliges Unverständnis bei vielen Betroffenen, heftige Gegenwehr, massive Machtkämpfe, Interessenkonflikte und Ähnliches mehr.

Viele Reengineering-Projekte, die ausdrücklich mit dem Anspruch antraten, die Geschäftsprozesse an den Bedürfnissen ihrer Kunden auszurichten, lieferten in den vergangenen Jahren unzählige Beispiele für diese These (Hammer 1995). Auf dem Papier entstanden oft recht beeindruckende Ergebnisse. Die Umsetzung dieser Sollkonzeptionen in das lebendige Geschehen einer Organisation scheiterte allerdings in den allermeisten Fällen, ohne dass ausreichendes Wissen über die Gründe des Scheiterns mitproduziert wurde.

Schaut man die Beispiele genauer an, erkennt man, dass ihr Scheitern weniger damit zu tun hatte, dass sich die betroffenen Organisationsmitglieder nicht bewegen wollten oder aus rein egoistischen Motiven heraus Widerstand leisteten und damit die guten Absichten ihrer Führung unterliefen. Das oftmals beschriebene Verpuffen der Veränderungs- und Reformimpulse lässt sich vielfach darauf zurückführen, dass der Komplexitätsgrad einer geplanten Veränderung unterschätzt wurde, was meist mit einem instrumentellen Organisationsverständnis und einer trivialisierenden Veränderungskonzeption der handelnden Personen eng verbunden ist.

Die Grenzen der Planbarkeit

Im Unterschied zu dieser schlichten Weltsicht besteht die Kunst der Organisationstransformation gerade darin, die unvermeidliche Eigendynamik, die mit solchen Maßnahmen in Organisationen losgetreten wird, zu berücksichtigen und sich auf die prinzipielle Unkalkulierbarkeit solcher Prozesse einzustellen. Dies bedeutet, dass weder das Ergebnis der Transformation noch der Weg dorthin exakt zu planen sind.

Wir müssen davon ausgehen, dass Organisationsveränderungen allein schon dadurch eine Vielzahl heterogener Wirkungen erzeugen, weil ihre Absicht kommuniziert und organisationsintern beobachtet wird. So wie der Beginn eines Transformationsprozesses eine Vielzahl unkalkulierbarer Reaktionen auslöst, die seinen weiteren Fortgang entscheidend beeinflussen, so stößt jeder weitere Schritt auf überraschende Konstellationen, die erst durch den Prozess selbst hervorgebracht werden. Entscheidend ist es, ob es gelingt, die ausgelösten Beobachtungen und die daran anschließenden Reaktionen und wiederum die Beobachtungen dieser Beobachtungen organisationsintern zum Gegenstand von Kommunikation zu machen.

So verstandene Steuerung ermöglicht einen Kommunikationsprozess, bei dem sich Veränderungsimpulse und das Bearbeiten der jeweils ausgelösten Reaktionen laufend befruchten und so das Transformationsgeschehen vorantreiben. Auf diese Weise wird der historische Eigensinn mit all seinen Auswirkungen auf das Verhalten immer wieder in das Veränderungsgeschehen einbezogen, sei es als etwas, das als zusätzliche Energie aufgegriffen werden kann, sei es als etwas, mit dem man sich in besonderer Weise auseinandersetzen muss, weil ansonsten das Ganze ins Stocken gerät.

Wenn wir in diesem Sinne Organisationsveränderung als rekursiven Prozess begreifen, in dem es ratsam ist, die Prinzipien der Veränderung auf sich selbst anzuwenden, also die Transformation der Transformation von Anbeginn einzuplanen, dann geht mit diesem Schritt unweigerlich eine »Enttrivialisierung des Transformationsbegriffes einher«. Es lässt sich nicht länger die Vorstellung aufrechterhalten, es gäbe da einige wenige, die den Rest der Organisation nach ihren Vorstellungen umbauen, ohne dass dieser Vorgang nicht unberechenbare Rückwirkungen sowohl auf die Initiatoren der Veränderung als auch auf die davon Betroffenen hätte.

Im Grunde genommen lässt sich in dieser Einsicht ein Großteil der Schwierigkeiten bündeln, mit denen sich ein Unternehmen, seine Mitglieder und hier vor allem wiederum seine Entscheidungsträger im Falle einer radikalen Umgestaltung konfrontiert sehen. Im Phänomen der Rekursivität liegt daher die eigentliche Herausforderung für Manager und für Berater, wenn es um die Konzeption und Steuerung derartiger Prozesse geht.

Einige nichttriviale Konsequenzen

Sieht man sich gezwungen, in existentiell wichtige Prozesse und Strukturen einer Organisation verändernd einzugreifen, dann steht man vor dem unangenehmen Dilemma, etwas Existierendes, das sich bislang ja in irgendeiner Form bewährt hat, zu zerstören. Diesem »destruktiven« Akt steht fürs erste einmal nichts vergleichbar Sicheres, sondern eine äußerst ungewisse Zukunft gegenüber. Was man durch die Veränderung erreichen will, dieser »bessere Zustand«, ist zunächst nur ein relativ abstraktes Versprechen. Dieser Schritt weg von sicherem Terrain hinein in unbekanntes Gelände gelingt leichter, wenn bestimmte Prinzipien beachtet werden.

Sicherheit im Umgang mit hoher Unsicherheit

Wenn unsere Annahme stimmt, dass man zwar bestimmte Ziele anpeilen kann, aber die tatsächlichen Wirkungen eines Veränderungsprojektes nicht vorhersehbar sind, dann ist es klug, den angestrebten Zustand zwar in Umrissen festzulegen, in seinen Details aber offenzulassen. Das Ziel ist letztlich das Ergebnis einer langwierigen gemeinsamen Anstrengung, wobei der Weg dorthin »im Gehen« erst erfunden wird und durch zahlreiche Korrekturschleifen Gestalt annimmt.

Genau an dieser Stelle geraten die Verantwortlichen eines Veränderungsvorhabens in der Regel enorm unter Druck. Ihre Umgebung, also die Betroffenen wollen wissen, was sie erwartet, womit sie als Endergebnis zu rechnen haben. Lassen sich Entscheidungsträger auf diesen Wunsch ein und treffen am Beginn bereits detaillierte Festlegungen, dann wird sie der Veränderungsprozess in der Regel Lügen strafen.

Das Dilemma im Umgang mit Informationen

Im Zuge des Geschehens müssen einerseits oft wichtige Entscheidungen wieder zurückgenommen werden, ein Umstand, der in solchen Phasen der Verunsicherung das Problem der Glaubwürdigkeit zusätzlich verschärft. Verweigert man aber andererseits am Beginn konkrete inhaltliche Aussagen, dann enttäuscht man das Sicherheitsbedürfnis der Mitarbeiter. Diese Enttäuschung wird um so einschneidender sein, je stärker die Betroffenen bislang gewohnt waren, sich als Ausführende an den inhaltlichen Vorgaben des Managements zu orientieren.

Dem hier aufgezeigten Dilemma kann man bei radikalen Veränderungsvorhaben in aller Regel nicht entkommen. Man muss handeln, muss gewachsene Strukturen auflösen und in traditionelle Interessen eingreifen, obwohl das Neue erst im Zuge des Prozesses Gestalt annehmen wird und wichtige Weichenstellungen erst zu einem viel späteren Zeitpunkt sinnvoll sind. Es handelt sich bei solchen Anlässen also stets um besonders risikobelastete Entscheidungsprozesse. Niemand kann glaubhaft garantieren, dass am Ende die erwarteten Wirkungen tatsächlich eintreten werden.

Stellt man sich als Träger eines Transformationsprozesses diesem Dilemma, dann verlangt dies erhebliche Sicherheit und Routine im Umgang mit großer Unsicherheit. Denn nur mit Hilfe dieser inneren Sicherheit kann man die schwierigen Kommunikationsaufgaben bewältigen, die solche Transformationsprozesse von Anfang an begleiten. In intensiven Kommunikationsschleifen mit den Betroffenen ist zu klären, was bereits entschieden wurde und was – weil noch offen – in weiteren Prozessschleifen bearbeitet werden muss.

Aus unserer Erfahrung ist diese Sicherheit im Umgang mit großer Unsicherheit am ehesten aus einer begründeten Vorstellung darüber zu gewinnen, wie ein solcher Transformationsprozess unter nichttrivialen Vorzeichen professionell gestaltet werden kann, und weniger daraus, dass man am Beginn die inhaltlichen Ergebnisse im Detail vorwegnimmt. Wir sprechen von Prozesssicherheit im Gegensatz zu inhaltsorientierter Expertensicherheit.

Die zeitliche Balance von Bewahren und Verändern

Auch für radikale Transformationen gilt, was für jede Art von Organisationsänderung zutrifft: Sie finden bei »laufendem Betrieb« statt. Es ist schlecht möglich, eine Organisation stillzulegen, zu reparieren und dann wieder zu starten. Daher muss man zwischen dem unterscheiden, was zunächst wie bisher weiterläuft, und dem Ausschnitt des Geschehens, auf den sich die Veränderungen in einer ersten Phase konzentrieren. Häufig gelingt gerade am Beginn diese Balance zwischen Kontinuität und Bruch nicht in ausreichendem Maße. Will man unter hohem Zeitdruck zu viel auf einmal umkrempeln, dann überfordert man das System und erreicht gerade durch diese Überforderung genau das Gegenteil von dem, was man vorhat. Setzt man dagegen nicht schon am Anfang mit der erforderlichen Radikalität und Konsequenz an zentralen Problemen an, bewegt sich gar nichts, und es bleibt bei symbolischen Korrekturen.

Die Kunst liegt darin, genau zu beachten, von welchen Aspekten man sich die größte Hebelwirkung verspricht, und dann zu entscheiden, wann das zunächst Ausgeklammerte zum Gegenstand des Umbaus wird. Die Potenziale und Ressourcen, auf die man sich heute im Veränderungsprozess als Anker der Kontinuität stützt, geraten morgen selbst unter Veränderungsdruck. Gelungene Transformationen zeichnen sich durch diesen gezielten Wechsel zwischen Bewahren und Verändern aus, ein Wechsel, der es ermöglicht, über die Zeitachse hinweg alle relevanten Organisationsdimensionen umzubauen und als wechselseitigen Lernprozess anzulegen.

Die Selbsttransformation der Führungskräfte

Wenn wir die landläufige Unterscheidung zwischen Schöpfern und Geschöpfen, zwischen Veränderungstätern und Veränderungsopfern aufgeben, dann gibt es auch keinen archimedischen Punkt in Organisationen, der selbst stabil und von Veränderungen unberührt gehalten werden kann. So wird jede Veränderung im Grunde genommen auch zur Selbstveränderung. »Es ist, mit anderen Worten, notwendig, den Beobachter, der glaubt sich heraushalten zu können und Ausgangs- und Endzustand sowie Übersetzungsregel vorgeben zu können, in den Prozess mit einzubeziehen« (Baecker 1998a, S. 51).

Dies ist leichter gesagt als getan. In der Praxis ist immer wieder zu beobachten, wie schwer es den Entscheidungsträgern fällt, sich selbst nicht nur als Impulsgeber der Veränderung zu sehen, sondern auch ein Gespür dafür zu bekommen, wie sehr das Gelingen der Transformation von der eigenen Veränderungsfähigkeit abhängt. Diese Schwierigkeit wurzelt in einer weiteren Paradoxie, in die jeder Versuch einer ernstzunehmenden Veränderung unweigerlich gerät: Will man Organisationen aus ihren gewohnten Gleisen führen, benötigt man Entscheidungsinstanzen, die dazu effektiv in der Lage sind. Im Normalfall sind diese Kapazitäten jedoch nicht vorhanden, weil das gesamte Führungshandeln um die Steuerung der eingespielten Normalprozeduren herum gebaut ist.

Die Führungsstrukturen, das Zusammenspiel der Führungskräfte auf und zwischen den einzelnen Hierarchieebenen und deren Qualifikationsniveau sind ein wesentlicher Teil des Problems, das durch die Transformation einer Organisation bearbeitet werden soll. Genau dieser Punkt lässt die Veränderungsfähigkeit des Managements, seine Bereitschaft, zunächst bei sich selbst anzufangen, zum entscheidenden Engpass für einschneidende Veränderungen werden. Organisationsveränderungen sind jedoch ohne nennenswerte Veränderungen in den Führungsverhältnissen nicht zu haben. Dies betrifft nicht nur die Zahl der Führungsebenen, der Positionen und formalen Kompetenzen; dies tangiert in der Regel auch ganz nachhaltig das konkrete Rollenverständnis und das damit in Zusammenhang stehende alltägliche Führungsverhalten.

Hat man diesen für Organisationstransformationen zentralen Engpass im Auge, kann man Vorsorge treffen, dass sich die Führungsstrukturen und die alltäglich gelebte Führungspraxis weiterentwickeln können. Auch dies ist ein Prozess, der seine Reifezeit braucht und von verschiedenen Interventionen wie Qualifikationsmaßnahmen, Jobrotation, neuen Führungskräften, passenden Führungsinstrumenten und ähnlichem mehr lebt.

Zunächst wird eine Organisation, die sich gezielt verändern will, unweigerlich auf jene Führungsstrukturen und kulturell verankerten Bearbeitungsmuster zurückgreifen, die sie bislang aufgebaut hat. Anfänglich steht ihr ja nichts anderes zur Verfügung, es sei denn, es kommt zu einem personellen Wechsel an der Spitze, der allein dadurch neue Optionen eröffnet. Man kann aber davon ausgehen, dass sich eine Organisation durch jeden ernsthaften Veränderungsversuch mit ihren etablierten Strukturen und den dort enthaltenen Problemen auf eine ganz neue Weise bekannt macht.

Wenn Führungsprobleme zutage treten

Die Erfahrung zeigt außerdem, dass durch Transformationsprozesse Führungsprobleme deutlich zutage treten, die in der operativen Routine des Alltagsgeschäfts bisher ganz gut überspielt werden konnten. Nutzt die Führung einer Organisation die spezifischen Informationen, die sie durch das Anstoßen eines Veränderungsvorhabens über sich selbst und den eigenen Zustand generieren kann, als besondere Chance, dann wird sie lernen, mit den paradoxen Anforderungen des Prozesses zu leben.

Um mit diesem selbsterzeugten Spiegel gut umgehen zu können, bedarf es geschützter Gelegenheiten, um sich über die gewonnenen Eindrücke verständigen zu können. Diese Art der Selbstreflexion ist unter Führungskräften jedoch keine Selbstverständlichkeit – vor allem in Zeiten des Umbruchs, die in der Regel die interne Rivalität noch verstärken.

Der auf der Führung lastende Zwang zur Selbstentwicklung erfordert aber auch Entscheidungsstrukturen, durch die Maßnahmen wie Rollenklärung, Qualifizierung, Führungswechsel und ähnliches mehr in Gang gesetzt und konsequent durchgeführt werden. Gerade in Phasen des Umbaus werden Führungskräfte sehr genau beobachtet, in welchem Ausmaß sie in der Lage sind, die selbstverkündeten Prinzipien der Transformation auf sich selbst anzuwenden. Derartige Beobachtungen sind mit ausschlaggebend dafür, wie ernst die Organisation die Veränderungsimpulse aufnimmt. Die Abb. 51 zeigt mögliche Führungskonstellationen zu Beginn eines Veränderungsprozesses und die damit zusammenhängenden Prognosen zum weiteren Verlauf.

Wechselseitige Erwartungen

Wenn wir von Organisationstransformationen sprechen, dann meinen wir in der Regel Veränderungsprozesse, die unter anderem auch die persönliche Beziehung der Mitglieder zu ihrer Organisation nachhaltig berühren. Aufgrund der Mitgliedschaft haben beide Seiten – die Personen wie die Organisation – Erwartungen, die nicht immer klar ausgehandelt und explizit formuliert werden. Trotzdem führen beide Seiten mehr oder weniger offen darüber Buch, wie diese Erwartungen erfüllt oder enttäuscht werden. Üblicherweise pendeln sich typische kulturelle Gepflogenheiten ein, wie »offene Rechnungen« im Laufe der Zeit ausgeglichen werden können.

Abb. 51: Die Führungskonstellation an der Spitze eines Veränderungsprozesses als kritische Variable

Radikale Umgestaltungsprozesse wie eine Fusion, eine Zergliederung in unternehmerisch selbständige Einheiten oder ein Reengeneering der wichtigsten Geschäftsprozesse greifen tief in diese kulturell abgesicherten Fundamente der Tauschbeziehung von Person und Organisation ein und stellen den Bestand der bislang aufgebauten Basisspielregeln in dieser Beziehung grundsätzlich in Frage. Täten sie dies nicht, müssten Zweifel an der Reichweite des Veränderungsvorhabens aufkommen.

In solchen Prozessen kommt es unweigerlich zu Verschiebungen im bestehenden Rollen- und Einflussgefüge und zu einer Neudefinition des Handlungsspielraums der beteiligten Funktionsträger. Ihre Bedeutung und ihr Gewicht innerhalb der Organisation verschieben sich, berufliche und statusbezogene Identitäten – oft von hoher persönlicher Bedeutung – können in der gewohnten Form nicht mehr aufrechterhalten werden. Mit diesen zunächst oft nur vermuteten Bedeutungsveränderungen kommt automatisch die Suche nach Gewinnern und Verlierern ins Spiel. Daher wäre es auch höchst verwunderlich, wenn Umgestaltungsprozesse nicht von intensiven Machtkämpfen begleitet würden. Die Karten werden neu gemischt und wieder verteilt, und dies nicht nur in der aktuellen Situation, sondern auch für die nächste Zukunft.

Eine Organisationstransformation unterbricht allerdings nicht nur Karrierepläne, sie schafft in der Regel auch neue Aufgabenfelder und damit neue Chancen, die es so unter Umständen in der Vergangenheit nicht gegeben hat. Aber die Zukunft ist ungewiss, und jeder fragt sich, wie groß das Risiko ist, auf diese zunächst noch vagen Karriereaussichten zu setzen.

Blickt man auf viele unternehmerische Umgestaltungsversuche in den letzten Jahren zurück, so waren diese zumeist auch von drastischem Personalabbau begleitet. Solche Schritte hinterlassen stets tiefe Spuren in einer Organisation. Die Art und Weise, wie und warum es zu solchen Entscheidungen kommt und wie sie dann umgesetzt werden, stellt vielfach die Weichen, ob und wie sich die verbleibende Belegschaft gegenüber dem Unternehmen künftig verpflichtet fühlt.

Wertschätzung und Respekt

Eine der wichtigsten Rahmenbedingungen für einen erfolgversprechenden Transformationsprozess besteht darin, dafür zu sorgen, dass die unvermeidlichen Erschütterungen auf der persönlichen Ebene und in der Tauschbeziehung von Person und Organisation bearbeitet werden können. Personenbezogene Entscheidungen sind rechtzeitig und mit besonderer Sorgfalt herbeizuführen, die bei aller oft unvermeidlichen Schmerzlichkeit so etwas wie einen Grundrespekt und eine wechselseitige Wertschätzung zum Ausdruck bringen. Hat eine Organisation einen Blick für das, was sie durch eine Veränderung bei ihren Mitgliedern lostritt, stellt sie Zeit und Energie für die Auseinandersetzung mit Ängsten, Befürchtungen, Wut und Trauer zu Verfügung, dann sind die Chancen recht gut, dass die Auseinandersetzungen um höchstpersönliche Interessen der Mitglieder von den Diskussionen um geeignete Strukturen, Prozesse und Besetzungsentscheidungen getrennt werden können. Misslingt dies dagegen, wird eine destruktive Energie freigesetzt, die nur schwer zu kanalisieren ist.

Die sorgfältige Trennung von persönlichen und Organisationsinteressen stellt extrem hohe Anforderungen an die Steuerungsleistung der Führungskräfte auf allen Hierarchieebenen. Dies gilt vor allem für jene Entscheidungen, bei denen die Führungskräfte selbst unmittelbar betroffen sind. Hat man etwa bei einer Reorganisation den Eindruck, die neue Struktur befriedige nur das Bedürfnis der Entscheidungsträger, auf keinen Fall einem aus den eigenen Reihen weh zu tun, dann ist das ein entsprechendes Signal an den Rest der Organisation. Ähnliches gilt selbstverständlich für die Qualität, in der sich Führungskräfte im Zuge eines Veränderungsprozesses mit den persönlichen Sorgen ihrer Mitarbeiter auseinandersetzen und wieviel Transparenz sie für die zu treffenden Personalentscheidungen im eigenen Verantwortungsbereich schaffen.

Die Quellen der Veränderungsenergie

Woher stammt die Energie, die Veränderungen in Unternehmen bewirkt? Auf den ersten Blick könnte man meinen, dies sei eine banale Frage. Gerade wenn man in der Gedankenwelt eines instrumentellen Organisationsverständnisses beheimatet ist, scheint es einem selbstverständlich, dass Entscheidungen, die von der Spitze ausgehen, in der Organisation auch aufgegriffen und umgesetzt werden. Ist dies nicht der Fall, dann hat man es entweder mit Unfähigkeit oder Obstruktion zu tun. Geht man mit einer solchen Brille an Veränderungsvorhaben heran, dann stellt sich die Frage nach der Energie tatsächlich nicht. Der berühmten »Bombenwurfstrategie« folgend, glaubt man fest an die Wirkung von Zerstörungsmaßnahmen, die von oben in die Welt gesetzt werden.

Dabei übersieht man allerdings, dass sich die Ziele einer einschneidenden Organisationstransformation nicht mit Zwang erreichen lassen. Dafür benötigt man ein weit über das normale Maß hinausgehendes Engagement der meisten Mitarbeiter. Es wäre eine Illusion, dieses Engagement einfach vorauszusetzen oder auf den Druck der Hierarchie zu vertrauen. »Das Problem bei diesem Vorgehen besteht darin, dass es äußerst schwierig ist, die großen Veränderungen, die heute zur Sicherstellung der Leistungsfähigkeit von Unternehmen oft notwendig sind, mit nackter Gewalt durchzusetzen. Transformation fordert Verzicht, Engagement und Kreativität, und nichts davon lässt sich erzwingen« (Kotter 1997).

Entscheidend für einen Transformationsprozess ist daher weniger die gute Absicht der Führungskräfte, sondern ihre Fähigkeit, die bislang eingespielten Erfolgsmuster und Routinen einer Organisation zu irritieren. Dafür müssen sie zunächst einmal nüchtern zur Kenntnis nehmen, dass die vorhandene Energie einer Organisation darauf ausgerichtet ist, die bisherige Routine aufrechtzuerhalten. Je mehr Optimierungsversuche in der Vergangenheit unternommen wurden, je stärker diese Routinen also bereits rationalisiert wurden, desto weniger »freischwebende« Ressourcen sind vorhanden, die für den Transformationsprozess zur Verfügung stehen.

Man verkennt die Eigendynamik von Organisationen ganz grundlegend, wollte man davon ausgehen, dass sie so ohne weiteres den für ihre eigene Transformation erforderlichen Energieaufwand mobilisieren könnte. Die herrschenden Werte und Abläufe sorgen durch die enge Verbindung mit den persönlichen Interessen und Identitätsfragen der Mitglieder dafür, dass die vorhandene Energie auf die Reproduktion der eingespielten Muster und Organisationsverhältnisse ausgerichtet ist. Nimmt man diese Eigenheit von Organisationen zur Kenntnis, weiß man, dass es Teil des Prozesses ist, die erforderliche Energie gezielt zu mobilisieren. In der Vergangenheit wurden Schwierigkeiten, die aus dem Verkennen dieser Eigenheit resultierten, dagegen gern auf den »Widerstand« der betroffenen Personen und Organisationseinheiten geschoben.

Warum das »Widerstandskonzept« in der Praxis so oft bemüht wird, ist bei näherem Hinsehen nicht verwunderlich, denn man kann sich selbst als Veränderer leicht aus der Betrachtung ausklammern und die Probleme am Widerstand der anderen festmachen. »Letztendlich sind es die in einem Unternehmen handelnden Personen, die Entwicklungen hemmen oder sogar verhindern« (Vahs 1997, S. 19) Solche Überzeugungen entlasten zwar die unter Druck geratenen Manager und Berater, bieten aber keine gute Grundlage für die erfolgreiche Steuerung von Transformationsprozessen.

Will man eine gute Ausgangsbasis für den nachhaltigen Erfolg des Umbaus legen, dann ist es ratsam, in der Organisation eine intensive Auseinandersetzung über die Beweggründe und die Dringlichkeit der Veränderung zu führen. Nur ein gemeinsames, von allen akzeptiertes Verständnis über die aktuellen oder künftig zu erwartenden Probleme, die ein radikales Abgehen vom Staus quo erforderlich machen, lässt genug Bereitschaft entstehen, um das Risiko des Neuen auf sich zu nehmen. Die Befürchtungen, die mit der Veränderung verknüpft werden, müssen durch ein deutlich höheres Risiko, das durch das Festhalten am Alten entsteht, überwunden werden (vgl. Schein 1995).

Allerdings muss das Bedrohungspotenzial, das in einer Fortführung der bisherigen Erfolgsmuster steckt, plausibel sein, damit diese Vorgehensweise funktioniert. Wenn sich dieser Grund zum Handeln nicht benennen oder seine existentielle Dringlichkeit nicht glaubhaft machen lässt, warum sollten dann die Mitarbeiter ihre gewohnte Sicherheit aufgeben? Eine gute Reformidee oder die Profilierungschance bestimmter Akteure reichen in der Regel nicht aus, tiefgreifende Veränderungen in Gang zu setzen. Dazu ist es schon notwendig, dass jeder einsieht wie dringlich die Veränderung ist.

Um die erforderliche Schubkraft über einen längeren Zeitraum zu mobilisieren, reicht allerdings auch diese Einsicht aller nicht aus. Dazu bedarf es des Gegenpols zur Angst, einer verlockenden Aussicht, welche die Entwicklung in eine bestimmte Richtung zieht. Diese attraktive Zukunftsperspektive muss real erreichbar erscheinen, und es muss sich lohnen, dafür alle Kräfte zu mobilisieren und gelegentlich auch Opfer zu bringen. Zwischen diesen beiden Polen, der problematischen Ausgangslage und der verlockenden Zukunft, entsteht ein energieerzeugender Spannungsbogen, mit dessen Hilfe eingefahrene Bahnen verlassen und neue Chancen erkannt und ergriffen werden.

Die bisherigen Erfahrungen mit einschneidenden Transformationsprozessen zeigen, dass für die Tragfähigkeit des angesprochenen Spannungsbogens einige wenige Entscheidungsträger, auch wenn diese in der Hierarchie sehr weit oben angesiedelt sind, nicht genügen. Solche Vorhaben benötigen eine wesentlich breitere Basis. Wichtig ist vor allem, dass sich die Führungskräfte der betroffenen Organisationsbereiche für beide Pole eine übereinstimmende Grundüberzeugung erarbeitet haben und diese in ihrem Alltag glaubwürdig zum Ausdruck bringen können. J. P. Kotter (1997)

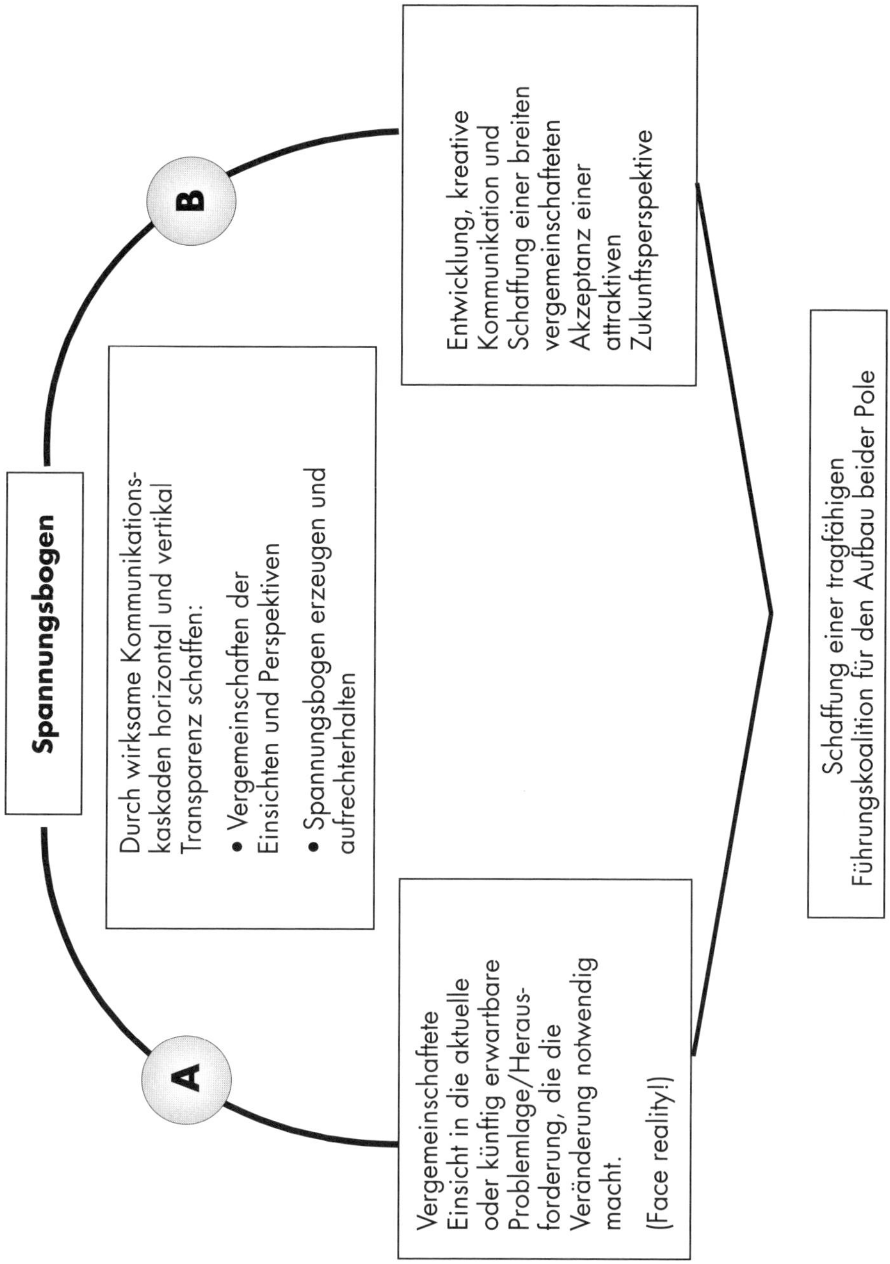

Abb. 52: Wie Veränderungsenergie entsteht

spricht in diesem Zusammenhang von einer tragfähigen Führungskoalition, die für den Rest der Organisation sichtbar am gemeinsamen Willen zur Veränderung festhält, und zwar mehr durch das gezeigte Verhalten als durch die deklarierten Absichten.

Durch den engen Zusammenhang zwischen dem angesprochenen Spannungsbogen und den Führungskräften als den Trägern dieses Bogens wird der Zustand der Führungsstrukturen, die Qualität des Zusammenwirkens der Führungskräfte auf und zwischen den einzelnen Führungsebenen einer Organisation entscheidend. Prozessbegleitende Interventionen in diese Kooperationsqualität des betroffenen Managements sind in der Regel ein wichtiger Stellhebel, um über die unvermeidlichen Klippen eines Transformationsprozesses hinwegzukommen. Wenn man erreichen kann, dass die betroffenen Führungsebenen den Veränderungsprozess gemeinsam tragen, und wenn man verhindern kann, dass sich die einen in erster Linie um den »laufenden Motor« des Tagesgeschäfts kümmern, während andere zu erfolglosen Wanderpredigern in Sachen Veränderung werden, dann bekommt der Transformationsprozess eine reelle Chance.

Die Phasen einer radikalen Transformation

Der Prozess des strategischen Umbaus bindet enorm viel Energie, zumal er bei »laufendem Motor« stattfinden muss. Um diese Energie aufzubringen, empfiehlt es sich, auf eine Dramaturgie zu setzen, die gekonnt zwischen konsequentem Veränderungsdruck und dem Verständnis für das zu Bewahrende hin und her pendelt und angemessen mit dem Zustand großer Unsicherheit umgeht. Dies ist eher aus der professionellen Gestaltung des Prozesses selbst zu gewinnen als aus vorschnellen inhaltlichen Feststellungen. Im Sinne dieser Dramaturgie lassen sich folgende Phasen eines Veränderungsprozesses unterscheiden:

Phase 1: Gemeinsam die Dringlichkeit akzeptieren
Die Qualität der Diagnose und die Breite des Verständnisses für die Konsequenzen entscheiden über die Qualität der folgenden Bearbeitungsschritte sowie über deren Aussichten auf Erfolg. Was man sich hier an Sorgfalt erspart, erweist sich in den späteren Phasen unweigerlich als Hindernis. Außerdem: Nur eine von den wichtigen Entscheidungsträgern geteilte Einschätzung der Probleme setzt die erforderlichen Energien für Veränderungen frei. Existiert kein einheitliches Bild darüber, was passiert, wenn nichts passiert, lassen sich die erforderlichen kollektiven Anstrengungen nicht bündeln. Dazu einige Leitfragen:

- Wessen Perspektive und wessen Know-how sind für die erste Phase des Umbaus wichtig? Wie lässt sich dieses Wissen mobilisieren und sinnvoll verknüpfen?
- In welchen Schritten kristallisiert sich jene Problemdefinition heraus, die letztlich handlungsleitend wird? Was soll im Kern transformiert werden? Wer ist an diesem Prozess zu beteiligen? Wer fühlt sich für seine Qualität verantwortlich?
- Wie lassen sich vorschnelle Fixierungen auf bestimmte Symptome und Oberflächenphänomene vermeiden? Je drängender die Krise, desto größer ist die Gefahr von Aktionismus und Kurzschlusshandlungen.
- Welche Organisationseinheiten sind von der diagnostizierten Problemkonstellation hauptsächlich betroffen? Erfolgt die diesbezügliche Grenzziehung realitätsgerecht? Wodurch kann in diesen Einheiten das Problembewusstsein gestärkt werden?
- Werden Gelegenheiten dafür geschaffen, dass die persönlichen Befürchtungen, Sorgen und Ängste der Betroffenen Gehör finden? Stellen sich die verantwortlichen Führungskräfte diesen Auseinandersetzungen oder delegiert man diese Aufgabe an Externe oder geht den Mitarbeitern überhaupt aus dem Weg?
- Identifizieren sich die verantwortlichen Entscheidungsträger mit dem Problem ausreichend? Wie kann die gemeinsame Einsicht in die Notwendigkeit von Veränderungen und in die eigene Verantwortlichkeit wachsen? Ist der Sinn für die Dringlichkeit transparent und in ausreichendem Maß gemeinsam erörtert worden? Gibt es ein schlagkräftiges Team an der Spitze, das in dieser Frage gemeinsame Überzeugungen hat?
- Welche wichtigen Personalentscheidungen werden durch den in Gang gesetzten Veränderungsprozess höchstwahrscheinlich erforderlich? Wer fühlt sich für diese heiklen Entscheidungen verantwortlich? Welches Verfahren wird gewählt, um einerseits die erforderliche Qualität dieser Entscheidungen zu gewährleisten, um andererseits aber auch die unvermeidliche Verunsicherung in der Organisation nicht noch zusätzlich zu steigern? Wenn Klarheit über diese Fragen besteht, dann sollten die notwendigen Entscheidungen nicht lange hinausgezögert und fair kommuniziert werden.

Phase 2: Eine gemeinsame Zukunftsperspektive schaffen
Die inhaltliche und soziale Qualität solcher Entscheidungsprozesse präjudiziert in nachhaltiger Weise die Möglichkeiten und Grenzen der tatsächlichen Veränderung. Erst die gemeinsam erarbeitete Klarheit, auf welches Ziel, auf welche glaubwürdige Vision hin man sich weiterentwickeln will, setzt in Verbindung mit einem entsprechenden Problemdruck jene Kräfte frei, die für grundlegende Neuerungen erforderlich sind. Dazu einige Leitfragen:

- Was soll die angestrebte Veränderung im Kern bewirken? Woran wird man ihren Erfolg messen können? Welche Kriterien lassen sich heranziehen? Welcher Zeitraum steht zur Verfügung? Sind die ins Auge gefassten Zeithorizonte realistisch?

- Benötigt die Klärung dieser Fragen einen umfangreicheren Strategieentwicklungsprozess? Welche Trends des relevanten Umfeldes sind mitzudenken? Welche Kernkompetenzen der eigenen Organisation sollen durch den Veränderungsprozess auf jeden Fall gestärkt und weiterentwickelt werden?
- Entsteht in diesem Prozess eine attraktive Zukunftsperspektive, auf die sich das Unternehmen durch den Veränderungsprozess hinbewegt, die es den Betroffenen ermöglicht, sich mit ihren langfristigen persönlichen Interessen damit zu verbinden?
- Welche möglichen Veränderungen sind angesichts der angestrebten Ziele denkbar? In welcher Organisationsform können solche Optionen erarbeitet werden? Wer ist an diesem Prozess sinnvoller Weise zu beteiligen?
- Auf welche Weise und von wem wird letztendlich die entscheidende Festlegung der Richtung und der damit verbundenen Ziele vorgenommen?
- Wie wird diese Festlegung über die künftige Ausrichtung im System kommuniziert? Wer trägt für eine angemessene Auseinandersetzung mit dieser Entscheidung auf allen betroffenen Ebenen Sorge? Wie sind solche Prozesse am besten zu gestalten? Welche Kommunikationskanäle können dafür sinnvoll genutzt werden? Ist die erforderliche Zeit für diesen nicht unerheblichen Kommunikationsaufwand eingeplant?
- Verfügen wir als Organisation über die erforderlichen Ressourcen, um das angestrebte Veränderungsziel erreichen zu können? Für welche Probleme benötigen wir externe Unterstützung – sei es in fachlich-inhaltlichen Fragen oder zur Unterstützung des Prozesses?

Phase 3: Der Masterplan
Veränderungen stoßen stets auf ein Umfeld, das in irgendeiner Form bereits gelernt hat, mit solchen »Zumutungen« umzugehen. Insofern ist es klug, den Umstand, dass jede Veränderungsabsicht organisationsintern beobachtet wird und entsprechende Wirkungen erzeugt, in die Veränderungsstrategie einzubauen. Die Erarbeitung eines Gesamtkonzepts hat den Sinn, sich davor zu schützen, sich in zu viele Einzelmaßnahmen gleichzeitig zu verzetteln. Es gilt, die Kräfte auf klare Prioritäten zu konzentrieren und dafür zu sorgen, dass sich die einzelnen Impulse verstärken und nicht behindern. Dazu einige Leitfragen:

- An welchen Stellgrößen setzen wir konkret an, um die angestrebten Ziele auch tatsächlich zu erreichen? Welche Maßnahmen werden zu welchem Zeitpunkt von wem in die Wege geleitet?
- Gibt es die Möglichkeit, in einem überschaubaren Bereich durch ein Pilotprojekt Erfahrungen zu sammeln?
- Lassen sich Maßnahmen ins Auge fassen, die relativ kurzfristig erste Erfolge versprechen? Nichts ist ermutigender als sichtbare Erfolge!

- In welcher Organisationsform erfolgt die Umsetzung? Wo liegen die Verantwortlichkeiten? Welche Form der Projektorganisation wird benötigt? Wie können die Linienverantwortlichen in ausreichendem Ausmaß eingebunden bleiben? Gibt es auf allen betroffenen Hierarchieebenen genügend Promotoren für das Veränderungsvorhaben?
- Auf welche Spielregeln im Umgang mit Veränderung werden die geplanten Maßnahmen stoßen? Mit welcher »Brille« werden die Betreiber des Veränderungsprozesses beobachtet? Welche vorausgegangenen Erfahrungen werden durch die aktuellen Transformationsmaßnahmen wieder mobilisiert? Wie kann man dieser Kultur begegnen?
- Was lösen die Veränderungen aller Wahrscheinlichkeit nach bei den betroffenen Stellen und Organisationseinheiten aus? Wie greifen sie in das bestehende Macht- und Einflussgefüge ein? Welche Gegenkräfte werden losgetreten? Welche Interessenlagen werden in welcher Weise berührt? Wie lässt sich das Energiepotenzial der von der Veränderung negativ Betroffenen konstruktiv nutzen?
- Wer spricht mit Führungskräften und Inhabern von fachlichen Schlüsselpositionen, die sichtlich Schwierigkeiten haben, sich auf die veränderte Situation einzulassen? Wer sucht den offenen Dialog und spricht Beobachtungen an? Wichtig ist in dieser Phase, nichts zu tabuisieren, aber auch keine Vorwürfe zu machen.
- Welche Mechanismen und Verfahren zur Bearbeitung der erzeugten Unsicherheiten und Ängste werden benötigt? Gibt es ein Informations- und Kommunikationskonzept für die Kanalisierung des losgetretenen destruktiven Potenzials? In welcher Form können die Betroffenen die persönliche Seite des Veränderungsprozesses bearbeiten, damit es gelingt, persönliche Interessen und die Notwendigkeiten der Transformation auseinanderzuhalten?
- Welcher Entscheidungsbedarf wird durch den Veränderungsprozess hervorgerufen? Wie wird dieser Bedarf organisationsintern gedeckt? Gibt es dafür die passenden Entscheidungsstrukturen und zeitlichen Ressourcen?
- Welche Zeitspannen sind für die einzelnen Schritte angemessen? Wie werden die verschiedenen Maßnahmenbündel aufeinander abgestimmt, so dass sich die Wirkungen nicht wechselseitig behindern? Welches Maß an Belastung kann der Organisation insgesamt zugemutet werden?

Phase 4: Die begleitende Steuerung der Implementierung
Einen Veränderungsprozess kann man nicht planen. Das Verändern von Organisationen ist ein hypothesengeleitetes Experimentieren, das Verändern des Veränderns ist von Anbeginn eingebaut. Insofern gilt es, derartige Prozesse in sich lernfähig zu halten. Darüber hinaus ist es wichtig, dass in dieser Phase die betroffenen Funktionsträger die Chance erhalten, ihre persönliche Qualifikation weiterzuent-

wickeln, so dass sie den neuen Rollenanforderungen gewachsen sind. Dazu einige Leitfragen:

- Was lösen die einzelnen Maßnahmen konkret aus? Welche Überraschungen, Störungen und Irritationen treten auf? Von wem werden die diesbezüglichen Beobachtungen registriert und verarbeitet? Welche Konsequenzen sind aus solchen Beobachtungen zu ziehen?
- Wo sind neue Schwerpunkte zu setzen? Welche Annahmen müssen angesichts der vorliegenden Erfahrungen revidiert werden? Welche Richtungsänderungen sind erforderlich?
- Wie lassen sich die aufbrechenden Konflikte in konstruktive Bahnen lenken? Welche Kompromisse scheinen möglich? Wo gibt es diesbezüglich Grenzen, um das Veränderungsvorhaben nicht insgesamt zu gefährden?
- Wie lässt sich das Gefühl aufrechterhalten oder verstärken, dass es mit dem eingeleiteten Veränderungsprozess wirklich ernst ist? Welche Signale der Unternehmensspitze vermitteln diese Botschaft, welche unterlaufen sie? Solange noch Unsicherheit über die neuen Verhältnisse besteht, geht es ganz besonders um Glaubwürdigkeit in Wort und Tat!
- Gibt es ausreichend Gelegenheit für Zwischenauswertungen, um allen Beteiligten in regelmäßigen Abständen eine reflexive Auseinandersetzung über den Stand des Prozesses zu ermöglichen? Wo stehen wir? Was haben wir erreicht? Was sind die sinnvollen nächsten Schritte?
- Lässt sich der zeitliche Rahmen einhalten? Welche Ressourcen sind für die Begleitung des Implementierungsprozesses von nöten? Sind zusätzliche Qualifizierungsmaßnahmen für die Betroffenen erforderlich geworden? Wie können diese gezielt in ihr neues Aufgabenprofil hineinwachsen?
- Welche der existierenden, geschriebenen oder ungeschriebenen Basisspielregeln für das persönliche »Tauschverhältnis« zwischen dem einzelnen und dem Unternehmen müssen mit der neuen Organisationswirklichkeit in Übereinstimmung gebracht werden?

Phase 5: Die Auswertung

Veränderungen wenden das Blatt nicht unbedingt zum »Besseren«. Sie sind aber in jedem Fall ein außergewöhnlich reichhaltiger Anlass für die Organisation, mehr über sich zu lernen. Diese Chance gilt es zu nutzen. Ansonsten ist man gezwungen, unangenehme Erfahrungen des Scheiterns immer wieder zu machen. Die Praxis zeigt, dass dies leider häufiger der Fall ist, als man dies angesichts des investierten Aufwandes erwarten möchte. Dazu einige Leitfragen:

- Mit welchen Erfolgskriterien wurde der Prozess begonnen? Wo steht man heute? Welche Bilanz kann man ziehen? In welchen Dimensionen wurde die Leistungsfähigkeit der Organisation tatsächlich gestärkt? In welchen Dimensionen hat man sich neue Probleme eingehandelt? Wie wird daran weitergearbeitet?

- Haben die angestrebten Veränderungsziele in ausreichendem Maße in der Unternehmenskultur ihren Niederschlag gefunden? Werden sie in der Zwischenzeit von den herrschenden Grundüberzeugungen, Normen und Werten der Organisation getragen?
- Welche Erkenntnisse sind aus den vorliegenden Erfahrungen für den Umgang der Organisation mit Veränderungen zu gewinnen? Was hat sich im Vergleich zu früheren Projekten wiederholt? Was war diesmal anders?
- Welche Folgeprobleme, die durch die Veränderung ausgelöst wurden, bedürfen künftig besonderer Beachtung? Wer wird sich darum kümmern?
- Wie können die wichtigsten Lernerfahrungen aus dem Veränderungsprozess dokumentiert werden?

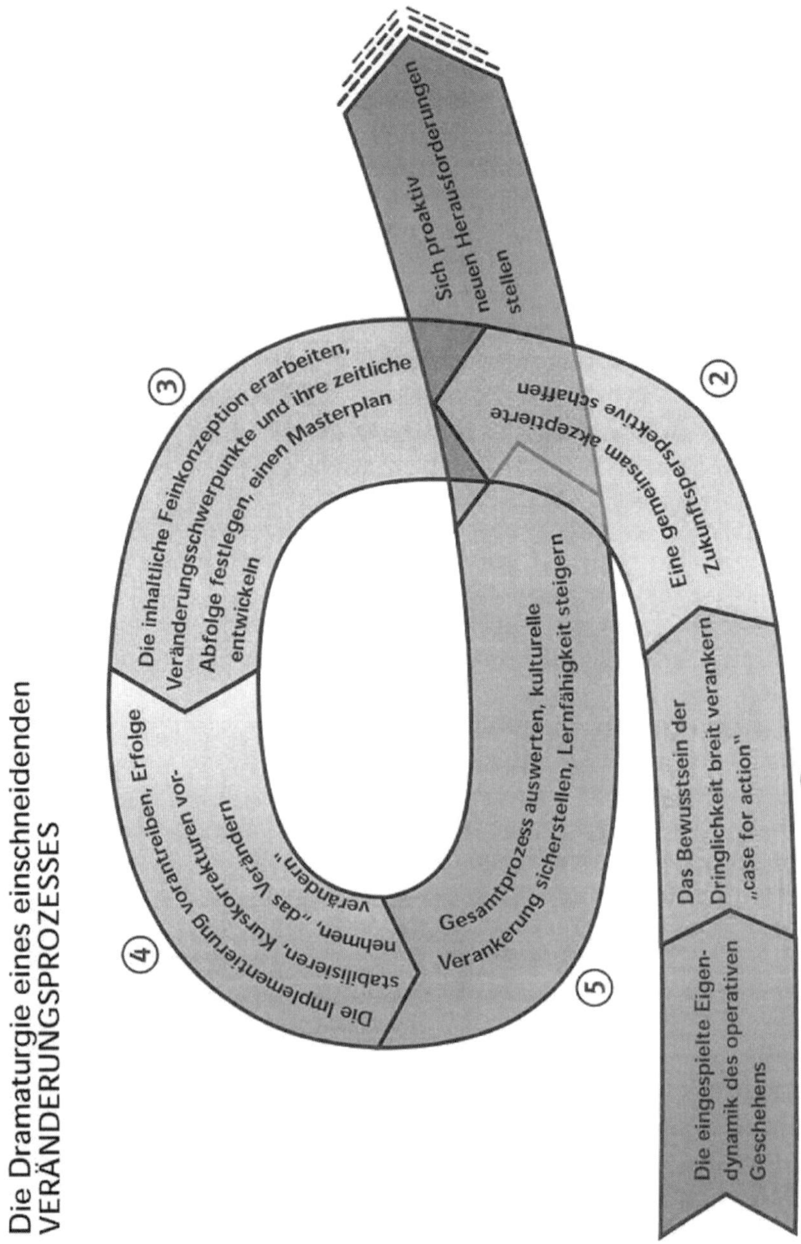

Abb. 53: Phasenmodell eines radikalen Veränderungsprozesses

DAS STRATEGISCHE STEUERN

In dieser sechsten Phase des Managementprozesses geht es um die konzeptionelle Verbindung zwischen der rekursiven Entwicklung einer Strategie und ihrer operativen Umsetzung. Um im Bild von der Reflexionsschleife zu bleiben, geht es um die Frage, wie man beobachten kann, ob die gezielte Kurskorrektur, die in der gemeinschaftlichen strategischen Arbeit beschlossen wurde, den »operativen Fluss des Geschehens« tatsächlich umlenkt. Ziel des dafür eingesetzten Beobachtungssystems ist es, Abweichungen auf dem Weg zur künftigen Identität frühzeitig zu erkennen, damit man entsprechend gegensteuern kann.

Dieser sechste Schritt des strategischen Managementprozesses wäre konzeptionell auch als Schritt fünf denkbar. Kommt man im Zuge der Vorschritte zu dem Entschluss, dass die bisherigen Geschäftsstrukturen radikal umgebaut werden müssen, kann man komplexe Steuerungssysteme kaum parallel implementieren. Das Unternehmen benötigt seine gesamte Energie, um seinen Transformationsprozess zu bewältigen. Es ist mit einem Menschen vergleichbar, den man während einer Notoperation auch nicht für medizinische Vorsorgeuntersuchungen gewinnen wird. Erst wenn der Patient »über den Berg ist«, wird man mit derartigen Ansinnen etwas erreichen können. Ähnlich ist es mit einem Unternehmen, das mitten im Wandel steckt. Wenn sich die ersten großen Erfolge einstellen, ist die Bereitschaft hoch, den eingeschlagenen Kurs zu halten, zu stabilisieren und falls notwendig entsprechende Korrekturen vorzunehmen – zumal diese Erfolge meist mit einem hohen Einsatz von Ressourcen erreicht wurden. Ist dagegen kein radikaler Umbau fällig, so kann dieser Schritt des strategischen Steuerns gleich auf den vierten Schritt der strategischen Festlegungen folgen.

Das Problem der unzureichenden Umsetzung

Das amerikanische Magazin Fortune berichtete kürzlich, dass weniger als 10 Prozent der formulierten Strategien auch tatsächlich umgesetzt werden: ein ernüchternder Befund. Tatsächlich ist die Umsetzung von Veränderungsstrategien weit mühsamer als die kreative Entwicklung einer strategischen Neupositionierung.

Steuerungsinstrumente können die Brücke zwischen der Entwicklung einer Strategie und deren Umsetzung in das Alltagsgeschäft schlagen. Traditionelle Controllinginstrumente messen allerdings meist vergangenheitsorientiert am Ende der Wertschöpfungskette, wo eine Gegenmaßnahme keine unmittelbaren Auswirkungen mehr auf den laufenden Prozess hat. Wenn das Tempo, mit dem eine Organisation lernen kann, ein wesentlicher Wettbewerbsfaktor ist, muss jedoch möglichst schnell feststehen, ob die neue Strategie greift oder nicht.

Gesetzlich vorgeschriebene Formen der Selbstbeobachtung wie etwa die Bilanz eines Unternehmens greifen dagegen meist zu kurz, weil sie eine Realität beschreiben, deren Ursachen weit zurückliegen. Daraus abgeleitete Steuerungsimpulse kommen daher häufig zu spät. Auch neuere finanzwirtschaftliche Steuerungsinstrumente in der Tradition des Shareholder-Value-Ansatzes beobachten nahezu ausschließlich Finanzergebnisse (Rappaport 1986) und berücksichtigen kaum den Aufbau oder die Zerstörung künftiger Erfolgspotenziale.

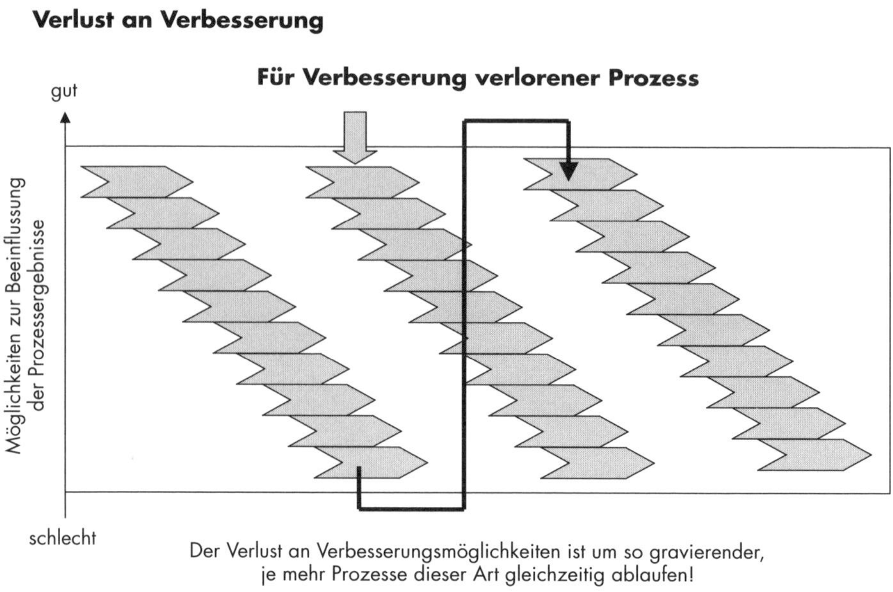

Abb. 54: Die Lerngeschwindigkeit als Wettbewerbsfaktor (Müller-Stewens 1997)

In den letzten Jahren haben der Kapitalmarkt und mit ihm die Fondsmanager zunehmend Einfluss auf die Binnenlogik börsennotierter Unternehmen bekommen. Die Aktienkursentwicklung eines Unternehmens wird zunehmend von der Einschätzung der Managementkompetenz beeinflusst. Dabei kommt dem Grad, in dem die Erwartungen des Kapitalmarktes vom Unternehmen erfüllt werden, eine hervorragende Bedeutung zu: Wie gelingt es einem Unternehmen, mit den Fondsmanagern zu kommunizieren, um eine gewisse Sicherheit in Bezug auf die erwarteten Erträge zu erzeugen?

Ausgehend von diesem Zwang, sich verstärkt an der Entwicklung der Aktienkurse auszurichten, geht es aus dieser Perspektive auch darum, unternehmensinterne Größen oder »Stellhebel« zu identifizieren, die mit der Entwicklung des Aktienkurses korrelieren. Konzepte wie der CFROI (Cash Flow Return On Investment) der Beratungsfirma Boston Consulting Group oder EVA (Economic Value Added) von Stern/Stewart versuchen diesen Brückenschlag zwischen externer und interner Wertschöpfung auf der Ebene der Zahlen.

In Strategieumsetzungsprozessen sind die zentralen Stellhebel allerdings oft nicht bekannt oder nicht allgemein akzeptiert. Selbst wenn sie identifiziert wurden, bleiben sie häufig schwer quantifizierbar und noch seltener genau beobachtbar und messbar. Konzepte wie die Balanced Scorecard oder das Werttreibermodell bieten Selbstbeobachtungsinstrumente, die auf der Grundlage von eigens entwickelten Geschäftsmodellen die strategisch relevanten »Stellhebel« identifizieren und systematisch messen.

Neuere wertorientierte Controlling-Systeme

Im Unterschied zu traditionellen Controllingsystemen beobachten wertorientierte Modelle die Entwicklung des Unternehmens an viel früheren Stellen der Wertschöpfungskette. Die Instrumente sind strategische Controllingwerkzeuge, die überprüfen, ob die beschlossene Strategie greift oder nicht. »What gets measured gets done. If you are looking for quick ways to change how an organisation behaves, change the measurement system. – Was sich messen lässt, geschieht auch. Wenn Sie nach rasch wirkenden Methoden suchen, das Verhalten einer Organisation zu verändern, dann ändern Sie die Messsysteme« (Mason Haire zitiert bei Müller-Stewens 1997, S. 9).

Sowohl das Werttreibermodell als auch die Balanced Scorecard (BSC) sowie das Excellence Modell der European Foundation of Quality Management (EFQM) sind relativ junge Instrumente aus dem Set von Systemen zur Leistungserfassung, die versprechen, die Umsetzung von Visionen und Strategien auf den verschiedenen Ebenen einer Organisation sicherzustellen.

Wenn man diese Konzepte nüchtern betrachtet und von ideologischem Beiwerk befreit, zielen alle Systeme darauf ab, den Wert des Unternehmens nachhaltig und dauerhaft zu steigern. Es handelt sich um differenzierte Managementprozesse zur Umsetzung von Unternehmenszielen auf die jeweils unteren hierarchischen Unternehmensebenen.

Die Grundprinzipien der Balanced Scorecard

Die BSC übersetzt die Vision und die Strategie in Ziele, Kennzahlen und Aktionsprogramme. In einer BSC soll im Kern die Strategie eines Unternehmens oder Unternehmensbereiches operationalisiert werden und mittels entsprechender Messgrößen zu überprüfen sein. Die Grundidee besteht darin, die finanziellen Ziele eines Unternehmens oder Geschäftsfeldes mit den Perspektiven der Kunden, der internen Prozesse und des Lernens strategie- und leitbildkonform zu verbinden (Kaplan/Norton 1997 sowie 2008). Statements wie »Service is our Success« werden zwar in der Praxis gern formuliert, wirken jedoch im besten Fall inspirierend auf Mitarbeiter und Führungskräfte. Energien lassen sich durch derartige Formulierungen genausowenig bündeln wie Leistungen messen.

Die BSC ist allerdings mehr als ein reines Kennzahlensystem. Sie bildet den Handlungsrahmen für einen Managementprozess, in dem die Strategie umgesetzt wird – oder wie Norton in einem Vortrag einmal formulierte als »der Strategie zweiter Teil«. »Balanced« bedeutet, dass vier wichtige Perspektiven gleichberechtigt betrachtet werden: die finanzwirtschaftliche Perspektive, die Kundenperspektive, die interne Prozessperspektive und die Lern- und Entwicklungsperspektive der Mitarbeiter und der Organisation. Diese vier Perspektiven sollen für ein Gleichgewicht zwischen kurzfristigen wirtschaftlichen Zielen und langfristigen Zielen zum Potenzialaufbau sorgen. Dadurch unterscheidet sich die BSC gravierend von kurzfristigen, manchmal sogar substanzvernichtenden Rationalisierungsprogrammen, wie sie aus reinen Shareholder-Value-Ansätzen folgen.

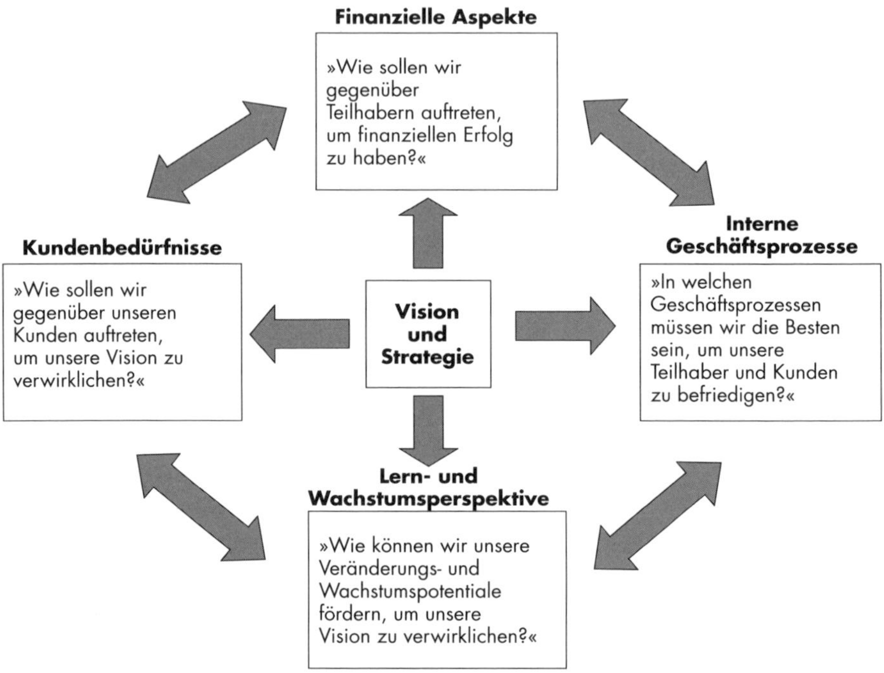

Abb. 55: Die BSC als Rahmen zur Umsetzung einer Strategie in operative Vorgaben (Kaplan/Norton 1997, S. 9)

Die Kennzahlen haben in der BSC nicht die nur die rückwärtsgewandte Funktion, Verhalten zu kontrollieren oder frühere Leistungen zu bewerten. Die Indikatoren der BSC sollen vielmehr individuelle, abteilungsbezogene und -übergreifende sowie unternehmensbezogene Aktivitäten auf ein gemeinsames Ziel ausrichten. Im Endeffekt geht es darum, das Unternehmen aus der Perspektive der Zukunft zu steuern und nicht mit dem Blick zurück in die Vergangenheit. So verstanden ist die BSC im von Kaplan und Norton beschriebenen Idealfall mehr ein System für Kommunikation und Lernen als ein reines Kontrollsystem.

Die vier Perspektiven der Balanced Scorecard

Die finanzwirtschaftliche Perspektive

Sie übernimmt meist die traditionellen Finanzkennzahlen, durch die Ergebnisse von Strategien in Rendite- und Unternehmenswertdimensionen abgebildet werden. Beispiele sind das EBIT, EBITA, die Kapitalrendite, das Umsatzwachstum, Cash-flow, RoI, ROCE, Kostenkennzahlen, Liquiditäts- und Finanzierungskennzahlen, Bonitätsindikatoren, Übergewinnkennzahlen wie der Wertbeitrag und ähnliches mehr.

Die Kundenperspektive

Hier werden zuerst jene bestimmten Kunden- und Marktsegmente identifiziert, in denen das Unternehmen oder die jeweilige Geschäftseinheit erfolgreich sein soll. Daher werden unter dieser Dimension zumeist

- allgemeine und segmentübergreifende Kennzahlen wie Kundenzufriedenheitsparameter, Marktanteil, Kundenakquisition oder Kundenrentabilität sowie
- spezifische Kennzahlen für das jeweilige Segment wie Pünktlichkeit, besonders innovative Produkte oder maßgeschneiderte Lösungen identifiziert.

Die interne Prozessperspektive

Mit dieser Perspektive hat die Organisation jene kritischen Prozesse im Blick, die den größten Einfluss auf die Zufriedenheit der Kunden und den Erfolg des Unternehmens haben. Im Unterschied zu traditionellen Messsystemen richtet die BSC ihr Augenmerk nicht nur auf die Optimierung bestehender Prozesse, sondern mehr auf neue Prozesse, die ein Unternehmen aufbauen sollte, um mit wachsenden Erwartungen Schritt halten zu können. Eine diesbezügliche Überlegung könnte beispielsweise lauten: Was müssten wir tun, welche Schlüsselprozesse müssten wir verbessern, wenn unsere Kunden erwarten würden, dass wir unsere Leistungen künftig in der Hälfte der bislang zur Verfügung stehenden Zeit erbringen?

Ein zweiter wichtiger Aspekt ist die besondere Betrachtung von Innovationsprozessen. Um langfristig erfolgreich zu sein, kann es erforderlich werden, völlig neue Produkte und Dienstleistungen zu »erfinden«. Im Sinne Druckers geht es auch aus dieser Perspektive der BSC um die Frage »Tun wir die richtigen Dinge?« und weniger um den Optimierungsfokus »Tun wir die Dinge richtig?«

Die Lern- und Entwicklungsperspektive
Sie beachtet in besonderem Ausmaß die langfristigste Unternehmensperspektive: Durch den raschen Wandel ergibt sich für Kaplan und Norton, die Erfinder der BSC, auch ein besonderer Anpassungsbedarf bei Mitarbeitern, Systemen und Prozessen. Um ihn zu bewältigen, muss häufig in Weiterbildung, in Informationstechnologie und unterstützende Systeme investiert werden. Ebenso wie aus der Kundenperspektive werden auch aus der Lern- und Entwicklungsperspektive allgemeine Kennzahlen zur Zufriedenheit der Mitarbeiter, zur Weiterbildung, zur Fluktuation, zu Teamleistungen und spezielle im Wettbewerbsfeld wichtige neue Fähigkeiten wie etwa neue Mitarbeiterkompetenzen, Verfügbarkeit und Nutzung von Wissen und Expertise, neue technologische Infrastruktur und ähnliches mehr identifiziert und beobachtet.

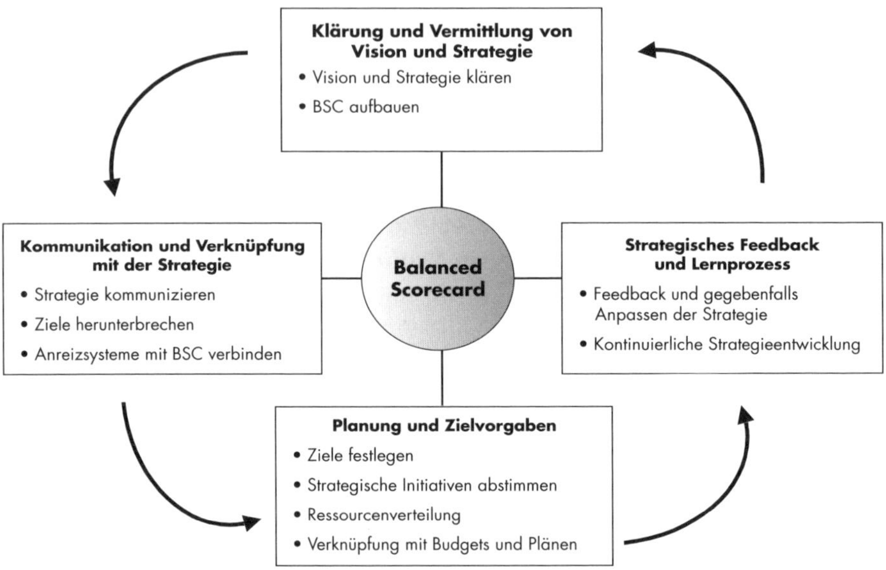

Abb. 56: Die Einführung der Balanced Scorecard

Entwicklung und Einsatz

Entwicklung und Einführung einer BSC erfolgen in den in Abb. 56 dargestellten Schritten (Kaplan/Norton 1997, S. 10).

Die Übersetzung in Messgrößen

Um mit Hilfe der BSC tatsächlich langfristige Strategien verfolgen zu können, muss das Management zunächst aus allen vier Perspektiven heraus drei Beobachtungsebenen einnehmen: Es schaut auf das strategische Ziel, die Messgröße und die konkrete Ausprägung und formuliert die jeweiligen gewünschten Ergebnisse. Nicht zuletzt wird damit gewährleistet, dass die Prioritäten der einzelnen Bereiche transparent werden und im besten Fall ausbalanciert werden können. Ohne ein derartiges Korrektiv neigen beispielsweise Ölfirmen zu einer Technologieorientierung, Konsumgüterunternehmen setzen häufig Marketingschwerpunkte, High-Tech-Unternehmen wiederum priorisieren Entwicklungsakzente und behandeln andere Bereiche »stiefmütterlich«.

Elf Kontrollfragen zur Auswahl geeigneter Messgrößen

- Kann an der Messgröße abgelesen werden, ob das angepeilte Ziel auch erreicht wurde?
- Wird damit das Verhalten der Mitarbeiter in die gewünschte Richtung beeinflusst, insbesondere wenn das Ziel als Management by Objectives-Ziel vereinbart wird?
- Liegt die Messgröße überwiegend im Einflussbereich der Zielverantwortlichen?
- Ist die Messgröße kurzfristig binnen eines Jahres zu beeinflussen oder kann dies nur längerfristig über einen Zeitraum von mehr als zwei Jahren geschehen?
- Gibt die Messgröße Ursache-Wirkungszusammenhänge wieder?
- Kann die Messgröße (derzeit) gemessen werden?
- Ist ein unmittelbarer Zusammenhang zwischen dem gewünschten Verhalten und der Veränderung der Messgrößen gegeben, gibt es eine Vielzahl anderer externer/interner Einflussfaktoren oder mehrere Stufen in der Wirkungskette?
- Wird die Messgröße derzeit gemessen?
- Gibt es Vergangenheitswerte?
- Wird die Messgröße im heutigen Reporting gegenüber den Zielverantwortlichen verwendet?
- Ist die Messgröße formal und inhaltlich auf die übergeordnete Messgröße abgestimmt?

Kommunizieren und Verknüpfen

Stehen die Messgrößen für die BSC fest, sollte die gesamte BSC im Unternehmen durch verschiedene Medien wie Firmenzeitschriften, Workshops, Informationsveranstaltungen, Mailings, Videos und ähnliches mehr kommuniziert werden. Ein zentraler Aspekt ist, immer die Verknüpfung zwischen den strategischen Zielen und den zum Teil neuen Messgrößen herzustellen. Ansonsten entsteht sehr schnell die Gefahr, dass die Balanced Scorecard den strategischen Aspekt verliert und schlicht

	Strategisches Ziel	Messgröße	Konkrete Ausprägung
Finanzielle Perspektive: Wie sollen wir aus Kapitalgebersicht dastehen?	• ROCE über dem Branchendurchschnitt • Schneller als der Markt wachsen • Cash-flow steigern	• Return on Capital Employed (ROCE) • Umsatzwachstum • Discounted Free-Cash-Flow	• ROCE über 24% • Wachstumsrate von über 13% • Zuwachs von plus 15% p.a.
Kundenperspektive: Wie sollen wir aus Kundensicht dastehen?	• Innovator-Image • Preis-Leistungs-Verhältnis hervorragend • Vorzugslieferant sein	• Umsatzanteil neuer Produkte und Dienstleistungen • Kundenbewertung • Umsatzanteil durch Stammkunden	• Anteile von Leistungen, die jünger als zwei Jahre sind, über 60% • Nummer eins bei mind. 60% der Kunden • Anteil über 50%
Prozessperspektive: Mit welchen Prozessen müssen wir Hervorragendes leisten?	• Frühes Einwirken auf die Kundenanforderungen • Entwicklung des Regionalmarktes A • Schnelle HW-Installation • Überragendes Projektmanagement	• Beratungsstunden für Kunden vor Eröffnung des Angebotsprozesses • Anzahl Neukunden in Region A • Arbeitstage zwischen Auftragserteilung und Hardwareinstallation • Anteil Projekte ohne Kostenüberschreitung	• Anstieg um 5% p.a. • Anstieg um 30% p.a. • 90% unter zehn Arbeitstagen • 90%
Mitarbeiter-/ Lernperspektive: Wie können wir flexibel u. verbesserungsfähig bleiben?	• Kontinuierliche Verbesserung • Hohe Mitarbeiterzufriedenheit	• Halbwertszeitindexwert • Index Mitarbeiterzufriedenheit • Anzahl Verbesserungsvorschläge je Mitarbeiter	• Jährl. Verbesserungen um über 10% • Zufriedenheitsindex über 80% • Mehr als 20 Vorschläge pro Mitarbeiter

Abb. 57: Beispiel für die »Übersetzung« von Strategien in Messgrößen im Rahmen einer BSC

als neues Reportingsystem verstanden wird. Der wichtigste Teil dieses Kommunikationsprozesses besteht darin, das BSC-Zielsystem auf alle Ebenen des Unternehmens herunterzubrechen:

- auf Eigentümerebene,
- auf der Ebene der Geschäftsfelder und -einheiten,
- auf der Ebene der Dienstleistungsbereiche,
- sowie an alle Teams und Einzelpersonen.

Dabei werden für die einzelnen Geschäftsbereiche und Querschnittfunktionen jene Ziele ausgewählt und konkretisiert, die für ihre Steuerung relevant sind.

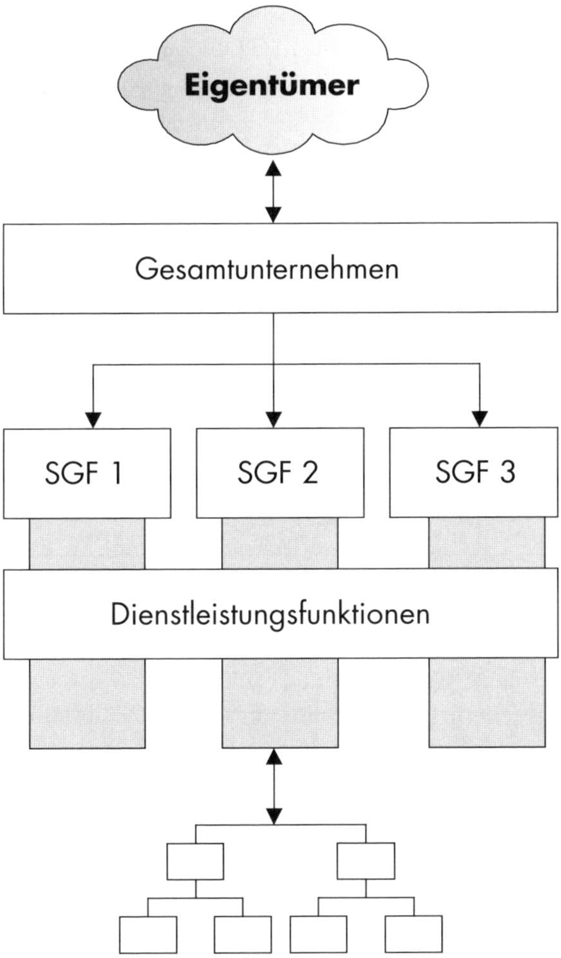

Abb. 58: Die Übersetzung der BSC auf unterschiedliche Unternehmensebenen

Der Businessplan

Häufig bestehen Strategien, Planung und Budgetierung nebeneinander und sind weder konzeptionell noch real miteinander verknüpft. Oft ist die Budgetierung kurzfristig angelegt und unzureichend mit den strategisch erforderlichen Investitionen für den Aufbau von Potenzialen verbunden. Ziele werden auf der Grundlage von vergangenheitsbezogenen Daten einzelner Abteilungen und Geschäftsbereiche fortgeschrieben und selten mit potenzialorientierten Werttreibern verbunden. Die BSC ist eine gute Grundlage, um diese Verknüpfung herzustellen.

- Anspruchsvolle Ziele setzen: Die durch die BSC unterstützte Ausrichtung auf quantifizierbare Größen ermutigt Führungskräfte, sich mittelfristig Ziele zu setzen, mit denen sie bisherige Grenzen durchbrechen.
- Maßnahmenbündel identifizieren: Die BSC hilft, jene Maßnahmen auszuwählen und zu bevorzugen, mit denen sich gesteckte Ziele am ehesten erreichen lassen.
- Verbindung zur Ressourcenplanung herstellen: Aus der BSC lassen sich bereits für das »Jahr 1« Budgetprioritäten ableiten, die in eine langfristige Investitionspolitik eingebunden sind.
- Ziele und Budgets für das kommende Jahr setzen: Für das kommende Jahr sind »Messlatten« und »Meilensteine« zu definieren, damit man alle BSC-Perspektiven überprüfen kann.

Strategisches Feedback

Durch die notwendige Reduktion der Komplexität entsteht im strategischen Managementprozess immer wieder die Gefahr, die falschen Ereignisse, Phänomene und Faktoren zu beobachten. Daher ist es wichtig, im Rahmen einer strategischen Überprüfung den Blick immer wieder zu öffnen und externe wie interne Entwicklungen so breit wie möglich zu betrachten. Diese Überwachung fungiert wie ein »strategisches Radar«, das die Umwelt möglichst flächendeckend auf für das Unternehmen relevante Informationen untersucht.

Durch den strategischen Überblick der BSC wird nicht nur offensichtlich, ob Ziele erreicht wurden. In diesem Rahmen werden auch Diskussionen darüber möglich, ob einmal getroffene Grundannahmen und Erwartungen nach wie vor ihre Gültigkeit haben oder revidiert werden müssen. In diesem Sinne ermöglicht die BSC das von Steinmann und Schreyögg geforderte »strategische Monitoring« (Schreyögg/Steinmann 1985).

Sie bietet die Möglichkeit, sehr zeitnah die Wirksamkeit der Strategie zu beobachten und sie an veränderte Umstände anzupassen oder sogar grundlegend zu ändern. Welche Handlungen haben sich bewährt? Sind die ursprünglich formulierten Ziele noch geeignet, unsere Strategien zu erreichen, oder müssen Anpassungen vorgenommen werden? Stimmt das in der Strategie-Landkarte formulierte Geschäftsmodell noch? Damit wird die BSC zur Grundlage eines strategischen Lernprozesses.

Das Beispiel Metro Bank
Die US-amerikanische Metro Bank, tätig im Privatkundengeschäft, deckte 30 Prozent ihres regionalen Marktes ab. Zunehmende Deregulierung, schärfer werdender Wettbewerb und ein sinkendes Zinsniveau ließen allerdings Zweifel daran aufkommen, ob das Privatkundengeschäft weiterhin aufrechtzuerhalten sei. Eine strategische Analyse zeigte indes, dass die Bank eine ungünstige Kostenstruktur aufwies, dass sie aber gleichzeitig auf das Privatkundengeschäft angewiesen war. Neben Effizienzverbesserungen entschied man sich für die Strategie, die Umsatzbasis stark zu verbreitern. Zur Umsetzung der Strategie wurde die abgebildete Balanced Scorecard eingesetzt.

Die Momentaufnahme einer Balanced Scorecard (BSC) wie bei der Metro Bank (s. Abb. 59) vermittelt das Bild eines sehr stark top-down-orientierten Planungsprozesses. Im Ablauf des Praxisgeschehens zeigt sich indessen, dass sie Bestandteil eines strategischen Lernprozesses ist, der für Bottom-up-Impulse ebenso aufnahmefähig sein sollte. Die BSC unterstützt diesen Prozess, indem sie einen gemeinsamen strategischen Bezugsrahmen liefert sowie bisher verborgene strategische Grundannahmen kommunizierbar und strategische Veränderungsprozesse beobachtbar macht.

Auf diese Weise werden auch Fragen aufgeworfen, über die innerhalb des Unternehmens nur scheinbar Einigkeit herrscht. Bei der Metro Bank etwa standen sich die Annahmen: »Mehr Gesamtumsatz ist vor allem mit mehr Kunden erreichbar« und »Mehr Gesamtumsatz ist vor allem mit mehr Umsatz pro Kunden erreichbar« gegenüber. Das Kommunizieren und Testen von Annahmen über Ursache-Wirkungsbeziehungen ist die Grundlage für ein höherstufiges Lernen (Double-loop-Learning) eines Unternehmens. Die Qualität eines Managementprozesses, der durch die BSC eingeleitet wird, bemisst sich daher nicht nach dem Grad der Erfüllung der Planzahlen, sondern nach der Fähigkeit, einen Veränderungsprozess voranzutreiben.

Das Werttreiberkonzept

Das Werttreibermodell wurde von der Daimler AG in Zusammenarbeit mit der Unternehmensberatergruppe Arthur Andersen entwickelt. Es versucht, in einem Geschäftsmodell jene Einflussgrößen zu identifizieren, die eine Steigerung des Unternehmenswertes – meist mittels einer Übergewinnkennzahl ermittelt – versprechen. Diese »Stellhebel« des Unternehmenswertes sind die Werttreiber,

- die einen maßgeblichen Einfluss auf das wirtschaftliche Ergebnis von Funktionen und Prozessen ausüben,
- das Ziel nachhaltiger Wertsteigerung mit dem operativen Geschäft verbinden,
- konkret handhabbare Größen des täglichen Geschäfts sind und die etablierten monetären Steuerungsgrößen ergänzen.

	Strategische Ziele	Strategische Maßnahmen	
		ergebnisorientiert	*werttreiberorientiert*
Finanzbereich	▪ Gewinne steigern ▪ Umsatzbasis verbreitern	▪ Return on Investment ▪ Umsatzbasis ▪ Umsatzwachstum	
Kunden	▪ Kundenzufriedenheit erhöhen ▪ bequemer Zugang ▪ überlegener Service	▪ Kundenbindung ▪ Beziehungsintensität	▪ Erhebung der Kundenzufriedenheit
intern	▪ unsere Kunden verstehen ▪ innovative Produkte gestalten ▪ Cross-Selling	▪ Marktsegmentanteil ▪ prozentualer Anteil der Erlöse aus neuen Produkten ▪ verkaufte Produkte pro Haushalt (Cross-Selling Ratio)	▪ Produktentwicklungszyklus ▪ mit Kunden verbrachte Zeit
Wissen und Innovation	▪ strategische Informationen erheben ▪ strategische Fähigkeiten entwickeln ▪ Ressourcen bündeln ▪ Mitarbeitereffektivität	▪ Umsatz pro Mitarbeiter ▪ Zufriedenheit der Mitarbeiter	▪ Verfügbarkeit strategischer Informationen ▪ Basis strategischer Fähigkeiten und Qualifikationen (Strategic Job Coverage) ▪ Ausrichtung persönlicher Ziele

Abb. 59: Die Balanced Scorecard der Metro Bank. Quelle: Kaplan/Norton 1996. Zusammengefasst von Alexander Nicolai, Universität Oldenburg

Der Werttreiberprozess

Die Phase der Identifikation

Jede Form von Steuerung erfordert vorerst eine konzeptionelle Vorstellung über das Geschäftssystem, eine Verständigung darüber, welche Faktoren welche Resultate bewirken. Das Werttreibermodell bezieht sich auf unterschiedliche Konzepte:

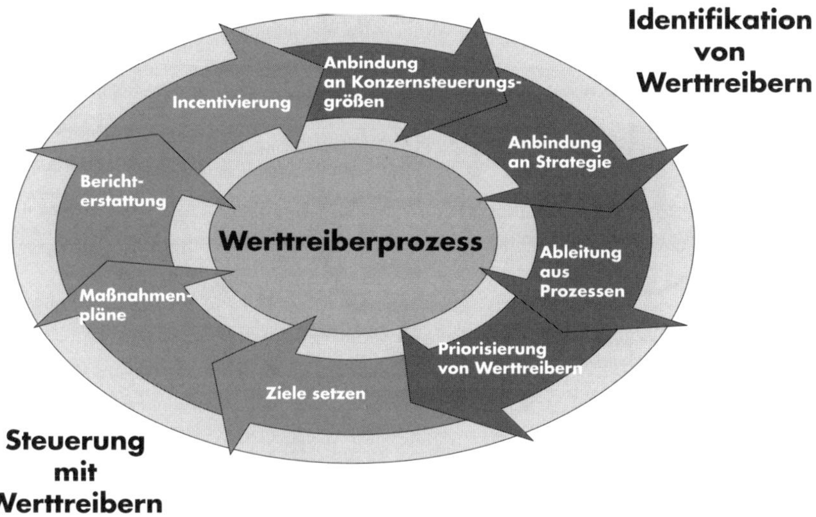

Abb. 60: Der Werttreiberprozess

Die Anbindung an Steuergrößen und an die Strategie
Ausgehend von Vision, Mission und Unternehmensstrategie werden sogenannte »kritische Erfolgsfaktoren« herausdestilliert. Dabei handelt es sich in der Tradition von Gälweiler (1987) um »Vorsteuergrößen«, denen ein wesentlicher Einfluss darauf zugeschrieben werden kann, ob die strategischen Ziele erreichbar sind.

Gleichzeitig wird auf der operativen Basis bestehender finanzieller Kennzahlen untersucht, welche dieser Kennzahlen die »Wertgeneratoren« sind. Beispiele für derartige Wertgeneratoren sind etwa die Produktivität pro Mitarbeiter oder der durchschnittliche Tagsatz pro Mitarbeiter.

Die Ableitung aus Prozessen
Schließlich werden die Geschäftsprozesse mit der Brille der Werttreiberlogik betrachtet: Wie müssen Geschäftsprozesse gestaltet sein, damit sie einerseits die operativen Wertgeneratoren und andererseits die strategischen Erfolgsfaktoren positiv beeinflussen? In der Praxis ergeben sich nicht selten begriffliche Abgrenzungsprobleme: Ist zum Beispiel der Marktanteil ein kritischer Erfolgsfaktor, eine Kennzahl oder schon ein Werttreiber? In einem Werttreiberprozess ist es für eine Organisation daher erforderlich, sich auf eine Definition zu einigen.

Bevor man sich dabei zu sehr in semantische Diskussionsschleifen einlässt, hilft manchmal das pragmatische Motto »Richtig ist, was wichtig ist«.

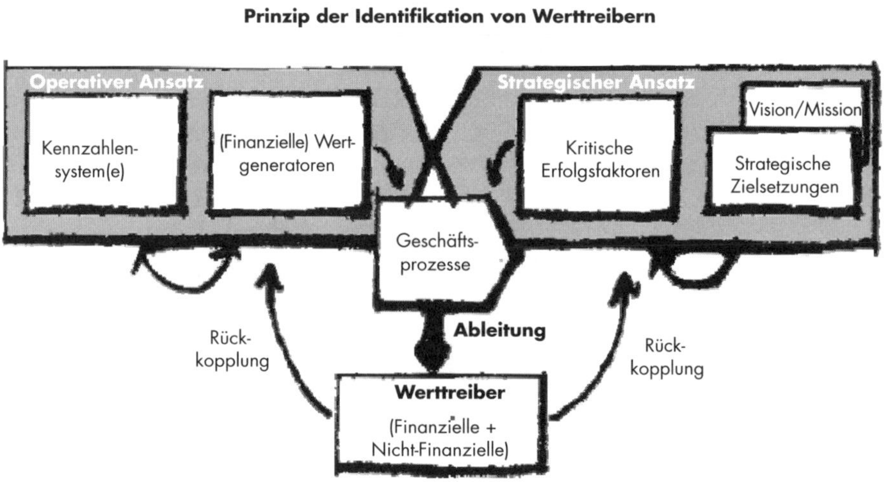

Abb. 61: Identifikation von Werttreibern (Daimler AG, Corporate Controlling)

Die Priorisierung von Werttreibern
Auf Basis dieser strategischen und operativen Bezugsgrößen werden Werttreiber benannt, die den größten Einfluss auf die Geschäftsprozesse, auf die kritischen Erfolgsfaktoren und die Wertgeneratoren ausüben. Bei der Auswahl von 15 bis maximal 20 Werttreibern ist natürlich auch relevant, ob sie von der untersuchten Organisationseinheit auch tatsächlich beeinflusst werden können.

Die Phase der Steuerung

Während der erste Teil, die Identifikation von Werttreibern, eine Besonderheit darstellt, wird der zweite Teil als standardisierter Managementprozess beschrieben: Ziele setzen, Maßnahmen festlegen, die Umsetzung beobachten und Anreize für das Erreichen der Ziele schaffen. Die Integration der Werttreiber in die Zielvereinbarungen erweist sich in der Praxis jedoch als sensible Angelegenheit. Leider ist es eine weitverbreitete Illusion zu glauben, dass es ausreicht, die Wirkungsketten nur technisch sauber in Zielvereinbarungen zu übersetzen. Wir empfehlen, dem trivialen Versprechen einer Steuerung über Werttreiber nicht ganz zu trauen und die Reaktionen und Auswirkungen in den einzelnen Unternehmenseinheiten sorgfältig zu beobachten.

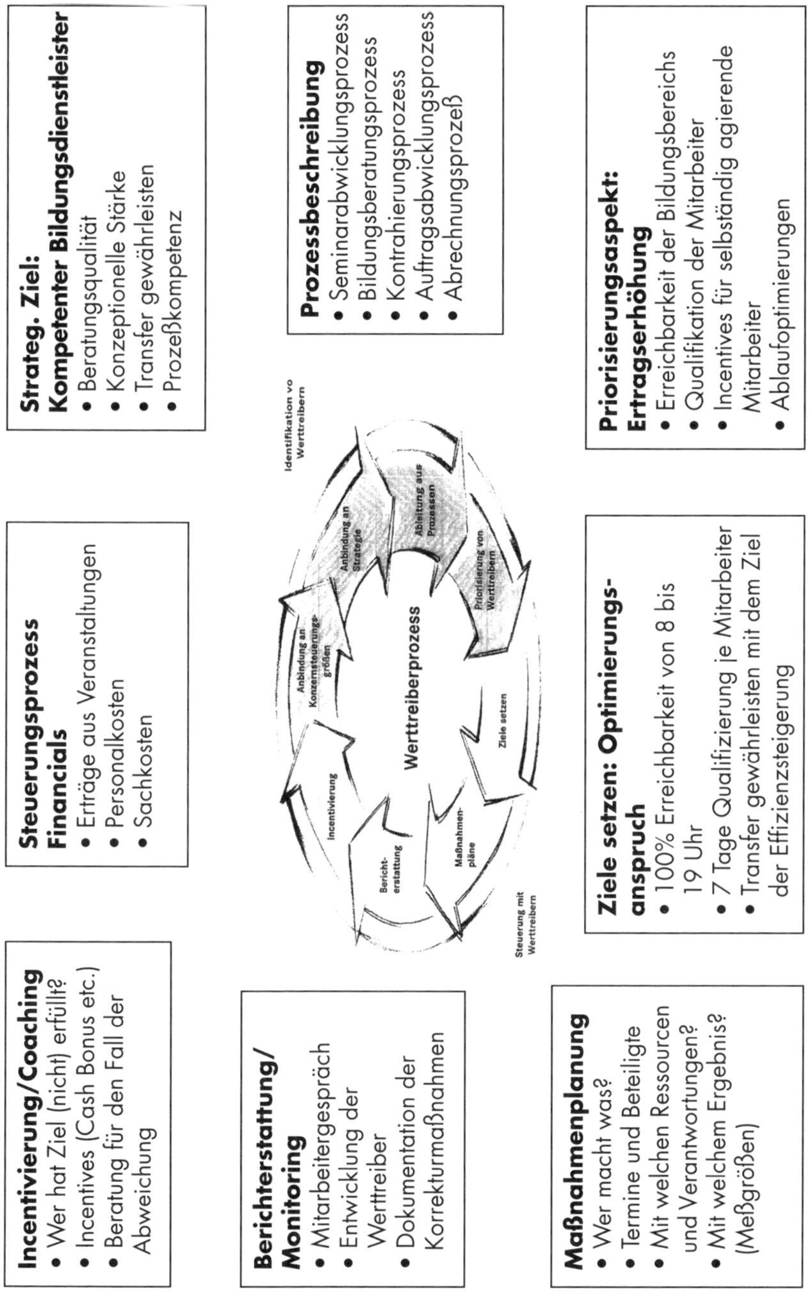

Abb. 62: Elemente eines Werttreiberprozesses im Bildungsbereich

Das EFQM-Excellence Modell

Das Excellence Modell der EFQM (European Foundation of Quality Management) bietet aufeinander abgestimmte Beobachtungskriterien zur kritischen Analyse des eigenen Unternehmens. Ziel ist, Stärken und Verbesserungspotenziale zu erkennen, was letztendlich dazu führt, dass die Fortschritte in den vereinbarten Veränderungsprozessen konsequent geplant und überwacht werden können. Das Modell basiert auf zwei Grundkriterien: den Befähigerkriterien (»enabler«) und den Ergebniskriterien (»results«).

Mit den Befähigerkriterien kann man untersuchen, wie ein Unternehmen vorgeht, um seine Vision umzusetzen. Sie werden in fünf Unterkriterien unterteilt:

- Führung,
- Mitarbeiterorientierung,
- Politik und Strategie,
- Partnerschaften und Ressourcen,
- Prozesse.

Mit den Ergebniskriterien wird beobachtet und bewertet, was ein Unternehmen auf dem Weg zu seiner Vision nachvollziehbar erreicht hat. Die Ergebnisseite besteht aus vier Unterkriterien:

- mitarbeiterbezogene Ergebnisse,
- kundenbezogene Ergebnisse,
- gesellschaftliche Verantwortung und Ergebnisse,
- Geschäftsergebnisse.

Zwischen den einzelnen Kriterien besteht im EFQM-Modell ein kausaler Zusammenhang: Die Zufriedenheit von Kunden und Mitarbeitern sowie die gesellschaftliche Verantwortung liegen in den Händen des Managements, welches die Politik und Strategie, eine geeignete Mitarbeiterorientierung sowie das Management der Ressourcen und Prozesse vorantreibt, was letztendlich zu exzellenten Geschäftsergebnissen führen soll. Das ist eine Gemeinsamkeit mit dem BSC-Modell von Kaplan und Norton. In deren Modell ist eine hohe Innovations- und Lernfähigkeit einer Organisation Voraussetzung für optimal abgestimmte Prozesse, die wiederum für die Befriedigung der Kundenbedürfnisse Bedingung sind, was zu hohen Umsätzen und Preisführerschaft – und damit finanziellem Erfolg – führt.

Die Kriterien der Ergebnisseite werden durch die Kriterien auf der Befähigerseite getrieben. Jeder der neun Bereiche kann herangezogen werden, um den Fortschritt des Unternehmens auf dem Weg zur »Excellence« zu beurteilen.

Jedes der Hauptkriterien wiederum besteht aus einer Vielzahl von detaillierten Unterpunkten. Jedem Hauptkriterium und allen Unterpunkten ist eine Punkteanzahl zugeordnet. In einer aufwendigen Selbstbewertung wird vom Unternehmen eine Standortbestimmung vorgenommen: In welchen der vom EFQM-Modell abgebildeten Dimensionen sind wir als Unternehmen gut gerüstet und wo haben wir Handlungsbedarf?

Das Excellence-Modell kann auch als Grundlage für ein Fremdbeobachtungssystem genutzt werden. Wer sich mit anderen Unternehmen der gleichen oder fremder Branchen vergleichen will, kann sich am EFQM-Award beteiligen. Externe Auditoren, die von der EFQM-Organisation in Brüssel akkreditiert sind, bewerten das Unternehmen auf seine »Excellence«. Durch die Möglichkeit einer externen Bewertung wird das EFQM-Modell zusätzlich zu einem Benchmarking-System. Inzwischen gibt es sogar auch »Branchen-Awards« für Non-Profit-Bereiche wie Stadtverwaltungen, Krankenhäuser und Schulen.

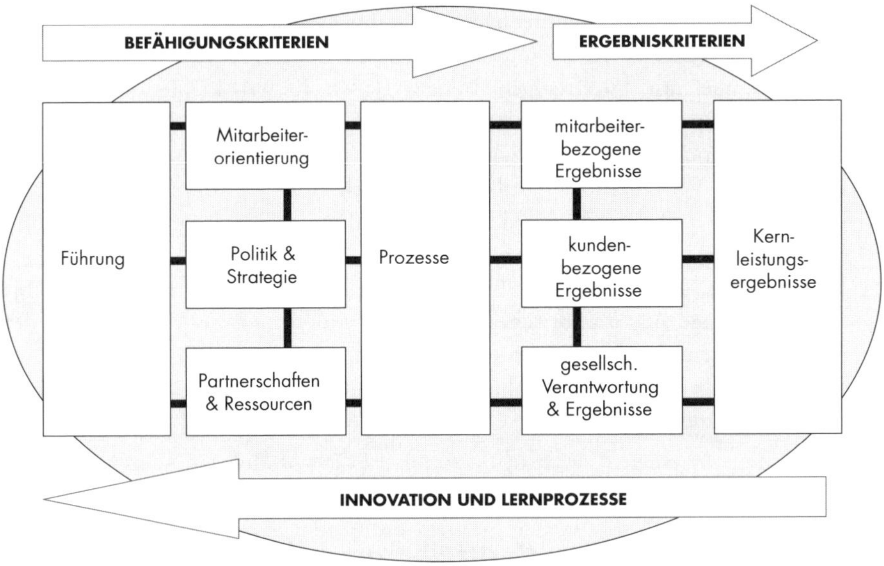

Abb. 63: Das EFQM-Modell

Abgrenzungen der wertorientierten Steuerungssysteme

Die Besonderheiten der Balanced Scorecard

- Durch seine vier Perspektiven ermöglicht es dieser Ansatz, auch komplexe Ursache-Wirkungszusammenhänge zu erkennen. Durch die starke Orientierung auf objektiv messbare Kennzahlen regt die BSC schon bei deren Entwicklung stark zu Diskussionen an.

- Die BSC kommt mit weniger Beobachtungsdimensionen als das EFQM-Modell aus und unterstützt so eine Fokussierung der Beobachtungen und der Steuerungsenergie.
- Die Balanced Scorecard lässt sich genau auf die jeweiligen Bedürfnisse des Unternehmens anpassen. Sie kann deshalb auch für alle Management- und Hierarchieebenen im Unternehmen unterschiedlich detailliert ausgearbeitet werden.
- Durch die prinzipiell mögliche Einbeziehung zusätzlicher Beobachtungskriterien können auch andere Prioritäten – wie zum Beispiel Technologieentwicklung oder Umweltschutz – in die Beobachtung aufgenommen werden.
- Die naheliegende Integration einer Balanced Scorecard in ein bestehendes Berichtswesen mit kurzfristigen Berichtszyklen fördert kleine und schnelle Regelkreise und Lernimpulse. Andererseits entsteht dadurch die Gefahr, dass die Organisation durch die eng aufeinander folgenden Berichtsroutinen immunisiert wird. Veränderungsimpulse laufen nach einer Gewöhnungsphase nicht selten Gefahr, aus dem Blickfeld der Entscheidungsträger zu verschwinden und dadurch ihre Steuerungsrelevanz zu verlieren.
- Mit dem BSC-Ansatz ist das Übersetzen von Unternehmenszielen in Ziele bis auf die kleinste organisatorische Einheit gut möglich. Eine Verknüpfung der Anforderungen des Unternehmens mit dem Eignungsprofil konkreter Mitarbeiter durch Personalentwicklungsmaßnahmen im Rahmen des Mitarbeitergesprächs drängt sich bei der BSC nahezu auf (vgl. Nagel u. a. 1999).

Die Besonderheiten des Werttreibermodells

- Das Wertreibermodell ist der konzeptionell offenste Ansatz. Ausgehend vom Wertbeitrag wird das Steuerungssystem an das jeweilige Businessmodell angepasst. Inhaltliche »Muss-Kriterien« gibt es kaum, wenn man von der impliziten Grundannahme der Prozessorientierung als dominantes Organisationsprinzip absieht.
- Von allen Konzepten ist die Konzentration auf den »Shareholder Value« beim Werttreibermodell am dominantesten. Das Geschäftsmodell ist auf die Steigerung des Unternehmenswertes ausgerichtet, alle anderen Aspekte wie die Beziehung zu wichtigen Anspruchsgruppen, etwa gesellschaftlichen Organisationen, den Kunden, den Kapitalgebern oder den Mitarbeitern sind für das »werttreibende« Management letztlich nachrangig.

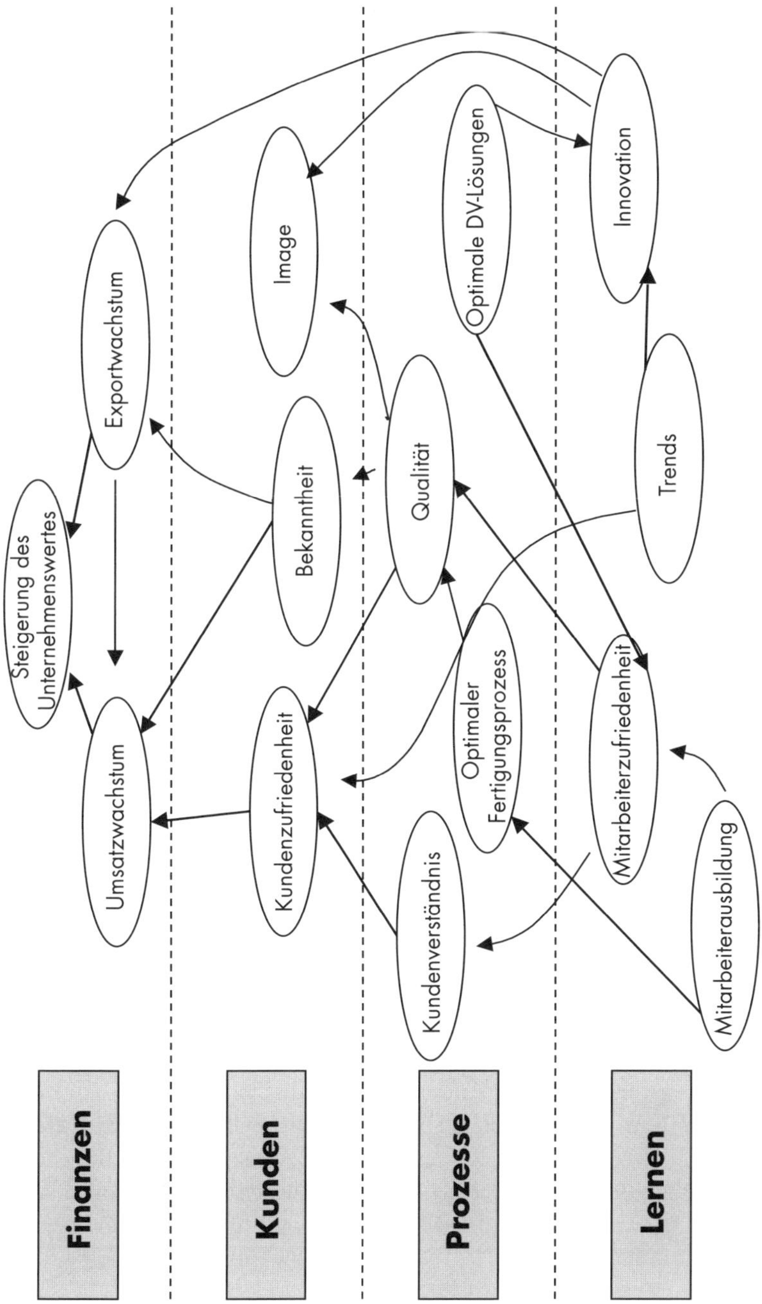

Abb. 64: Ursache-Wirkungszusammenhang (»Strategiebaum«)

- Ähnlich wie die BSC ist eine kurzfristige Messung der Leistungen einzelner Werttreiber sinnvoll und möglich. Das Modell ist daher gut geeignet, frühzeitige und schnelle Reaktionen auf Abweichungen sicherzustellen.
- Im Unterschied zur BSC oder zur Selbstbeobachtung nach EFQM ist eine ebenenspezifische Einführung und Steuerung des Werttreibermodells schwierig. Ein Werttreiberprozess umfasst nicht selten drei bis vier Hierarchieebenen und ist daher von einer traditionellen Hierarchiestruktur nicht leicht steuerbar. Schnittstellenprobleme zwischen Prozessverantwortlichen und der traditionellen Linie sind kaum vermeidbar und führen in der Praxis zu nicht unerheblichen Schwierigkeiten.

Die Besonderheiten des EFQM-Modells

- Durch die vorgegebene Struktur der Bewertung sind die Punktezahlen der einzelnen Kategorien für einen Vergleich mit anderen Unternehmen gut geeignet. Auch die Gesamtpunktzahl wird oft als Benchmark herangezogen.
- Das Schema der Unternehmensbeurteilung ist bei EFQM mit vielen Details konkreter vorgegeben als bei den beiden anderen Modellen, womit eine Anpassung an unternehmensspezifische Strukturen aufwendiger ist.
- Im EFQM-Modell kann bei einer Teilnahme am European Quality Award-Prozess eine Bewertung durch externe Assessoren erfolgen. Diese durchleuchten das Unternehmen. Dadurch können zwar neue Perspektiven entstehen, die Selbstverantwortung des Managements und der Mitarbeiter für den permanenten Lernprozess wird dadurch jedoch nicht unbedingt gefördert.
- Das meist nur in größeren zeitlichen Abständen stattfindende externe Audit kann dazu führen, dass die definierten Regelkreise entsprechend langsamer als bei der Balanced Scorecard oder beim Werttreiberkonzept durchlaufen werden. Die schnellen rückkoppelnden Lernimpulse sind in der Praxis nicht immer gegeben.

Die Gemeinsamkeiten wertorientierter Steuerungsinstrumente

- Obwohl aus unterschiedlichen Denktraditionen kommend, weisen die drei Steuerungsmodelle nicht wenige Gemeinsamkeiten auf. Insbesondere versuchen sie, verschiedene als relevant betrachtete Steuerungsdimensionen in einem Beobachtungssystem zu vernetzen und zu integrieren.
- Die Basis aller drei Konzepte ist eine explizite Strategie oder Vision. Beim EFQM-Modell wird jedoch lediglich das Vorhandensein einer Strategie evaluiert.

Eine inhaltliche Ankoppelung an die konkreten strategischen Festlegungen des Unternehmens findet bei EFQM so nicht statt. Das heißt, den EFQM Kriterien wird im Wesentlichen eine strategie- und unternehmensunabhängige Gültigkeit zugeschrieben. Diese Unternehmensstrategie soll sich in jeder einzelnen Business Unit und in jedem Prozessablauf des Unternehmens spiegeln.

- Alle Modelle fordern eine kontinuierliche Verbesserung der Prozesse des Unternehmens. Dadurch soll gewährleistet werden, dass permanente Optimierung stattfindet.
- Eine weitere Gemeinsamkeit liegt darin, dass schon bekannte, aber aus unterschiedlichen Traditionen herrührende Managementansätze wie Qualitätsmanagement, Controlling, Management by Objectives oder der Human Resources-Ansatz integriert werden. Dies kann zu Synergieeffekten zwischen häufig isolierten Spezialbereichen eines Unternehmens oder zwischen verschiedenen Prozessen führen. Andererseits ist damit eine Steuerungskomplexität verbunden, die hohe Anforderungen an die Implementierung und an eine wirksame Steuerungspraxis stellt.
- Wesentlich ist auch die regelmäßige Beobachtung und Bewertung nach gleichbleibenden Kriterien. Das Management hat mit jedem dieser Konzepte ein Werkzeug zur Verfügung, um die Ursache für positive oder negative Entwicklungen rechtzeitig zu erkennen und entsprechend gegenzusteuern. So können Trends, aber auch Abweichungen schnell erkannt werden.
- Keines der Modelle ist dogmatisch starr konzipiert. Eine Anpassung an die spezifischen Gegebenheiten des jeweiligen Unternehmens ist möglich, ja sinnvoll und erforderlich.
- Ebenso legen diese Controllingsysteme stärker als die älteren Systeme auf die Entwicklung der Mitarbeiter ausdrücklich Wert. Die Verknüpfung der jeweiligen Steuerungslogik mit dem Instrument des Mitarbeitergespräches und leistungsabhängigen Entlohnungssystemen ist sinnvoll.
- Letztlich ist allen Modellen gemeinsam, dass ihre Einführung mit nicht zu unterschätzenden Kosten verbunden ist. Denn neben quantifizierbaren Kosten sind auch soziale Kosten zu berücksichtigen. Widerstände gegen jedes Steuerungssystem sind in der Praxis eher die Regel als die Ausnahme. Daher ist ein sorgfältig geplanter Implementierungsprozess Voraussetzung dafür, dass diese komplexen Instrumente überhaupt wirksam werden können.

Grenzen der wertorientierten Steuerungsinstrumente

Steuerungssysteme beziehen einen Gutteil ihrer Attraktivität aus der Tatsache, dass sich das Topmanagement ein einfaches »Navigationsinstrument« verspricht, mit dessen Hilfe sich strategisch erwünschte Verhaltensweisen von Unternehmensteilen und Mitarbeitern sicherstellen lassen. Diese Erwartung gründet sich auf einem geschlossenen kybernetischen Steuerungsmodell, das vielen Führungskräften aus der Technik vertraut ist. Wie schon früher erläutert, funktioniert eine solche »triviale Maschine« nach einem einfachen Ursache-Wirkungsmodell (Foerster 1981, 1984 und 1993). Durch die Wahl der richtigen Inputs, die in einem kausalen Lösungsverhältnis zu der vermuteten Ursache eines Problems stehen, kann die »Unternehmensmaschine« gesteuert werden. Eine Identifikation der richtigen »Stellhebel« der Steuerung und eine entsprechende hierarchische Anweisung bewegt die »Maschine« in die erwünschte Richtung.

Dass diese etwas naive Hoffnung mancher Führungskräfte in der Organisationsrealität vielfach enttäuscht wird, haben wir im einführenden Kapitel über die Steuerungslogik nichttrivialer strukturdeterminierter Systeme ausführlich beschrieben.

Das Dilemma »auf dem Feldherrnhügel«

Wie dort schon ausgeführt, basieren hierarchische Strukturen auf der Prämisse, dass der an der Spitze den besten Überblick hat. Dieses »Feldherrnhügelmodell« setzt voraus, dass der oberste Befehlshaber »mit starker Hand« alles »im Griff« hat und dass die Mitarbeiter ihre Autonomie nicht nutzen. Dieser Verzicht auf Autonomie und damit die Rückkehr zur Annahme einer trivialen Berechenbarkeit ist jedoch nur mit drastischen Sanktionsmitteln wie etwa dem Militärstrafgesetz im Kriegsfall oder dem Ausschluss aus einer das Seelenheil versprechenden Glaubensgemeinschaft wahrscheinlich. Derartige Sanktionsmittel stehen im Unternehmensalltag eher selten zur Verfügung.

Führungskräfte sind mit der Paradoxie konfrontiert, dass Dritte wie ein Vorstand, ein Aufsichtsrat oder andere übergeordnete Führungsebenen ihnen die Verantwortung für das Verhalten hochkomplexer Systeme zuschreiben und entsprechende Erfolge erwarten. Gleichzeitig können diese Teilsysteme nicht mit einfachen Ursache-Wirkung-Interventionen beeinflusst werden. Denn jeder Versuch der Einflussnahme trifft auf eine soziale Situation mit historischem Hintergrund und auf die Eigeninteressen der handelnden Personen. Im Extremfall definiert jeder für sich, was sein Ziel ist und wann er dieses Ziel erreicht hat.

Steuerungssysteme stehen stets und nicht immer zu Unrecht im Verdacht, in erster Linie zur strafferen Kontrolle der »unteren Ebenen« zu dienen. Sobald die Hierarchie sich aber zu sehr in die Details einmischt, sind Widerstände absehbar. Die »unteren Ebenen« haben in der Regel gelernt, die Durchgriffsmöglichkeiten von »oben« möglichst gering und die eigenen Spielräume möglichst groß zu halten.

Steuerungssysteme stehen daher stets im Spannungsfeld des Autonomiebestrebens der Teilsysteme einerseits und des Bedürfnisses der Spitze nach einem abgestimmten und fokussierten Ressourceneinsatz im Gesamtinteresse des Unternehmens andererseits. Die Herausforderung der Steuerung besteht darin, sinnvolle Formen der Selbst- und Fremdbeobachtung einzuführen, ohne zuviel Abwehr der nach Intransparenz strebenden Sozialsysteme auszulösen. Es geht im Grunde also darum, diese soziale Situation so zu beeinflussen, dass bei der Implementierung eines Steuerungssystems qualitativ andere Formen der Kommunikation zwischen den Hierarchieebenen entstehen können. Im Schlusskapitel über die Implementierung von strategischen Steuerungsinstrumenten haben wir unsere praktischen Erfahrungen über die eine erfolgversprechende Prozessarchitektur zusammengefasst. Dort wird ausgeführt, dass die sorgfältige Implementierung und kontinuierliche Pflege eines Steuerungssystems an der Schnittstelle zwischen Strategieentwicklung und -umsetzung die »halbe Miete« auf dem Weg zum Erfolg ist.

Der Lohn der Mühe

Man sollte allerdings nicht übersehen, dass diese Systeme mit einem nicht zu unterschätzendem Aufwand verbunden sind. Wer beispielsweise Erfahrungen mit Zertifizierungsverfahren und ihrem hohen formalen Aufwand gemacht hat, wird sich die Frage nach der Kosten-Nutzen-Relation bei jedem neuen Controllingsystem stellen. Denn neben monetären Kosten sind auch die erwähnten sozialen Kosten zu berücksichtigen.

Der zentrale Nutzen liegt aus unserer Sicht darin, dass durch diese Beobachtungssysteme ein Unternehmen aus der Perspektive der Zukunft führbar wird. Normalerweise wird eine Organisation von den Vergangenheitsproblemen beeinflusst. Was viele Organisationen in ihrem Handeln treibt, sind die Probleme, die gestern entstanden sind und heute spürbar werden. Die strategiegeleiteten Instrumente sowohl der Werttreiber als auch der BSC sind ein wirksamer Ansatz, nicht »mit dem Rückspiegel in die Zukunft« zu blicken, sondern sich von einem strategischen Zukunftsentwurf leiten zu lassen.

Der Weg in die Zukunft und der Grad der Annäherung an diesen Zukunftsentwurf werden durch die dargestellten Steuerungsinstrumente beobachtbar, korrigierbar und sanktionierbar. Diese Steuerungsphilosophie konzentriert sich auf die künftigen Probleme sowie auf die Unternehmensziele und die künftige Identität. Es kehrt die Treiberrichtung um und beschreibt den Weg nach vorn.

Dieser Perspektivenwechsel ist nicht immer leicht, aber dafür um so wichtiger. Hat man einmal die für die Zukunft relevanten Fragen im Visier, dann wird es leichter, von den liebgewordenen Antworten der Vergangenheit Abschied zu nehmen. So kann Neues entstehen. Diese kreative »Schubumkehr« ist allerdings nur unter ganz bestimmten führungskulturellen Voraussetzungen möglich, die im Prozess der Implementierung herzustellen sind oder die im Vorfeld schon geschaffen wurden;

Voraussetzungen, die in den folgenden beiden Kapiteln näher beschrieben werden. Nur dann können diese Instrumente wirksam werden. Und nur dann ist mit einer positiven Kosten-Nutzen-Bilanz dieser Steuerungsinstrumente zu rechnen.

DIE IMPLEMENTIERUNG DES STRATEGISCHEN MANAGEMENTPROZESSES

Die praktische Wirksamkeit eines strategischen Managementprozesses in einem Unternehmen basiert im Kern auf zwei Grundpfeilern: Der eine besteht aus dem Wissen über die strategischen Modelle und Instrumente sowie über die sinnvollen Arbeitsschritte. Die vorherigen Kapitel waren diesen Themen gewidmet. Den zweiten Pfeiler bildet die sorgsame Implementierung dieses Managementprozesses.

Es wäre reichlich naiv zu glauben, dass mit der Kenntnis der strategischen Modelle und einer entsprechenden »Ansage« der Unternehmensspitze allein schon eine wirkungsvolle Strategiearbeit zu erwarten wäre. Erst wenn im Implementierungsprozess auf die organisationsinternen Besonderheiten mindestens so sorgsam wie auf die inhaltlich-strategischen Fragen geachtet wurde, kann der Strategieprozess im Unternehmen die ihm eigene kraftvolle Steuerungswirkung entfalten. In diesem abschließenden Kapitel werden jene wichtigen Faktoren erläutert, die uns für die Verankerung eines strategischen Managementprozesses besonders wichtig erscheinen.

Eine sorgfältige Implementierung ist »die halbe Miete«
Wir haben in den letzten Jahren in unterschiedlichen Unternehmen Erfahrungen sammeln können, welche Faktoren die Implementierung eines Strategieprozesses befördern. Die zwölf besonders kritischen Erfolgsfaktoren bei der Implementierung eines Strategieprozesses haben wir im abschließenden »osb-Navigator zur Strategieeinführung« zusammengefasst. Dieser Navigator soll Sie als Führungskraft oder als Berater bei der Einführung auf besonders sensible Punkte hinweisen und Ihnen eine Einschätzung ermöglichen, wo das untersuchte Unternehmen für die Implementierung bereits gut gerüstet ist und wo allenfalls noch Unterstützungsmaßnahmen sinnvoll sein könnten. Denn eine sorgfältig geplante und entsprechend umgesetzte Implementierung ist erfahrungsgemäß bereits »die halbe Miete« für die erfolgreiche Strategiearbeit in einem Unternehmen.

Ist die Spitze an Bord des Strategieprozesses?

Strategieentwicklung in der systemischen Spielart ist eine nichtdelegierbare Führungsaufgabe. Daher kommt auch den Führungskräften bei der Einführung des strategischen Managementprozesses eine Schlüsselrolle zu. Sowohl eine weitgehende Abstinenz der Spitze von diesem Prozess als auch einsame strategische Entscheidungen der Unternehmensleitung beeinflussen die Möglichkeiten der organisatorischen Verankerung des Strategieprozesses stark. Wir halten daher sowohl die Delegation der Strategieerarbeitung an eine beliebig zusammengesetzte Projektgruppe als auch einsame Entscheidungen der Führungsspitze für fatal. Denn das Verhalten der Führungskräfte beim Strategieprozess wird von den Mitarbeitern genau beobachtet und ist daher im höchsten Maße prägend für die Bedeutung, die diesem Thema im

Unternehmen beigemessen wird (Schein 1995). Wir präferieren daher eine angemessene Mischung aus der Einbeziehung der Mitarbeiter mit einer nachvollziehbaren Letztentscheidung durch die Führungsspitze.

Die Vielschichtigkeit größerer Unternehmen erfordert eine Auseinandersetzung mit der Strategie in den einzelnen dezentralen Geschäftseinheiten. Strategien sollen dort erörtert werden, wo die besten Informationen über das Geschäft zur Verfügung stehen, nämlich in den Business Units, in den »Unternehmen im Unternehmen«. Dies fördert auch die Selbstverantwortung für die Überlebensfähigkeit der einzelnen Geschäftseinheiten.

Der Unternehmensleitung kommt in diesem Strategieprozess eine besondere Rolle zu: Damit die einzelnen Geschäftseinheiten nicht auseinanderdriften und die Gesamtstrategie nicht aus den Augen verlieren, ist eine Integration der Überlegungen der Subsysteme durch eine bewusste Steuerung erforderlich. Die Aufgabe der Unternehmensleitung besteht daher auch in der Prozesssteuerung (Schreyögg 1984). Im Rahmen dieser Steuerungsfunktion werden Spielregeln festgelegt. Etwa die Entscheidung für einzelne Analyseinstrumente, über die Zusammensetzung der Strategieteams sowie über die Art und Weise, wie die Letztentscheidungen getroffen werden.

Die Spitze soll steuern und nicht rudern

Neben der Festlegung dieser Rahmenbedingungen ist es ebenso wichtig, dass die Unternehmensspitze auch die inhaltlichen Spielräume für die einzelnen Subsysteme kommuniziert. Denn eine erste Auseinandersetzung über die grundsätzliche Positionierung des Unternehmens und über die anzustrebenden Unternehmensziele ist gerade am Beginn eines Strategieprozesses wichtig. Dadurch wird Orientierung über die möglichen Entwicklungsrichtungen aber auch über gesetzten Grenzen geschaffen.

Teamfähigkeit und Führungskompetenz

Entscheidungen sind zu vielschichtig geworden, als dass sie von einer Person allein in angemessener Qualität bewältigt werden könnten. Führungsprozesse verlagern sich tendenziell in Teams (Vorstände, Geschäftsleitung), die ihrerseits Teams führen (Bereichsleiter, Geschäftsfeldteams ...). Doppelmitgliedschaften sorgen für rasche Verzahnung der Entscheidungsfindungsprozesse. Wir beobachten, dass Führung in den letzten Jahren immer mehr zur Gemeinschaftsleistung wurde, die natürlich der qualifizierten Mitwirkung von Personen bedarf. Führungspersönlichkeit und Teamfähigkeit ist daher kein Widerspruch:

Eine starke, Sicherheit vermittelnde Führungspersönlichkeit und Teamfähigkeit schließen sich nicht aus. Im Gegenteil, sie bedingen sich gegenseitig sogar. Wir beobachten, dass jene Führungskräfte besonders wirken, die einerseits gute Teamspieler sind, jedoch andererseits bei Bedarf auch unangenehme Schritte konsequent und verantwortungsvoll umsetzen können.

Qualität einer Führung zeigt sich daran, ob es gelingt, angemessene Führungsstrukturen zu entwickeln. Der Erfolg eines Strategieentwicklungsprozesses wird von der Art und Weise wesentlich mitbestimmt, wie Führungskräfte in ihren jeweiligen Teams zusammenarbeiten. Das heißt, ein erfolgreicher Strategieprozess ist meist mehr als eine gelungene Einzelleistung, sondern eine Kooperationsleistung eines Führungsteams.

Die Spitze muss (mit)lernen
Strategische Neuorientierung ist ohne Selbstveränderung der handelnden Personen schwer denkbar. Für die Führungskräfte an der Spitze des Strategieprozesses bedeutet dies, dass sie sich von einer weitverbreiteten Illusion verabschieden müssen: In Strategieprozessen gibt es selten die Spaltung in solche, die sich ändern müssen, und solche, in deren Rollenwahrnehmung alles beim alten bleibt. Denn wie für die meisten Mitarbeiter ist eine Neudefinition ihrer organisatorischen Position und ihrer beruflichen Identität erforderlich.

Die Vergemeinschaftung des »Case for Strategic Action«

Unter dem operativen Druck des Tagesgeschäfts herrscht meist eine Konkurrenz um die knappe Ressource Zeit. Daher muss die Auseinandersetzung mit strategischen Fragen in der Logik des betroffenen Systems Sinn ergeben. Nur dann ist die entsprechende interne Energie für den Prozess mobilisierbar. Deshalb ist die Auseinandersetzung über den Sinn und Zweck der Strategiearbeit am Beginn eines Strategieprozesses von herausragender Bedeutung.

Die Forderung nach einer strategischen Neuorientierung ist schnell gestellt. Wenn aber der Status quo in einem Unternehmen oder einer Geschäftseinheit ohne wirkliche Gefahr für das wirtschaftliche Überleben der Organisation und für die handelnden Personen fortgesetzt werden kann, ist die Prognose für die Wirksamkeit des Strategieprozesses in der Regel schlecht. Nur wenn die Schlüsselspieler des Unternehmens den »Case for Strategic Action – den Grund für strategische Veränderungen« und die Chance einer Neuorientierung innerlich mittragen, kann die notwendige Energie für die Strategieentwicklung und -umsetzung mobilisiert werden.

Die mit einer strategischen Neuausrichtung verbundene Unvermeidlichkeit, Gewohntes aufzugeben, ja gar zu »zerstören«, löst bei den Beteiligten ganz zwiespältige Gefühle aus. Sowohl-als-auch-Lösungen, halbherziges Aufgreifen der Strategieproblematik frei nach dem Motto »Ein Schritt vor und zwei zurück« sind häufige Reaktionsmuster. Deshalb sollte die Einstellung, »ein bisschen Strategie« betreiben zu wollen, vermieden werden. Eine konsequente Auseinandersetzung im Vorfeld über den Sinn der Strategiearbeit hilft zu klären, ob die Investition in einen strategischen Managementprozess für diese Organisation sinnvoll ist oder nicht.

Bevor ein Unternehmen in einen solchen strategischen Reflexionsprozess eintritt, sollte daher über das Grundverständnis zur Strategiearbeit unter den Entscheidungsträgern Einverständnis hergestellt werden: Handelt es sich um eine anlassbezogene Überprüfung der aktuellen strategischen Situation, um die Erfüllung eines Wunsches des Konzerns, um die Unterstützung der individuellen Karrierehoffnungen einzelner Manager oder um die grundsätzliche Erneuerung eines Managementprozesses? Eine solche Vergemeinschaftung verdeutlicht den Entscheidungsträgern oft, ob ein kurzfristiger »Schnellschuss« oder eine reine Delegation an außenstehende Experten nicht in der Wirkungslosigkeit verpuffen könnte.

Die Vernetzung der unterschiedlichen Hierarchieebenen

In manchen Unternehmen ist es nach wie vor üblich, den Strategieprozess mit dem Entwurf einer Vision für das Gesamtunternehmen zu beginnen. Aus dieser Vision wird ein Leitbild, eine Gesamtstrategie und Teilstrategien für die Subeinheiten »abgeleitet«. Dieser Strategieentwicklungsprozess ist präzise festgelegt und bietet den Entscheidungsträgern nur geringe Handlungsspielräume. Nicht zuletzt aufgrund mangelnder Erfolge solch deduktiver Bemühungen ist eine gewisse Skepsis gegenüber Prozessen angebracht, die ausschließlich von der Spitze gesteuert werden (vgl. Schwaninger 1994). Wir plädieren beim Strategieprozess für ein bewusstes Nutzen der verschiedenen Kompetenzen des Gesamtunternehmens und seiner Subsysteme wie etwa der Geschäftsfelder und der Funktionsbereiche.

Im Mittelpunkt des Prozesses stehen für uns die ergebnisverantwortlichen Geschäftseinheiten. Die Suche nach einer Zukunftsperspektive pendelt dabei zwischen den verschiedenen Ebenen des Unternehmens, um so schrittweise zu einer Verfestigung der Prioritätensetzung zu kommen. Die Unternehmensstrategie entsteht in einer ebenen- und geschäftsfeldübergreifenden Diskussion durch eine Auseinandersetzung und letztlich durch eine Integration der strategischen Überlegungen der Subsysteme in einer Gesamtausrichtung (die Bedeutung dieses hierarchieübergreifenden Committments betonen auch Doz/Kosonen 2008, S. 79 ff.).

Pendelbewegungen zwischen den Ebenen und den Geschäftseinheiten
Für die Prozessarchitektur bedeutet dies, nicht eine simple »Befehlsausgabe« der Unternehmensspitze zu inszenieren, sondern die Subsysteme selbstverantwortlich für das eigene Überleben prominent in den Strategieprozess einzubeziehen. Bindet man die wichtigen Spieler und Teilsysteme nicht bewusst in den strategischen Prozess ein, überlässt man ihren Einfluss dem Zufall. Zu vieles wird dadurch in

das informelle System eines Unternehmens gedrängt und der Energie der offiziellen strategischen Diskussion entzogen. Mit anderen Worten: Die Interessen und Einstellungen von Subsystemen müssen »auf die Bühne geholt« werden, um ihnen dadurch einen wichtigen Platz in der Auseinandersetzung um die Zukunftsstrategie zu gegeben.

Dies bedeutet nicht, dass Strategieentwicklung für das Gesamtsystem bedeutet, den kleinsten gemeinsamen Nenner von Geschäftsfeldern und Ebenen zu finden. Strategische Festlegungen können sehr wohl dazu führen, dass Entscheidungen getroffen werden, die im Extremfall für Subeinheiten das wirtschaftliche Aus bedeuten können.

Unternehmen wie General Electric, die diese Form der Strategieentwicklung tatsächlich leben, lehren uns, dass es dabei gar nicht so sehr um bestimmte inhaltliche Aspekte oder Denkschulen der Strategiefindung geht. Das Entscheidende scheint vielmehr zu sein, wie gut es einem Unternehmen gelingt, die auf einem unterschiedlichen Abstraktionsniveau operierenden Managementdimensionen der strategischen und operativen Steuerung regelmäßig so miteinander zu verknüpfen, dass sie sich deutlich sichtbar wechselseitig beeinflussen, ohne dadurch ihrer spezifischen Eigenlogik – etwa in der unterschiedlichen Art des Entscheidens und der Gestaltung des Kommunikationsgeschehens – beraubt zu werden.

Die Mobilisierung der strategischen Intelligenz eines Unternehmens

Ein Wesenselement des Strategieprozesses ist die Mobilisierung des in der jeweiligen Organisation vorhandenen strategischen Wissens. Durch die Inszenierung geeigneter Kommunikationsanlässe werden die Träger des organisationalen Wissens einer Organisation jenseits üblicher Arbeitszusammenhänge in Diskussionen zusammengeführt. Im Strategieprozess wird eine Kommunikation zwischen den Beteiligten ermöglicht, so dass die Weiterentwicklung der Problemlösungskapazität des Managementteams oder der jeweiligen Strategiegruppen angestoßen und nachhaltig befördert wird. Für uns liegt hier auch ein Schlüssel für innovative Ansätze.

Neben der inhaltlichen Bereicherung spricht für die gezielte Einbeziehung vor allem auch die leichtere spätere Umsetzung der im Zuge eines solchen Prozesses getroffenen Strategiefestlegungen. Denn durch eine bewusste Einbeziehung entstehen Promotoren, welche die mit der Strategie verbundenen operativen Konsequenzen im eigenen Verantwortungsbereich kommunizieren und vorantreiben werden.

Wer soll in einen Strategieprozess eingebunden werden?
Bei der Auswahl des Personenkreises können folgende Suchkriterien helfen:

- Sind alle relevanten Subsysteme repräsentiert bzw. ist das Gesamtsystem angemessen durch die eingebundenen Personen abgebildet?
- Ist das »distributed Knowledge« durch die zentralen Know-how-Träger des Unternehmens vertreten?
- Sind die formellen und informellen Machtträger angemessen eingebunden?
- Soll die Strategiearbeit auch als Potenzialentwicklungsmaßnahme für Nachwuchsführungskräfte genutzt werden?

Die Orientierung an einem inhaltlichen »roten Faden«

Der in diesem Buch vorgeschlagene strategische Managementprozess stellt einen »roten Faden« für die logische Abfolge der einzelnen inhaltlichen Arbeitsschritte dar. Die bei diesem »Strategietrichter« konzeptionell vorgeschlagenen, in sich schlüssigen Schritte verfolgen neben einer inhaltlichen Logik auch den Zweck, die unvermeidbare Komplexität der Strategiearbeit didaktisch zu reduzieren und dadurch leichter bearbeitbar zu machen.

Ein solcher »roter Faden« stellt sicher, dass die wichtigsten Untersuchungsfelder definiert sind. Ein inhaltliches Modell legt fest, welche Fragen in einem Strategieprozess zumindest erörtert werden sollten, und verringert so die Gefahr, dass bestimmte Themen ausgeblendet werden und »blinde Flecken« entstehen. Die Strategieliteratur bietet ein breites Spektrum weiterer derartiger Beobachtungsmodelle: Das Gälweilermodell (1987), Porter's five forces Modell (1983) oder aktuell der »St. Galler Navigator« von Müller-Stewens (2001) sind Beispiele für andere inhaltliche Beobachtungsmodelle.

Die »osb-Schleife« als »roter Faden«
Für uns bildet die »OSB-Schleife« ein bewährtes Grundschema einer erfolgversprechenden Vorgehensweise. Denn die Bearbeitungslogik des Trichters stellt sicher, dass die relevanten strategischen Fragestellungen ihren Platz haben und dass die vorgeschlagene Abfolge auch kreativen Auseinandersetzungen Raum bietet.

Versuch und Irrtum
Viele in der Praxis gleichzeitig stattfindende Prozesse werden durch die Darstellungsform der »Schleife« entzerrt. Führungskräfte erleben dies oft als besonders entlastend, weil sie ihre Energien und ihre Aufmerksamkeit fokussieren können, ohne dadurch die Komplexität des strategischen Such- und Entscheidungsprozesses zu sehr zu simplifizieren.

In der Strategiepraxis finden die Arbeitsschritte jedoch selten linear genau in dieser zeitlichen und logischen Abfolge statt. Wie in einer Pendelbewegung werden machmal logisch später folgende Schritte vorab behandelt. Andererseits ist es oft auch in einem fortgeschrittenen Prozessstadium erforderlich, manche schon früher durchgeführte Überlegungen im Lichte neuer Erkenntnisse und Einsichten noch einmal vertieft zu überprüfen. Die Strategie entwickelt sich daher manchmal iterativ oder spiralförmig. Das heißt, dass Erkenntnisse und bereits gewonnene Schlussfolgerungen aus Vorschritten durch neue Sichtweisen im späteren Arbeitsprozess korrigiert und neu beurteilt werden können.

Im Idealfall gelingt es dem Unternehmen, die strenge Prozessfolge des »Strategietrichters« sinnvoll an seine jeweiligen Diskussionserfordernisse anzupassen. Dies erfordert eine bewusste Beobachtung des Managementprozesses durch regelmäßige und gezielte Auswertungen der Erfahrungen mit dem »Trichter«. Durch eine Akzeptanz des Prinzips von Versuch und Irrtum bleibt der Strategieprozess lernfähig.

Dies ist jedoch kein Plädoyer für ein strukturloses Vorgehen. Im Gegenteil: Eine klare und in den Grundzügen verbindliche Gesamtarchitektur schafft erst Freiräume auf der Ebene der Geschäftsfelder und dadurch die größtmögliche Vielfalt an Erkenntnischancen. Vor allem im Rahmen größerer Strategieprozesse – besonders bei stark ausgeprägten dezentralen Organisationsstrukturen – bewährt es sich meist, gewisse qualitative Standards für den Bearbeitungsprozess in den einzelnen Geschäftsfeldern vorzugeben. Dadurch wird die spätere Diskussion zwischen den Geschäftsfeldern und dem Gesamtunternehmen gefördert: Es ist sichergestellt, dass ähnliche Fragen bearbeitet werden und dass alle auf ein ähnliches strategisches Grundverständnis bei ihren Überlegungen zurückgreifen.

Die konzeptionelle Verschränkung des strategischen Managementprozesses mit anderen Steuerungsprozessen

Gerade in größeren Unternehmen sind häufig mehrere Steuerungssysteme im Einsatz, die Zeit und Aufmerksamkeit der Führungskräfte beanspruchen. Die operative Budgetplanung, ein Qualitätsmanagementsystem, das Zielvereinbarungs- und Mitarbeitergespräch, monetäre und nichtmonetäre Anreizsysteme, das Instrument der Karriereplanung und neuerdings die Balanced Scorecard stehen manchmal isoliert nebeneinander. Bei vielen Führungskräften führt dies nicht selten zu Ärger und Unverständnis über »diese ständigen neuen Managementmoden«. Nicht immer wird der Steuerungsnutzen für die eigene Führungspraxis erkannt. Noch seltener erschließt sich der inhaltliche Zusammenhang zwischen den Steuerungssystemen.

Der mögliche Steuerungsnutzen entfaltet sich jedoch erst richtig, wenn die Steuerungsinstrumente zusammenwirken. Daher ist es für den Erfolg eines strategischen Managementprozesses auch wichtig, dass die Führungskräfte die Zusammenhänge der Steuerungsarchitektur verstehen und die Verzahnung des strategischen Diskussionsprozesses mit anderen darauf aufbauenden Managementprozessen, die das operative Tagesgeschäft steuern helfen, sehen.

Das »Grand Design der Steuerung«
In der Praxis kann das heißen, dass sich strategische Prioritäten in der Logik aller anderen Steuerungsinstrumente wiederfinden: Dass beispielsweise eine Marktoffensive in der nächsten Budgetplanung mit entsprechenden Marketingbudgets abgesichert wird, versteht sich wohl auf den ersten Blick. Nicht so selbstverständlich ist, dass die Konsequenzen dieser strategischen Schwerpunkte systematisch in den Mitarbeitergesprächen aller direkt und indirekt betroffenen Mitarbeiter besprochen werden und in strategiekonformen Abteilungs- und Mitarbeiterzielen abgebildet und mit entsprechenden Anreizsystemen versehen sind. Zudem müssen die tatsächlichen Umsetzungserfolge mit der Balanced Scorecard in den verschiedenen Unternehmensteilen systematisch beobachtet werden.

Abb. 65: Zusammenhang des strategischen Managementprozesses mit anderen, darauf aufbauenden Steuerungssystemen

Durch das Zusammenwirken der verschiedenen Beobachtungs- und Steuerungssysteme wird der Fokus des Managements sowohl auf strategische Fragen als auch auf operative Umsetzungsmaßnahmen gerichtet. Die berühmten Druckerschen Fragen »Tun wir die richtigen Dinge?«, »Tun wir die Dinge richtig?« und »Wie verändern wir die Dinge?« für die Überlebensfähigkeit werden dadurch zwangsläufig zum Thema im Unternehmen. Die Steuerungsinstrumente sorgen dafür, dass diese Fragen auf dem »Bildschirm« der ergebnisverantwortlichen Führungskräfte auftauchen.

Die zeitliche Taktung des Strategieprozesses

Der Planungskalender als Selbstverpflichtung
Es mag banal klingen, doch mancher Strategieprozess scheitert daran, dass die zeitlichen Vorgaben für die einzelnen Arbeitsschritte nicht eingehalten werden. Eine

Abwägung und Entscheidung über den Ressourceneinsatz auf der Ebene des Gesamtunternehmens wird erschwert, wenn die entsprechenden Entscheidungsgrundlagen der einzelnen Geschäftseinheiten nicht zeitgerecht vorliegen. Strategische Festlegungen in Teilbereichen bleiben Einzelentscheidungen, bei denen das Gesamtbild für das gesamte Unternehmen nicht mitgedacht wird. Und nicht zuletzt geht durch mangelnde zeitliche Disziplin beim Strategieprozess häufig auch die für einen Gesamtprozess erforderliche Energie verloren.

Daher sind manche Unternehmen dazu übergegangen, die einzelnen Schritte eines Strategieprozesses in einem »Planungskalender« darzustellen. In einer Zeitleiste sind die einzelnen Schritte und Diskussionsforen beschrieben und die zeitliche Verbindlichkeit für alle erhöht.

Ist der »roll-out« schon mitgeplant?
Erfahrungsgemäß erfordert die erstmalige Inszenierung eines strategischen Prozesses hohe Aufmerksamkeit. Nicht selten wird dabei die Energie der Spitze für eine sorgsame Inszenierung und das Controlling der Strategieumsetzung verbraucht. Daher halten wir eine ähnlich sorgsame Planung des »roll-outs« für einen besonders kritischen Faktor: Wie werden die im Zuge des Strategieprozesses getroffenen Festlegungen schnell und aktivierend in das Unternehmen kommuniziert?

Wann werden die Ergebnisse überprüft?
Schließlich kommt den konsequenten periodischen Strategie-Reviews eine herausragende Bedeutung zu. Die Entscheidungsträger überprüfen regelmäßig, ob die Grundannahmen, auf denen die strategischen Festlegungen beruhen, noch gelten oder ob derartige Marktveränderungen stattgefunden haben, dass eine Anpassung oder eine Umsteuerung der Strategie erforderlich wird. Solche Überprüfungen sind auch eine gute Gelegenheit für das Managementteam, die Umsetzung der Strategie kritisch zu bilanzieren. Dabei können strategische Controllingsysteme wie die BSC, EFQM oder das Werttreibermodell eine bewährte »Brille« zur Beobachtung bieten.

Der gezielte Einsatz von Projektmangement und Projektorganisation

Zentrales Element der systemischen Strategieentwicklung ist das Grundverständnis, dass die Auseinandersetzung mit den Überlebensfragen des Unternehmens eine gemeinsame Führungsleistung des jeweiligen Linienmanagements bildet. In der nicht selten zu beobachtenden Delegation der Strategiearbeit an Projektgruppen liegt die nicht zu unterschätzende Gefahr, dass sich die Linienmanager von der Verantwortung für die Strategie verabschieden. Das Grundverständnis von Strategie als gemeinsamer Führungsleistung muss von den Führungskräften des Unternehmens geteilt werden und sich im konkreten Engagement in den Strategiemeetings zeigen.

Vor dem Hintergrund dieses Grundverständnisses können die Instrumente des Projektmanagements bei der Strategiearbeit besonders in größeren Unternehmen hilfreich sein. Für die Strategiearbeit sind diese Erfahrungen deshalb gut einsetzbar, weil die Technik des Projektmanagements darauf abzielt, in verschiedenen Rahmen und mit unterschiedlichen Instrumenten die Aufmerksamkeit des Unternehmens auf ausgewählte Themen zu fokussieren. Die ausdifferenzierten Bearbeitungsformen und Rollenbeschreibungen, die Forderung nach schriftlichen Projektaufträgen, das Set an Arbeits- und Zeitplanungsinstrumenten lassen sich für die Einführung eines Strategieprozesses gut nutzen.

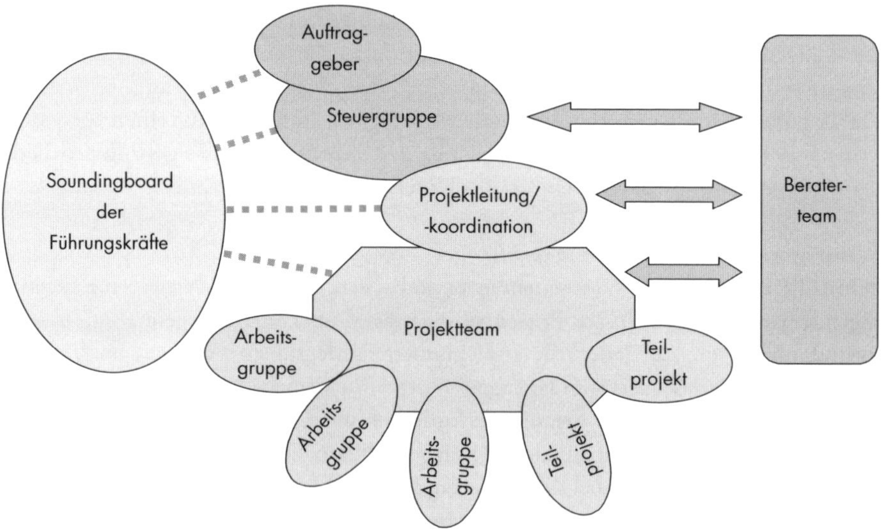

Abb. 66: Beispielhafte Bearbeitungsarchitektur einer Unternehmensstrategie mit Elementen der Projektorganisation

Befähigen und Qualifizieren der am Strategieprozess beteiligten Personen

Obwohl die Strategie oft als »Königsdisziplin« des Managements bezeichnet wird, beschränkt sich das Wissen um die konkrete Anwendung bei vielen Führungskräften auf einige allgemeine Überschriften. Strategie als gemeinschaftliche Führungsleistung erfordert jedoch bei allen beteiligten Führungskräften die Kompetenz, strategische Diskussionen im eigenen Verantwortungsbereich zu initiieren und zu steuern. Daher empfiehlt es sich in aller Regel, als Begleitmaßnahme zur Einführung des strategischen Managementprozesses ein entsprechendes Qualifizierungsprogramm für die wichtigsten am Strategieprozess beteiligten Personen vorzusehen.

Neben der Befähigung zum Strategieprozess wird als gleichbedeutender »Nebeneffekt« einer Qualifizierung die Teambildung der Schlüsselspieler im Strategieprozess gefördert. Die gemeinsame Auseinandersetzung mit strategischen Modellen und Instrumenten unterstützt eine ähnliche »Denke« und Herangehensweise. Dadurch wird sowohl die Basis für einen synchronisierten Prozess in der gesamten Organisation als auch für den »kleinen Dienstweg« gelegt, der den informellen Austausch im späteren Strategieprozess stark fördert.

Systematische Intensivierung der Information und Kommunikation

Ein weiterer Erfolgsfaktor für die Akzeptanz und für die Umsetzungschancen der Ergebnisse eines Strategieprozesses ist die Art und Weise, wie während dieses Prozesses im Unternehmen informiert und kommuniziert wird. Welche Kommunikationsanlässe werden geschaffen, um die unterschiedlichen strategischen Grundannahmen zu erörtern und die Auswirkungen der neuen strategischen Festlegungen zu besprechen und zu verstehen?

Gerade die Einführung eines Strategieprozesses ist oft ein Anlass, dass sich viele Mitarbeiter damit auseinandersetzen, welche Absichten die Unternehmensspitze damit wohl verbindet und welche Auswirkungen die strategischen Diskussionen für sie persönlich haben könnten. Daher ist es sinnvoll, die geplante Implementierung eines strategischen Managementprozesses mit bewussten Informations- und Kommunikationsaktivitäten zu unterstützen.

Es gibt eine Vielzahl von erprobten Instrumenten, Methoden und Verfahren, mit deren Hilfe die betriebliche Kommunikation gezielt beeinflusst werden kann (Doppler 2000), wobei Ein-Weg-Botschaften in der Regel weniger eindrücklich und nachhaltig in ihrer Wirkung sind. Je mehr eine Botschaft beachtet werden soll, desto mehr empfiehlt es sich, kommunikative Verfahren zu wählen, die einen Dialog mit möglichst vielen Mitarbeitern ermöglichen. Denn die Chance für ein Unternehmen zu überleben hängt nicht zuletzt von der Qualität der internen Information ab.

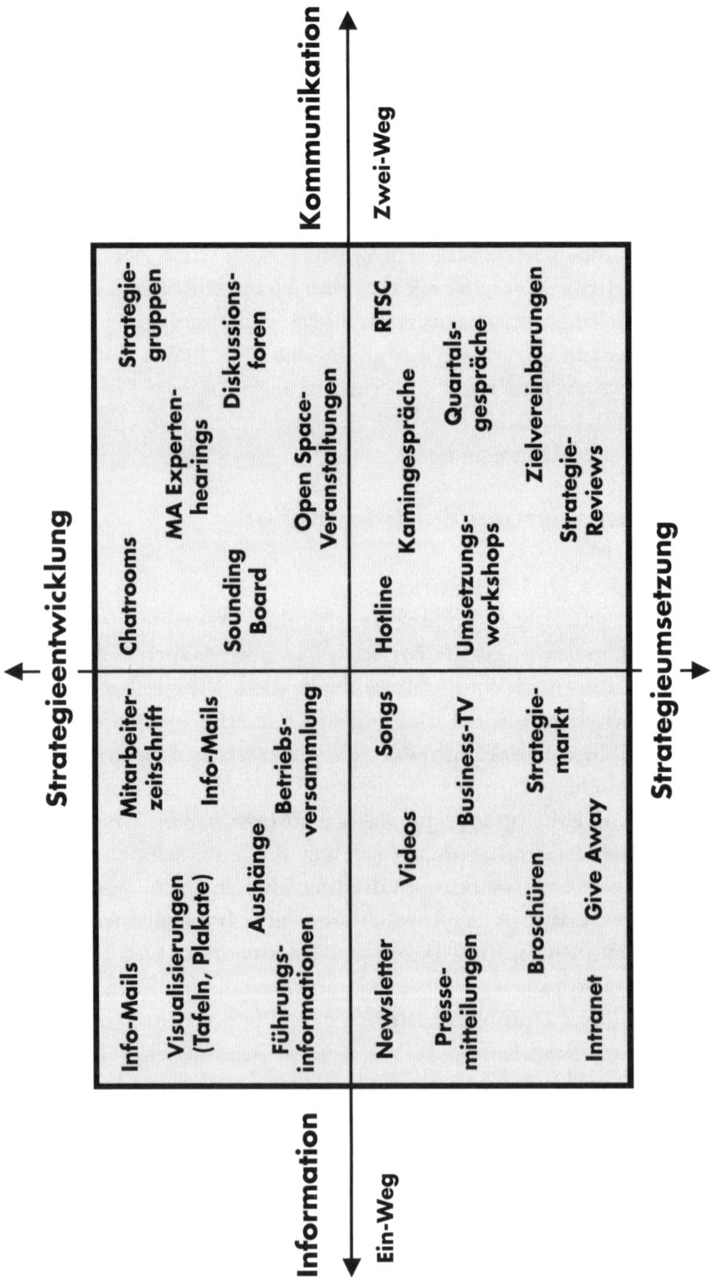

Abb. 67: Instrumente der Information und Kommunikation bei der Strategiearbeit (vgl. Anwander 2000)

Organisatorische und technische Supportsysteme

Der Erfolg eines Strategieprozesses wird nicht zuletzt von den organisatorischen und technischen Supportsystemen beeinflusst, die die Führungskräfte bei ihrer Strategiearbeit unterstützen. Gibt es Assistenzfunktionen, die die Strategiemeetings vorbereiten, koordinieren und dokumentieren? Stehen Räume und ausreichend technische Hilfsmittel zur Verfügung, die ein zeitgemäßes Arbeiten ermöglichen? Kann das Intranet genutzt werden, um auf Zwischenergebnisse anderer Strategieteams zuzugreifen? Besteht die Möglichkeit, interne oder externe Experten für die Moderation und Begleitung einzelner Prozessschritte zu engagieren?

Jeder einzelne Aspekt für sich mag etwas technokratisch klingen. Für die Unterstützung der strategieverantwortlichen Linienmanager sind solche Supportfunktionen eine nicht zu unterschätzende Hilfestellung und dadurch auch eine Absicherung des Gesamtprozesses im Unternehmen.

Die Lernfähigkeit des Unternehmens

Die Lernfähigkeit des Unternehmens ist ein wichtiges angestrebtes Ergebnis der gemeinschaftlichen Strategieentwicklung. Denn durch diese Fähigkeit verfügt das Unternehmen über mehr Möglichkeiten, sich mit den Chancen und Bedrohungen einer an sich unkalkulierbaren Umwelt aktiv auseinanderzusetzen. Der vorausschauende Moment des strategischen Managementprozesses verschafft dem Unternehmen ein Zeitbudget, das kontinuierliche strategische Anpassungen erlaubt.

Ein sorgfältig konzipierter Strategieprozess ist auch ein gezielter Einfluss auf die bislang eingespielten Muster der Zukunftsbewältigung. Durch eine bewusste Inszenierung der Auseinandersetzung mit der Umwelt erhöhen sich die Chancen für ein organisationales Lernen des Unternehmens und seiner Subsysteme. Der strategische Managementprozess ist ein idealer Prozess, solche organisationalen Fähigkeiten im Laufe der Zeit kontinuierlich zu entwickeln und zu vervollkommnen. Letztlich zielt dieser Managementprozess darauf ab, die Lernfähigkeit – oder mit anderen Worten die Strategiefähigkeit – des Unternehmens weiterzuentwickeln.

Ob das Unternehmen durch den konkreten Strategieprozess tatsächlich »strategiefähiger« geworden ist, sollte von Zeit zu Zeit – und zumindest nach Abschluss einer größeren Strategieschleife – überprüft werden. Sowohl die inhaltliche (Zwischen)Bilanz als auch die Einschätzung der Qualität der Kommunikationsleistung kann dazu beitragen, dass der Strategieprozess nicht zu einem bürokratischen Planungsritual verkommt, sondern wichtige Impulse für die Lernfähigkeit des Unternehmens setzt.

Der osb-Navigator zur Strategieeinführung

Die zwölf kritischen Erfolgsdimensionen zur organisatorischen Verankerung des Strategieprozesses haben wir zu einem Beobachtungsinstrument zusammengefasst. Dieses Instrument dient einerseits zur Diagnose, in welchem Ausmaße ein Unternehmen für die Einführung eines strategischen Managementprozesses gerüstet ist: Wo sind bereits Überlegungen zur organisatorischen Verankerung angestellt worden und für welche Aspekte wurde bisher noch nicht entsprechend vorgesorgt? Andererseits soll dieses Selbsteinschätzungstool auch Anlass bieten, die Wirksamkeit eines geplanten Strategieprozesses durch präventive Maßnahmen gezielt zu verbessern.

Die einzelnen Beobachtungspunkte sind mit Detailfragen konkretisiert, um die notgedrungen knappen Überschriften zu illustrieren. Nicht alle diese Beobachtungspunkte werden für jedes Unternehmen sinnvoll sein. Daher dient die zweite Spalte des Rasters einer Einschätzung der Relevanz für das jeweilig untersuchte Unternehmen. Die dritte Spalte ist dazu gedacht, konkrete Ideen für die organisatorische Verankerung unmittelbar festzuhalten.

Die Spitze im Boot des Strategieprozesses?	**Bedeutung für die Implementierung bei uns**	**Konkreter Handlungsbedarf für unseren Strategieprozess**
Übernahme der strategischen Führung durch die Spitze ▪ klares Zukunftsbild für das Unternehmen auf der Top-Ebene vorhanden ▪ Unternehmensziele als Orientierungsrahmen bekannt ▪ Interesse an einer strategischen Auseinandersetzung an der Spitze ▪ explizite Übernahme der Verantwortung für die Ergebnisse der Strategiearbeit (d. h. keine reine Delegation an Projektgruppen und Stäbe)	gering sehr wichtig □–□–□–□–□–□–□	
Gestaltungs- und Steuerungswille der Unternehmensleitung ▪ Bereitschaft, ausreichend Zeit für Strategie-Meetings zu investieren ▪ Verständnis für die Notwendigkeit des Prozesses innerlich verankert	gering sehr wichtig □–□–□–□–□–□–□	
Arbeitsfähigkeit des Führungsteams ▪ horizontale Kooperationsbereitschaft innerhalb der Top-Ebene (Vorstand, Geschäftsführung etc.) gegeben ▪ gute Kooperationsbereitschaft auf den nächsten Führungsebenen (zwischen den Geschäftsfeldleitern, zwischen den Leitern zentraler Funktionsbereiche etc.)	gering sehr wichtig □–□–□–□–□–□–□	
Koalition der »Keyplayer« des Unternehmens zur aktiven Unterstützung des Strategieprozesses	gering sehr wichtig □–□–□–□–□–□–□	

Vergemeinschaftung des »Case for Strategic Action«	Bedeutung für die Implementierung bei uns	Konkreter Handlungsbedarf für unseren Strategieprozess
Die »strategische Lücke« ist klar und von allen Mitarbeitern akzeptiert ▪ Verständnis für Notwendigkeit des Strategieprozesses gerade jetzt ▪ Was passiert, wenn nichts passiert?« (ZDF = Zahlen-Daten-Fakten bekannt) ▪ hoher Stellenwert der individuellen Strategiekompetenz für die individuelle Laufbahnentwicklung von Führungskräften	gering sehr wichtig □–□–□–□–□–□–□	
Recherche der bisherigen Strategiemuster ▪ Wie haben wir uns bisher mit Strategie beschäftigt? ▪ Was ist unser Muster, unsere Strategiespielart? ▪ wie ist es uns bisher geglückt, vereinbarte Strategien nicht umzusetzen? ▪ Wie können wir sicherstellen, dass eine Umsteuerung diesmal eine gute Prognose hat?	gering sehr wichtig □–□–□–□–□–□–□	
Klärung des Entscheidungsmusters bei strategischen Festlegungen – insbesondere bei Konkurrenz um knappe Ressourcen ▪ Festlegung des Grundprinzips: hierarchische Vorgaben oder Aushandlungsprozess zwischen den Ebenen? ▪ Wer trifft wo welche Entscheidungen?	gering sehr wichtig □–□–□–□–□–□–□	

Vernetzung der unterschiedlichen Hierarchieebenen	Bedeutung für die Implementierung bei uns	Konkreter Handlungsbedarf für unseren Strategieprozess
Strukturierung des Dialogs zwischen den Hierarchieebenen ▪ Welche hierarchischen und funktionalen Teilsysteme sind (Mit)Träger des Prozesses? ▪ Wie wird sichergestellt, dass die verschiedenen Teilsysteme miteinander in eine strategische Diskussion kommen? ▪ Wie findet der Austausch über die unterschiedlichen Einschätzungen zwischen den Ebenen und Teilsystemen statt (Gegenstrommodell)?	gering sehr wichtig □–□–□–□–□–□–□	
Definition jener Diskussionsforen, wo die strategische Arbeit stattfinden wird ▪ In welchen Kommunikationsforen und bei welchen Events werden die strategischen Schlüsseleinschätzungen erörtert? ▪ Beispiele: Strategiemeetings der ergebnisverantwortlichen Business Units, Dialoggruppen im Unternehmen, Strategieprojektgruppen, Großveranstaltungen	gering sehr wichtig □–□–□–□–□–□–□	
Vernetzungsstrukturen ▪ »crossfunktionale« Mitwirkung von Entscheidungsträgern aus unterschiedlichen Hierarchieebenen an den Diskussionsforen (Patentmodell) ▪ kreative Verknüpfungen von Experten und Fachbereichen ▪ evtl. Mitarbeit der Konzernstrategien bzw. der Vorstandsassistenten in den Diskussionen in den einzelnen Business Units.	gering sehr wichtig □–□–□–□–□–□–□	

Mobilisierung der strategischen Intelligenz des Unternehmens	Bedeutung für die Implementierung bei uns	Konkreter Handlungsbedarf für unseren Strategieprozess
Einbeziehung breiterer Mitarbeiterkreise in den Strategieprozess (über den engeren Kreis der Topentscheider hinaus) ▪ Sind alle relevanten Subsysteme repräsentiert bzw. ist das Gesamtsystem angemessen durch die eingebundenen Personen abgebildet? ▪ Sind die zentralen Know-how-Träger in die Strategiediskussion eingebunden? Ist sichergestellt, dass das »distributed knowledge« genutzt werden kann? ▪ Sind die formellen und informellen Machtträger angemessen eingebunden? ▪ Soll die Strategiearbeit auch als Potenzialentwicklungsmaßnahme für Nachwuchsführungskräfte genutzt werden?	gering sehr wichtig □–□–□–□–□–□–□	
Intensität und Form der Einbeziehung ▪ Möglichkeit zur Mitarbeit in themenbezogenen Kleingruppen (z. B. Marktdatenerhebung, Kundenbefragung, Benchmarks etc.) ▪ Großgruppenveranstaltungen zur Diskussion von Zwischenüberlegungen oder zur Kommunikation der festgelegten Strategie.	gering sehr wichtig □–□–□–□–□–□–□	
Nutzung des organisational vorhandenen Wissens ▪ Sichtung bestehender Wissensbestände des Unternehmens (vorhandene Studien, Marktforschungen, Expertisen) ▪ Nutzung von Universitäten und anderen Know-how-Zentren.	gering sehr wichtig □–□–□–□–□–□–□	

Orientierung an einem inhaltlichen »roten Faden«	Bedeutung für die Implementierung bei uns	Konkreter Handlungsbedarf für unseren Strategieprozess
Vereinbarung eines inhaltlichen Rahmenmodells zur Fokussierung der Analyseperspektiven und der strategischen Diskussion ▪ Beispiele: osb-Strategietrichter, Gälweilermodell, Porter's five forces Modell, der St. Gallener Navigator von Müller-Stewens etc.	gering sehr wichtig □–□–□–□–□–□–□	
Festlegung von qualitativen Standards für die Strategiearbeit in den einzelnen Subsystemen ▪ Erstellung eines Strategiehandbuchs (vorgeschlagene Vorgehensweise, empfohlene Methoden und Qualitätsstandards) ▪ Vorgabe einer einheitlichen inhaltlichen Darstellung der vereinbarten Arbeitsschritte und -ergebnisse ▪ Vorgabe bzw. Vereinbarung der Art und des Umfangs der Darstellung (z. B. Seitenanzahl, CI-konforme Folien)	gering sehr wichtig □–□–□–□–□–□–□	

Konzeptionelle Verschränkung des strategischen Managementprozesses	Bedeutung für die Implementierung bei uns	Konkreter Handlungsbedarf für unseren Strategieprozess
Entwicklung eines Planungshandbuchs ▪ Wie findet die Verknüpfung zwischen den strategischen und der operativen Steuerung des Geschäfts statt? ▪ Welche Controllinginstrumente werden wo eingesetzt, um die intendierten Resultate zu beobachten? ▪ Durch wen, wo und wann werden die aktuellen Geschäftsentwicklungen beobachtet? ▪ Durch welche Führungsinstrumente werden Steuerungsimpulse in das Gesamtsystem getragen?	gering sehr wichtig ☐–☐–☐–☐–☐–☐–☐	
Einbeziehung der Verantwortlichen der anderen Steuerungssysteme in den Strategieprozess ▪ Beispiel: Controlling, Personalentwicklung, Qualitätsmanagement	gering sehr wichtig ☐–☐–☐–☐–☐–☐–☐	

Zeitliche Taktung des Strategieprozesses	**Bedeutung für die Implementierung bei uns**	**Konkreter Handlungsbedarf für unseren Strategieprozess**
Vorgabe eines »Planungskalenders« ▪ Festlegung der Zeitvorgaben für die verschiedenen Schritte (auf Basis des Planungshandbuchs) ▪ zeitliche Integration der anderen Steuerungsinstrumente in den Planungskalender (z. B.: Balanced Scorecard, Budgetplanung, Zielvereinbarung, Mitarbeitergespräch)	gering sehr wichtig □–□–□–□–□–□–□	
zeitliche und organisatorische Planung des »roll-outs« ▪ Schnelle und fokussierte Kommunikation von getroffenen strategischen Festlegungen	gering sehr wichtig □–□–□–□–□–□–□	
verbindliche Fixierung der Strategie-Reviews zur Überprüfung der Strategieumsetzung ▪ Wer, mit wem, wann?	gering sehr wichtig □–□–□–□–□–□–□	

Gezielter Einsatz des Projektmanagements und der Projektorganisation	Bedeutung für die Implementierung bei uns	Konkreter Handlungsbedarf für unseren Strategieprozess
Festlegung einer Projektorganisation ▪ Bestimmung der Projektarchitektur (Projektteam, Projektleiter, Auftraggeber, Steuerkreis etc.) ▪ Rollendefinition und -klärung zwischen Linie und den Projekten	gering sehr wichtig □–□–□–□–□–□–□	
Schriftliche Festlegung der Aufgaben für die Strategiegruppen (Projektauftrag) ▪ Zu welchen strategischen Fragen sollen in den Projekten Antworten gefunden werden? ▪ Zu welchen nicht? ▪ Wo gibt es Schnittstellen zwischen den Themen und einen entsprechenden Abstimmungsbedarf?	gering sehr wichtig □–□–□–□–□–□–□	
Einsatz von Projektmanagementinstrumenten zur ständigen Fortschrittssteuerung ▪ Maßnahmenplan ▪ Zeitplanung(ssysteme) wie Milestones, Balkendiagramme, Netzplantechnik ▪ Prozessreflexionen	gering sehr wichtig □–□–□–□–□–□–□	
Regelkommunikation der Strategie-Projektleiter ▪ zur kollegialen Beratung, zum Schnittstellenabgleich, zum Erkennen der Auswirkungen auf Querschnittsfunktionen.	gering sehr wichtig □–□–□–□–□–□–□	

Befähigen und Qualifizieren der am Strategieprozess beteiligten Personen	Bedeutung für die Implementierung bei uns	Konkreter Handlungsbedarf für unseren Strategieprozess
Erstellen eines Qualifizierungskonzeptes ▪ Definition der Zielgruppe ▪ Bestimmung der Qualifizierungsinhalte der Strategiequalifizierung ▪ Auswahl eines Partners für die Qualifizierung	gering sehr wichtig □–□–□–□–□–□–□	

Systematische Intensivierung der Information und Kommunikation	Bedeutung für die Implementierung bei uns	Konkreter Handlungsbedarf für unseren Strategieprozess
Erstellung eines Kommunikationskonzepts zur Begleitung des Strategieprozesses	gering sehr wichtig ☐–☐–☐–☐–☐–☐–☐	
Einsatz von Kommunikationsinstrumenten in der Strategieentwicklungsphase ▪ Strategiegruppen, Diskussionsforen, Hearings mit Experten und Top-Führungskräften des Unternehmens, Großgruppenveranstaltungen etc.	gering sehr wichtig ☐–☐–☐–☐–☐–☐–☐	
Informationsinstrumente für die Entwicklungsphase ▪ Informationsbroschüren, Mails an die Mitarbeiter, Betriebsversammlung, Tafeln, Plakate, Mitarbeiterzeitschrift etc.	gering sehr wichtig ☐–☐–☐–☐–☐–☐–☐	
Einsatz ausgewählter Kommunikationsinstrumente in der Umsetzungsphase ▪ Umsetzungsworkshops, Großgruppenveranstaltungen, Kamingespräche mit Führungskräften, Integration in die Zielvereinbarungen und die Mitarbeitergespräche, Strategie-Reviews etc.	gering sehr wichtig ☐–☐–☐–☐–☐–☐–☐	
Informationsinstrumente für die Strategieumsetzung ▪ Videos, Business TV, Pressearbeit, Newsletter an die Mitarbeiter, Informationen im Intranet, Strategiemarkt etc.	gering sehr wichtig ☐–☐–☐–☐–☐–☐–☐	

Organisatorische und technische Supportsystem	Bedeutung für die Implementierung bei uns	Konkreter Handlungsbedarf für unseren Strategieprozess
Assistenzfunktion ▪ Unterstützung der Führungskräfte bei der Koordination, Sitzungsvorbereitung und -dokumentation ▪ Support bei der gestalterischen Darstellung der Analysen und Vorschläge (Folien) ▪ Plausibilitätsüberwachung (Schnittstellen zu anderen Geschäftsfeldern beachten)	gering sehr wichtig □–□–□–□–□–□–□	
Unterstützung durch interne oder externe Experten ▪ Moderation ▪ Know-how-Transfer	gering sehr wichtig □–□–□–□–□–□–□	
Verwendung von Räumen und anderer Infrastruktur	gering sehr wichtig □–□–□–□–□–□–□	
Nutzung des Intranets ▪ Aufbau von Diskussionsforen im Intranet ▪ Bereitstellen von interessanten vorhandenen Studien und Expertisen ▪ Zugang zu Zwischenständen anderer Strategiegruppen	gering sehr wichtig □–□–□–□–□–□–□	
Sicherung der Wissensbasis ▪ Schriftliche und digitale Dokumentation	gering sehr wichtig □–□–□–□–□–□–□	

Weiterentwicklung der Strategiefähigkeit des Unternehmens	Bedeutung für die Implementierung bei uns	Konkreter Handlungsbedarf für unseren Strategieprozess
Inhaltliche Bilanz des bisherigen Strategieprozesses ▪ Wo wurde die Überlebensfähigkeit des Unternehmens tatsächlich verbessert? ▪ Qualität der inhaltlichen Ergebnisse der einzelnen Strategiegruppen ▪ Identifikation des weiteren strategischen Lernbedarfs	gering sehr wichtig ☐–☐–☐–☐–☐–☐–☐	
Einschätzung der Qualität der strategischen Kommunikation im Unternehmen und für die einzelnen Teilsysteme ▪ Identifikation möglicher nächster Ansätze der Unternehmensentwicklung	gering sehr wichtig ☐–☐–☐–☐–☐–☐–☐	
Senisibilisierung für Folgeprobleme und neue Herausforderungen ▪ kulturelle Bilanz der strategischen Festlegungen ▪ Welche unerwarteten Folgeprobleme sind aufgetaucht und müssen bearbeitet werden?	gering sehr wichtig ☐–☐–☐–☐–☐–☐–☐	

Verwendete und weiterführende Literatur

Abell D.F.: Defining the Business: The Starting Point of Strategic Planning, Englewood Cliffs 1980

Al-Laham A.: Strategieprozesse in deutschen Unternehmungen. Verlauf, Struktur und Effizienz, Wiesbaden 1997

Andrews K.R.: Corporate Strategy as a Vital Function of the Board; in: Harvard Business Review 59/6 1981, S. 174–184

Andrews K.R.: Directors' Responsibility for Corporate Strategy; in: Harvard Business Review 58/6 1980, S. 28–43

Andrews K.R.: Replying the Board's Role in Formulating Strategy; in: Harvard Business Review 59/3 1981, S. 18–27

Ansoff H.I.: Corporate Strategy, New York 1965

Ansoff H.I.: Management-Strategie, München 1966

Ansoff H.I.: The changing shape of the strategic problem; in: Schendel D./Hofer C.W. (Hrsg.): Strategic Management, Boston MA 1979, S. 30–44

Ansoff H.I.: Die Bewältigung von Überraschungen und Diskontinuitäten durch die Unternehmensführung; in: Steinmann H.: Planung und Kontrolle, Probleme der strategischen Unternehmensführung, München 1981, S. 233–264

Ansoff H.I.: The New Corporate Strategy, New York 1988

Anwander A.: Strategien erfolgreich verwirklichen, Berlin 2000

Argyris C.: Increasing Leadership Effectiveness, New York 1976

Aveni R.A. D': Hypercompetition. Managing the dynamics of strategic manoeuvering, New York 1994

Baecker D.: Die Form des Unternehmens, Frankfurt/Main 1993

Baecker D.: Postheroisches Management. Ein Vademekum, Berlin 1994

Baecker D.: Poker im Osten, Berlin 1998a

Baecker D.: Zum Problem des Wissens in Organisationen; in: Organisationsentwicklung 3/1998b, S. 4–21

Baecker D.: Organisation als System, Frankfurt/Main 1999

Baecker D.: Wozu Kultur? Berlin 2000a

Baecker D.: Zu Niklas Luhmanns »Organisation und Entscheidung«, Witten 2000b

Baecker D.: Organisation und Management, Frankfurt a.M. 2003

Baecker D.: Studien zur nächsten Gesellschaft, Frankfurt a.M. 2007

Barney J.B.: Organizational Culture: Can it Be a Source of Sustained Competitive Advantage?; in: Academy of Management Review 11/3 1986, S. 656–665

Barney J.: Firm resources and sustained competitive advantage; in: Journal of Management, vol. 17, 1991, pp. 99–120

Barney J./Wright M./Ketchen Jr. D.J.: The resource-based view of the firm. Ten years after 1991; in: Journal of Management Jg. 27, Heft 6/2001, S. 625–641

Bartlett C./Ghoshal A.: Managing Across Borders, Boston MA 2002

Bea F.X./Haas, J.: Strategisches Management, Stuttgart 1997

Bea F.X./Dichtl E./Schweitzer, M: Allgemeine Betriebswirtschaftslehre, Band 2 Führung, Stuttgart 1997

Beer St.: Cybernetics and Management, London 1959

Bennis W./Nanus B.: Leaders: The Strategies for Taking Charge, New York 1985

Bettis R.A./Prahalad C.K.: The Dominant Logic: Retrospective and Extension; in: Strategic Management Journal 16/1995, S. 3–14

Binney G./Wilke G./Williams C.: Living Leadership, Harlow 2005

Bhidé A.: How Entrepreneurs Craft Strategies That Work; in: Harvard Business Review 3–4/1994, S. 150–161

Bhidé A.V.: The Origin and Evolution of New Business, Oxford 2000

Bleicher K.: Das Konzept Integriertes Management, Frankfurt/Main 1999 (5. Auflage)

Bleicher K.: Normatives Management, Frankfurt/Main 1994

Branson R.: Reflections of a Risk Taker; in: The McKinsey Quarterly, Sommer 1986, S. 13–18

Braybrooke D./Lindblom C.E.: A Strategy of Decision, New York 1963

Bröckling U.: Das unternehmerische Selbst. Soziologie einer Subjektivierungsform, Frankfurt a.M. 2007

Browman E./Helfat C.: Does corporate strategy matter?; in: Strategic Management Journal, vol. 22, no. 1/2001, pp. 1–24

Brown S./Eisenhardt K.: The art of continous change: linking complexity theory and time – paced evolution in relentlessly shifting environments; in: Administrative Science Quarterly Jg. 42/1997, S. 1–34

Brown S./Eisenhardt K.: Competing on the Edge: Strategy as structured chaos, Cambridge MA 1998

Bruckmann G. (Hrsg.): Langfristige Prognosen, Würzburg 1977

Bullinger H.-J./Warnecke H.-J./Westkämper E. (Hrsg.): Neue Organisationsformen im Unternehmen, 2. erw. Auflage, Berlin/Heidelberg/New York 2003

Burgelman R.A.: Strategy is Destiny: How Straegy-Making Shapes a Company's Future, Free Press 2002

Burgelman R.A./Grove, A.S.: Let Chaos Reign, Then Rein In Chaos-Repeatedly: Managing Strategic Dynamics For Corporate Longevity, Research Paper No. 1954, Stanford January 2007

Buzzell R.D./Gale B.T.: Das PIMS-Programm, Strategien und Unternehmenserfolg, Wiesbaden 1989

Castells M.: Der Aufstieg der Netzwerkgesellschaft, Opladen 2004

Chan Kim W.C./Mauborgne R.: Branchengrenzen sprengen und das Geschäft neu erfinden; in: Harvard Business Manager Heft 4/1999, S.49–60

Chan Kim W.C./Mauborgne, R.: Der blaue Ozean als Strategie, München 2005.

Chan Kim W.C./Mauborgne, R.: Die Ozean-Strategie; in: Harvard Business Manager, September 2005, S. 72 f.

Chandler A.D. Jr.: Strategy and Structure: Chapters in the History of the Industrial Enterprise; Cambridge 1962

Clarke T./Clegg S.: Changing Paradigm: The transformation of management knowledge for the 21st century, Harper Collins 2000

Clausewitz C. v.: Vom Kriege (Original 1832/1834), Frankfurt/Main 1994

Cohen M.D./March, J.G./Olsen J.P.: Ein Papierkorb-Modell für organisatorisches Wahlverhalten; in: March J.G. (Hrsg.): Entscheidung und Organisation: Kritische und konstruktive Beiträge, Entwicklungen und Perspektiven, Wiesbaden 1988

Collingwood H.: Vom Widersinn der Quartalsberichte; in: Harvard Business Manager, Heft 6/2001, S. 77–86

Collins J.: Der Weg zu den Besten. Die sieben Management-Prinzipien für dauerhaften Unternehmenserfolg, Stuttgart/München 2001

Connolly T.: On Taking Action Seriously: Cognitive Fixation in Behavioral Decision theory; in: Ungson G. R./Braunstein D. N. (Hrsg.): Decision Making: An Interdisciplinary Inquiry, Boston 1982, S. 42–47

Crozier M./Friedberg E.: Macht und Organisation. Zwänge kollektiven Handelns, Königstein 1979

Cummings T./Worley C.: Organization development and change, 7th ed., Cincinnati, OH: 2001, Southwestern College

Cyert R. M./March J. C.: A Behavioral Theory of the Firm, Englewood Cliffs 1963

Davenport Th. H./Leibold M./Voelpel S.: Strategic Management in the Innovation Economy. Strategy Approaches and Tools für Dynamic Innovation Capabilities, Erlangen 2006

Dawson R.: Living Networks. Leading Your Company, Costumers and Partners ins the Hyperconnected Economy, New York 2003

Doppler K.: Kommunikation als Schlüsselfaktor der Organisationsentwicklung; in: Trebesch K. (Hrsg.): Organisationsentwicklung. Konzepte, Strategien, Fallstudien, Stuttgart 2000, S. 281–307

Doppler K./Lauterburg Ch.: Change Management. Den Unternehmenswandel gestalten. 12. Aufl., Frankfurt/New York 2008

Dörner D.: Die Logik des Mißlingens, Hamburg 1989

Doz Y./Santos J./Williamson P.: From Global to Metanational, Cambridge MA 2001

Doz Y./Kosonen M.: Fast Strategy. How strategic agility will help you stay ahead of the game, Harlow 2008

Doz Y./Williamson P./Wilson K.: Managing Global Innovation, Cambridge MA 2008

Drucker P.: Entrepreneurship in Business Enterprise; in: Journal of Business Policy I, 1/1970, S. 3–12

Drucker P.: Innovation and Entrepreneurship, New York 1986a

Drucker P.: Managing for Results, New York 1986b

Drucker P.: Post Capitalist Society, New York 1994

Drucker P.: Managing in the Next Society, New York 2002

Drucker P.: Das Geheimnis effizienter Führung; in: Harvard Businessmanager August 2004, S. 27–35

Drucker P.: Management im 21. Jahrhundert, 5. Auflage, Berlin 2005

EFQM: Selbstbewertung, Richtlinien für Unternehmen, 1997

EFQM, Homepage: www.efqm.org

Ehrbar A.: Economic Value Added, Wiesbaden 1999

Eisenhardt K. M./Kahwajy J.L./Bourgeois L.J.: How Management Teams Can Have a Good Fight; in: Harvard Business Review, July–August 1997, S. 77–85

Eisenhardt K./Brown S.: Patching: restitching business portfolios in dynamic markets; in: Harvard Business Review, Jg. 77, Heft 3, 1999, S. 72–83

Eisenhardt K./Martin J.: Dynamic capabilities; what are they?; in: Strategic Management Journal Jg. 21, 2000, S. 1105–21

Evans P./Wurster T.: Web Attacke, München 2000

Feldman S. P.: Management in Context: An Essay on the Relevance of Culture to the Understanding of Organisational Change; in: Journal of Management Studies 23/6/1986, S. 587–607

Foerster H. v.: Das Konstruieren einer Wirklichkeit; in: Watzlawick P. (Hrsg.): Die erfundene Wirklichkeit, München 1981, S. 39–60
Foerster H. v.: Principles of Self-Organization – In a Socio-Managerial Context; in: Ulrich H./ Probst G. J. B. (Hrsg.): Self-Organization and Management of Social Systems, Berlin/Heidelberg 1984, S. 12–24
Foerster H. v.: Kybernetik einer Erkenntnistheorie; in: Foerster v. H. (Hrsg.): Wissen und Gewissen – Versuch einer Brücke, Frankfurt/Main 1993, S. 50–75
Forrester J.: Planung unter dem dynamischen Einfluss komplexer Systeme; in: Ronge V./Schmied G. (Hrsg.): Politische Planung in Theorie und Praxis, München 1995, S. 81–90
Fortune: The Entrepreneurial Ego, 65, 2. August 1956, S. 143
Freeman E. R: Strategic Management. A Stakeholder Approach, Marshfield 1984
Freeman R. E./Lorange P.: Theory Building in Strategic Management; in: Advances in Strategic Management Vol. 3/1985, S. 9–38
Gälweiler A.: Unternehmensplanung – Grundlagen und Praxis, Frankfurt/Main 1974
Gälweiler A.: Strategische Unternehmensführung, Frankfurt/Main 1987
de Geus A.: Planning as Learning; in: Harvard Business Review, 3–4/1988, S. 70–74
de Geus A.: Jenseits der Ökonomie. Die Verantwortung der Unternehmen, Stuttgart 1998
Ghemawat, P.: Redefining Global Strategy, Boston 2007
Giddens A.: Die Konstruktion der Gesellschaft, Frankfurt/Main 1995
Gigerenzer G.: Bauchentscheidungen. Die Intelligenz des Unbewussten und die Macht der Intuition, München 2007
Gomez G. J. B./Gomez P.: Vernetztes Denken: Ganzheitliches Führen in der Praxis, Wiesbaden 1991
Gomez P./Zimmermann T.: Unternehmensorganisation, Frankfurt/Main 1993 (2. Auflage)
Gomez P.: Wertmanagement, Düsseldorf 1993
Gosling J./Mintzberg H.: Die fünf Welten eines Managers; in: Harvard Businessmanager, April 2004, S. 46–59
Götze U.: Szenario-Technik in der strategischen Unternehmensplanung, Wiesbaden 1991
Grant R. M.: The knowledge-based view of the firm; in: C.W. Choo/N. Bontis (eds), The strategic management of intellectual capital and organizational knowledge, Milton Keynes, UK 2002
Gutenberg E.: Die Unternehmung als Gegenstand betriebswirtschaftlicher Theorie, Berlin 1929
Hamel G./Prahalad C.: The core competence of the corporation; in: Harvard Business Review, Jg. 68, Heft 3/1990, S. 79–88
Hamel G.: Strategy as Revolution; in: Harvard Business Review, 7–8/1996, S. 69–82
Hamel G.: Das revolutionäre Unternehmen, München 2001
Hamel G./Prahalad C. K.: Die Zukunft gestalten – schon heute; in: Harvard Business Manager, Heft 1/1995, S. 36–42
Hamel G./Prahalad C. K.: Wettlauf um die Zukunft, Wien 1997
Hamel G.: The Future of Management, Boston MA, 2007
Hammer M.: Reengineering: Der Sprung in eine andere Dimension; in: Harvard Business Manager, Heft 2/1995, S. 95–103
Handy C.: Die Fortschrittsfalle, München 1998
Hart S./Banbury C.: How strategy-making processes can make a difference; in: Strategic Management Journal 1994, S. 251–269
Haspeslagh Ph. u. a.: Wertmanagement – über die Zahlen hinaus; in: Harvard Business Manager, Heft 1/2002

Hax C.A./Majluf N.S.: Strategisches Management. Ein integratives Konzept aus dem MIT; Frankfurt/Main 1991

Hayek F.A.v.: Die Irrtümer des Konstruktivismus und die Grundlagen legitimer Kritik gesellschaftlicher Gebilde, München 1970

Henderson B.D.: The Experience Curve Reviewed, IV. The Growth Share Matrix of the Product Portfolio, The Boston Consulting Group, Perspectives Nr. 135, Boston 1973

Henderson B.D.: Die Erfahrungskurve in der Unternehmensstrategie, Frankfurt/Main 1974

Hjorth D.: Rewriting Entrepreneurship for a new perspective on organisational creativity, Kopenhagen 2003

Hinterhuber H.: Strategische Unternehmensführung, Berlin 1992

Holbeche L.: The High Performance Organization. Creating dynamic stability and sustainable success, Amsterdam 2005

Horvárth & Partner (Hrsg.): Balanced Scorecard umsetzen, Stuttgart 2000

Horváth P./Herter R.N.: Benchmarking. Vergleich mit den Besten der Besten; in: Controlling 4/1/1992, S. 4–11

Horvárth P./Kaufmann L.: Balanced Scorecard – ein Werkzeug zur Umsetzung von Strategien; in: Harvard Business Manager 2/5/1998, S. 39–48

Jansen St.A.: 10 Thesen gegen Post Merger Integration Management: Die Paradoxie der Integration; in: Organisationsentwicklung 1/2000

Jarzabkowski P./Balogun J./Seidl D.: Strategizing: the challenges of a practice perspective; in: Human Relations, Jg. 60, Heft 1/2007, S. 5–27

Jensen M.C.: Foundations of Organizational Strategy, Cambridge MA, 2nd edition 2001

Jensen M.C.: A theory of the Firm. Governance, Residual Claims, and Organizational Forms, 2nd edition, Cambridge MA 2003

Johnson G./Scholes K.: Exploring Corporate Strategy. Text and cases, 6st edition, London 2002

Johnson G./Langley A./Merlin L./Whittington R.: Strategy as Practice. Researsch Directions and Ressources, Cambridge 2007

Kaplan R.S./Norton D.P.: Linking the Balanced Scorecard to Strategy; in: California Management Review Vol. 39 No. 1/1996, S. 53–79

Kaplan R.S./Norton D.P.: The Balanced Scorecard: Translating Strategy into Action, Boston MA 1996 (Okt. 1997)

Kaplan R.S./Norton D.P.: Strategy Maps. Converting Intangible Assets into Tangible Outcomes, Cambridge MA 2004

Kaplan R.S./Norton D.P.: Alignment. Using the Balanced Scorecard to Create Corporate Synergies, Boston 2006

Kaplan R.S./Norton D.P.: The Execution Premium. Linking Strategy to Operations for Competitive Advantage,Boston MA 2008

Kotter J.P.: Chaos, Wandel, Führung – Leading Change, Düsseldorf 1997

Kreikebaum H.: Strategische Unternehmensplanung, Stuttgart 1993 (5. Auflage)

Krogh G.von/Grand S. (2002): From economic theory toward a knowledge-based theory of the firm; in: C.W. Choo/N. Bantis (eds), The strategic management of intellecutal capital and organizational knowledge, Milton Keynes, UK 2002

Kurtz C./Snowden D.: The new dynamics of strategy: Sense-making in a complex and complicated world; in: IBM Systems Journal, Jg. 42, Heft 3/2003, S. 462–483

Lindblom C.E.: The Science of Muddling Through; in: Public Administration Review 19/2/1959, S. 79–88

Lindblom C. E.: The Policy-Making Process, Prentice Hall 1968
Lorsch E. N.: Managing Culture: The Invisible Barrier to Strategic Change; in: California Management Journal 28/2/1986, S. 95–109
Luhmann N.: Soziologische Aufklärung, Bd. 3: Soziales System, Gesellschaft, Organisation; Opladen 1981
Luhmann N.: Soziale Systeme. Grundriß einer allgemeinen Theorie. Frankfurt/Main 1984 (6. Auflage)
Luhmann N.: Die Gesellschaft der Gesellschaft, 2. Bde. Frankfurt a.M. 1997
Luhmann N.: Organisation und Entscheidung, Wiesbaden 2000
Luhmann N.: Einführung in die Systemtheorie, Heidelberg 2002
Maitlis S.: The social process of organizational sensemaking; in: Academy of Management Journal, Jg. 48, Heft 1/2005, S. 21–49
Malik F.: Strategie des Managements komplexer Systeme: Ein Beitrag zur Management-Kybernetik evolutionärer Systeme, Bern 1996 (5. Auflage)
Malik F.: Führen Leisten Leben. Wirksames Management für eine neue Zeit, Stuttgart/München 2000
Mann R.: Praxis strategisches Controlling mit Checklists und Arbeitsformularen, Landsberg/Lech 1989
March J. G./Olsen J. P.: Ambiguity and Choice in Organisations, Bergen 1976
March J. G./Simon H. A.: Organizations, New York 1958
Markowitz H. M.: Portfolio Selection; in: Journal of Finance, 7/1952, S. 77–92
Maturana H. R.: Erkennen: Die Organisation und Verkörperung von Wirklichkeit. Ausgewählte Arbeiten zur biologischen Epistemologie, Braunschweig 1982
Maturana H. R./Varela F.: Der Baum der Erkenntnis – Die biologischen Wurzeln des menschlichen Erkennens, Bern 1987
McCraw Th. K.: Prophet of Innovation – Joseph Schumpeter and Creative Destruction, Cambridge MA 2007 (dt. 2008)
McMillan I. C.: Strategy Formulation: Political Concepts, St. Paul 1978
McNamee P. B.: Tools and Techniques for Strategic Management, Oxford 1985
Meffert J./Klein H.: DNS der Weltmarktführer. Erfolgsformeln aus dem Mittelstand, Heidelberg 2007
Mintzberg H.: Crafting strategy; in: Harvard Business Review, vol. 65, no. 4/1987, pp. 66–75
Mintzberg H.: The Decision School; in: SMJ, 11. Jg. 1990, S. 171–195
Mintzberg H.: The design school: reconsidering the basic processes of strategic management; in: Strategic Management Journal, vol. 11, no. 3/1990
Mintzberg H.: Die Mintzberg-Struktur, Landsberg/Lech 1992
Mintzberg H.: The Rise and Fall of Strategic Planning, London 1994
Mintzberg H.: Die strategische Planung, München 1995
Mintzberg H.: Strategy Safari, Wien 1999
Mintzberg H.: Managers Not MBA's. A Hard Look at the Soft Practice of Managing and Management Development, San Francisco 2004
Mintzberg H./Quinn J./Ghoshal S. (eds.).: The Strategy Process: Concepts, contexts and cases, 4th edition, London 1998
Mintzberg H./McHugh A.: Strategy Formation in an Adhocracy; in: Administrative Science Quarterly, 30/1985, S. 160–197
Mintzberg H./Waters J.A.: Of strategies deliberate and emergent; in: Strategic Management Journal vol. 6, no. 3/1985, pp. 257–272

Minx E./Böhlke E.: Szenarien – Denken in alternativen Zukünften; in: Spektrum der Wissenschaft, Dezember 1995, S.101–102
Müller, H./ Schreyögg G.: Das Stab-Linie-Konzept, in: Wirtschaftswissenschaftliches Studium, 11 (1982), S 205–212
Müller-Stewens G./Lechner Ch.: Strategisches Management. Wie strategische Initiativen zum Wandel führen, 3. aktualisierte Aufl. Stuttgart 2005
Mutius B. v.: Die andere Intelligenz; in: Revue für postheroisches Management Heft 4/2009, S. 6–15
Nagel R.: Wissensmanagement als komplexe Organisationsintervention; in: Hernsteiner 3/1999, S. 20–25
Nagel R.: Überblick über wertorientierte Steuerungssysteme – Eine Erfahrungsbilanz; in: St. Gallen Business Review 4/2001
Nagel R./Oswald M./Wimmer R.: Das Mitarbeitergespräch als Führungsinstrument, Stuttgart 1999
Nagel R./Oswald M./Wimmer R.: Aroma – Zwei Familien und Unternehmen suchen ihre Zukunft; in: Familiendynamik 4/2001
Nagel R./Groth, T./Krusche, B./Schumacher, T.: Führungsherausforderungen in unterschiedlichen Organisationsarchitekturen; In Organisationsentwicklung 4/2006.
Nagel R.: Lust auf Strategie. Workbook zur systemischen Strategieentwicklung, Stuttgart 2009
Neuberger O.: Mikropolitik, Stuttgart 1995
Neuberger O.: Mikropolitik und Moral in Organisationen. Herausforderungen oder Ordnung, 2. neubearb. Aufl., Stuttgart 2006
Nicolai A. T.: Die Strategie-Industrie, Wiesbaden 2000
Nicolai A. T./Hilse H.: Strategie und Nachfolge in Familienunternehmen – Das Fallbeispiel der August Kreinz GmbH & Co. KG; in: Frank H./ Klandt H. (Hrsg.): Fallstudien zum Gründungsmanagement, München 2002
Olson M.: The logic of collective action, New York 1965
Ortmann G.: Formen der Produktion – Organisation und Rekursivität, Opladen 1995
Pascale R. T.: Perspectives on Strategy: The Real Story Behind Honda's Success; in: California Management Review Vol. 26/No. 3/1984, S. 47–72
Perlitz M.: Internationales Management, Stuttgart 1993
Peteraf M.: The cornerstores of competitive advantage: a resource based view; in: Strategic Management Journal Jg. 14, 1993, S. 179–190
Peters T.: Jenseits der Hierarchien. Liberation Management, Düsseldorf 1992
Pettigrew A. M.: Strategy Formulation as a Political Process; in: International Studies of Management and Organisation, Sommer 1977, S. 78–87
Pettigrew A. M. (Hrsg.): The Management of Strategic Change, Oxford 1987
Pettigrew A. M.: The Awakening Giant: Continuity and Change in Imperial Chemical Industries, Oxford 1985
Pettigrew A./Whittington R. et al (eds.): Innovative forms of organizing: international perspectives, London 2003
Pfeiffer W./Dögl R.: Das Technologie-Portfolio-Konzept zur Beherrschung der Schnittstelle Technik und Unternehmensstrategie; in: Hahn D./ Taylor B.: Strategische Unternehmensplanung, Wien 1986
Porter M.: Wettbewerbsstrategie, Frankfurt/Main 1983 (10. Auflage 1999a)
Porter M.: Wettbewerbsvorteile, Frankfurt/Main 1986 (5. Auflage 1999b)
Porter M.: Nationale Wettbewerbsvorteile: erfolgreich konkurrieren auf dem Weltmarkt, München 1991

Porter M.: Nur Strategie sichert auf Dauer hohe Erträge; in: Harvard Business Manager Heft 3/1997, S. 42–58

Porter M.: Strategy and the Internet; in: Harvard Business Review, 3/2001, S. 63–78

Porter M.: Was ist Strategie?; in: 100 Jahre Harvard Business School, Harvard Business Manager, April 2008, S. 104–123

Prahalad C. K.: The Fortune at the Bottom of the Pyramid, Wharton 2005 (dt. München 2006)

Probst G. J. B.: Selbst-Organisation – Ordnungsprozesse in sozialen Systemen aus ganzheitlicher Sicht, Berlin 1987

Probst, G., Organisation: Strukturen, Lenkungsinstrumente und Entwicklungsperspektiven, Landsberg/Lech 1992

Pümpin C.: Strategische Führung; in: Die Orientierung Nr. 76, Bern 1980

Pümpin C.: Das Management strategischer Erfolgspositionen, Bern/Stuttgart 1982

Quinn J. B.: Strategic Change: Logical Incrementalism; in: Sloan Management Review, Herbst 1978, S. 7–21

Quinn J. B.: Strategies for Change. Logical Incrementalism, Homewood 1980

Rappaport A.: Shareholder Value, Stuttgart 1999 (2. Auflage)

Regnér P.: Strategy creation in the periphery: inductive versus deductive strategy making; in: Journal of Management Studies, Jg. 40, Heft 1/2003, S. 57–82

Reibnitz v. U.: So können Sie die Szenario-Technik nutzen; in: Marketing 14.1.1981, S. 37–41

Roberts J.: The Modern Firm. Organizational Design for Performance and Growth, Oxford 2004

Rose P. M.: Analyse ausgewählter Methoden zur Identifikation dynamischer Kernkompetenzen, München 2000

Rothschild W. E.: Putting It All Together: A Guide to Strategic Thinking, New York 1976

Sarrazin J.: Decentralized Planning in a Large French Company: An Interpretive Study; in: International Studies of Management and Organisation, Herbst 1977/1978, S. 37–59

Schein E.: Process Consulting. Its role in organization development, Reading MA 1969

Schein E.: Unternehmenskultur, Frankfurt/Main 1995

Schein E.: Wenn das Lernen im Unternehmen wirklich gelingen soll; in: Harvard Business Manager Heft 3/1997, S. 61–72

Schlender B. R.: How Sony Keeps the Magic Going; in: Fortune 24.2.1992, S. 23

Schön D. A.: Organizational Learning; in: Morgan G. (Hrsg.): Beyond Method: Strategies for Social Research, Berverly Hills 1983

Schreyögg G.: Unternehmensstrategie. Grundfragen einer Theorie strategischer Unternehmensführung, Berlin 1984

Schreyögg G.: Organisation, Wiesbaden 1999a (3. Auflage)

Schreyögg G.: Strategisches Management – Entwicklungstendenzen und Zukunftsperspektiven; in: Die Unternehmung Heft 6/1999b

Schreyögg G.: Strategische Diskurse: Strategieentwicklung im organisatorischen Prozess; in: Organisationsentwicklung 4/98, S. 32–43

Schreyögg G./Steinmann, H.: Strategische Kontrolle; in: Zeitschrift für betriebswirtschaftliche Forschung, 37. Jg./1985, S. 391–410

Schreyögg G.: Strategisches Management im Lichte der neuen Steuerungstheorie; in: Welge K. M./ Al-Laham A./Kajüter P. (Hrsg.): Praxis des strategischen Management. Konzepte-Erfahrungen-Perspektiven, Wiesbaden 2000

Schreyögg G./Kliesch-Eberl M.: How dynamic can organizational capabilities be? Towards a dual-prozess model of capability dynamization; in: Strategic Management Journal, vol. 28/2007, S. 913–933
Schreyögg G./Kliesch-Eberl M.: Das Kompetenzparadoxon: Wie dynamisch können organisationale Kompetenzen sein?; in: Revue für postheroisches Management, Heft 3/2008, S. 6–19
Schumpeter J. A.: Theorie der wirtschaftlichen Entwicklung, 2. Aufl. München/Leipzig 1926
Schumpeter J. A.: Artikel »Unternehmer«; in: Handwörterbuch der Staatswissenschaften, Hg. von Elster L./Webern A./Wieser Fr., 8. Bd., 4. Aufl. Jena 1928, S. 476–487
Schumpeter J. A.: Capitalism, Socialism and Democracy, New York 1950 (3. Auflage). dt.: Kapitalismus, Sozialismus und Demokratie, Suttgart 1993 (7. Auflage)
Schumpeter J. A.: The Creative Response in Economic History; in: Journal of Economic History November 1947, S. 149–159
Seeger J. A.: Reversing the Images of BCG's Growth Share Matrix; in: Strategic Management Journal 5/1/1984, S. 93–94
Seidl D./Kirsch W./Linder M. (Hrsg.): Grenzen der Strategieberatung, Bern/Stuttgart/Wien 2005
Seidl D.: General strategy concepts and the ecology of strategy discourses: a system-discursive perspective; in: Organization Studies, Jg. 28, 2007, S. 197–218
Selznick P.: Leadership in Administration: A Sociological Interpretation, Evanston 1957
Senge P. M.: Die fünfte Disziplin, Stuttgart 1996
Senge P. M. u. a.: Das Fieldbook zur Fünften Disziplin, Stuttgart 1997
Simon F. B. et al.: Radikale Marktwirtschaft – Verhalten als Ware oder Wer handelt, der handelt, Heidelberg 1992
Simon F. B.: Die Kunst, nicht zu lernen, Heidelberg 1997
Simon F. B.: Gemeinsam sind wir blöd?! Die Intelligenz von Unternehmen, Managern und Märkten, Heidelberg 2004
Simon F. B./Wimmer R./Groth T.: Mehr-Generationen-Familienunternehmen, Heidelberg 2005
Simon H. A.: A Behavioural Model of Rational Choice; in: Simon H. A. (Hrsg.): Models of Man, New York/London 1957, S. 241–261
Snodgras C. R.: Cultural Influences on Strategic Control System Requirements, Dissertation University of Pittsburgh 1984
Sommerlatte, T./Deschamps, J. P.: Der strategische Einsatz von Technologien, Wiesbaden 1985
Spencer-Brown G.: Laws of Form, London 1969
Stacey R. D.: Strategic Management and Organisational Dynamics. The Challenge of Complexity. 3rd edition, Pearson Education 2000
Sun Tsu: Wahrhaft siegt, wer nicht kämpft, Freiburg 1990
Taylor F. W.: The Principles of Scientific Management, New York 1911
Teece D./Pisano G./Shuen A.: Dynamic capabilities and strategic management; in: Strategic Management Journal, Jg. 18, Heft 7/1997, S. 509–533
Thomsen E.-H.: Management von Kernkompetenzen. Methodik zur Identifikation und Entwicklung von Kernkompetenzen für die erfolgreiche strategische Ausrichtung von Unternehmen, Sternenfels 2001
Tichy N. M./Bennis W. G.: Wie man kluge Entscheidungen trifft; in: Harvard Businessmanger, November 2007, S. 51–64
Treacy M./Wiersema F.: The discipline of market leader, Boston 2001
Trebesch K. (Hrsg.): Organisationsentwicklung. Konzepte, Strategien, Fallstudien, Stuttgart 2000
Ulrich H. U.: Die Unternehmung als produktives soziales System, Bern 1970

Ulrich H. U.: Unternehmenspolitik, Bern 1987 (3. Auflage 1990)

Ulrich P./Krieg W.: St. Galler Management Modell, Bern 1974 (3. Auflage)

Vahs D.: Unternehmenswandel und Widerstand; in: io-management Heft 12/1997, S. 18–24

Vaupel M.: Leadership Asset Approach. Von den Herausforderungen der Führung zur Steuerung der Führungsperformance, Wiesbaden 2008

Weber M.: Wirtschaft und Gesellschaft, Tübingen (1. Auflage 1921)

Weick K. E.: The Social Psychology of Organisations, Reading MA 1969

Weick K. E.: Sensemaking in Organisations, Thousand Oaks 1995

Weick K. E.: Der Prozess des Organisierens, Frankfurt/Main 1998

Weick K. E./Sutcliffe, K.M.: Das Unerwartete managen. Wie Unternehmen aus Extremsituationen lernen. Stuttgart 2003.

Wernerfelt B.: A resource-based view of the firm; in: Strategic Management Journal, vol. 5, Heft 2/1984, S. 171–180

White H. C.: Markets From Networks: Socioeconomic Model of Production; Princeton 2002

Whittington R.: What is Strategy and Does it Matter?, 2nd edition, Routledge 2001

Whittington R.: The work of strategizing and organizing: for a practice perspective; in: Strategic Organization Jg. 1, Heft 1/2003, S. 117–126

Whittington R.: Completing the practice turn in strategy; in: Organization Studies Jg. 27, Heft 5/2006, S. 613–634

Wild J.: Grundlagen der Unternehmensplanung, Wiesbaden 1974

Willke H.: Strategien der Intervention in autonome Systeme; in: Baecker D. (Hrsg.): Theorie als Passion, Frankfurt/Main 1987, S. 333–361

Willke H.: Supervision des Staates, Frankfurt/Main 1997 a

Willke H.: Wissensarbeit; in: Organisationsentwicklung 3/1997 b, S. 4–18

Willke H.: Systemisches Wissensmanagement, Stuttgart 1998

Willke H.: Systemtheorie (3 Bände), Stuttgart 1999

Wilson I.: Strategic Planning Isn't Dead – It Changed; in: Long Range Planning 27/4/1994, S. 12–24

Wimmer R.: Die Steuerung komplexer Organisationen. Ein Reformulierungsversuch der Führungsproblematik aus systemischer Sicht; in: Sandner K. (Hrsg.): Politische Prozesse in Unternehmen, Berlin/Heidelberg 1992a (2. Auflage), S. 131–156

Wimmer R.: Der systemische Ansatz – Mehr als eine Modererscheinung?; in: Gester P./Heitger, B. (Hrsg.): Managerie 1 – Systemisches Denken und Handeln im Management, Heidelberg 1992b, S. 82

Wimmer R.: General Management; in: Hernsteiner 3/1994

Wimmer R.: Wozu benötigen wir Berater? Ein aktueller Orientierungsversuch aus systemischer Sicht; in: Walger G. (Hrsg.): Formen der Unternehmensberatung, Köln 1995a

Wimmer R.: Die permanente Revolution; Aktuelle Trends in der Gestaltung von Organisationen; in: Grossmann R./Krainz E./Oswald M. (Hrsg.): Veränderung in Organisationen, Wiesbaden 1995b, S. 21–41

Wimmer R.: Zukunft der Führung; in: Organisationsentwicklung 3/1995c

Wimmer R.: Das Team als besonderer Leistungsträger in komplexen Organisationen; in: Ahlemeyer H. W./Königswieser R. (Hrsg.): Komplexität managen, Wiesbaden 1998

Wimmer R.: Wider den Veränderungsoptimismus – Zu den Möglichkeiten und Grenzen einer radikalen Transformation von Organisationen; in: Soziale Systeme 1999/1, S. 5–31

Wimmer R.: Die Zukunft von Organisation und Beschäftigung. Einige Thesen zum aktuellen Strukturwandel von Wirtschaft und Gesellschaft; in: Organisationsentwicklung 3/99, S. 26–41

Wimmer R./Nagel R.: Der strategische Managementprozess; in: Zeitschrift für Organisationsentwicklung 1/2000, S. 4–19
Wimmer R./Kolbeck C.: Stößt der Beraterboom an seine Grenzen? Oder Aufbau und Dekonstruktion von Autorität in Organisationen; in: Wüthrich A./Winter W./Philipp A. (Hrsg.): Grenzen des ökonomischen Denkens, Wiesbaden 2001, S. 525–545
Wimmer R.: Aufstieg und Fall des Shareholder Value-Konzeptes; in: Organisationsentwicklung, Heft 4/2002, S. 70–83
Wimmer R./Gebauer A.: Die Nachfolge in Familienunternehmen; in: Zeitschrift für Führung und Organisation, Heft 5/2004, S. 68–77
Wimmer R.: Organisation und Beratung. Systemtheoretische Perspektiven für die Praxis, Heidelberg 2004
Wimmer R./Domayer E./Oswald M./Vater G.: Familienunternehmen – Auslaufmodell oder Erfolgstyp?, 2. überarb. Aufl. Wiesbaden 2005
Wimmer R.: Der Stellenwert des Teams in der aktuellen Dynamik von Organisationen; in: Edding C./Kraus W. (Hrsg.): Ist der Gruppe noch zu helfen? Gruppendynamik und Individualisierung, Opladen 2006, S. 169–191
Wimmer R.: Die bewusste Gestaltung der eigenen Lernfähigkeit als Unternehmen; in: Tomaschek N. (Hrsg.): Die bewusste Organisation. Steigerung der Leistungsfähigkeit, Lebendigkeit und Innovationskraft von Unternehmen, Heidelberg 2007, S. 39–62
Wimmer R.: Organisationsberatung als Intervention, Universität Klagenfurt 2009 (im Erscheinen)
Womack J./Jones D.T./Roos D.: The Machine That Changed the World, New York 1990
Wüthrich H.A./Winter W.B./Phillip A. (Hrsg.): Grenzen ökonomischen Denkens, Wiesbaden 2001
Yip G.: Total Global Strategy, London 1995
Zollo M./Winter S.: Deliberate learning and the evolution of dynamic capabilities; in: Organization Science, Jg. 13, Heft 3/2002, S. 339–351
Zollo M./Reuer J./Singh H.: Interorganizational routines and performance in strategic alliances; in: Organization Science, Jg. 13, Heft 6/2002, S. 701–714
Zook C.: Profit from the core, Boston 2001

Personenregister

Sachregister

Die Autoren

Prof. Dr. Rudolf Wimmer
ist apl. Professor für Führung und Organisation am Institut für Familienunternehmen der Universität Witten/Herdecke und Partner der osb international AG sowie Mitglied diverser Aufsichtsräte. Seine Arbeitsschwerpunkte sind Fragen der Strategieentwicklung und der Gestaltung geeigneter Organisations- und Führungsstrukturen vor allem in familiengeführten Unternehmen. Aspekte einer in sich stimmigen Corporate Governance stehen dabei häufig im Zentrum.

Dr. Reinhart Nagel
ist Geschäftsführer der osb Wien Consulting GmbH und Vorstand und Partner der osb international Consulting AG. Seine Beratungsschwerpunkte sind die Begleitung von Strategieentwicklungsprozessen und deren Verankerung im Unternehmen.
Er unterrichtet mit den Themenschwerpunkten Strategie, Organisationsarchitektur und Veränderungsmanagement in betrieblichen Qualifizierungsprogrammen am Management Zentrum Witten und dem Hernstein Management Institut.

osb Wien Consulting GmbH
Volksgartenstraße 3/1. DG
A–1010 Wien
Tel. +43-1-526 08 13-0
E-Mail: wien@osb-i.com
www.osb-i.com